现代船舶总体性能
研究与设计

何春荣 杨 磊 陈鲁愚 赵 峰 著

国防工业出版社

·北京·

内容简介

本书在剖析现代船舶总体性能研究与设计新概念及内涵的基础上,针对传统研发模式的局限与不足,创新性地提出了基于 MBSE 思想,统筹"数据"和"软件"两大创新要素,以数据知识化、软件应用化、流程自动化为特征的现代船舶总体性能"众创共享"研发新模式。

本书倡导的现代船舶总体性能研究与设计新模式,一方面基于技术体系的解构与创新重构,梳理了在船舶总体性能研究与设计流程中需要的知识化模块与组件,采用属性细分、知识封装方式,开发了消除"因人因事"差异的 APP 以及数据驱动的崭新业务流程;另一方面,本书介绍了依托新一代信息化技术,打造高速互联互通环境底座,实现轻终端的应用、资源与计算的云泛在,通过无感记账确权技术保护知识产权与权益,建立 CAD 与 CAE 无缝连接,实现流程定制化与自动化,形成可多方参与、协同研发的机制。本书致力推动现代船舶总体性能研发理论和方法的发展。

本书可作为现代船舶设计开发、总体性能研究、CAE 软件开发等工程技术人员的参考资料,也可作为高等院校船舶相关专业本科及研究生的参考用书。

图书在版编目(CIP)数据

现代船舶总体性能研究与设计/何春荣等著. —北京:国防工业出版社,2024.4
ISBN 978-7-118-13256-4

Ⅰ.①现… Ⅱ.①何… Ⅲ.①船舶性能—研究 ②船舶设计 Ⅳ.①U661②U662

中国国家版本馆 CIP 数据核字(2024)第 065123 号

※

国防工业出版社出版发行
(北京市海淀区紫竹院南路 23 号 邮政编码 100048)
北京虎彩文化传播有限公司印刷
新华书店经售

*

开本 710×1000 1/16 印张 27¼ 字数 448 千字
2024 年 4 月第 1 版第 1 次印刷 印数 1—1200 册 定价 198.00 元

(本书如有印装错误,我社负责调换)

国防书店:(010)88540777 书店传真:(010)88540776
发行业务:(010)88540717 发行传真:(010)88540762

前　言

　　现代船舶装备是发展海洋经济、维护领土主权、建设海洋强国的"脊梁骨"。总体性能是船舶生命力的重要保障、船型创新的主要引擎、航行动力学信号特征控制的源头,其创新发展是船舶创新超越的核心驱动力。面对日趋复杂的应用环境和使用场景,传统研发模式已显示出瓶颈和局限,唯有革新思想、打破常规,才可能实现船舶技术乃至船舶工业的可持续、高质量发展。船舶总体性能泛指对船舶总体指标有决定性作用的性能,包括主尺度、排水量、稳性、快速性、续航力、自持力、适航性、舒适性、操纵性、抗沉性、隐蔽性、结构安全性、电磁兼容性等方面。行业中已形成了以水动力、结构安全性和振动与噪声控制三大学科性能为船舶总体性能核心与基本内涵的共识。

　　船舶总体性能研究是以力学为基础的经典宏科学。19 世纪末,傅汝德提出了一个实际可行的,由物理模型试验结果推算实船阻力的方法(著名的傅汝德假定),奠定了通过物理模型试验研究船舶性能的理论基础,建立了实践方法,物理模型试验迅速成为船舶性能研究的主要途径,并一直沿用至今。通过物理模型试验,可以使人们对船舶在航行中发生的物理过程获得更深刻的理解,可以促进船舶理论工作进一步发展,可以使工程设计中所应用的计算方法不断得到完善,可以提高理论研究和工程设计能力。长期试验积累的船型资料和试验数据,被当做母型用于指导新船设计,逐步形成了基于母型的船舶设计模式。该模式高效、可靠,但存在过于依赖专家经验和母型船资料、只能单学科串行迭代、学科间信息/数据流通不畅等局限,带来整体性差、综合考核难等问题,在船舶设计越来越注重综合性能的今天,这种设计模式正面临严峻的挑战。随着计算机性能及信息技术的发展,以物理规律为基础、计算科学为核心、计算硬件与信息化技术为依托的数值计算,正高密度融入评估与设计过程,已逐渐成为与物理模型试验并驾齐驱的船舶总体性能研究手段。但是,大部分情况下它仅被作为物理模型试验的补充,以减少物理试验数量,缩短研究周期,而基于母型船的研发模式未发生根本性改变。随着人们对其不断地挖潜发展,它对于系统性能提升的贡献度正在减小,已来到了亟待技术发展水平进一步提升的平台期。对于我国船舶科研工作,继续沿着老牌强国走过的发展之路前行,"后发优势"已不明显:"老路"难以支撑转型升级,自主创新是必然选择。新一代信息技术的快速发展,让许多从前难以攻克的问题有了新的解决方法,许多烦琐的工作有了更好的技术手段,新一轮以"数据探索"为特征的科技革命已经到来。充分利用新兴技术和信息化时代的馈赠,以我国丰富的存量资源为支撑,以国家和时代发展需求为牵引,基于 MBSE 思想,构建以数据知识化、应用软件 APP 化、流程自动化为核心特征的"众创"研发方式,将引发现代船舶总体性能研究与设计革命性的发展。

"众创"研发新模式主要特征包括:①程序应用化,即用好软件开发质量工具,建立"自开发""他验证"的反馈机制,通过软件基本测试、标模试验数据和分类大子样试验数据的多层验证,统一"度量衡"、严控软件质量,确保软件能用、管用、好用;②数据知识化,即基于新一代机器学习、大数据等信息技术,对历史和新增虚实试验数据进行信息化、知识化、智能化处理,打破当前科研数据使用单向、信息离散、方法局限的现状,深度挖掘数据潜藏的知识价值,达到"炼数成金"的效果;③应用软件 APP 化,即基于数值模拟或数据挖掘方法,在学科属性、应用对象、计算精度等方面进行细分,在模型选择、参数设置、前后处理等方面封装专家知识,在当前科学认知水平下最大程度地解决数值计算"因人因事"差异,形成一个个 APP 组件;④流程自动化,即通过规范异构 APP 间的参数和数据交互格式,让用户在"拖、拉、拽"操作环境实现业务流程定制,降低创新门槛,让"平凡"的人可以做"不平凡"的事;⑤提供基于分层次预报、综合性评价和多学科设计优化能力,即建立适应各设计阶段、覆盖各学科的性能分析与评价 APP 群,引入 CAD、CAE 软件融入多学科设计优化过程,建立最佳性能驱动的多学科优化新能力。

"众创"研发首先要实现各"众创"单位之间的互联互通,并具备知识资产安全保护措施,这需要基础软、硬件环境支撑,为此,需要打造一个高速互联的环境底座,引入云技术、无感记账确权技术,研发一个面向"众创协同"的船舶总体性能研究与设计服务系统。该服务系统为船舶总体性能设计和研究人员提供一个协同好用的创新平台,用户可根据应用对象属性、学科专业、精细度、时效性等要求,在系统上自由"选购"或接受推送的 APP,开展流程搭建、实施智能应用,应用过程中所产生的数据与结果又将用于系统与 APP 的后续提升和改进,让知识得到推广和传承。该服务系统为"虚实"数据生产者提供"虚"与"实"融合交互的数据应用新范式,汇聚散布于各单位、历史长期积累的、多源异构的"沉睡"数据与不断生成的新数据,通过机器学习、大数据分析、人工智能等新兴技术,深度挖掘数据中隐藏的潜在知识价值,形成可推广应用的 APP,化"无形"为"有形",促进科学发现与创新力的解放;该服务系统为 APP 开发者提供一套高效、规范的 APP 开发和管理系统,并以区块链授权、确权的方式承认和保护开发者的劳动成果,使散布在各个单位的优秀自研软件能够真正融入船舶总体性能研究与设计过程当中。该服务系统为总体决策者提供一个开放的、"高规格准入"、多学科的良性生态环境;系统应用可追溯、可查询,促进分析与决策有据可依。

本书旨在总结船舶总体性能研究存在的问题,介绍基于 MBSE 思想的众创研发新模式的基本内涵、方法、实施方案,并通过有限的实例应用展示取得的效果。全书共分九章:第1章简要介绍了船舶技术发展历程及传统研发方法,分析存在的问题并指出发展方向;第2章、第3章分别介绍了物理模型试验、数值模拟两大传统研究手段的发展、应用现状及存在的局限;第4章、第5章详细阐述了现代船舶总体性能研究与设计新模式的两大核心思想——MBSE和众创生态,提出了其实施与应用方法;第6~第8章分别介绍了新模式的三大核心要素,即数据知识化、应用软件APP化和流程自动化的概念内涵、基本方法和实施方案,并通过实例阐述方法特点和应用效果;第9章通过介绍船舶阻力性能预报/评价/优化、大侧斜螺旋桨设计、耐压壳体结构安全性能预报等典型应用,综合展示了船舶总体性能研发新模式效果。

  在本书的撰写过程中,中国船舶科学研究中心的李胜忠、韦喜忠、程成、田志峰、陈伟政、汪雪良、王文涛、孙红星、白亚强、吴乘胜、陈奕宏、丁军、汪俊、金建海等同志提供了大力支持和帮助,书中一些材料合理参考了相关单位和个人的书籍和论文,在此一并深表谢意。

  由于时间、能力有限,书中还有许多不足之处,恳请广大读者批评指正。

作者

2023年11月

目　　录

第1章　绪论 ··· 1
　1.1　船舶发展与传统设计方法 ·· 1
　　1.1.1　船舶创新发展历程 ··· 1
　　1.1.2　船舶设计的一般方法 ··· 4
　　1.1.3　船舶总体性能设计概念及传统方法 ······························ 9
　1.2　现代船舶总体性能研究发展方向 ···································· 17
　　1.2.1　数据知识化 ··· 17
　　1.2.2　新型船舶CAE软件开发 ·· 19
　　1.2.3　基于模型的流程自动化 ·· 21
　　1.2.4　打造"众创"协同的研发模式 ·································· 23

第2章　船舶物理模型试验技术 ··· 25
　2.1　物理模型试验基础理论与方法 ······································ 26
　　2.1.1　相似概念与相似准则 ·· 26
　　2.1.2　相似基本定理 ··· 28
　　2.1.3　量纲分析 ··· 29
　　2.1.4　傅汝德假定 ··· 31
　2.2　船舶三大性能试验技术体系 ·· 33
　　2.2.1　世界著名船舶试验设施群概览 ·································· 34
　　2.2.2　ITTC和ISSC ·· 41
　　2.2.3　船舶总体性能物理模型试验技术体系 ···························· 42
　2.3　物理模型试验在船舶总体性能设计中的应用 ·························· 50
　　2.3.1　基于物理模型试验的方案选优及实船性能预报 ···················· 50
　　2.3.2　基于物理模型试验的性能影响因素及其影响规律(机理)研究 ······· 50
　　2.3.3　基于物理模型试验数据的知识化应用 ···························· 51
　　2.3.4　数值计算验证基准 ··· 56
　2.4　物理模型试验的局限 ·· 57
　　2.4.1　尺度效应 ··· 58

2.4.2　试验与设计过程的分离 ………………………………………… 59

第3章　船舶数值模拟技术 ………………………………………………… 60
　3.1　数值模拟技术基础知识 ………………………………………………… 60
　　3.1.1　数值模拟的工作步骤 ……………………………………………… 61
　　3.1.2　数值离散方法 ……………………………………………………… 61
　　3.1.3　数值模拟典型流程 ………………………………………………… 62
　　3.1.4　数值模拟计算软件及框架 ………………………………………… 65
　　3.1.5　数值模拟计算的优点与局限 ……………………………………… 66
　3.2　船舶总体性能数值模拟技术 …………………………………………… 67
　　3.2.1　船舶水动力学性能数值模拟技术 ………………………………… 67
　　3.2.2　船舶结构安全性数值模拟技术 …………………………………… 76
　　3.2.3　船舶综合隐身性数值模拟技术 …………………………………… 79
　3.3　CFD与数值水池 ………………………………………………………… 81
　　3.3.1　数值水池概念的提出和发展 ……………………………………… 81
　　3.3.2　数值水池概念内涵及技术特征 …………………………………… 83
　　3.3.3　数值水池的技术挑战 ……………………………………………… 85
　3.4　"虚实"融合的船舶总体性能创新研发方法 ………………………… 85
　　3.4.1　"虚实"融合的船舶总体性能设计模式 ………………………… 86
　　3.4.2　基于数值模拟的船舶总体性能设计优化技术 …………………… 87

第4章　基于MBSE的船舶总体性能设计方法 …………………………… 101
　4.1　传统系统工程及方法 …………………………………………………… 101
　　4.1.1　系统工程概念 ……………………………………………………… 102
　　4.1.2　系统工程模型 ……………………………………………………… 102
　4.2　从TSE到MBSE ………………………………………………………… 107
　　4.2.1　现代工程设计手段正发生重要变化 ……………………………… 107
　　4.2.2　新兴信息技术推动研发模式变革 ………………………………… 109
　　4.2.3　数据驱动科研范式转换 …………………………………………… 114
　　4.2.4　基于模型的系统工程原理 ………………………………………… 115
　4.3　MBSE方法的演进发展 ………………………………………………… 116
　　4.3.1　面向复杂工程系统的DE-CAMPS模型 ………………………… 117
　　4.3.2　从基于MBSE的V模型到V++模型 …………………………… 119
　4.4　基于MBSE的船舶总体性能研究与设计方法 ……………………… 121
　　4.4.1　基于MBSE的船舶总体性能研究与设计面临的瓶颈 ………… 121

  4.4.2 基于MBSE的船舶总体性能研究与设计核心要素 ·················· 124

  4.4.3 以APP为节点的虚拟应用流程体系 ························· 127

 4.5 基于MBSE的船舶总体性能研究与设计服务系统 ················· 129

  4.5.1 船舶总体性能研究与设计"系统模型"顶层需求——能力分解 ······ 129

  4.5.2 船舶总体性能研究与设计服务系统顶层结构 ·················· 130

  4.5.3 船舶总体性能研究与设计服务系统分系统功能设计 ·············· 134

  4.5.4 服务系统典型应用流程 ································ 140

第5章 "众创"新生态 ··· 141

 5.1 船舶总体性能研究与设计云资源中心设计 ························· 142

  5.1.1 云资源中心建设需求分析 ······························· 142

  5.1.2 传统资源中心部署存在的问题 ···························· 143

  5.1.3 云资源中心总体设计 ·································· 143

 5.2 硬件资源集群化管理技术 ······································ 146

  5.2.1 硬件资源集群化管理 ·································· 146

  5.2.2 资源虚拟化 ·· 146

  5.2.3 虚拟资源池管理 ····································· 151

 5.3 虚拟化资源调度管理技术 ······································ 152

  5.3.1 APP镜像仓库管理 ··································· 152

  5.3.2 APP容器资源调度管理 ································ 153

 5.4 系统安全保障技术 ·· 154

  5.4.1 系统安全架构之硬件系统设计 ···························· 154

  5.4.2 系统安全架构之软件系统设计 ···························· 157

 5.5 基于区块链技术的数据安全保证技术 ····························· 170

  5.5.1 区块链技术 ·· 170

  5.5.2 区块链对于船舶总体性能研究与设计"众创"生态的意义 ·········· 175

  5.5.3 面向船舶总体性能研究与设计的数字资产确权和安全共享的

     区块链底座设计 ····································· 176

第6章 数据知识化 ·· 187

 6.1 数据管理技术概述 ·· 187

  6.1.1 数据基本概念 ······································· 188

  6.1.2 数据管理技术的发展 ·································· 189

  6.1.3 数据管理的一般方法 ·································· 190

 6.2 大数据管理技术 ·· 191

    6.2.1 大数据管理技术特点分析 ………………………………………… 191
    6.2.2 大数据管理关键技术 …………………………………………… 193
  6.3 船舶总体性能研究与设计数据汇聚技术 …………………………………… 195
    6.3.1 船舶总体性能数据特点 ………………………………………… 195
    6.3.2 数据标准化 ……………………………………………………… 199
    6.3.3 数据汇聚方案 …………………………………………………… 203
  6.4 船舶总体性能数据中心 …………………………………………………… 205
    6.4.1 数据存储架构的发展 …………………………………………… 205
    6.4.2 分布式存储技术 ………………………………………………… 207
  6.5 船舶总体性能数据中心设计 ……………………………………………… 213
    6.5.1 船舶总体性能数据中心系统架构 ……………………………… 214
    6.5.2 总体性能数据汇聚与展示 ……………………………………… 218
    6.5.3 数据处理和分析 ………………………………………………… 221
    6.5.4 数据中心与试验数据管理系统融合技术 ……………………… 222
  6.6 船舶总体性能数据知识化方法 …………………………………………… 224
    6.6.1 统计回归方法 …………………………………………………… 225
    6.6.2 基于数据挖掘的知识化方法 …………………………………… 232
  6.7 基于大子样数据的数据挖掘实例 ………………………………………… 242
    6.7.1 传统螺旋桨设计理论 …………………………………………… 242
    6.7.2 螺旋桨敞水性能试验及数据 …………………………………… 242
    6.7.3 机器学习流程及算法 …………………………………………… 244
    6.7.4 数据收集以及预处理 …………………………………………… 247
    6.7.5 模型预报结果及分析 …………………………………………… 250

第7章 应用软件 APP 化 ……………………………………………………… 255

  7.1 船舶总体性能 APP 的属性细分 …………………………………………… 256
    7.1.1 APP 类型 ………………………………………………………… 257
    7.1.2 APP 属性 ………………………………………………………… 258
  7.2 船舶总体性能 APP 研发过程标准 ………………………………………… 259
    7.2.1 GJB5000A—2008 标准及实施原则 …………………………… 260
    7.2.2 基于 GJB5000A—2008 标准的 APP 研发方案 ………………… 262
    7.2.3 APP 研发测试方案 ……………………………………………… 264
    7.2.4 基于 GJB5000A—2008 标准的 APP 研发工作实施方案 ……… 265
  7.3 预报定制类 APP 化方法 …………………………………………………… 268
    7.3.1 专家知识提取与封装 …………………………………………… 268

7.3.2 基于 Star-CCM+ 的船舶自航预报定制类 APP 化实例 ········· 269
7.4 虚拟试验类 APP 化方法 ········· 276
7.4.1 需求分析 ········· 276
7.4.2 原理和开发流程 ········· 278
7.4.3 数学模型与控制方程 ········· 278
7.4.4 控制方程离散与求解 ········· 281
7.4.5 软件框架设计 ········· 282
7.4.6 软件详细设计即编程实现 ········· 286
7.4.7 APP 测试 ········· 286
7.4.8 他应用验证 ········· 301
7.5 APP 准确度验证与置信水平评估技术 ········· 305
7.5.1 APP 准确度验证 ········· 305
7.5.2 APP 置信度评估 ········· 306
7.5.3 数值模拟不确定度分析 ········· 306
7.5.4 CFD 不确定度分析示例 ········· 311

第 8 章 流程自动化 ········· 315
8.1 多源异构 APP 集成技术 ········· 315
8.1.1 APP 多源异构特征分析 ········· 316
8.1.2 多源异构 APP 集成框架设计 ········· 317
8.1.3 多源异构 APP 集成关键技术 ········· 318
8.1.4 多源异构 APP 集成设计方法 ········· 320
8.2 基于 APP 节点的"拖、拉、拽"研发环境 ········· 329
8.2.1 "重"客户端的定位及应用场景 ········· 329
8.2.2 "拖、拉、拽"的定义 ········· 333
8.3 APP 智能推送及柔性流程定制 ········· 338
8.3.1 APP 智能推送 ········· 338
8.3.2 柔性流程定制 ········· 339
8.4 重载 APP 云化应用 ········· 340
8.4.1 重载 APP 云化应用技术内涵 ········· 340
8.4.2 重载 APP 云化应用平台设计 ········· 343
8.4.3 云化平台关键技术 ········· 347
8.4.4 重载 APP 云化过程 ········· 348
8.4.5 阻力虚拟试验流程的云化应用实例 ········· 352
8.5 APP 的部署与分布式智能调度 ········· 360

8.5.1 APP 的部署方法 ·· 360
  8.5.2 系统组成及 APP 分布式流程搭建与执行 ······························ 362
  8.5.3 数据与 APP 应用流程控制 ·· 364

第 9 章 船舶总体性能创新研发应用实例 ·· 369

9.1 船舶阻力性能预报/评价/优化应用示例 ··· 370
  9.1.1 阻力性能虚拟试验 APP 开发 ·· 370
  9.1.2 目标船阻力性能预报 ·· 375
  9.1.3 目标船阻力性能评价 ·· 377
  9.1.4 基于 SBD 技术的阻力性能优化 ·· 380
  9.1.5 物理模型试验验证 ·· 389
9.2 大侧斜螺旋设计与综合性能评价应用示例 ······································ 391
  9.2.1 大侧斜螺旋桨参数化定义 ·· 391
  9.2.2 基于 APP 节点的大侧斜螺旋桨设计流程 ···························· 394
  9.2.3 大侧斜螺旋桨设计 APP 群开发 ·· 395
  9.2.4 基于 APP 节点的流程封装 ·· 407
9.3 基于预报定制 APP 的耐压壳体结构安全性能预报示例 ···················· 409
  9.3.1 耐压结构安全性评估技术现状 ·· 410
  9.3.2 耐压结构安全性预报的属性细分 ·· 411
  9.3.3 基于商用软件定制的结构安全性预报 APP 开发 ················· 412
  9.3.4 典型 APP 开发及应用效果 ·· 414

参考文献 ·· 420

第1章 绪 论

地球表面有 2/3 的面积被海洋覆盖,浩瀚的海洋蕴藏丰富的生物、化学和能源资源。据统计,世界水产品中的 85% 左右产自海洋;已发现的海水化学物质有 80 多种,可提取的化学物质达 50 多种,包括钾、镁、溴、硝、铀等。据估计,海底石油可采储量达 1350 亿吨,天然气储量 140 亿立方米,分别占世界可采总量的 45% 和 52%。20 世纪末,海洋石油年产量已达 30 亿吨,占世界石油总产量的 50%。除此之外,海底还蕴藏煤、铁等固体矿产,以及多金属结核富钴锰结壳、可燃冰等矿藏。日本海底煤矿开采量已达到其总量的 30%;中国南海可燃冰资源,据测算有 700 亿吨,相当于我国陆地油气资源总量的 1/2。由海水运动产生的海洋动力资源是重要的可再生能源,据估计,全球潮汐能、波浪能、海流能及海水温差、盐差能等海洋动力资源的功率在 1×10^9 kW 左右。

海洋是远未充分开发的资源宝库,将是支撑世界经济全球化的主动脉。海洋空间与资源不仅是当今世界军事经济竞争的重要领域,更是将来人类赖以生存、社会赖以发展、国家与民族持续安泰昌盛的资源宝库和战略基地,而控制海洋、开发利用海洋空间与资源的核心基础是船舶与船舶工程技术的发展。

面对时代前进需求的演变、科技跃进的发展和学科交叉、知识融合、技术集成创新的动向,加快船舶创新发展,占领技术制高点,不断增强控制海洋、维护海洋权益与疆土完整的能力,增强开发利用海洋空间域资源的能力,已成为我国船舶工业和船舶科技工作者的历史使命。

1.1 船舶发展与传统设计方法

船舶产生的历史,几乎同人类的历史一样久远。目前可考证的,世界上最古老的船是发现于荷兰的,公元前 8000 年的 Pesse Dugout 独木舟。2002 年 11 月在我国浙江省杭州市萧山区跨湖桥新石器时代遗址出土了一条近乎完整的独木舟,它被誉为"中华第一舟",距今 7600~7700 年。独木舟的问世,使人类文明史上出现了船的雏形。

1.1.1 船舶创新发展历程

独木舟的出现,帮助人们跨越江河、去到深水区捕捞,扩大了水上生产、生活的领域,使人们对更长、更大的船的需求也不断增加。进入青铜器时代,人们制造出了比石器锋利得多的金属工具,能够将圆木加工成木板,于是,开始出现用木板造船。从此,造船不再受原木长度、宽度的限制。用木板造船可以说是人类造船史上一次划时代的飞跃,为后来建造更大的船打下了基础。

船诞生之后,就存在如何使船按照人们指定方向航行的问题,经过实践摸索,相继出现了篙、桨、橹等装置。篙适合在河面窄、水浅的河中使用,遇到宽广、水深的江河、大海,因撑不到河边、水底而失去作用。桨的发明使人类摆脱了河岸、海底的束缚,能够在远离岸边和篙子够不着底的水面航行。在我国在浙江省余姚县河姆渡遗址,曾出土了大约7000年前的雕花木桨。随着人们造船技术水平的提高,船体逐渐增大,船舷也越来越高,出现了桨柄加长、桨板加宽的长桨;为增加航速,又出现了多桨。在长沙的一座西汉墓中曾出土过一只木船模型,上面有16支完整的长桨;据记载,梁朝侯景军中使用的一种高速快艇,竟有160支长桨。之后人们又发明了橹,其外形像桨,但比桨大,入水一端的剖面呈弓形,另一端系在船上。用手摇动橹,使伸入水中的橹板左右摆动,依靠橹板跟水接触的前后部分产生的压力差产生推力,推动船只前进,就像鱼儿摆尾前进一样。橹将桨的间歇划水变为连续划水,它是中国在造船和航行技术中的一项杰出成就。

篙、桨、橹都是运用人力推进船舶前进的工具,但人力毕竟有限,它们远远不能满足人们的需求。在长期的航行实践中,人们发现风能倾覆船也能推动船舶前进。于是,人们开始尝试将衣服、兽皮和其他织物捆绑在船上的竖木上,顺风时挂上、逆风时降下,这样,诞生了早期的帆。从史料记载来看,中外帆船诞生的时间相近,均在公元前3000年左右,之后,又发展出了方帆、斜帆和挂帆等多种形式的帆。通过长期的使用实践,人们不仅能在顺风时利用风帆驱动前进,在逆风时,通过走Z形航线,依然能够驱动船舶前进。

舵——操纵船舶航向的设备,是中国船舶史上又一个发明,也是对世界造船和航运事业的一大贡献。舵是由橹演变而来,专司航向控制,从此便失去划水的职能,不再离开水面。其外形不断得到改进,逐渐演变为现代船舶安装于船舶尾部的垂直舵叶。舵大约在10世纪时被阿拉伯航海者应用,12世纪时又从阿拉伯传入欧洲。由于舵的使用使远洋航行成为可能,因此,欧洲学者把舵的引进和使用,记作开创15世纪大航海时代的科学条件之一。

宋元时期,中国造船师们首次采用水密隔舱,它是船舶发展史上的一项重大创新。它改变了船舶结构,提升了船舶性能。首先,它提升了船舶抗沉性,增加了人员和货物在航行中的安全。其次,由于厚实的隔舱板与船壳板紧密钉合,增加了船体的横向强度;并且,由于分舱,不同的货主可以同时在各个舱中装货或取货,提高了装卸效率,也便于管理。因为这种舱隔绝十分严密,所以一个舱进水,并不影响其他船舱,这对提高船舶航行安全具有重要意义。正是因为水密隔舱结构的优越性,所以自它问世之后,很快就得到推广,大约18世纪末,水密隔舱结构逐渐被欧美乃至世界各国造船界采用。

船舶起源和初期发展源自人类对自然的观察和探索性模仿,从筏到独木舟,由篙到桨、帆、由橹到舵,每一步的改进都带来了舟船作用范围、航行能力的大幅提升,扩展了远古人类生产、生活的区域范围,对人类文明的发展具有重要的推动作用。但受制造材料、工具、工艺等方面的局限,古代船舶技术的发展非常缓慢,直到中世纪,船舶的基本特征都没有发生明显的变化,只是在船舶尺度、运载能力上有所增长。例如,1588年间的西班牙Armada号船舶和200多年后(1802年)西班牙海军在特拉法尔加海战中遭受重创的船舶在形态上无甚差异。

进入19世纪,工业革命对船舶技术产生了根本性影响,使船舶形态、性能、功能用途发生了显著的变化,主要体现在:
- 由钢铁代替木头作为建造船舶的主要材料;
- 由机器动力代替人力、畜力、风帆等船舶动力形式;
- 利用螺旋桨完成对船舶的推进;
- 船舶理论得到发展,科学的船舶性能研究手段、方法开始建立,并应用于船舶阻力、推进、船舶稳性等船舶理论基础性问题的研究,船舶设计建造开始成为一门专门的研究学科。

由此,船舶技术在19世纪后期有了突飞猛进的发展,这也是古代和近代船舶史的分界线。1858年由伊桑巴德·金德姆·布鲁内尔(Isambard Kingdom Brunel,1806—1859年)设计的SS大东方号船舶下水,该船长211m,宽25m,吃水8m,排水量22000t,能够载乘4000名乘客横跨大西洋,被称为业革命七大"奇迹"之一。1894年,第一艘采用蒸汽轮机推进的高速船舶透平尼亚(Turbinia)号下水,该船长31.6m,航速达34.5kn。1954年,美国建造的核潜艇"鹦鹉螺"号下水,功率达到11025kW,航速达到33km/h;之后,核动力的应用为船舶动力开辟了一个新的方向。

柴油机、燃气轮机、蒸汽轮机、核动力装置的发明和应用奠定了现代和当代世界船舶工业发展的基础,使船舶可以获得空前巨大的功率,大大提高了船舶的航速和载重能力。随着冶炼技术、钢材加工技术、焊接技术水平的提高,钢制船舶成为现代船舶的主体,现代船舶工业的序幕从此拉开。

第二次世界大战后,随着船舶研究手段、工具的建立,船舶理论、设计方法的发展,以及具有强大能力的计算机系统地引入,船舶设计和创新能力不断提高,船舶开始呈爆发式发展。受战争的驱动,军事用途的船舶发展最为迅速,并且得到了各国最大的科研、人力、财力投入,军用船舶发展水平也代表着同时代的先进水平,归纳起来大致经历了三个阶段。

1) 19世纪中叶至第二次世界大战结束

在这个阶段,动力和材料的发展推动了船舶技术划时代进步。受战争驱动,舰船技术以"吨位大、速度快、火力强、抗冲击"为主要目标,积极采用蒸汽轮机、内燃机和钢铁材料等当时先进的科学技术成果。以蒸汽轮机为动力的铁壳水面战斗舰出现、潜艇诞生、航空母舰问世,舰船发生了划时代的变革,完成了从古代战船向近代舰船的发展,各先进技术又不断向民用船舶拓展,使船舶种类逐渐丰富、细分,形成了各类军用、民用船舶族。

2) 20 世纪 50 年代至 80 年代

在这个阶段,船舶技术全面、系统、快速发展,新船型不断涌现。这时期,以物理模型试验为核心的船舶性能研究和设计技术体系逐步建立,并成为专门的学科;同时,造船技术与现代机械、电子、能源等新的科学技术密切融合,船舶技术进入全面、系统、快速发展阶段,船舶设计建造周期缩短、费用降低,而船舶航行和环境适应能力、船舶适用性和综合效能却大幅提升。得益于物理模型试验方法、船舶水动力学研究技术的发展和计算机辅助设计技术的引入,各种新型船舶不断涌现,如地效翼船、气垫船、水翼船、小水线面双体船等,船舶类型进一步丰富,船舶航行性能和作战、作业能力得到成倍的提高。

3) 20 世纪 90 年代以来

在这个阶段,船舶功能用途不断拓展、规模日益庞大,人们更注重其综合性能的提高。以信息技术为核心的高新技术的发展和作战样式的变革,对船舶综合作战能力和生存能力的要求越来越高,推动了以计算机三维设计和仿真为核心的船舶先进研制技术的发展,并发展了吊舱、轮缘、喷泵等先进推进设备,以及三体船、多体船、超临界高速船等先进船型。船舶的构成日益复杂、规模日益庞大,逐步演变为复杂巨系统,船舶设计建造更加注重对其总体综合性能的提高。

纵观船舶数千年的发展历史,度过了漫长、缓慢的木质古船发展阶段,船舶技术在进入 19 世纪中期之后进入快速发展通道。得益于工业革命改变了生产模式,科技进步改变了研究、设计方法,船舶工业从过去工匠式设计、作坊式生产,发展到现代专业化、规模化、工业化生产模式,专业性越来越强、分工越来越细,同时船舶功能和用途不断拓展,船舶形态不断创新,现代船舶正在不断向着大型化、节能环保、综合化、绿色化的方向发展。

1.1.2 船舶设计的一般方法

1. 船舶设计理论及方法发展

船舶是人类历史上最早出现的人造运载工具之一,几千年的生产和使用实践,使船舶设计早就成为一门古老的科学技术。但是,在过去相当长的一段时间内,船舶设计与其说是科学,不如说是艺术,它高度依赖造船师。造船师既是设计师、建造师,还是设计、建造过程的管理师。最初,造船师应用启发式方法——这是在过去几十年的试错过程中形成的经验方法,去探索设计空间;逐渐地,造船师用获得的、越来越丰富的经验和知识取代了试错法,将技术以口授、现场指导及实物示范的方式代代相传。在缺乏理论指导和研究手段支撑的条件下,这种匠师式、依靠试错探索设计空间的创新方式不失为一个好办法,只是作用小、收效慢,船舶的发展历程也印证了这一点:直到19世纪初,船舶的形态都没有太大突破,仅船舶尺度、载重更大了一些。

古希腊数学家和科学家阿基米德(公元前287年—前212年)对船舶理论和造船发展作出了巨大贡献,是他发现了浮力原理、漂浮物体稳性的基本法则及螺旋桨的功能。浮体稳性原理收录在阿基米德最重要的、关于船舶稳性的契书《浮体论》中,但遗憾的是,这部著作实际上直到18世纪才被逐渐开发应用。阿基米德提出的通过螺旋桨(阿基米德桨或阿基米德螺旋)推动水作为船舶推进方式的思想直到1836年才得到发展和实现:1836年英国的阿基米德号首次使用螺旋推进器。阿基米德确立了流体静力学的基本原理,也奠定了船舶静力学的理论基础。

17世纪伽利略从实验中总结出自由落体定律,开创了以实验事实为依据并具有严密逻辑体系的近代科学。牛顿在系统总结伽利略、惠更斯等人的工作后,在其1687年出版的著作《自然哲学的数学原理》里,对万有引力和三大运动规律进行了描述,开创了牛顿经典力学体系。伯努利(1700—1782年)从能量守恒角度出发,得到流体定常运动下的流速、压力、管道高程之间的关系——伯努利方程;欧拉采用连续介质的概念,把静力学中压力的概念推广到运动流体中,建立了用微积分方程描述无黏流体运动的欧拉方程。伯努利方程和欧拉方程的建立,标志了流体动力学学科的建立,开启了用微分方程和试验测量进行流动运动定量研究的阶段。之后纳维尔(1785—1836年)、斯托克斯(1819—1903年)建立了黏性流体的基本运动方程——纳维-斯托克斯方程(Navier-Stokes equation,N-S方程);接着雷诺、冯卡门、周培源等发展了流体湍流与转捩理论。流体动力学理论的逐步完善,铸就了船舶水动力学理论研究的基础。

傅汝德(1810—1879年)假定的提出和世界第一座船模拖曳水池的建造,开创了船舶水动力性能物理模型试验研究先河,掀起了世界范围内船舶试验技术研究和设施建设的高潮,逐步形成了囊括船舶总体性能各个方面的船舶试验研究体系。随着研究的深入,学科分支越来越细,研究方法也越来越复杂,获得的结果也越来越精确,物理模型试验逐渐成为设计结果验证、方案比较(选优)的不二之选。更进一步,研究人员通过物理模型试验研究船舶性能与船型参数之间的响应关系,使设计人员在设计初期就能够通过少量的船型参数来预报实船性能,帮助快速获得可行方案,缩短设计周期、降低设计风险。在此基础上,可在设计初期选择类似的优秀船型作为母型,然后通过船型参数细微调整满足新的设计需求,最终通过少量的物理模型试验对重要技术指标进行验证确认,形成最终设计方案。这种基于经验和母型船的船舶设计模式在船舶行业获得广泛应用,为船舶创新发展作出了巨大贡献,时至今日仍在发挥重要作用。

自1946年第一台电子计算机问世,数值计算成为可能。进入21世纪,随着计算机性能的快速提升和计算科学的不断发展,以物理规律为基础、船舶力学为核心、计算机硬件和信息技术为依托的数值计算技术获得蓬勃发展,在某些方面已能够替代部分物理模型试验,成为常规的船舶性能预报、评估手段。数值计算不受模型尺寸、环境扰动、测量精度的限制,可以形象地再现流动情景,能够与船舶计算机辅助设计(computer aided design,CAD)软件和计算机辅助工程(computer aided engineering,CAE)软件、优化算法无缝高效融合,具有周期短、成本低、效率高等优点。因此,数值计算方法继理论研究和试验方法之后成为船舶科学研究的第三种研究方法,并形成了当前以理论分析为支撑、物理模型为核心、数值计算为辅助的船舶科学研究和设计经典模式。

2. 船舶设计的一般方法

船舶是一种水上活动的工程建筑物,具有使用环境特殊、技术复杂、投资大和使用周期长的特点。船舶的种类很多,并有不同的分类方法,从船舶用途角度划分,可分为民用船舶和军用舰船两大类。民用船舶可分为运输船、工程船、工作船、海洋开发船以及特殊用途船等类型,其中运输船又可分为客船、客货船、货船、旅游船、渡船、驳船等;工程船可分为挖泥船、起重船、打捞救助船、浮船坞、布缆船、敷管船等;工作船有引航船、消防船、供应船、港作拖船、风电运维船等;海洋开发船有海洋石油钻井平台、海洋地质勘探船、海底采矿船、海洋能源开发船、海洋调查船、深潜器、海洋生物资源开发船等。军用舰船分为水面战斗舰艇、水下战斗舰艇、辅助舰艇等。不同类型的船舶,外观造型、内部结构、总体布局、使用环境等差异很大,设计要求也各不相同,但也有诸多共性的方面。

船舶的建造和使用关系国民经济、国防建设、环境等诸多方面,船舶设计首先要贯彻国家的技术政策,遵守国际、国内各种公约、规范和规则。其次,船舶设计的目的均是满足人们的需求,新设计的船除了要有用、好用,还要注重经济性、安全性;经济性是船舶产品的核心竞争力,是船舶经营盈利的关键;安全性关系到生命财产安全,是每一艘船舶最基本的质量指标。随着低碳经济的推行,船舶行业面临着艰巨的"碳减排"任务,提高船舶节能和环保性能是船舶设计开发的大趋势。另外,对于一个成功的工程建筑,美观也是一个重要的评价标准。

总体来说,适用、经济、安全、环保、美观是评判船舶设计成功的普遍性标准,是指导设计方向的大原则。船舶设计是典型的大型、综合性的工程设计,包括船舶总体、结构、舾装、轮机、电气等多个不同专业设计内容的综合。由于船舶设计的复杂性,设计目标不可能一次达到,通常采用逐步深化、逐步逼近的方法,经多轮次迭代改进,最后得到满足各种要求的最佳方案。

按逐步近似过程进行船舶设计,就可以把复杂的设计工作分为若干个循环,初次近似时只考虑少数最主要的因素,后一次则计入较多的因素,后一次近似是前一次结果的补充、修正和发展,经过若干次近似之后,总可以得到一个符合要求的设计结果。由此来看,这种逐步近似过程虽然循环进行,但却不是简单地重复,而是一个螺旋上升的过程,如图1.1所示,其特征是每一次循环都提高了设计的详细程度,但减少了方案数量。

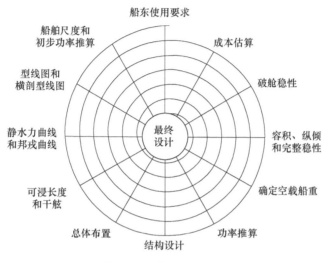

图 1.1　船舶设计螺旋线

实际上,可将每一次循环当作船舶的一个设计阶段。传统上,将船舶设计过程分为概念设计、方案设计、技术设计、施工设计以及完工设计几个阶段。当然这种设计阶段的划分不是绝对的,各个设计部门有其不同的习惯和方法,即使在同一设计部门,在处理不同情况的船舶设计时也会有不同的设计阶段划分。大体上,对于新型的、复杂的、过去没有成熟经验可借鉴的船舶,其设计阶段要多一些,设计周期也要长一些;反之,设计阶段就要少一些,设计周期也短一些。如常规民用船舶设计周期可能只有几个月,而一些重要的军用舰船可能需要5年、10年之久。

船舶设计的每一个阶段都围绕设计任务和目标来展开,但侧重点不同,采用的方法也有所不同。

1) 概念设计

概念设计是一项科学研究和技术论证工作。对于一些新型的、重大的、复杂的船舶,特别是军用舰船,通常在概念设计之前还有一个战术-技术指标论证阶段;对于民用船舶,通常称为可行性研究。这个阶段的主要工作就是对研究对象进行技术指标论证,即要把船舶使用部门或船东及任务的需求转化为船舶设计技术指标。例如,在新型舰船战术-技术指标论证阶段,一般情况下由作战部门从海军当前或长远的需求发展出发,先模糊和粗略地提出未来舰船的任务使命和性能要求,然后会同技术乃至工业部门对此进行技术可性能研究。典型的任务书包括设计艇的任务使命、航行海域、武备类型及数量、噪声水平、航速和续航力、适航性、艇员编制及自持力等。船舶类型不同,任务书也往往有所区别,条目内容也并非面面俱到、一成不变。

战术-技术或设计任务书代表用户需求,往往是宏观判断具现化的产物,表示"需要一条什么样的船"。一般而言,任务书中明确规定的要求是必须达到的。因此,任务书规定得越详细,对设计的限制条件就越多,发挥设计部门主观能动性的余地也就越小。同时,任务书的编制工作本身也是一项需要反复权衡、逐步完善的科学研究和技术论证工作,同样可以引入优化理论予以辅助。

在任务书明确之后,概念设计阶段的主要工作是优选排水量、主尺度、船型、动力、结构、布置、推进形式等主要要素或者称为基础要素,基于设计师的经验,利用一些经验公式、回归方法进行主要性能指标的快速预报与评价,判断相当大范围内的基础要素组合对技术指标的达成情况。

2) 方案设计

这个阶段的工作是在概念方案的基础上,根据任务书的要求,通过逐步分析、改进(优化),设计获得既满足任务书要求,技术、经济指标又优良的方案,作为下一阶段设计工作的依据和基础。

方案设计阶段应该解决设计船遇到的所有重大技术问题,并确定所有未知要素,满足所有性能技术指标。该阶段的重大技术问题往往要通过水动力、结构和振动噪声试验来确定。一般情况下,该阶段确定的主要尺度、船型、排水量、总布置格局、基本结构形式和尺寸、武备系统(军用舰船)、主要机电设备、观通导航设备等将基本固化,后续不会再有大幅度的调整。

3) 技术设计

技术设计是方案设计的扩大和深化。如果把船舶作为一个大系统,方案设计确定的总体方案就是规定了这个大系统的总体样貌,而技术设计则要确定各系统的技术形态。技术设计中要协调解决各专业的一切技术问题,包括:船体结构、船舶装置、机电设备的布置,各种动力系统和船舶系统、电力系统的配置,舱室布置等。

技术设计一般遵循方案设计的结果,主要是在局部细节上做进一步的改进优化,设计结果一般由完整的试验以及数值计算结果支撑。这个阶段是物理模型试验和高精度数值计算大量应用的阶段,用于方案优选,性能指标验证,实船性能预报及评价等工作。此时,整个船舶的技术状态已经完全确定下来,"造一条什么样的船"的问题已经解决,多数情况下就是最终形式的设计。

4) 施工设计

如果说技术设计是解决"造什么样的船"的问题,那么施工设计就是规划"如何造船"的问题。施工设计又称为生产设计,是结合建造厂的具体工艺条件,绘制建造所需的全部施工图纸,编制具体的施工工艺规程技术文件。

施工设计可以由设计部门与建造厂共同承担,也可以由建造厂单独承担。施工设计图纸及技术文件的项目范围,应根据船舶的类型,承造厂的工艺水平以及生产批量,由设计单位、承造厂和船东商定。由于这个阶段需要绘制大量、详细的施工图纸,此阶段也称为详细设计。

一般情况下,施工设计不再安排物理模型试验验证的内容,但也不排除因施工工艺的要求,需要对船舶某些局部或附体包括推进器进行改动设计,此时需要分析评估由此引起的某些性能的变化。

5) 完工设计

船舶建造完工并经试航之后应进行完工设计。由于新船,尤其是首制船建造完成后,技术状态往往不可避免地会与原来的设计有所出入,譬如存在重量、重心的误差。这个阶段的主要任务是按照建造实际采用的布置、结构、材料、设备等绘制完工图纸,编制各项试验、试航报告。

完工技术资料是使用和维修的重要依据,也是船舶技术研究和设计工作的宝贵资料,必须做到准确和完整。

综上所述,船舶设计的各个阶段都应围绕着性能技术指标的满足和实现,既相互联系、衔接又具有相对独立性。前一个阶段是后一个阶段的设计依据,后一个阶段是前一个阶段设计的深入和发展,技术指标逐步精细、全面。技术设计阶段之前,设计方案相对粗糙,存在较大的不确定性;进入技术设计之后,设计方案详细而具体;据此可以笼统地将船舶计的前两个阶段叫作前期设计阶段,技术设计及以后阶段可定义为后期设计阶段。

1.1.3 船舶总体性能设计概念及传统方法

1. 船舶总体性能设计概念内涵

一艘船舶,使用几十甚至上百种金属和非金属材料,安装成千上万个零部件,配备成百上千台设备、仪器,花费数十万乃至数百万工时,经过几个月甚至几年的时间才能建造出来,最后交付船东使用,经过 20 年、30 年甚至更长时间的运营为船东创造价值。可以看到,船舶在从研发设计到建造、使用和维护的全寿命周期中,其费用和代价是十分昂贵的,而且会越来越昂贵。人们自然就会想到如何以最小的代价,获得最合用、最经济、最安全、最先进的船舶。而合用、经济、安全、先进,必须要有一定的量度才好加以衡量或比较,通常用总体性能及其指标来概括一艘或一型船舶的水平、面貌和特征。如军用舰船通常使用"战术技术指标"或简称"战技指标",意思是它既包含了战术使用特征的含义,也包含了技术状况特性的含义,可以综合反映一艘或一型舰船的主要特点,代表它的总体特征,并成为人们可以方便应用的共同语言。

总体性能或战术技术性能及其指标,是船东或使用部门提出的需求任务书和需求规格书的核心内容,在整个设计过程中,都需要对设计结果进行审查和评价,评价的尺度和标准,必须以设计所能达到的总体性能指标为主要依据。船舶经过建造、试航,对其质量和任务能力的综合考察,也应以总体性能指标实际达到的情况作为考核或鉴定的主要内容。因此,船舶设计的核心是要在满足船东需求的前提下,精心研究设计船舶的总体性能及其指标,这就是船舶总体性能设计概念。

一艘船舶在江河、大海中按设计、营运航速平稳地航行,当遇到风浪时,它要具有良好的抗风浪性能,摇摆运动适中,上浪少、失速少;船体结构能够抵御海浪砰击而不变形、不失效;舱室振动、噪声在船员承受的范围之内;对于军用舰船,还要求具有良好的声光电隐身能力,这就是我们通常所说的这艘船具有良好的总体性能。概括而言,船舶总体性能泛指对船舶总体指标有决定性作用的性能,主要包括浮性、稳性、快速性、耐波性、操纵性、结构安全性、隐身性、电磁兼容性等。

1) 浮性

船舶在一定装载情况下,漂浮于水面(或浸没于水中)保持平衡的能力称为浮性,是任何船舶首先需要满足的性能。

2) 稳性

船舶受外力作用偏离其平衡位置而倾斜,当外力消失后能回复到原平衡位置的能力称作稳性,具有这种能力的船是稳定的,否则是不稳定的或随遇平衡的。根据外力的性质,又可分为静稳性和动稳性;静稳性又可细分为初稳性和大倾角稳性;动稳性又可分为完整稳性和破舱稳性,当前正在发展的第二代稳性属于动稳性。稳性也是船舶必须首先满足的性能,稳性设计一般采用规范设计。

3) 不沉性

船舶破损浸水后仍能保持一定浮态和稳性的能力称为不沉性。不沉性是涉及船舶安全性的重要性能,因此,不管对于军船还是民船,国际上和各国政府都提出了严格的要求,并制定了必须严格遵守的公约和规范。加大干舷、合理设置水密分舱以及设置双层底和边舱是提高不沉性的有效措施。

4) 快速性

快速性是指船舶在一定主机功率下达到某个速度(静水中直线航行时)的能力,代表了船舶阻力与推进(包含主机特性匹配)的综合性能。船舶快速性又包含船舶阻力和船舶推进两门学科,船舶阻力研究船体在航行时所产生的阻力,目的是研究优良的船型和相匹配的附体使船舶阻力尽可能小;船舶推进研究克服船体阻力的推进器及其与船体间的相互作用,提高推进效率使主机消耗的功率尽可能少,并与主机的特性匹配。

5) 耐波性

耐波性是指船舶在风浪中遭受由于外力干扰所产生的各种摇荡运动及砰击上

浪、失速飞车和波浪弯矩等,仍具有足够的稳性和船体结构强度,并能保持一定的航速安全航行的性能。耐波性中船舶的摇荡是主要的,其他现象主要是由摇荡引起的,摇荡又分为横摇、纵摇、艏摇、垂荡、横荡、纵荡六种形式,其中横摇、纵摇和垂荡三种运动最为显著,对船舶航行性能的影响最大,可能会引起一些不良后果,包括：

- 剧烈地横摇会使船舶横倾过大而丧失稳性,以致倾覆；
- 纵摇和垂荡运动会引起艏部甲板上浪和底部出水,产生船首砰击,造成船体结构振动和应力增加,造成结构和设备的损坏,并使固定不良的设施或散装货物移动而危及船舶安全；
- 由于波浪引起阻力增加和推进器工作条件的恶化(负荷不均匀,桨叶局部出水),使航速显著降低,从而增加燃料消耗；
- 使甲板淹水,影响甲板设备的正常运转,造成工作困难；
- 船上居住条件变差,影响船舶工作人员操作设备和引起乘员晕船；
- 摇荡产生的加速度,特别是砰击加速度,会降低军用舰船上武器的命中率,影响作战效能的发挥。

耐波性对船舶海上航行及作业能力的影响显著,越来越受到船舶研究和设计者的重视。

6) 操纵性

操纵性是指船舶受驾驶者操纵而保持或改变其运动状态的性能。这里的"运动状态"是指由作为时间函数的船舶线速度、角速度、线加速度及角加速度等矢量所决定的船舶运动状态,他们决定了船舶运动的轨迹。

一艘操纵性好的船舶,应能按照驾驶者的要求,方便、稳定地保持或者迅速、准确地改变运动状态,即具有良好的航向稳定性和航向机动性。操纵性对于船舶的使用效能和安全性有重要意义。

7) 结构安全性

结构安全性是指船舶在各种外力作用下,具有一定的强度,以及必要的稳定性和刚度,不会因构件强度不足或失稳而引起结构的损坏,也不能使其变形超过允许范围;同时应使船体结构具有良好的防振性能,使其在各种激振力作用下,不会产生令人烦恼的振动的能力。

船舶是一个航行于水上的复杂工程建筑物,结构安全性与建造材料及作业水域风浪流环境密切相关,环境载荷及响应(包括准静态响应、动态响应)、极限强度、疲劳和断裂是结构安全性研究和设计的主要内容。

8) 隐身性

隐身性是军用舰艇的重要性能,是指通过降低舰艇信号特征,使其难以被敌人发现、识别、攻击的能力,以及利用增加信号特征为诱饵,对敌人实施欺骗、迷惑或干扰,达到自我隐身目的的能力,以增加不可损伤性。它包括了外形和布局隐身、雷达隐身、红外隐身、电磁隐身、声隐身、尾流抑制、消磁(吸波)材料应用等;也包括了在舰上安装有源或无源的电子侦察、告警、干扰、诱饵等系统设备,作为积极隐身所采取的手段。

舰艇噪声是被敌声呐发现和跟踪的主要目标特征,又是影响本舰声呐工作效能的干扰因素,因此降低噪声对舰艇隐身性能具有极重要的意义,而噪声与振动密切相关,两者的响应关系复杂,是舰船隐身性研究的热点和重点。

9) 电磁兼容性

船舶电磁兼容性是指在非人为电磁干扰作用下和实际使用情况下,船上电子装备和电气设备能同时、协调工作,并对其他设备不产生不被允许的干扰的能力。

船舶,尤其是军用舰艇带电设备众多、布局密集、高低电平相差很大,各种电缆交错容易引起宽带射频电磁干扰,电子设备之间还可能产生窄带干扰。舰船电磁环境和电磁兼容性的好坏,直接影响舰船信息探测、处理能力,对航行及作战效能有较大影响。

2. 船舶总体性能设计在各设计阶段的特点

如前所述,传统上将船舶设计过程划分为了概念设计、方案设计、技术设计、施工设计以及完工设计几个典型阶段,总体性能设计在不同阶段呈现不同特点。对于总体性能设计而言,又可将整个设计阶段分为前期和后期两个大阶段,前期包括概念设计和方案设计,后期指方案设计之后的阶段,船舶总体性能设计在两个阶段呈现明显的区别和特点。

1) 前期设计阶段

概念设计阶段主要目标是提出科学、合理的船舶航行性能设计目标和约束条件,具体的技术实施将在方案设计阶段完成。方案设计阶段将根据概念设计结果,相对准确地确定船舶主要尺度要素、排水量、主机功率、推进方式及具体方案、主要附体等,给出航行性能分析预报结果,并给出面向工程的船体线型及其相关附体布置图,作为其他专业设计的依据和输入条件。该阶段设计目标已比较明确,设计约束条件已很具体,描述船体线型特征的主要参数的变化范围已较小。这个阶段的船舶构型设计已由概念设计阶段的主参数优化为主转向性能最优为导向的局部区域优化设计,要求能够兼顾船体主参数的调整和局部区域的优化,这些局部区域一般对某项或某几项航行性能有显著影响,如对阻力、首部砰击、自噪声影响较大的首部区域,对推进效率、尾部振动、空泡噪声贡献较大的尾部线型及推进器。

2) 后期设计阶段

方案设计完成后,船体、附体和推进器等对航行性能有重要影响的设计工作已基本完成,技术设计、施工设计主要是对其他专业设计工作的细化。随着其他专业设计的深入,一些原先估算的参数不断地被确定,当估算值与实际值有较大差异,而该参数对某项性能有较大影响时,需要对该项性能进行重新评估。若参数偏差较大需要对船体线型或附体进行进一步的优化设计,但往往限制在较小的局部区域,以最小化对其他性能设计的影响、最小化对其他专业设计的影响。通常这个阶段的性能优化设计工作可交给相应学科独立完成,譬如球艏阻力性能优化、推进器的优化等。

完工文件编制阶段,为性能设计工作提供了准确的反馈信息,应注意总结、积累,更好地指导今后的设计。

3. 船舶总体性能设计传统方法

现有船舶是人们造船和用船经验的结晶,也是科学技术不断发展的成果。某种类型船舶的发展和演变过程,存在着由他们的使用任务和要求所决定的共性问题。这就决定了这类船舶必然具有许多相近的技术特征和内在规律,这些特征和规律也是人们合理解决船舶设计中众多矛盾的结果。合理地吸收和利用这些经验和规律,可以缩小探索范围,使设计获得可靠与先进的结果。由此,形成了以借鉴与继承为核心,以物理模型试验为重要支撑的传统母型船设计法。

母型船设计法就是在现有船舶中选取一条与设计船技术性能相近的优秀船舶作为母型,将其各项要素按设计船的要求用适当的方法加以改造变换,得到设计船相应的要素;然后按照学科依次开展物理模型试验,预报实船性能并判断是否达到设计指标要求;若未达到,则依据经验和母型船资料对方案进行改进,再试验、再改进,直至获得满足全部设计指标的设计方案。

在母型船设计法中,母型是一个广泛的概念:新船在主要技术性能方面相近的优秀实船是最直接的母型;经过物理模型试验研究的优良船模资料也是母型船的一种。优秀的实船,由于经过了实践考验,因此新船的设计有了一个具体的实践基础。在此基础上,设计者能够比较准确地专注于解决设计船的主要矛盾,比较容易确定设计船的改进方向和措施,有把握地选取设计船的各项技术参数,不但大为简化设计工作,而且还可以提高准确程度。一些优良的船模通常是系列化的,如 NPL 圆舭艇系列、泰勒 60 单桨商船系列、SSPA 中速单桨运输船系列等,不仅为设计者提供优良的船型基础,还提供了丰富的试验和性能研究资料用于设计船性能的预报、评估。

母型船资料的搜集和应用是母型船设计法的重要基础。母型船资料包括主要尺度要素、排水量、航速、主机功率、重量重心、型线图、船模及实船试验数据、总布置图、舱容、载重量等。此外,搜集同类船舶的各类统计资料也很必要,因为这类资料能反映出该类船舶的一般情况,由统计资料给出的性能预报数据,大约相当于所统计船舶的平均值。各种统计资料所反映的,都是一定类型船舶的一般规律,能够代表一个总的趋势。但值得注意的是,个别船舶的具体特点,它却反映出不来,在应用这类统计资料时应重视这一点。一个优秀的设计师,必然积累有大量的船型资料,丰富的技术资料是设计人员的宝贵财富。

物理模型试验是传统母型船设计法的关键环节,通过物理模型试验可以预报实船性能,降低设计风险;通过物理模型试验可以进行多方案选优,缩短设计周期、获得最佳方案;通过物理模型试验可以进行船舶性能影响因素、影响规律研究,指导船舶设计改进的方向。为此,世界各造船强国都建有规模庞大的船模试验基础设施,涵盖船舶阻力、推进、耐波性、操纵性、结构安全性、振动噪声等各个领域。据不完全统计,目前在全世界30多个国家和地区仅船模试验水池就有200余座,包括各种类型的拖曳水池、耐波性水池、操纵性水池、空泡水筒、循环水槽以及冰水池、风洞、海洋工程水池,广泛用于对水面船舶(包括高速船、水翼船、气垫船、地效翼船等高性能船艇)、水下潜航器、海洋平台(包括大型浮式结构物)的水动力学性能、空泡性能、载荷等方面的测试和研究。在船舶结构安全性、振动与噪声控制领域,同样建设有各种类型的试验设施,全面支持船舶结构安全及隐身学设计及研究工作。

4. 传统船舶总体性能设计模式存在的问题

总体性能设计是船舶设计的基础核心部分,贯穿整个设计过程并直接影响船舶竞争力。首先在概念设计阶段,围绕船东或用船部门的用船需求,论证提出总体性能技术指标要求,即将任务和使用需求转化为可用于指导设计的技术指标要求;其次,围绕这些技术指标开展方案设计,并采用经验公式、设计图表(图谱)、物理模型试验等多种方法检验并优选设计方案;最后,在船舶建造完成后,通过实船试验,检验各项指标是否达到预期的目标。船舶设计始于总体性能、终于总体性能,性能最优化驱动着各阶段设计工作的开展,以更好地满足设计任务的要求。

统计结果表明,占成本不足5%的前期设计(概念设计、初步设计)会对后期40%~60%的费用产生影响,将影响船舶全寿命期费用的70%。而该阶段设计造成的缺陷是先天性的、总体性的,通过后期的局部改良是很难挽回的。如苏联在第二代705型攻击核潜艇的概念设计中对比了5个设计方案,为了尽可能地减少排水量、提高航速,选择了能量密度高的液态金属反应堆、材质更轻且屈服强度更高的钛合金材料,带来了一系列可靠性和经济性问题。类似的问题也出现在澳大利亚科林斯级潜艇的设计中,由于澳大利亚本身不具备潜艇设计制造能力,因此选择了瑞典的考库姆造船公司设计的A-17西约特兰级的放大版。瑞典的常规动力潜艇设计主要围绕自身近海作战需求进行,有许多并不适合澳海军的远洋作战需要,1996—2003年6艘科林斯级潜艇陆续服役后,暴露的设计问题层出不穷,以至于1993年下水的首艇到1999年仍没有形成战斗力。该舰先是尾轴水密性很差,使其300m深潜能力在很长时间都形同虚设;而后发现动力系统可靠性极低,由于瑞典没有合适的大功率柴油机,因此考库姆公司草率地选择了一款用于海上勘探钻井平台的柴油机,科林斯级潜艇首艇和2号艇服役后的一年半时间里,柴油机发生了超过750次事故,故障的类型千奇百怪,堪称"世界之最",科林斯级潜艇也长期处于"心脏病"状态,更糟糕的是艇体不合理的外形还导致了比较严重的水动力噪声,科林斯级潜艇围壳后部的上层建筑在靠近尾部的位置与耐压艇体的衔接形成一个十分陡峭的斜坡,这种几乎没有圆滑过渡方式的连接形式及该级潜艇不合理的指挥台围壳形状,使得该级潜艇在水下航行时,其后半部产生显著的涡系,并卷入螺旋桨引起桨叶振动和噪声。

从上面分析可以看出,总体性能设计聚焦在前期设计阶段,此时,获得的信息少、设计自由度大,需要权衡处理的矛盾多,系统性强、决策过程复杂,存在多准则、多层次、多学科的特点。设计师往往难以驾驭如此庞大而复杂的系统,因此,传统上采用可靠、稳定的母型船设计法,但这种传统设计方法过早地将船舶的形态局限于选定的母型船(性能水平的基础已确定)上,设计方案迅速收敛,一旦方案设计阶段结束进入后期设计阶段,主要工作是设计图纸的细化和局部细节的优化,全局要素基本不会再进行调整,几乎不存在总体性能综合优化的空间和必要性。

不仅如此,传统船舶总体性能设计模式及方法还存在以下诸多方面的局限:

1) 串行迭代难以处理综合设计决策问题

船舶是一个复杂的工程系统,船舶总体性能设计需综合运用多个领域、多个学科的技术。为了使设计船舶达到要求的技术指标,从确定技术指标开始,到分析水动力性能、结构安全性能和振动噪声性能等指标,直到确定总体性能,各要素、衡准、尺度之间是难以分开的,甚至是矛盾的,譬如航向稳定性和操纵机动性、快速性与耐波性。船舶总体性能设计本质就是在各设计阶段和层次上对互相联系又相互冲突的目标进行权衡的过程,同时也是决策的过程,因此从根本上说船舶总体设计是一个复杂的、高度综合的过程。

传统总体性能设计是一种基于经验(母型船)和物理模型试验的串行设计模式,通常是对各子系统(学科专业)单独设计优化,到最后试图将几个较优的子系统组合成一个较优的大系统。这种设计方法忽视了工程系统内各子系统间的相互关系,各行其是的设计方式,各专业孤立地进行,由总设计师靠经验来处理相互制约的因素。

同时,各单项性能的试验预报孤立进行,综合权衡很难做到全面、及时,再加上权衡的方法主要依赖人为因素占主导的经验,几乎不可能获得综合最优方案。

2) 物理模型试验、数值计算方法的应用均存在一定的局限

自傅汝德假定提出和第一座船模拖曳水池建造,使人们可以通过缩比物理模型试验来研究、预报船舶性能,船模试验就成为了船舶性能研究和设计的重要手段。经过一百多年的发展,在全世界范围内有几十个专门的船模试验研究机构,建造了几百座各类船模试验设施,形成了覆盖船舶水动力、结构安全、振动噪声等学科领域的试验技术体系,推动了船舶技术的快速发展。与古代船舶相比,现代船舶

不仅在尺度、速度、安全性能方面有大幅提高,在船舶形态、结构形式、航行方式上更是有质的飞跃,船舶不再局限于水面航向,还能够下潜深海、地效飞行,船舶总体性能已达到空前的水平。

随着计算机技术的发展,数值计算技术在过去的三十多年间取得了蓬勃发展,成为船舶性能研究和设计的另一重要工具。数值计算弥补了物理模型试验在微观精细测量上的不足,克服了模型尺寸受限、环境扰动影响以及测量精度上的天然缺陷,具有细节展示、情景再现的优点。不仅能够测量阻力、运动、变形等宏观物理项,还能够对船体表面压力、流线、流动分离、涡地生成与传播等微观结构进行精细的展示,在精细流场及受力信息的全面获取等方面更胜物理模型试验。同时,与物理模型试验相比,它的周期短、费用低、响应快,已逐渐成为与物理模型试验并驾齐驱的研究和设计手段。

随着船舶设计要求的提高,对性能预报精度、可靠性等方面的要求越来越高,两大传统手段本身的局限性使它在继续提高船舶创新质量方面遇到了瓶颈。

对于物理模型试验,它作为当前船舶性能预报、验证、评价的主要手段,"尺度效应"是它目前难以克服的难题。现代船舶尺度越来越大,意味着船模缩比越来越大,带来的尺度效应越来越严重,预报的精度、可信度将随之降低。"分离"是物理模型试验自身难以克服的问题;其一表现在几大性能试验的分离,如航行性能本来是在统一的海浪环境下所表现出来的性能,但由于全模拟过于复杂、困难,将其分解为了快速性、耐波性、操纵性等不同学科,按照不同的假定进行物理模型试验,所得的结果必然存在局限性,这也是预报结果与实船试航结果出现偏差的重要原因之一;其二是环境和响应的分离测量,例如在结构强度试验中,通常是在水池物理模型试验获得船体的压力分布,通过换算得到结构载荷分布,然后在结构试验室模拟载荷分布,测量结构响应,在这种时空分离过程中必然损耗精度和精细度,测量结果的置信水平会降低;其三是试验与设计过程的分离,一般而言,在概念设计完成、主要技术指标已经确定、有准确的船舶型线图之后,才能开展相关的物理模型试验,物理模型试验只是起到了验证和选优的作用,是在事后反馈方案的性能测试结果,供设计人员辅助决策——最终决策的依然是人为的经验。

数值计算,一定程度上克服了诸如尺度效应,环境、测量分离以及与设计过程分离的问题,但它也存在着自身的局限性。首先,一方面数值计算软件系统复杂,使用门槛高,不仅要具备较高的船舶专业知识,还要求具备三维建模、网格划分、计算参数设计等方面的知识,需要经过专门的学习和训练。因此,从事数值计算的人员通常不是船舶设计人员,他们采用其固有的流程对船舶设计部门提供的各设计方案进行各项性能的计算、预报,出具标准格式的报告,设计人员能够轻松获取阻力、运动幅度、变形量等感兴趣的宏观物理量,但对于各种压力云图、流线等可用于精细分析、支持精细设计的重要物理信息缺乏认知和理解,实际上没有发挥数值计算在此方面的优势,仅作为物理模型试验廉价、快捷的替代品。另一方面,数值计算人员对于设计人员的意图或者说感兴趣的方面可能也缺乏了解,导致计算结果非设计所需,也就是说,数值计算没能发挥其融入设计过程的优势。并且数值计算是一个复杂的过程,"因人"影响因素很大,不同的人计算常得出不同的结果,甚至同一个人采用不同的建模方法或参数设置,会得到不同的结果,并且这种差别可能较大以至于无法对不同方案的优劣做出正确的评估,造成数值计算难以成为工程设计评估的可靠手段。最后,数值计算涉及多个方面的知识,在当前的模式下,这种知识经验难以流动与传承,使得数值计算只局限于一小部分专业团队之内。

3)单学科研究、信息割裂,忽略了耦合效应

船舶总体性能设计是一个综合的过程,应采用一种横贯多种专业并使它们发生相互联系和相互作用的横向设计方式。各专业之间的关系是密切和复杂的,需要对各要素、指标进行论证、选择,最终统一到对完成任务的价值上进行权衡,现代系统工程整体大于部分之和的活力即在于此,所以设计和优化是本质地联系在一起的。

然而,由于船舶系统过于复杂,实际上难以用一个单独的模型完整表达设计技术要求,因此,传统上是将复杂大系统分解为若干相对简单的子系统。例如,将总体性能分解为水动力性能、结构安全性、振动噪声性能等。水动力性能又可继续分解为浮性、稳性、快速性、耐波性、操纵性等。随后对各子系统(学科专业)进行单独研究和设计,形成"线下分学科点对点交互"的模式,带来了信息/数据割裂、不连续问题,学科"数据孤岛"现状严重,科研力量"各自为战",难以形成合力,与船舶总体性能要求综合性设计相悖,结果是,总体性能设计方案的低水平、同质化问题显著。

船舶总体性能的传统研发模式,随着不断的挖潜发展,对于系统提升的贡献度正在减缓,已来到了研究水平进一步提升的"平台期"。

1.2 现代船舶总体性能研究发展方向

当前,以大数据、人工智能、云技术为代表的新兴技术正在快速发展,并在迅速转变人们认知社会、事物的观念和方法,正在快速革新科研、设计模式,正推动着船舶技术的长足进步,同时也荡涤着船舶研究设计的旧思想、旧观念、旧方法,促使着船舶总体性能设计观念、方法、内容和手段与时俱进,不断更新。

1.2.1 数据知识化

毫无疑问,对于科研工作者来说,数据是最宝贵的财富。数据好比是矿石,虽

宝贵,但未经处理、提炼,它就是一堆石头,无法发挥其真正的效用和价值。科研数据只有经过了科学的处理、提炼,转化为可应用、可传承复用的知识才能发挥数据的效用,即数据知识化。在船舶科研领域,自出现物理模型试验开始,船舶科研工作者就注重对试验数据的收集、整理和知识化,取得了很多成果,但也存在一些问题。

过去,当试验设施不多、试验数量较少时,船舶科研人员通过统计、回归等方法,对试验数据进行较为粗略的知识化,形成了一系列用于指导船舶设计的设计图谱、经验公式、回归公式,如国外经典的泰勒60系列图谱、NPL圆舭艇系列图谱、MAU螺旋桨设计图谱,国内的长江船舶系列图谱等。随着时间的推移,试验设施逐步拓展,试验种类逐步丰富,试验数据类型、数量急剧增多,对数据收集、整理的难度增加,依靠人工进行统计回归的难度倍增。20世纪90年代之后,就较少出现新的有影响力的设计图谱或者回归公式(程序)了。

还有一个现象,在数据的收集、管理方面,虽然各科研机构都是非常重视的,但大多仅限于根据各自的管理规定进行归档,宝贵的数据资料逐步淹没于海量的归档材料当中;同时,各科研单位为了保护数据产权,共享数据的意愿不强,数据不流通,形成一个个的"数据孤岛",最终变成了"僵尸"数据,造成了空守金山,无法发挥数据价值的局面。

传统数据收集和管理方式效率低,数据收集、查询、复用难度高。基于统计回归理论的知识化方法受基础数据限制,局限性强、精度低、更新慢,已越来越难以适应现代船舶高质量、快速发展的需求。随着计算机技术、大数据技术、云技术、人工智能等新兴信息化技术的发展和应用,船舶科研数据管理和知识化正向着智能化的方向发展。

数据管理是数据知识化的基础,数据管理包括数据收集、存储、处理和应用等多个方面。数据是脆弱的,易于损坏或消失的,科学的管理不仅可以保存数据,还可用于对已有科研成果的可靠性检验,加快技术发展的步伐,促进技术创新。船舶科研领域的数据,总体上是十分丰富的,但分布在各业务单位,涉及的专业广、离散性强,保存形式差异大,还涉及知识产权、技术秘密保护等方面的问题,传统数据管理模式和工具难以处理这诸多需求。依托互联网,引入云技术和区块链技术,打造去中心化、具备无感记账确权能力的船舶总体性能数据中心,实现数据采集、数据存储、数据处理与应用的一体化,为数据知识化应用创造基础。

数据知识化是实现数据应用价值的关键环节,数据知识化的形式多种多样,如上面提到的设计图谱、经验公式、回归公式等,这些方法在处理数据量较少,尤其是呈规律变化的系列物理模型试验数据时是非常有效的,但对于离散、海量的数据就难以实施。船舶总体性能数据中心将汇聚行业内海量的数据,不仅包括物理模型试验数据,还包括数值计算、实船测试等数据,要挖掘这些宝贵数据背后潜藏的知识价值,需要引入大数据、机器学习、数据挖掘等智能化技术,打破当前数据应用单向性、信息离散性、知识化方法局限性的问题,最大化数据的知识价值。

1.2.2 新型船舶CAE软件开发

CAE即计算机辅助工程,是指用计算机对复杂产品或工程(如飞机、船舶、汽车等产品或桥梁、建筑物等工程)进行性能分析,对其工作状态和运行行为进行模拟,以验证/优化设计。CAE软件是数学、计算机科学和其应用领域工程技术的综合性复杂系统。在复杂产品全寿命期,特别是在研究、设计和验证阶段,依托物理模型试验或者CAE软件对其性能进行"测量",是一项必不可少的重要环节。CAE软件的应用,极大地丰富了以物理模型试验为主的性能评估能力,已越来越成为主流手段。

以CAE软件为代表的复杂工程应用软件,是工业特别是国防科技工业应用中技术服务能力、创新再造能力的核心利器,技术复杂性强、学科涉及面宽,需要理论方法的原始创新、应用验证的持续积累和长期培植的研发应用生态,经济附加值高,但长期被国外技术与商品垄断。当前,在船舶行业被广泛使用的Fluent、Star CCM+、Nastran、Ansys等耳熟能详的CAE软件均是国外软件。幸运的是,这种情况正在发生改变,全国上下正以前所未有的关注共识和大体量的经费投入,布局CAE软件的自主研发。然而,当前的研发延续的是一直以来的"跟跑"思维——以中心化的模式,打造一个个国外几十年前就起跑的、目前处于维护升级中的垄断软件的替代品。不可否认,这种做法有着很好的合理性和可行性,但受限多,超越国外困难。要谋求后发优势,必须摆脱"跟跑"思维,依靠创新走新路,激发我们独有的效应优势,加快实现我国CAE软件的自主可控和自立自强。

过去的CAE软件从技术本质上看,可以分解为三层:以物理学和数学支撑的底层、以计算机科学支撑的中间层和应用领域工程学支撑的外层(图1.2)。

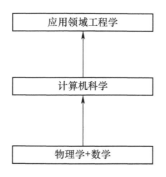

图1.2 传统CAE软件的技术层级关系

其中，底层是从物理规律（规则）和数学公式出发，用一定的数学模型表征物理规律（规则）；而后通过计算机语言编程实现该数学模型，沉淀为软件核心的求解器，并利用计算机图形学的可视化和用户交互技术，实现该模型的建立过程（前处理）和求解结果的交互（后处理）；最后，结合特定行业工程学的知识，提供相应应用领域的分析求解流程或解决方案，以帮助用户解决工程中的实际问题。

这种传统的CAE软件开发模式存在的主要问题是基于中心化模式，一个模型需应对无尽差异化应用，势必走向通用化；而通用软件专用所需的应用知识割裂，势必造成CAE软件只能由行业专家来用，即CAE软件背离船舶设计人员，难以真正融入工程设计流程。

应该认识到，CAE软件有一个易被忽视的要素——应用知识，即对应用建模的解读、模型参数的选取等。随着软件越来越普及，应用必将成为CAE软件的核心环节。应用知识的发现、凝练、验证、封装乃至沉淀、生长、复用，丰富和拓展了CAE软件的内涵。

因此，CAE软件应当有拓展的内涵。或者借用生物学的表述，软件已悄然从工具，演变成了"生命体"。其生命特征表现：一是研发与应用的二元"有机性"，研发与应用共创、共享、共生；二是知识驱动的"生长性"，应用知识让CAE软件的能力像生命体一样生长。

契合软件内涵的新拓展，CAE软件创新方向的必然前提是去中心化，让大家一起来创新。一方面，基于属性细分原则，鼓励把小事硬化、封装知识，形成一个一个经验证好用、管用的构件。另一方面，全面拥抱新一代信息化技术，基于互联网技术，打造高速互联的环境底座；引入云技术，支持并发与协同，实现轻终端应用、资源与计算的"云在"；引入无感记账确权技术，保护知识产权与利益；研发图形化与轻代码的流程作坊，打通CAD与CAE的连接，让构件通过流程定制组装去解决一个又一个具体的应用问题。

依据该想法，CAE软件雏形并不需要面面俱到的先进，通过集体智创、应用训练，可以使得软件不断生长为能力突出、可由应用端牵引发展的细分的实用工具。整个研发活动应该是网络化、生态化的，应用导向、场景驱动应该成为软件能力主要增长方式，开放、共享的多主体协同创新是研发主基调。整个CAE软件研发范式不再单纯遵循传统的线性模式，而更多走向多维发力，软件研发的社会属性日益凸显，应用者的广泛参与、共享成为软件研发越来越重要的导向。

如图1.3所示，在新型CAE软件研发模式中，一方面，开发方仍然需要借助计算机科学完成已有明确规律的物理/数学建模仿真以及面向专家使用的软件功能开发（图1.3左侧部分）；另一方面，在完成这些工作的基础上，还要借助于新型计算机科学技术（新一代信息化技术），促进专家在应用过程中共享知识，使专家知识不断注入以降低软件使用门槛、促进CAE软件广泛应用并走向大众化，同时随着众多应用场景的数据积累,通过数据关联来实现对复杂系统的建模仿真(灰黑盒模式),推动 CAE 软件核心能力的大幅提升。

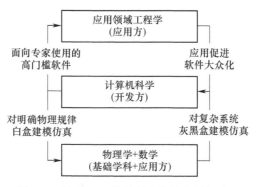

图 1.3　新型 CAE 软件研发的技术层级关系

在新 CAE 软件思想引导下,CAE 软件研发过程中,需要激发、利用群体智慧,这个群体包含了熟悉底层物理学和数学以及顶层应用工程学的行业专家,也包含计算机科学相关开发者,需要打造一个全新的环境让他们都能够共同参与软件研发,并在应用中不断演化完善,实现 CAE 的"众创"创新。

1.2.3　基于模型的流程自动化

船舶是一项复杂的工程系统,船舶设计应运用系统工程思想。过去,船舶设计普遍采用的是一种以"还原论"为主导的"降维解析"系统工程方法,它是将面临的所有问题尽可能地细分(子学科或子系统),直至能用最佳的方式将其解决为止,然后各子系统串行研究和设计,最后组合还原为复杂大系统。上面所述之船舶总体性能传统方法即是这种思想的典型代表:它将复杂的船舶总体性能研究设计问题分解为水动力性能、结构安全性、振动噪声等学科设计问题;各学科再继续细分,如水动力性能学科又可继续分解为快速性、耐波性、操纵性等子学科;快速性学科还可进一步分解为阻力、推进两个子学科;根据研究对象的不同,实际上还可以继续分解,如推进子学科可分解为螺旋桨推进、喷水推进、泵喷推进、轮缘推进等多个分支,这即是"降维解析"过程。随后,各学科分别设计,最后经过经验权衡组合成船舶总体性能设计方案,完成系统"还原"。

随着工程系统规模、复杂性的提升,涉及的学科、子系统数量增多,性能指标要求不断提升,还原论固有的缺陷开始突显,那就是分解的过程必然会造成系统整体性与内部交互性的流失,即使在后期进行了完整的集成,也没法保证流失的系统整体性和内部交互性得到彻底还原。另外,还面临以下严峻问题:

(1) 利用自然语言并给予文档载体的系统描述,难以使设计人员充分洞察系统层的交互、系统级的特征和潜在的风险；

（2）各类文档报告数量多、相互独立、缺乏逻辑性，在系统项目各阶段之间及项目之间难以实现知识的继承与复用；

（3）系统工程存在工作成果利用性和移植性差、不同领域具体工作的颗粒度与成熟度差异大，从而难以集成的问题。

这些问题在船舶总体性能研究与设计中同样存在，并正成为制约总体性能继续创新发展的重要因素。在这种背景下，基于模型的系统工程（modeling based system engineering，MBSE）应运而生，其基本思想：对系统工程活动中建模方法的正式化、规范化应用，以使建模方法支持系统要求、设计、分析、验证和确认等活动，这些活动从概念设计阶段开始，持续贯穿到设计开发以及后来的所有生命周期。

基于模型的系统工程是当前研究的热点，它主张以模型的形式支撑并持续贯穿系统研制全过程，它从需求阶段开始，通过模型（而非文档）的不断演化、迭代递增实现产品的系统设计。通过模型的形式化定义可以清晰地刻画产品设计初期结构、功能与行为等各方面的需求；基于模型可以尽早通过模拟分析发现大量不合理的设计方案；同时模型还为各方提供一个公共通用的、无二义性的设计信息交流工具，为复杂产品（项目）异地分布的系统设计提供解决方案。因此，近年来模型驱动的复杂产品（设计对象）系统建模与系统设计成为学术界与工业界的研究重点。

运用 MBSE 方法，要抓住"模型"的核心思想，将传统的船舶总体性能预报、评价、优化知识转化为模型，将数据、知识、流程及其测试、验证转化为模型。概括而言，基于 MBSE 的船舶总体性能研究与设计模式概念内涵体现在以下几个方面：

（1）程序应用化。用好软件开发质量工具，建立"自开发""他验证"和"第三方测试"的反馈机制，通过软件基本测试、标模试验数据和分类大子样试验数据的多层验证，统一"度量衡"，严控软件质量，确保软件管用、好用。

（2）数据知识化。基于新一代机器学习、大数据等信息技术，对历史和新增虚实试验数据进行信息化、知识化、智能化处理，打破当前试验数据使用单向性、信息离散性、方法局限性的问题现状，深入挖掘宝贵数据的隐藏知识价值，实现"炼数成金"的目的。

（3）应用软件 APP 化。基于数值模拟或数据挖掘方法，在学科属性、应用对象、计算精度等方面进行细分，在模型选择、参数设置、前后处理等方面封装专家知识，在当前科学认识水平下最大程度地解决存在数值计算"因人因事"差异的应用软件。

（4）柔性流程定制化。规范异构 APP 间的参数和数据交互格式，建立 APP 智能推送规则，以"拖、拉、拽"式的可视化操作形式，让用户可以根据业务需求定制个性化的专业虚拟试验流程，降低创新门槛，让"平凡"的人可以做"不平凡"

的事。

(5) 分层次预报。通过快速预报、精细模拟和历史数据挖掘等手段,经知识封装、严格验证,建立分层次的总体性能智能预报能力。

(6) 综合评价。以标准物理模型试验和大量历史数据为支撑,建立分学科的性能评价体系和统一评判标准,实现对总体性能的综合性评价能力。

(7) 突破多学科交叉的总体性能优化关键技术,引入融合CAD与CAE的MBSE技术理念,建立性能最优驱动的多学科优化新能力。

1.2.4 打造"众创"协同的研发模式

在知识迸发的时代,个体的智慧越来越难以协调复杂系统中各子系统之间的关系,协同设计、协同创新是大势所趋。本书站在全行业的角度,创建船舶CAE系统、总体性能预报APP开发方、服务运营方、基础设施服务提供方等多元主体协同创新网络环境,基于MBSE思想,运用模型实现各环节的无缝连接,实现创新要素(数据、APP、知识、专家经验、计算资源等)最大限度地整合,实现资源最佳配置和力量最佳凝聚,最终实现具有以下典型特征的船舶总体性能协同创新研发模式。

(1) 提供最优定制、柔性再造,智能驱动的应用流程服务。引入MBSE思想,打造一个智能化的研发基础系统,为用户提供一个船舶总体性能线上服务。用户可根据应用对象属性、学科专业、精细度、时效性等要求,在系统上自由"选购"或接受推送的APP,开展流程化的智能应用,解放科研人员于烦琐的重复性劳动,大幅降低使用门槛,提升总体性能预报、评价、优化的质量与效率。应用过程中所产生的数据与结果将用于系统与APP的后续提升与改进,让知识得到推广和传承。

(2) 基于属性细分原则,进行知识封装,提供鲁棒性好的、好用的APP库。为船舶总体性能APP开发人员提供一套高效、规范的APP开发和管理系统,用户基于物理模型试验数据或自研程序,按照统一的标准进行建模与验模,系统为用户提供系统测试、并行计算、分布式存储环境,并以区块链授权(确权)方式承认和保护开发者的劳动成果,使散布在各个单位的优秀自研软件能够真正融入船舶总体性能研究与设计设计流程当中,打造"众创"共享的行业新生态。

(3) 建立具备虚实融合、适应动态增长的知识化应用的数据中心。为物理模型试验数据、数值计算数据,以及未来的实船应用数据,提供虚实融合交互的数据应用新模式,汇聚散布于各单位、历史长期积累的、多源异构的"沉睡"数据与不断生成的新数据,通过机器学习、大数据分析、人工智能等新兴技术的应用,深入挖掘数据中隐藏的潜在知识价值,形成可推广应用的APP,化无形为有形,促进科学发现与创新力的解放。

(4) 建立统一准入和记账确权机制,形成广泛参与的众创生态。打破地理局限,为分析、研判船舶总体性能研究与设计进程的决策者提供一个开放的、"高规格"准入、多学科的良性生态环境;系统应用可追溯、可查询,促进分析决策有据可依;发布新的需求指令后,散布在不同地理位置的单位能够共同响应,为"优中选优打下基础"。

本书致力于重塑船舶总体性能研究与设计模式,着眼船舶水动力学性能、结构安全性能、振动噪声性能三大研究方向,依托"数据"与"软件"两大创新要素,发展完善总体性能预报、评价、优化核心能力,以船舶创新与验证为重点,形成船舶总体性能研究与设计服务系统,推动船舶研发"众创共享"生态发展。

第 2 章　船舶物理模型试验技术

船舶性能实验是研究船舶总体性能的重要方法,它不仅促进了船舶原理各门学科的进一步发展,还推动了船舶数值计算技术的发展。这里有"实验"和"试验"。"实验"是对抽象的知识理论所做的现实性操作,用来证明它正确或者推导出新的结论。"试验"是对事物或社会对象的一种检测性操作,用来检测正常操作或临界操作的运行过程、运行状况等,它是就事论事的。在船舶科研活动中,绝大部分是"试验"工作,但也有一些"实验"工作,如空化机理实验研究、涡结构实验研究等。

船舶性能实验有两种途径:实船试验和物理模型试验。前者是应用实船在实际环境条件下开展试验,后者则应用物理模型在实验室内进行试验。两者相比较,物理模型试验不受自然环境条件的限制,无配载困难,试验内容可以多种多样,且环境可控、可以重复进行。所花费的人力、物力、时间比实船试验要少得多。对科学研究而言,船模试验比实船试验具有更重要的意义。研究新的船型,探讨影响船舶总体性能的各种因素,最有效的途径是进行船模试验。船舶总体性能各学科理论的发展离不开物理模型试验。通过物理模型试验,可以对船舶在航行中所发生的物理过程获得更深刻的理解。它可以促进船舶理论工作进一步发展,使工程设计中所应用的计算方法不断完善,提高理论研究和工程设计能力,改进船舶的总体性能。因此,世界上造船工业比较发达的国家,无不重视船模试验设施的建设及船模试验技术的发展。当然,物理模型试验不能完全取代实船试验的作用,到目前为止,还不能单纯地用船模试验结果全面地评价实船的总体性能,这是由于存在种种原因,使船模与实船的试验结果之间出现差异,人们必须从这两种试验结果中找到它们的内在联系,然后才能采用换算方法,用船模试验资料来估算实船的总体性能。所以,实船试验也是研究船舶总体性能中不可或缺的方法。

几乎所有的新船设计,都要经历一轮乃至多轮次的物理模型试验,主要目的是检测船舶的性能状态,判断是否满足设计要求;或是比较不同方案性能的优劣,选出最佳的方案。在完成了实船建造之后,还要进行实船试验,以最终检验各项指标是否满足设计合同的要求。开发的新船又成为后续新船开发的参考,形成的试验数据被用于船舶性能影响因素及其影响规律研究,并通过设计图表、统计回归公式等形式指导设计,提高设计效率和质量;然后通过后续新船的模型及实船试验验证,改善设计图表、公式,通过这种循环迭代,不断推动船舶技术水平的进步。直至今天,物理模型试验仍是检验船舶性能状态、评价船舶技术水平最直接、有效的方法,是船舶设计的关键环节,并仍将持续发挥重要作用。

从科学研究的角度,本书重点关注船模试验所起的积极作用。船模试验要遵循试验模拟的方法和理论,需在特定的场所和模拟环境下开展;试验方法、过程应规范化,以确保试验的可重复性和测量的可靠性;应利用误差分析、模型/船模相关分析等方法分析影响测量误差的因素,并通过改进试验方法、提高设备精度、改进数据处理方法等手段提高预报精度;通过物理模型试验,预报、评估实船性能,优选设计方案。

2.1 物理模型试验基础理论与方法

物理模型试验是利用物理缩比模型方法,确定船舶性能研究和船舶设计中所要求的有关数据及资料的一种手段。因此,为了能够正确地从数量上取得所需的资料,必须掌握从物理模型试验结果换算至实船相应数据的基本规律。例如,根据流体力学基本理论可知,绕着几何相似的物体流动的流体,如果在它各个相对应点上的一切特征量保持比例关系,其速度向量和流动的方向也保持不变的话,则认为它们是动力相似的。保证动力相似的最重要的条件,除了要保持实物和模型的几何相似外,尚需保持流体的外边界相似。物体在液体中的运动和受力是一个比较复杂的问题,要把物理模型试验结果换算到几何相似的实船上去,所必须遵循的规律不是一个简单的比例关系,而是一些确定的相似律。

2.1.1 相似概念与相似准则

相似概念来源于几何学,例如三角形的相似问题:如果三角形相似,则它们的对应角相等,对应边成比例。将几何学中的相似概念推广到试验上去,即两个同一类的物理现象其相应物理量成一定比例,则称两个现象相似。

以下从几何相似入手,讨论船模试验中的流体力学相似问题。

(1) 几何相似,即所有对应尺度(包括区域内和边界上)成比例,存在以下关系式:

$$\frac{l}{l'} = \lambda_l = \text{cont.} \tag{2.1}$$

式中: l 和 l' 分别为原物体和均匀变形后的缩比模型的长度; λ_l 为缩尺比为常数(cont.)。

几何相似是力学相似的前提。有了几何相似,才有可能在模型流动和实船流动之间存在着对应点、对应线段、对应断面和对应体积这一系列相互对应的几何要素。进而才有可能在两个流动之间存在着对应流速、对应加速度、对应作用力等一系列相互对应的运动学、动力学量。最终才有可能通过模型流动的对应点、对应断面的力学测定,预测实船流动的流体力学特性。

(2) 运动相似,即所有对应点上的速度(加速度)方向一致,大小成比例,存在以下关系式:

$$\frac{\frac{\Delta l}{\Delta t}}{\frac{\Delta l'}{\Delta t'}} = \text{cont.}, \quad 即 \quad \frac{v}{v'} = \lambda_v = \text{cont.} \tag{2.2}$$

式中:Δl、Δt、v 分别为实物运动的距离增量、时间增量和速度;$\Delta l'$、$\Delta t'$、v' 分别为缩比模型运动的距离增量、时间增量和速度。λ_v 为实物与模型的速度比,是常数。

由于流速场的研究是船模试验的首要任务,所以运动相似通常是船模试验的目的。

(3) 动力相似,即所有对应点上的对应力方向一致,大小成比例。如两个几何相似的流场中,对应点的受力成比例,并且力的方向一致,称为两个流场动力相似。

$$\frac{F}{F'} = \lambda_F = \text{cont.} \tag{2.3}$$

式中:F 和 F' 分别为原物体和均匀变形后的缩比模型对应点上受的力;λ_F 为实物与模型受力大小比例系数,是常数。

这里的力是指同一种物理性质的力,例如重力、黏性力、惯性力、弹性力等。由牛顿第二定律可知惯性力是合力作用的结果,因此两个流动的惯性力相似是合力作用相似的结果,动力相似是运动相似的保证。

要使模型中的流动和原型相似,除了上述的几何相似、运动相似和动力相似之外,还必须使两个流动的边界条件和起始条件相似。

动力相似应包括所有外力动力相似,而实际上要做到这一点是不可能的。对于某个具体流动来说,虽然同时作用着各种不同性质的外力,但是它们对流体运动状态的影响并不是一样的,总有一种或两种外力居于支配地位,它们决定流体运动状态。因此,在物理模型试验中,只要使其中起主导作用的外力满足相似条件,就能够保证两个流动现象有基本相同的运动状态。这种只考虑某一种外力的动力相似条件称为相似准则,表 2.1 列出了力学试验研究中常用的相似准则。

表 2.1 力学试验研究中常用的相似准则

名称	表达式	物理意义
傅汝德数	$Fr = V/\sqrt{Lg}$	惯性力/重力

续表

名称	表达式	物理意义
雷诺数	$Re = VL/\nu$	惯性力/黏性力
欧拉数	$Eu = p/\rho V^2$	压力能/动能
斯特鲁哈尔数	$Sr = fL/V$	弹性力/惯性力
马赫数	$Ma = V/c$	惯性力/压缩力
柯西数	$Ca = V/\sqrt{E/\rho}$	惯性力/可压缩力(弹性力)
韦伯数	$We = \rho LV^2/\sigma$	惯性力/表面张力
斯坦顿数	$St = h/C_p \rho V$	对流传热/蓄热
努赛尔数	$Nu = hL/k$	对流/热传导
傅里叶数	$Fo = k/LV\rho C_p$	热传导/蓄热
普朗特数	$Pr = 1/(Re \cdot Fo)$	黏性力/惯性力,蓄热/热传导

表 2.1 中 V 为特征速度,g 为重力加速度,L 为特征长度,ν 为运动黏度,p 为压力,ρ 为密度,f 为频率,c 为声速,E 为弹性模量,σ 为流体表面张力系数,h 为对流传热系数,C_p 为流体比热,k 为静止流体的导热系数。

2.1.2 相似基本定理

流动的力学相似是策划试验方案、设计模型、组织试验以及整理数据和将试验结果转换为原型的依据。只有严格或比较严格按照流动的力学相似条件进行试验的研究,才能获得符合实际的结果。流动的力学相似的根据是相似理论,即研究相似现象的理论。相似理论是建立在三个基本定理的基础之上的,它是指导物理模型试验的基本理论。相似理论将回答应该在什么条件下进行试验,试验中应当测量哪些物理量,如何整理试验数据及试验结果等问题。

1) 相似第一定理

相似第一定理可表述为彼此相似的现象,它们的同名相似准则数必定相等,即相同名称的相似准则数分别相等。例如,在重力作用下相似的水流,它们的傅汝德数相等;在层流黏性力作用下相似的流动,它们的雷诺数相等。由于相似现象以相同的方程式描述,因此这些结果也可以从反映流动规律的微分方程式导出。

相似第一定理是关于相似准则存在的定理,它解决了试验中应当测量哪些物理量的问题,即应当测量相似准则中包含的各个物理量。

2) 相似第二定理

相似第二定理可表述为由描述现象的物理量组成的相似准则数,相互间存在函数关系。它实际上描述了相似准则数之间的关系。例如,在考虑不可压缩流体动力的动力相似时,决定流动平衡的四种力(黏性力、压力、重力和惯性力)并非相对独立,其中必有一个力是被动的,只要其中三个力分别相似,则第四个力必然相似。因此,在决定动力相似的三个准则数 Eu、Fr、Re 中,也必有一个是被动的,相互之间存在着依赖关系:

$$Eu = f(Fr, Re) \tag{2.4}$$

在大多数流动问题中,通常欧拉数是被动的准则数。人们将对流动起决定性作用的准则称为决定性相似准则,或称为定型相似准则数;被动的准则数称为被决定的相似准则数。

相似第二定理解决了试验数据的整理方法和试验结果的应用问题。

3) 相似第三定理

相似第一、第二定理表明了相似现象的性质,但是并没有给出判断现象彼此相似所需要的条件,以及进行物理模型试验时应该在各参数间保持何种比例关系。相似第三定理回答了这些问题,它可表述为凡是单值性条件相似,定型准则数值相等的那些同类现象必定彼此相似。相似第三定理确定了现象相似的充分和必要条件。

单值性条件就是指那些有关流动过程特点的条件。有了这些条件就能把某一种现象从无数种现象中分离出来。单值性条件相似包括几何相似、边界条件和初始条件相似,以及由单值性条件中的物理量所组成的相似准则数在数值上相等。在实际工作中,要求模型与原型的单值性条件全部相似是很困难的,但是,在保证足够准确度下,保持部分的相似或近似的相似是完全能够做到的。

2.1.3 量纲分析

量纲分析就是通过对现象中物理量的量纲以及量纲之间相互联系的分析来研究现象相似性的方法。量纲分析是试验研究中最重要的数学工具之一,借助量纲分析这个工具,可以得到开展物理模型试验需要满足的相似性条件,可以对影响某一现象的若干变量进行组合,选择方便操作和测量的变量进行试验,这样可以大幅减少试验工作量,而且使试验数据的整理和分析变得比较容易。

量纲分析涉及单位制、量纲及量纲分析方法等方面,以下做简要介绍:

1. 单位制和量纲

在科学实验中,常常要测量各种物理量,为了定量地描述这些物理量,需要用一定的标准去衡量和表示。如果所取的标准不同,那么测量的结果也就不同。我们把所取的这个标准称为单位。如测量某物体的长度,可选用米、厘米、毫米等单位,测量某物体重量可选用吨、千克、克等单位。国际上曾经使用的单位制种类繁多,换算方法也十分的复杂,对科学与技术的交流带来许多的困难。为了解决这一问题,国际上对单位制逐渐进行了统一与规范,形成了现今为各国广泛采用的国际单位制(international system of units, SI),它规定了 7 个基本单位和 2 个辅助单位。

不同的物理量用量纲来表示,属于同一种类型的物理量具有相同的量纲,量纲也称作"因次"。量纲表征的是物理量的实质,不含人为影响因素。例如长度 l 是一种物理量,用[L]表示长度 l 的量纲,[L]只是表示长度这种量的属性(种类)。同一种类别的物理量量纲相同,但可以用不同的单位去描述,如长度量纲可以用千米、米、分米等为单位进行描述。具体的"数值"和"单位"就准确地表示出了该物理量的大小。

表 2.2 列出了力学中经常遇见的国际单位制量纲系统中的一些物理量的量纲。

表 2.2 常见物理量的国际单位和量纲

	物理量	单位	量纲		物理量	单位	量纲
基本单位	长度	m	L	导出单位	加速度	m/s²	MT^{-2}
	时间	s	T		能量或功	J	L^2MT^{-2}
	质量	kg	M		功率	W	L^2MT^{-3}
	温度	K	θ		密度	kg/m³	ML^{-3}
	电流	A	I		黏度	Pa·s	$L^{-1}MT^{-1}$
	物质的量	mol	N		频率	Hz	T^{-1}
	光强	cd	J		力矩	N·m	L^2MT^{-2}
辅助单位	弧度	Rad	—		惯性矩	kg·m²	ML^2
	立体角	sr	—		角速度	1/s	T^{-1}
导出单位	力	N	LMT^{-2}		角加速度	1/s²	T^{-2}
	速度	m/s	MT^{-1}		压力	Pa	$L^{-1}MT^{-2}$

2. 量纲分析

凡正确反映客观规律的物理方程,其各项的量纲都必须是一致的,这是已被无数事实证明的客观原理。只有两个同类型的物理量才能加减,否则就会出现诸如"长度"与"时间"相加之类的错误,这就是"量纲齐次原则"。量纲分析就是通过分析物理现象或工程问题中各有关物理量的量纲,利用量纲齐次性条件,得出表述这些物理量间函数关系可能形式的方法。有时不能用解析法导出某一个物理现象的基本方程,但可以借助量纲分析建立它们之间的关系。

量纲分析是求解相似参数的重要方法,常用的量纲分析方法有瑞利法和 π 定理法,前者适用于解决比较简单的问题,后者是一种具有普遍性的方法,在船模试验中被广泛采用。我们以船舶流体力学中 N-S 方程(Z 坐标方向,下同)的量纲分析来说明其应用步骤和基本方法。

(1) 列出影响 N-S 方程的全部 N 个物理量(速度 u、压力 p、重力加速度 g、动力黏度 μ、时间 t 和质量 m),写成一般函数关系式:

$$f(u,p,g,\rho,\mu,t,m) = 0 \tag{2.5}$$

（2）列出 NS 方程中各物理量的量纲

u	p	g	ρ	μ	t	m
LT^{-1}	$ML^{-1}T^{-2}$	LT^{-2}	ML^{-3}	$ML^{-1}T^{-1}$	T	M

（3）列出量纲矩阵

	u	p	g	ρ	μ	t	m
M	0	1	0	1	1	0	1
L	1	-1	1	-3	-1	0	0
T	-1	-2	-2	0	-1	1	0

（4）从 N（本例 $N=7$）个物理量中选取 M 个（本例中选取 u、p、g，即 $M=3$）量纲上相互独立的基本物理量，检查独立变量组成的量纲矩阵子行列式：

$$\begin{vmatrix} 0 & 1 & 0 \\ 1 & -1 & 1 \\ -1 & -2 & -2 \end{vmatrix} = 1 \neq 0 \tag{2.6}$$

（5）用这 $M(M=3)$ 个基本量依次与其余物理量组成的 $(N-M)(7-3=4)$ 个无量纲 π 项，以 ρ 为例予以说明，则有

$$\pi = \rho \cdot u^\alpha \cdot g^\beta \cdot \rho^\gamma \tag{2.7}$$

根据（2）各物理量的量纲，则有

$$\begin{aligned} \pi &= ML^{-3} \cdot L^\alpha T^{-\alpha} \cdot M^\beta L^{-\beta} T^{-2\beta} \cdot L^\gamma T^{-2\gamma} \\ &= M^{1+\beta} L^{-3+\alpha-\beta+\gamma} T^{-\alpha-2\beta-2\gamma} \\ &= M^0 L^0 T^0 \end{aligned} \tag{2.8}$$

则有

$$\begin{cases} M: 1+\beta = 0 \\ L: -3+\alpha-\beta+\gamma = 0 \\ T: -\alpha-2\beta-2\gamma = 0 \end{cases} \tag{2.9}$$

由式 2.8 求得，$\alpha=2$，$\beta=-1$，$\gamma=0$，代入式（2.7）得

$$\pi = \frac{\rho u^2}{p} \tag{2.10}$$

采用相同法，可以求得其余的相似参数。值得注意的是，无量纲量 π 取倒数或取任意次方后仍为无量纲量。因为，作为函数变量，其形式的变换不会引起物理现象的本质变化。所以，在使用 π 定理法得出函数关系式时，可将各个 π 项取倒数或经乘、除等运算转化为所熟知的物理量，如式（2.10）取倒数后即为欧拉数。

2.1.4 傅汝德假定

威廉·傅汝德（William Froude，1810—1879 年）是世界造船学家，是采用船模

试验方法研究实船静水阻力的先驱,是船在波浪中横摇定性分析经典理论的创立者。他自1846年率先开展现代船舶水动力学的研究,提出了著名的傅汝德假定,创造性地解决了由物理模型试验阻力结果换算到实船的难题。傅汝德假定:

(1) 将船舶总阻力分为两个部分,即摩擦阻力 R_f 和剩余阻力 R_r,而剩余阻力只与傅汝德数相关,且服从傅汝德比较定律;

(2) 船舶的摩擦阻力与等速、等长、等湿面积的平板摩擦阻力相等,这样的平板称为相当平板。

根据傅汝德假定,可按如下方法由船模阻力试验预报实船阻力:

(1) 由船模试验测得船模总阻力 R_{tm};

(2) 根据相当平板计算船模摩擦阻力 R_{fm},船模总阻力减去摩擦阻力得到剩余阻力 R_{rs}($R_{rm} = R_{tm} - R_{fm}$);

(3) 应用比较定律自船模的剩余阻力推算出实船在相应速度下的剩余阻力 R_{rs},即

$$R_{rs} = R_{rm} \cdot \frac{\Delta_s}{\Delta_m} \tag{2.11}$$

式中:Δ_s、Δ_m 分别为实船及船模排水量。

所谓相应速度是指两者的傅汝德数 Fr 相等,从而两者的速度有如下对应关系:

$$V_s = V_m \sqrt{\frac{L_s}{L_m}} \tag{2.12}$$

式中:L_s、L_m 分别为实船和模型的特征长度,该特征长度一般为水线长。

(4) 计算实船 V_s 时的摩擦阻力 R_{fs},并与所推得的剩余阻力相加,得到实船之总阻力 R_{ts},即

$$R_{ts} = R_{fs} + R_{rs} = R_{fs} + R_{rm} \cdot \frac{\Delta_s}{\Delta_m} \tag{2.13}$$

上述换算过程,常用无量纲形式表达,即

$$\begin{aligned} C_{ts} &= C_{fs} + C_{rs} = C_{fs} + (\Delta C_f + C_{rm}) \\ &= C_{fs} + \Delta C_f + (C_{tm} - C_{fm}) \end{aligned} \tag{2.14}$$

式中:C_t、C_f、C_r 分别为在速度 V 下的总阻力、光滑摩擦阻力和剩余阻力系数,下标 s、m 分别代表实船和模型的;ΔC_f 为粗糙度补贴系数。

傅汝德假定的提出奠定了从物理水池试验外推实船性能的理论基础。傅汝德假定及其换算方法为世界各国船模试验水池所接受并一直沿用至今。但应当指出的是,傅汝德假定在理论上是不完美的,具体表现在以下三个方面:

(1) 在实践中发现,不同缩尺比的船模试验结果推算到实船会存在差异,缩尺比越大的船模推算的结果也越大。对于诸如油船、散货船这类大尺度丰满船型,采

用小的模型时,阻力系数甚至出现光滑船模阻力等于或大于粗糙实船试验结果,粗糙度补贴为零甚至负值的情况。即船模试验存在尺度效应,船模缩尺比越大这种效应的影响也越大。为了尽可能降低这种影响,一方面可尽可能增加船模尺度,减小缩尺比,相应地要求水池的尺度更大,这也是美国、俄罗斯等海军强国争先建造大型水池的原因之一;另一方面可通过开展不同尺度物理模型试验,将其与实船试验结果进行相关分析,得到合适的修正系数,来提高预报的准确性。另外,还可通过细分船型并改进预报方法,来提高精度,如一般中高速船型采用二因次法,大尺度、肥大型船采用三因次法,滑行艇、地效翼、水翼船等特殊船还有专门的预报方法。

(2)黏压阻力是由黏性引起的,在傅汝德换算方法中,将它与重力引起的兴波阻力合并在一起,理论上是不合理的。只有当黏压阻力系数是与雷诺数无关的常数时,黏压阻力才能用傅汝德换算方法。根据研究和实践,对于一般船体而言,低速时某些船舶黏压阻力系数可视为常数,当发生流动分离现象时,船模和实船情况可能有差异,即不是所有情况都可以把黏压阻力系数视为常数。

(3)船体是三维曲面,摩擦阻力与平板是有差异的,由于平板摩擦阻力系数随雷诺数的增大而降低,故此差值也随雷诺数之增大而降低,因此,把这个差值归并在剩余阻力中显然将导致外推误差。

2.2 船舶三大性能试验技术体系

1872年傅汝德建造了世界上的第一座船模拖曳水池,开创了利用缩比物理模型试验研究船舶水动力性能并预报实船结果的新时代,受到国际造船界的广泛重视,各涉海造船强国纷纷投入人力、物力建造类似的水池。此后,水池的功能、形式、能力不断演变、发展、丰富,形成了当今涵盖船舶阻力、推进、耐波性、操纵性、空泡等试验需求的各类水池。据不完全统计,目前在全世界的30多个国家和地区就建有各类水池200余座,被广泛用于水面船舶(包括高速船、水翼船、气垫船、地效翼船等高性能船艇)、水下潜航器、海洋平台(包括大型浮式结构物)的水动力学性能、结构载荷、振动噪声性能试验研究和设计。形成了一系列依托船舶试验设施、专注于船舶性能研究和设计的船舶科研机构。这些科研机构拥有全面、系统的船舶性能试验设施和研究力量,代表了船舶总体性能的先进研究水平,并引领着前沿课题的研究。

为促进船模试验工作地交流、改进和达成共识,形成了两大国际造船学术组织:国际船模拖曳水池会议(International Towing Tank Conference, ITTC)和国际船舶与海洋结构安全会议(International Ship and Offshore Structures Congress, ISSC),引领建立了以船舶水动力学、结构安全性、综合隐身性为核心的船舶性能试验技术体系。

2.2.1 世界著名船舶试验设施群概览

船舶试验设施是开展船舶试验的基础,一些涉海强国均建有规模庞大、功能全面、配套齐全的船舶试验设施群,形成了综合性、体系化的研究力量,代表着船舶总体性能试验研究的先进水平,并引领着船舶技术的创新发展。如美国海军水面战中心卡德洛克分部(Naval Surface Warfare Center, Carderock Division, NSWCCD)、俄罗斯克雷洛夫国家研究中心、中国船舶科学研究中心(China Ship Scientific Research Center, CSSRC)、德国汉堡水池(Hamburgische Schffbau – Versuchsanstalt GmbH, HSVA)、荷兰国家水池(Maritime Research Institute Netherlands, MARIN)、挪威海事技术研究院(Norwegian Marine Technology Research Institute, MARINTEK)等,以下对这些设施群进行简要的介绍,帮助了解当今世界船舶试验技术发展概貌。

1. 美国海军水面战中心卡德洛克分部

美国海军水面战中心卡德洛克分部(以下简称 NSWCCD),前身为著名的戴维·泰勒模型水池,隶属美国海上系统司令部(Naval Sea Systems Command, NACSEA)。设计者和监造者戴维·沃森·泰勒(1864—1940 年)在美国国会支持下,于 1896 年在华盛顿船厂建造了美国的第一座物理模型试验水池。在当时,它是同类中最大和最好的,有超过 1000 多型海军舰船以及民用船舶在此进行了测试,促进了船舶技术的进步。

到了 20 世纪 30 年代,这个水池使用年限已久,尺度也不能满足日益增长的试验需求和严格测试的要求,被要求建设更大、更先进的水池。1940 年,新的模型水池在马里兰州西贝塞斯达建造完成,正式命名为"戴维·泰勒模型水池"(David Taylor Model Basin)。它拥有 5 个拖曳水池(表 2.3),试验模型最长可达 12.2m,结合先进的拖车、造波机和测量设备,可实现船舶水动力学性能精确测量与可靠的预测与评估。

表 2.3 戴维·泰勒模型水池各拖曳水池参数

水池名称	主要参数 (长×宽×深(高))	最大拖曳速度/(m/s)	模型尺度/m	特点
No.1 拖曳水池	深水:271m×15.5m×6.7m 浅水:92.3m×15.5m×3.0m 回转:平均半径 10.1m, 宽度 13.7m	9.3	6.1~12.2	由圆弧形部分连接深水池、浅水池组成一个 J 形回水池,可用来测试船模机动操纵和 180°大拐弯的情况
No.2 拖曳水池	575m×15.5m×6.7m	10.3	6.1~12.2	—

续表

水池名称	主要参数 (长×宽×深(高))	最大拖曳速度/(m/s)	模型尺度/m	特点
No.3 拖曳水池	深水:514m×6.4m×4.9m 浅水:356m×6.4m×3.0m	16.5	1.2~6.1	浅水池用来测试拖船、驳船、汽艇和其他浅水船模型
No.5 拖曳水池	深水:514m×6.4m×4.9m 浅水:356m×6.4m×3.0m	25.7	1.2~6.1	高速水池,用来测试高速贴水面船体、水翼船、气垫船、地效翼船及其他高速模型
140 尺拖曳水池	42.7m×3.0m×1.5m	3.2	1.5~3.0	主要用于开发粒子测速技术和流动现实

戴维·泰勒物理模型试验水池拥有足够大的空间来容纳设备,以应对各种型号的研究模型,以此获得最高精度数据和可靠性,早期取得了许多著名的研究成果,包括球鼻艏、新型潜艇壳体、大侧斜螺旋桨、小水线面双体船以及用于计算船舶开氏波的道森(Dawson)方法。

NSWCCD 总部位于马里兰州,在费城拥有一个船舶系统工程站,另外还有 7 个分部(图 2.1),拥有 3500 名工作人员,研究范围涵盖从基础科学到工程应用的 40 多个学科,拥有世界一流的试验设施和实验室(表 2.4),其中许多设施在海军

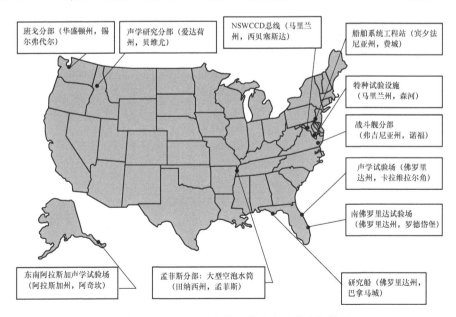

图 2.1 NSWCCD 在美国境内主要分支机构图

表 2.4 NSWCCD 主要试验设施一览表

领域	试验设施/实验室
水动力学	David Taylor Model Basin 戴维·泰勒模型水池 Circulating Water Channel 循环水槽 Anechoic Flow Facility 消声流设施 (3in/12in/24in/36in) Variable-Pressure Cavitation Tunnel 可变压力空泡水洞 Large Cavitation Channel (LCC) 大型空泡水筒＊(田纳西州孟菲斯) Maneuvering and Seakeeping Basin (MASK) 操纵性和耐波性水池 Rotating Arm Facility 旋臂水池
空气动力学	Subsonic Wind Tunnel 亚音速风洞
声学试验设施及外部试验场	Acoustic Research Detachment 声学研究分部＊(爱达荷州贝维尤) South Florida Testing Facility 南佛罗里达声学测试场＊(佛罗里达州罗德岱堡) Southeast Alaska Acoustic Measurement Facility 东南阿拉斯加声学测量场＊(阿拉斯加科奇坎) Machinery Acoustic Silencing Laboratory 机械声降噪实验室
结构力学	Fatigue and Fracture Laboratories 疲劳和断裂实验室 Welding Process and Consumable Development Laboratories 焊接流程和易耗研发实验室 Large Scale Grillage Test Facility 大尺度格栅试验设施 Structural Dynamics Laboratory 结构动力学实验室 Structural Evaluation Laboratory 结构评估实验室 Deep Submergence Pressure Tank Facility 深潜压力筒 Undersea Vehicle Sailand Deployed Systems Facility 水下航行器航行与部署系统设施
抗爆抗冲击试验	Combatant Craft Department 战舰部 Shock Trials Instrumentation 冲击试验设备 Torpedo Strikedown Lift System (TSLS) Land Based Test Site 鱼雷陆上试验场 Survivability Engineering Facility 生命力工程设施 Explosives Test Pond 爆炸试验池 UNDEX Test Facility 水下爆炸试验设施 Nondestructive Evaluation (NDE) Laboratories 非毁伤评估实验室
材料技术	Ship Materials Technology Center 船舶材料技术中心 Advanced Ceramics Laboratory 先进陶瓷实验室 Fire Tolerant Materials Laboratories 防火材料实验室 Magnetic Fields Laboratory 磁场实验室 Magnetic Materials Laboratory 磁性材料实验室 Materials Characterization and Analysis Laboratory 材料特性和分析实验室 Metal Spray Forming Laboratory 金属喷镀实验室 Signature Materials Laboratories 特性材料实验室

续表

领域	试验设施/实验室
海洋工程	Marine Coatings Laboratories 海洋覆盖层实验室 Marine Corrosion Control and Evaluation Laboratories 海洋腐蚀控制和评估实验室 Marine Organic Composites Laboratories 海洋生物合成实验室
模拟器	Ship Virtual Prototyping Laboratory 船舶虚拟样机实验室 Ship Motion Simulator Land Based Test Site 船舶运动模拟器陆上试验 Cargo/Weapons Elevator Land Based Engineering Site 货物/武器升降陆上工程基地
试验船	Research Vessel Lauren 劳伦号研究船 USNS HAYES 海耶斯号测量船

内部乃至美国都是独一无二的,是世界同类组织中最大、试验设施最全面的水池,为海军水面和水下平台提供从"摇篮"到"坟墓"的全生命周期技术支持,涵盖海洋科学与技术的理论与概念验证,为美国海军和海洋产业的发展做出了重要贡献,也是世界范围内海军造船与船舶工程行业的世界领航者。

2. 俄罗斯克雷洛夫国家研究中心

以克雷洛夫院士命名的中央造船研究院是俄罗斯最大的造船科学中心,是俄罗斯重要造船研究机构,主要从事船舶设计及水动力学研究和试验,研究业务已扩展至船舶科研领域的各个学科,业务领域包括舰船水动力学、船舶结构强度和振动、船舶动力装置、船舶声学(动力)设备和机械、电磁和水物理特征及隐身技术、设计和自动化研究,以及海军舰艇和商船设计、船舶标准化等。该研究中心于1894年在圣彼得堡中心区的新荷兰岛上建立了第一座拖曳水池,发展至今,已拥有完善的试验设施,可完成各种舰船的试验和物理模型试验。除表2.5所列的船舶水动力学性能试验设施,该中心还有拉伸试验机、疲劳振动试验及和动力装置等试验设施。

表2.5 俄罗斯克雷洛夫研究院主要试验设施

序号	试验设施
1	Deep Water Model Basin 深水拖曳水池
2	Shallow Water Model Basin 浅水池
3	New Ice Basin 新冰水池
4	Seakeeping Model Basin 耐波性水池
5	New High Speed Seakeeping Basin 新高速耐波性水池
6	Seakeeping/Maneuvering Model Basin 耐波性/操纵性水池
7	Large Scale Seakeeping/Maneuvering Model Basin 大型耐波性/操纵性水池
8	Circle Model Basin 悬臂水池

续表

序号	试验设施
9	Off-shore Model Basin 近海模型水池
10	Small Cavitation Tunnel 小型空泡水筒
11	Medium Cavitation Tunnel 中型空泡水筒
12	Large Cavitation Tunnel 大型空泡水筒
13	High Speed Cavitation Tunnel 高速空泡水筒
14	Cavitation Tunnel for Special Propulsors 针对特殊推进器的空泡水筒
15	Cavitation Baisn 空泡水池
16	Landscape Wind Tunnel 陆上风洞
17	Large Windtunnel 大型风洞

3. 德国汉堡水池(HSVA)

德国汉堡水池一直处于船舶水动力学研究前沿,影响和引导着解决复杂问题的测试技术、方法、标准和数学程序。HSVA建立于1913年,作为世界上最大的同类试验设施之一,1915年开始为德国海军进行水下潜艇测试。现拥有大型拖曳数水池、浅水池、冰水池、空泡水筒等各类船模试验设施(表2.6)。

表2.6 HSVA主要试验设施

序号	试验设施
1	Large Towing Tank 大型拖曳水池
2	Small Towing Tank 小型拖曳水池
3	The Large Hydrodynamic and Cavitation Tunnel(HYKAT) 大型水动力和空泡水筒
4	Medium Cavitation Tunnel 中型空泡水筒
5	Large High Speed Cavitation Tunnel 大型高速空泡水筒
6	Large Ice Model Basin(LIMB) 大型冰水池
7	Ice Basin 冰池

除了具备常规的船舶快速性、耐波性、操纵性的水动力学性能物理模型试验及研究能力之外,还在以下几个方面开展了深入而广泛的研究。

1) 螺旋桨与空泡

汉堡水池在空泡测试方面拥有很长的历史和很多经验,拥有3个用于空泡试验的水筒:大型水动力和空泡水筒(HYKAT)、中型空泡水筒、大型高速空泡水筒,其中,大型水动力和空泡水筒在世界范围内独树一帜,该水筒的超大尺寸(工作段:$11.0\text{m}(L) \times 2.8\text{m}(W) \times 1.6\text{m}(H)$)使船模试验可在极限真实情况下进行。

2）北极技术

汉堡水池的北极技术可为船厂、船东、石油行业政府机构和经济与技术部门在冰区技术、冰区水动力和冰层覆盖水域环境水压力等领域提供物理、数字的建模与分析。其在冰区建模和数据测量与分析上具有世界领先的技术，可为船舶与海洋结构物设计提供更快捷和经济的途径。为保证研究结果的可靠性，通常会同时进行数字模型和物理模型研究。冰区设备运营超过 25 年，主冰池尺寸为 $78\mathrm{m}(L)\times10\mathrm{m}(W)\times2.5\mathrm{m}(H)$，其拥有世界最大的冰冻环境试验水池（尺寸：$30\mathrm{m}(L)\times6\mathrm{m}(W)\times1.2\mathrm{m}(H)$）。另外还配置了冰区力学实验室，可承担的研究包括破冰船、数字化冰区技术、冰区结构物、北极工程、全尺寸测量、冰区动力等。

3）耐波性、操纵性和近海试验

除了常规船型，近海结构、半潜船和布缆船以及特殊类型船只，如高速单（双）体船、水面效应船等都可进行模拟任意波浪情况下的试验。

4．荷兰国家水池（MARIN）

荷兰海事研究学会即荷兰国家水池建立于 1929 年，1932 年开始使用，为了满足日益增长的船舶工业研究需求，建造了包括快速性、耐波性、操纵性、浅水效应、振动、噪声等一系列专业的船舶试验设施。如表 2.7 所示。

表 2.7 MARIN 主要试验设施

序号	试验设施
1	Deep Water Towing Tank 深水拖曳水池
2	Shallow Water Basin 浅水池
3	Seakeeping and Manoeuvring Basin 耐波性和操纵性水池
4	Depressurized Wave Tank 减压波浪水池
5	Large Cavitation Tunnel 大型高速空泡水筒
6	High Speed Cavitation Tunnel 高速空泡水筒
7	Off-shore Basin 近海水池
8	Concept Basin 概念水池
9	Ship Manoeuvring Simulator 船舶操纵性模拟器

5．挪威海事技术研究院（MARINTEK）

MARINTEK 拥有世界领先的海洋技术试验设施，并将试验实践与数字技术、软件相结合。它拥有海洋试验室、海洋结构试验室、摇荡试验室、拖曳水池、空泡试验室、循环水槽、动力/机械试验室及航海控制试验室等（表 2.8），专注于近海工程领域的研发和创新。

表 2.8 MARINTEK 主要试验设施

序号	试验设施
1	Towing Tank No.1 No.1 拖曳水池

续表

序号	试验设施
2	Towing Tank No. 2　No. 2 拖曳水池
3	Towing Tank No. 3　No. 3 拖曳水池
4	Flume Tank　减压波浪水池
5	Cavitation Laboratory　高速试验室
6	Ocean Laboratory　海洋试验室

6. 中国船舶科学研究中心

中国船舶科学研究中心是我国船舶及其他海事装备总体核心技术研究所，是一个专门研究船舶与海洋工程流体力学和结构力学基础理论与应用、发展我国新船型的船舶总体性能的研究所，主要从事军民用船舶和深海装备的水动力性能、结构性能和声隐身技术的综合性理论与试验研究，以及新技术研发和应用研究，承担高性能船舶、潜器和其他海事装备的总体性能研究、设计和开发工作，拥有船舶流体力学、结构力学、振动噪声等大型科研设施 30 余座，是我国船舶科学技术能力的重要象征（表 2.9）。

表 2.9　CSSRC 主要试验设施

领域	试验设施/试验室
水动力学 试验设施	深水拖曳水池 减压拖曳水池 冰水池（在建） 空泡水筒 大型空泡水筒 多用途空泡水筒 耐波性水池 深水海洋水池 悬臂水池 循环水槽
空气动力学试验设施	低速风洞
结构力学试验设施	水面结构强度试验室 水下结构耐压试验室 深海装备结构耐压试验室 消声砰击水池 结构爆炸水池 船舶设备和人员抗冲击试验室
振动及噪声控制 试验设施	结构振动试验室 机械设备振动与噪声综合试验室 舱段振动与水下噪声试验室 管道噪声实验室 隔振元件动态特性试验室 声学覆盖层声管试验室

2.2.2 ITTC 和 ISSC

1. 国际拖曳水池会议

ITTC 是当今国际上船舶水动力学界最具代表性和权威性的学术研究组织，主要任务是促进和解决船模试验池所面临的重要技术问题，目标是促进船舶与其他海事装备水动力学各领域的研究以改进物理模型试验、数值模拟和实尺度预报的方法；推荐相应的规程和确认尺度预报的精度以保证质量；提供信息交互平台。

ITTC 源于 1932 年在德国汉堡召开的国际水力机械大会，以"国际拖曳水池主管"（International Towing Tank Superintendents）为名的会议，其初衷是促进船模试验工作的改进，就公布结果的基本规程和表示方法达成共识。1954 年，第七届大会正式定名为"国际拖曳水池会议"，至 2021 年，已成功举办了 29 届会议，成员国由最初的 8 个扩展至 30 多个。

中国于 1978 年首次派代表团参加大会，并于 1999 年与韩国共同承办了第 22 届会议，2017 年独立承办第 28 届会议，中国已成为该组织中具有较大影响力的国家之一。

ITTC 在推进船舶技术发展、提高船模试验质量、提高预报精度，建立规范的船模试验、预报、检验、验证规程及指南，以及数据表示（记录、处理、预报等）上达成共识，推动各水池之间的基准比对试验等方面作出了巨大贡献。

ITTC 讨论的主题已不局限于物理模型试验，而是已扩展至与船舶水动力学性能测试、评估和预报相关的各个方面。经历几次会议的扩充和完善，形成了涵盖试验准备、试验和外推预报方法、计算流体动力学（computational fluid dynamics，CFD）、实船测量及检验、测量和试验设备的控制诸方面的规程和指南。

2. 国际船舶与海洋结构安全会议

ISSC 第一次会议于 1961 年在英国伦敦召开，至 2022 年已成功举办了 21 届，成员国有近 40 个。ISSC 是一个为从事和应用结构物研究的专家提供信息交互的论坛，其目的是通过国际合作，全面了解支撑海洋结构设计、建造和运行的各个学科，主要目标包括：

（1）对海洋结构设计、建造和操作规程提出改进意见；

（2）对进展中的研究进行综述，推动最新研究结果的评估和推广；

（3）确定未来需要研究的领域。

ISSC 讨论的结构包括在海洋环境下用于交通运输、具备居住及相关民用基础设施，以及用于海洋资源勘探、海洋清洁和渔业资源、矿产、能源、医药资源开采的船舶、海上平台及其他海洋和海上结构物。

与 ITTC 组织结构类似，ISSC 设立常务委员会（standing committee，SC）、技术委员会（technical committee）和专家委员会（specialist committee）。

各委员会成员资格适当反映了该结构领域相关的研究机构、学术界以及各个国家参与程度在全球的地理分布。每一届大会,都组织了一定数量的技术委员会和专家委员会,以实现常务委员会的目标。技术委员会和专家委员会选定的议题均为当时工程界、学术界共同关注的核心问题以及当时研究的关键性、热点问题。

2.2.3 船舶总体性能物理模型试验技术体系

经过一百多年的发展,已形成覆盖船舶水动力性能、结构安全性和综合隐身性各学科领域的试验技术体系,包括试验设施、试验设备/仪器、试验方法及预报方法等,为船舶总体性能研究和设计提供了全面的支持。

完整的船舶物理模型试验技术体系除陆上试验设施外,还包括湖上(海上)大尺度模型、实船试验等。中国船舶科学研究中心提出洞(池)—湖—海物理模型试验技术体系划分方法。

洞即水洞,是指试验对象"不动",流体动,例如空泡水筒、循环水槽、风洞等;

池即水池,是指试验对象"动",流体不动,例如拖曳水池、耐波性水池、悬臂水池等;

湖即湖上试验场,指通过以自然湖泊为基础,通过设计和建设,用于船模、大尺度模型甚至实船试验的场所,如国内的抚仙湖试验场;

海即海上试验场,指通过建造配套设施或选择合适海域,用于大尺度模型、实船试验的场所,如美国海军水面战中心弗罗里达州南部的海上试验场。

洞(池)试验技术体系又是洞(池)—湖—海试验技术体系的基础和起点,是船舶总体性能研究元数据的"生产地",在过去为船舶创新研究作出了重要贡献,在未来将持续为船舶创新科研工作服务。

1. 船舶水动力学性能物理模型试验技术体系

船舶水动力学性能物理模型试验技术,是以水面船舶、潜器、海洋装备等为试验对象,按照不同的相似准则和试验方法,对被测物体不同结构或材料的小尺度模型、实尺度模型或实际结构,通过力学环境模拟或实景搭建,利用光、电、声、磁等传感器和试验设备、装置等物理或仿真测试手段及其技术,测量和处理被测物件或系统的力学、流场、运动、环境等参数物理量数据,分析各种构型的水动力学特性,评估、优化和鉴定水面船舶、潜器、海洋结构物的综合航行性能设计。

船舶水动力学性能试验主要依托各类水池来进行,按水池的形式和功能来分,试验水池大致可以分为如图2.2所示的几类。

船舶水动力性能物理模型试验技术是了解船舶与周围流场的相互作用机理以及非线性、动态现象,揭示并预测船舶在各种应用环境下的复杂响应以及响应规律;为形成船舶及分系统设计的新能力,提高其流体动力性能、流动隐身性和环境适应性以增强船舶作业效率和创新研发能力;以及形成新概念、新原理、新方法和

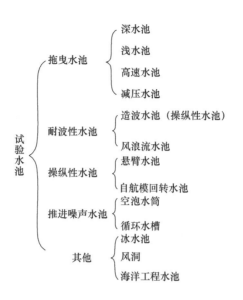

图 2.2 物理模型实验水池分类

新技术,提供的验证手段和技术支撑。

按陆上洞(池)—湖—海分类原则,对船舶水动力性能物理模型试验技术体系进行系统梳理,结果如表 2.10~表 2.12 所示。

表 2.10 船舶水动力学性能陆上洞(池)物理模型试验技术

学科	试验技术		主要试验设施
海洋环境模拟试验技术	◇海洋风浪流环境模拟试验技术 ◇海冰环境模拟与控制技术	◇冰力学试验测量技术 ◇复杂海冰环境试验模拟技术	风浪流耐波性水池 海洋工程水池 冰水池
快速性物理模型试验技术	◇阻力物理模型试验技术 ◇敞水物理模型试验技术 ◇自航物理模型试验技术	◇伴流场物理模型试验技术 ◇波形测量物理模型试验技术	拖曳水池
精细流场物理模型试验技术	◇近体流物理模型试验技术 ◇表面压力物理模型试验技术 ◇表面剪应力物理模型试验技术 ◇表面脉动压力物理模型试验技术	◇艏部碎波物理模型试验技术 ◇流场流动显示试验技术 ◇空泡空蚀试验技术	拖曳水池 减压拖曳水池 空泡水筒 循环水槽
操纵性拘束模试验技术	◇位置力物理模型试验技术 ◇舵力、舵轴力矩物理模型试验技术 ◇旋转力物理模型试验技术	◇空间运动物理模型试验技术 ◇PMM 运动物理模型试验	悬臂水池 操纵性水池

续表

学科	试验技术		主要试验设施
操纵性自航物理模试验技术	◇回转物理模型试验技术 ◇Z形物理模型试验技术 ◇制动物理模型试验技术 ◇螺线(逆螺线)物理模型试验技术	◇回直物理模型试验技术 ◇倒航物理模型试验技术 ◇超越物理模型试验技术 ◇速升率物理模型试验技术	操纵性水池
波浪中操纵性物理模型试验技术	◇航向稳定性物理模型试验技术 ◇机动性能物理模型试验技术	◇水动力测试物理模型试验技术	耐波性和操纵性水池
耐波性物理模型试验技术	◇波浪增阻物理模型试验技术 ◇运动响应物理模型试验技术 ◇耐波性事件物理模型试验技术 ◇液舱晃荡耦合运动物理模型试验技术	◇拖航物理模型试验技术 ◇波浪载荷物理模型试验技术 ◇多船靠绑物理模型试验技术 ◇航行补给物理模型试验技术 ◇甲板上浪物理模型试验技术	耐波性水池
波浪中动稳性物理模型试验技术	◇过度加速度物理模型试验技术 ◇纯稳性丧失物理模型试验技术 ◇波浪中船舶复原力测试技术 ◇波浪中船舶强制横摇测试技术	◇参数横摇物理模型试验技术 ◇骑浪横甩物理模型试验技术 ◇瘫船稳性物理模型试验技术	耐波性水池
推进器性能物理模型试验技术	◇空泡物理模型试验技术 ◇非常规推进器水动力和空泡试验技术	◇船舶空泡空蚀试验技术 ◇流动性能物理模型试验技术 ◇脉动压力物理模型试验技术	空泡水筒
动力定位物理模型试验技术	◇风载(流载)物理模型试验技术 ◇冰载物理模型试验技术 ◇波浪力物理模型试验技术	◇桨-桨干扰物理模型试验技术 ◇定位精度物理模型试验技术	耐波性水池 冰水池
冰水池物理模型试验技术	◇冰阻力物理模型试验技术 ◇冰中自航物理模型试验技术 ◇冰载荷物理模型试验技术 ◇冰中操纵性物理模型试验技术 ◇潜器上浮破冰物理模型试验技术	◇潜器近冰面航行性能评估物理模型试验技术 ◇破冰航道变向能力评估物理模型试验技术	冰水池
超空泡试验技术	◇定常水动力试验技术 ◇非定常水动力试验技术	◇不同尺度模型自由航行试验技术	空泡水筒

表2.11 船舶水动力学性能湖上试验技术

学科	试验技术	
大尺度操纵性自航模试验技术	◇加速度系数物理模型试验技术 ◇回转物理模型试验技术 ◇Z形物理模型试验技术 ◇制动物理模型试验技术 ◇螺线、逆螺线物理模型试验技术	◇回直物理模型试验技术 ◇倒航物理模型试验技术 ◇超越物理模型试验技术 ◇速升率物理模型试验技术

续表

学科	试验技术	
水下潜器水动力性能试验技术	◇静水最大航速试验技术 ◇高压釜外水压试验技术 ◇海上极限水深工作试验技术 ◇巡航速度续航力试验技术	◇最高航速续航力试验技术 ◇深度保持性能试验技术 ◇航向保持性能试验技术 ◇高度保持性能试验技术 ◇航路跟踪性能试验技术

表2.12 船舶水动力学性能海上试验技术

学科	试验技术	
实船快速性试验技术	◇水面舰快速性试验技术 ◇尾流场测量技术	◇潜器水面测速试验技术 ◇潜器快速性试验技术
◇实船操纵性试验技术	◇回转试验技术 ◇Z形操纵试验技术 ◇回舵试验技术 ◇惯性试验技术 ◇变航向试验技术	◇正螺线试验和逆螺线试验技术 ◇倒航试验技术 ◇威廉姆逊水救生操纵试验技术 ◇侧向推进器试验技术 ◇舵杆扭矩测定试验技术
实船耐波性试验技术	◇试验环境条件测定技术 ◇测速试验技术	◇船体运动响应测量技术 ◇耐波性事件监测技术
实船空泡观测及流场测量试验技术	◇实船空泡观测试验技术 ◇推进器空泡观测试验技术 ◇实船螺旋桨非定常力测量技术	◇流场测试试验技术 ◇潜器舷间及推进器内流场观测试验技术 ◇潜器围壳内流场测试试验技术
潜器水面状态操纵性试验技术	◇回转试验技术 ◇螺线试验和逆螺线试验技术 ◇回舵试验技术 ◇Z形操舵试验技术	◇制动试验技术 ◇倒航试验技术 ◇侧推装置离靠码头试验(停航甩尾试验、离靠码头试验)技术
潜器水下水平面内操纵性试验技术	◇水下回转试验技术 ◇水下螺线试验和逆螺线试验技术 ◇水下回舵试验技术	◇水下Z型操舵试验技术 ◇水下制动试验技术 ◇水下加速试验技术 ◇水下倒航试验技术
潜器水下垂直面内操纵性试验技术	◇升速测定试验技术 ◇逆速测定试验技术 ◇超越试验技术	◇变深度试验技术 ◇航向和深度保持试验技术 ◇空间机动试验技术
潜器平衡角和水动力系数测定试验技术	◇平衡角测定试验技术 ◇零升力和零力矩系数测定试验技术 ◇升降舵的水动力系数测定试验技术	◇舵杆扭矩测定试验技术 ◇潜器的水动力系数对垂向速度导数测定试验技术 ◇潜器的纵倾力矩系数对纵摇角速度导数的测定试验技术

2. 船舶结构安全性物理模型试验技术体系

船舶结构安全性能是指船舶在正常使用条件下,结构应能承受可能出现的各种载荷作用和变形而不发生破坏的能力,也包括在偶然事件发生后,结构仍能保持必要的整体稳定性的能力。对于船舶来说,结构的安全是基础要求,而优良的结构安全性能,还需与水动力性能和隐身性能的要求相适应。

船舶安全性能研究的主要任务:

(1) 研究在外载荷作用下平台结构中的应力、应变和位移等的变化规律;

(2) 确定平台的承载能力;

(3) 研究和发展新型平台结构。

对于不同的船舶,结构安全性能研究的侧重点有所区别,但基本上可归结为两大类:

(1) 结构静力学。即研究在静载荷作用下结构的响应,主要研究弯曲问题。静载荷是指不随时间变化的外加载荷。变化较慢的载荷,也可近似地看作静载荷,这样可以简化理论分析和设计计算。

(2) 结构动力学。研究在动载荷作用下结构动态特性和响应,动载荷是指随时间而改变的载荷,包括周期性载荷作用下的稳态响应和短时载荷作用下的瞬态响应。在动载荷作用下,结构内部的应力、应变及位移是时间的函数。结构动力学与结构静力学的主要区别在于它考虑结构因振动而产生的惯性力和阻尼力,而同刚体动力学之间的主要区别在于要考虑结构因变形而产生的弹性力。

与水动力性能试验稍有不同的是,在陆上试验室环境下也经常开展实尺度(局部)结构试验,表2.13分别从陆上模型、实尺度和实船三个方面梳理船舶结构安全性试验技术体系。

表2.13 船舶结构安全性能试验技术

对象	学科	试验技术	
模型尺度	结构性能物理模型试验技术	◇波浪载荷检测技术 ◇各类强度试验技术 ◇疲劳特性试验技术 ◇耐压密封性试验技术	◇结构稳定性试验技术 ◇可靠性试验技术 ◇结构载荷动态加载试验技术
	结构试验与测试技术	◇各类强度试验技术 ◇结构稳定性试验技术 ◇疲劳特性试验技术	◇强度及变形全局测试技术 ◇水下执行机构功能测试技术 ◇静水压环境下多载荷加载试验技术
	抗冲击试验与测试技术	◇荷载传递特性试验技术 ◇设备冲击环境试验技术	◇材料动力学性能试验技术 ◇结构动响应测试技术

续表

对象	学科	试验技术	
实尺度（部件）	水下装备结构性能试验技术	◇水下结构物结构强度试验技术	◇水下结构物承载能力试验技术 ◇水下结构物结构刚度试验技术
	船用设备结构功能性试验技术	◇装船设备适装性试验技术 ◇水下损管培训试验技术	◇潜器救生装备试验技术
	水下航行体承压与推进试验技术	◇水下航行器结构强度试验技术 ◇水下航行器密封试验技术	◇水下航行器推进轴系强度测试技术 ◇水下航行器推进轴系密封试验技术 ◇水下航行器结构稳定性试验技术
实船	船体结构强度试验技术	◇潜器结构全局变形测试技术 ◇船体总纵强度测试技术 ◇船体局部结构强度测试技术 ◇底部砰击强度测试技术 ◇甲板上浪砰击强度试验技术 ◇船体结构变形测试技术	◇潜器泵水试验结构刚度测试技术 ◇潜器泵水试验结构强度测试技术 ◇潜器深潜试验结构刚度测试技术 ◇潜器深潜试验结构强度测试技术 ◇长距离轴线基准高精度测试技术
	装备结构强度试验技术	◇螺旋桨强度测试技术 ◇船载设备结构强度测试技术	◇深海装备结构强度测试技术

3. 综合隐身性能试验技术

隐身性是水面舰船、潜艇设计的重要技术指标，是声隐身、红外隐身、磁场隐身、电场隐身、雷达波隐身、尾迹隐身的综合体现，其中声隐身是最关键、最核心的部分。对于潜艇，声隐身能力直接关系其生命力、战斗力，已成为当代潜艇装备不断升级换代的重要标志；对于民用船舶，船舶噪声影响船员工作和休息，是船舶舒适性的重要评价指标。

提高以潜艇为重点的军用舰艇声隐身能力主要从降低其水下声辐射噪声和声目标强度两个方面着手。舰艇水下辐射噪声主要来源于机械噪声、推进器噪声和水动力噪声；此外，还包括舱室空气噪声、潜艇声目标强度和声呐基阵部位自噪声等。

机械噪声是船舶机械设备运转产生的振动和噪声传递到船体，激发船体振动而产生水下噪声。

推进器噪声是船舶推进器旋转引起周围流场的变化和压力波动产生的噪声。推进器除本身直接产生的辐射噪声外，它产生的脉动压力通过轴系、推力轴承传递给艇体，也会引起艇体振动而产生辐射噪声。在船舶中、高速航行时，推进器噪声是主要噪声源。

水动力噪声是不规则的、起伏的水流流过船体所产生的噪声，包括湍流边界层引起的噪声，孔穴和附体处空化、旋涡产生的噪声，船首、船尾的拍浪碎波所产生的噪声等。

舱室空气噪声则主要是由各种机械设备运行引起的舱室内噪声。

船舶的综合隐身性能物理模型试验是利用力、电、声测试仪器和设备、装置等物理或仿真测试手段及其技术，通过测量和处理被测物件或系统的动态力（脉动压力）、动刚度及阻尼、位移（振动速度、振动加速度）及机械阻抗（声阻抗）、空气噪声、水下噪声等动态物理量，评估、优化和鉴定材料、元器件、设备及附件、系统、总体的振动噪声性能设计，为船舶声学设计提供支持。

船舶综合隐身性能试验技术主要包括机械和管路（轴系）振动噪声测试、推进器噪声测试、水动力噪声测试技术等。

机械和管路、轴系的振动噪声测试又分为机械和附件振动噪声源特性、减振降噪元器件动刚度及阻抗特性测试、材料声学特性测试、结构振动声学特性等方面，用于掌握机械和管路、轴系的振动噪声产生与传递的定量特性。

推进器噪声测试技术以建立推进器噪声测试和实船换算方法为核心，采用噪声测量技术、信号处理分析技术、推进器声学相似准则等研究成果，应用于舰船推进器噪声测试，为推进器噪声评估与控制、实艇噪声源分离等提供支持。

水动力噪声测试是对舰艇局部和整体由于水流作用产生脉动压力、结构振动和声辐射进行测试的技术，为优化外形、采取各种降噪措施提供数据支撑。

舱段和整船的噪声测试是以舱段和整船作为平台，在上述单一或几种激励源作用下，从源沿传播途径到辐射结构及辐射场进行全面测量的技术。由于布放空间的不同，船舶隐身性试验可在陆上（水池）、湖上（水库）、海上开展试验测试。表 2.14 和表 2.15 从陆上实验室、湖上和海上实船三个方面建立船舶综合隐身性试验技术体系。

表 2.14　船舶综合隐身性能陆上试验技术

学科	试验技术	
机电设备动力特性试验技术	◇机械设备噪声、振动源测试试验技术 ◇机械设备水动力噪声源特性试验技术 ◇流体机械与节流元件内流场测试技术	◇流体机械与节流元件内流场、脉动压力及噪声同步测试技术 ◇机械设备与结构抗振性能试验技术
隔振元件动态特性试验技术	◇隔振元件三向平动机械阻抗测试技术 ◇管路元件声阻抗测试技术	◇隔振元件高频机械阻抗测试技术 ◇隔振元件复杂加载状态机械阻抗测试技术 ◇隔振元件动静态性能测试技术
声学功能材料性能检测试验技术	◇声学覆盖层材料受压环境反声、吸声及隔声（透声）性能检测试验技术 ◇声学覆盖层大样品反声、吸声及隔声（透声）性能检测试验技术	◇声学覆盖层材料受压环境声阻抗参数检测试验技术 ◇声学覆盖层材料受压环境声导纳参数检测试验技术 ◇声学覆盖层材料受压环境动态力学参数检测试验技术

续表

学科	试验技术	
空气噪声试验技术	◇舱室壁板隔声性能检测试验技术 ◇风机噪声性能检测试验技术 ◇辅机设备空气噪声源特性测量技术	◇声学材料和结构吸声、隔声特性检测试验技术 ◇通风管路元件声学性能试验技术
推进器模型噪声试验技术	◇推进器模型空泡起始试验技术 ◇推进器模型中高频噪声试验技术	◇推进器模型低频线谱激励力试验技术 ◇推进器模型低频宽带激励力试验技术
非声隐身试验技术	◇磁场隐身试验验证技术 ◇红外隐身试验验证技术 ◇尾迹隐身试验验证技术	◇电场隐身试验验证技术 ◇雷达波隐身试验验证技术

表 2.15 船舶综合隐身性能湖上/海上试验技术

学科	试验技术	
大尺度模型隐身性能试验技术	◇航行状态振动噪声试验技术 ◇静态振动噪声试验技术 ◇静态声目标强度试验技术	◇推进器性能物理模型试验技术 ◇水动力噪声物理模型试验技术
实尺度舱段定量声学设计评估试验技术	◇实尺度舱段中机械与管路系统声学设计计算方法的水池试验验证技术 ◇机械设备振动噪声传递与水下声辐射定量规律试验技术	◇实尺度尾舱结构、轴系与主推进电机空气中动力学特性试验技术
水声测量湖上试验技术	◇声隐身性能试验技术 ◇水声装备的水声测量试验技术	◇水声试验场测试技术
水面船舶实船噪声测试技术	◇船舶空气噪声测试技术 ◇船舶结构噪声测试技术	◇船舶水下辐射噪声测试技术 ◇船舶自噪声测试技术
水面船舶实船船体振动测试技术	◇稳态激振试验技术 ◇瞬态激振试验技术 ◇总振动测量技术	◇局部振动测量技术 ◇推进器脉动压力测量技术
船舶设备及机电设备测试技术	◇船舶设备空气噪声测试技术 ◇船舶设备振动测试技术	◇机械阻抗测试技术 ◇船舶设备振动烈度测试技术
实船轴系振动试验技术	◇轴系扭转振动测量技术 ◇轴系回旋振动测量技术	◇轴系纵向振动测量技术
实船振动测试技术	◇总振动测量技术 ◇局部振动测量技术 ◇潜器推进系统非定常力测试技术 ◇舱室居住性振动测试技术	◇潜器外表面脉动压力场测试技术 ◇艉部结构脉动压力及局部振动测试技术 ◇系泊、航行试验艇体总振动测试技术 ◇推进器脉动压力测量技术
实船噪声测试技术	◇水下辐射噪声测量技术 ◇瞬态辐射噪声测量技术	◇自噪声测试技术 ◇湍流边界层脉动压力测试技术

续表

学科	试验技术	
声隐身控制试验技术	◇机械噪声控制试验验证技术 ◇水动力噪声控制试验验证技术 ◇推进系统噪声控制试验验证技术	◇声目标强度控制试验验证技术 ◇舱室空气噪声控制试验验证技术 ◇声呐平台自噪声控制试验验证技术 ◇隔振效果测试技术
实船水下电磁场(声目标)强度测试技术	◇船舶磁场测试技术 ◇船舶电场测试技术	◇船舶回声亮点强度测试技术 ◇船舶声目标强度测试技术 ◇船舶尾流声散射强度测试技术

2.3 物理模型试验在船舶总体性能设计中的应用

物理模型试验主要用于实船性能预报、设计方案选优、总体性能影响因素及影响规律研究以及作为数值计算验证的基准数据。对物理模型试验数据进行统计分析，可以得到用于指导船舶设计的图表、图谱，形成一系列用于性能近似预报的程序(软件)。模型试验预报及结果还需实船测试予以检验(验证)，并进行数据相关性分析，用于研究物理模型试验尺度效应的影响规律，修正相关因子以改进物理模型试验预报精度。

2.3.1 基于物理模型试验的方案选优及实船性能预报

船舶设计目标是以最小的代价，获得最有效、最合用、最先进的船舶。通过船模试验，在实船建造之前，对若干可行的方案进行对比试验，优选最佳方案；或通过对比分析方案变化对性能的影响规律，提出改进方案的方向；最后通过实船性能预报，评价方案是否合理、性能是否达到预期指标要求，这是当前最普遍的做法。

实际上，实船性能预报是开展船模试验的初衷和最终目的，依据实船性能预报结果，可以实现以下目标：

（1）全面了解设计方案的性能特性，检验或确认是否达到设计预期，判断是否要做进一步的改进或优化；

（2）比较不同方案性能的优劣，优选最佳方案。

2.3.2 基于物理模型试验的性能影响因素及其影响规律(机理)研究

通过物理模型试验研究影响船舶性能的因素及其影响规律是船舶总体性能研究的重要内容。其基本方法是，对所关注的设计参数或可能存在的影响因素进行有规律的变化，例如采用试验设计的方法，得到一系列方案，然后开展系列物理模型试验，得到设计参数(影响因素)与性能指标的响应关系，并以设计图表、公式、程序甚至软件的形式,将试验数据转化为设计过程中可应用的知识(图 2-3)。

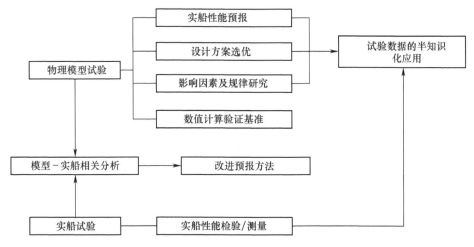

图 2.3　船舶物理模型试验典型应用模式

例如在 20 世纪七八十年代广泛开展的基于阻力的系列船模试验。系列船模试验,就是对所研究的问题,选定母型船,通过系统地改变影响船体阻力的船型参数,制成一系列船模;然后应用这些船模在各对应装载情况下进行拖曳试验;最后根据试验结果分析得出船型参数对阻力影响的关系。

传统派生系列船模改变船型的方式主要有两种:一种是仿射变换,即将船体表面上各对应坐标分别按一定比例放大或缩小,从而得到系列模型。例如,将母型船横剖面的半宽和水线间距都乘以常数 K,即可得到一组仅瘦长比 $\Delta/(0.01L)^3$(式中 Δ 为排水量,L 为船舶特征长度)不同的船模;如将横剖面的半宽乘以常数 K 而将水线间距乘以 $1/K$,可导出另一组仅宽度吃水比 B/d 不同的船模。又如将两种变化合并,则可得到一组 $\Delta/(0.01L)^3$ 和 B/d 都不同的船模,但必须注意,这组船模的棱形系数 C_p 是完全相同的,也就是说如以船中横剖面面积为单位 1.0,则所绘制的横剖面面积曲线完全相同。

另一种是通过平移横剖面的方式,变换得到不同棱形系数 C_p 的船型,该方法被称为 Lackenby 船型变换方法。这类经典的船型系列,有美国的泰勒系列、英国的 NPL 运输船系列、瑞典 SSPA 单桨运输船系列、日本肥大型船系列、中国的长江船系列等。

应用精细测量手段,例如 PIV、高速摄像机,物理模型试验还被广泛用于机理研究,例如开展船舶绕流流动机理研究、空化机理研究等。

2.3.3　基于物理模型试验数据的知识化应用

在船舶设计过程中,尤其是在方案设计阶段,需要根据若干船型参数快速研判方案是否可行,如判断航速是否能达到设计指标要求或者哪种船型参数组合能达到的航速最大,或者快速预报阻力以帮助选择合适的主机。在此阶段,由于船体线型尚未确定,因此还不能开展物理模型试验。一种普遍的做法是利用设计图谱、图表、公式等进行诸方案性能的快速估算,通过对比确定初步方案。这些图谱、图表、公式是物理模型试验数据的一种知识化表达,其应用即是物理模型试验数据的知识化应用。

按照知识化水平,可以分为经验系数、图表、统计回归、程序软件几个层级。

1. 经验系数

在船舶设计过程中,经常会用到各种经验系数,这是一种最简单的试验数据知识化应用方式。如荷兰国家水池的霍尔特罗普(Holtrop)等,在1977年至1984年间根据船模试验和实船试航资料的统计分析,得到了一系列的阻力回归计算公式,其中,对流线形附体的形状因子 k 给出了如表2.16所示经验系数。

表2.16 Holtrop关于流线型附体形状因子的经验系数

附体名称	$1+k$	附体名称	$1+k$
尾鳍或尾鳍后的舵	1.5~2.0	船体轴包套	2.0
船尾舵	1.3~1.5	轴	2.0~4.0
双桨平衡舵	2.8	稳定鳍	2.8
轴支架	3.0	导流罩	2.7
尾鳍	1.5~2.0	舭龙骨	1.4
轴支架包套	3.0		

还总结了不同类型船舶的附体系数。附体系数即装有全部附体的船体与裸船体总阻力的比值,如表2.17所示。

表2.17 附体系数范围

船舶类型	附体系数
单桨民用船舶	1.02~1.05
双桨民用船舶	1.07~1.13
双桨或四桨高速舰船	1.08~1.15

又如,根据风洞试验,得到空气阻力系数 C_{AA} 的平均值:

普通货船: $C_{AA} = 0.1 \times 10^{-3}$

散装货船: $C_{AA} = 0.08 \times 10^{-3}$

油船: $C_{AA} = 0.08 \times 10^{-3}$

超级油船: $C_{AA} = 0.04 \times 10^{-3}$

渔船: $C_{AA} = 0.13 \times 10^{-3}$

客船： $C_{AA} = 0.09 \times 10^{-3}$

渡船： $C_{AA} = 0.1 \times 10^{-3}$

集装箱船： $C_{AA} = 0.08 \times 10^{-3}$（甲板上无集装箱）

$C_{AA} = 0.1 \times 10^{-3}$（甲板上有集装箱）

2. 图表(图谱)

图表是试验数据最常用的处理方式,如阻力试验中阻力曲线图 $R_{tm} - V_m$,自航试验中的阻力曲线、推力曲线、扭矩曲线图等。本节要介绍的图表是在常规试验数据图表的基础上,经过知识化加工,获得的专用性能图表——图谱。系列物理模型试验的结果大多采用这种处理模式。

以经典的泰勒系列物理模型试验为例来说明图谱化结果及其应用方法。根据泰勒系列物理模型试验整理获得的船体阻力近似估算法被称为泰勒法。最初,泰勒法将阻力数据绘制成单位排水量剩余阻力的等值线,并采用英制单位。1954年盖特勒(Gerlter)将泰勒标准组阻力数据重新进行分析整理,并对水温、层流和限制航道的影响分别加以修正,最后整理出一套无量纲剩余阻力系数图表,其中摩擦阻力系数按照桑海公式计算。计算所用的船体湿面积可以由无量纲湿面积系数图谱求得,该估算方法又称为泰勒-盖特勒方法。

泰勒法将船体总阻力划分为摩擦阻力和剩余阻力两部分,摩擦阻力采用桑海公式计算,剩余阻力系数和船体湿面积采用无因次的图表表达方法,图2.4(左)给

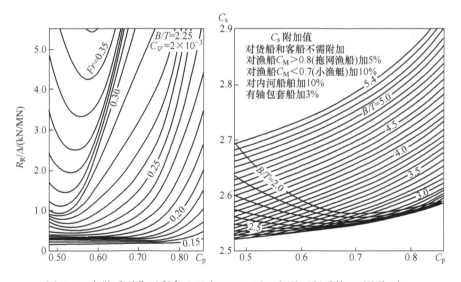

图 2.4 泰勒系列典型剩余比阻力 R_R/Δ（左）和湿面积系数 C_s 图谱（右）

出了其中$B/T=2.25$时,排水体积系数$C_\nabla=2\times10^{-3}$($C_\nabla=(\nabla/L^3)\times10^{-3}$)时,不同棱形系数$C_p$下,单位排水量剩余阻力对Fr的变化关系;图2.4(右)给出了不同棱形系数C_p下,湿面积系数C_s($C_s=f_1(B/T,C_p,\nabla/L^3)$)对$B/T$的变化关系(限于篇幅,详细内容可参阅相关文献)。

泰勒系列的母型船为军舰,但也适用于民船,特别是双桨客船的阻力估算。在应用图谱时,对不同类型船模湿面积需进行修正,即$C_s'=kC_s$,其中C_s为泰勒系列的湿面积,C_s'为计算船舶的湿面积系数,表2.18列出了各类船舶的修正系数k的值。

表2.18 湿面积系数的修正值k

船型	货客船	拖网渔船	小渔艇	内河船	轴包套	风浪
k	1	1.05	1.10	1.10	1.03	1.03

应用泰勒法估算设计船阻力的基本步骤和应注意的点归纳如下。

(1)计算设计船的船型参数:B/T、C_p、∇/L^3和Fr。

(2)求船体湿面积S。若已完成线型设计,可由船体线型直接求得湿面积;若处于方案设计阶段,可根据船型和湿面积系数图谱通过插值求得湿面积系数,由$S=C_s'\sqrt{\nabla\cdot L_{WL}}$求得湿面积。

(3)计算摩擦阻力系数C_f值。由桑海公式计算摩擦阻力系数,粗糙度补贴系数一般取$\Delta C_f=0.4\times10^{-3}$。

(4)由图谱查得剩余阻力系数C_r。根据设计船参数B/T、C_p、∇/L^3和Fr,选择对应的剩余阻力系数C_r图谱,通过内插求得C_r。

(5)计算总阻力、有效功率

总阻力系数:$C_{ts}=C_r+C_f+\Delta C_f$

总阻力:$R_{ts}=C_{ts}\cdot\dfrac{1}{2}\rho SV^2$

有效功率:$P_E=R_{ts}V$

对于不同航速,重复上述步骤,直到得到完整的有效功率曲线。应该指出,设计船与图谱船型越接近,获得的计算结果越准确;若设计船是基于图谱船经变换得到,且参数依然落在图谱适用参数范围内,则估算的精度将非常接近试验值,这种情况下,对于要求不甚高的船舶设计,甚至不必再进行物理模型试验,可直接采纳估算结果。

系列图谱法是20世纪80年代使用较多的方法,使用方便、直观,还可以直接生成船体线型方案,但不同时期建立的船型系列图谱,其技术指标仅代表了当时年代的水平。目前采用的系列图谱绝大多数为早期的研究成果,线型水平已经相对落后。如21世纪初巴拿马船型同20世纪80年代巴拿马船型相比较,船舶性能指标和船舶总体技术指标都有了明显的提高。因此,利用系列图谱法预估航速指标很难准确反映当代优良船型的性能指标。

目前,各国水池进行大规模系列船模试验的并不多,但各个水池进行的商用船舶性物理模型试验的数量是相当巨大的,对这些船舶的资料和试验数据进行统计,建立数据库是一些水池长期坚持的一项工作。这使得水池积累了大量的船舶信息与试验数据,通过对资料的回归分析,可以形成有自己特色且实用的船型统计回归资料,如MARIN的非系列船型统计回归资料等。

3. 统计回归

图谱制作简单,使用方便,但是,由于人工读取、插值容易出现偏差,"因人差异"较大;即使同一个人,在不同的时间读取同一张图谱,也会存在偏差;再者,多次转载印刷也会引起偏差,长时间使用,图像质量降低,查阅困难。所以采用这类图谱进行估算时,因人、因事的差异性非常大。

采用回归公式的形式来表达图谱蕴藏的设计知识,可一定程度消除了人为因素的影响,并且具有可重复性,使用更简单等优点。基于系列物理模型试验资料,形成了一些实用的回归估算方法。如大连工学院(现大连理工大学)将单桨运输船60系列的船模满载状态阻力试验结果用幂函数形式表达,并进行回归分析,经显著性检验的比较,采用4个船型参数,获得了湿面积圆系数、最佳浮心纵向位置、122m长实船的总阻力系数的回归公式。萨比特(Sabit)将BSRA系列的3个正浮吃水(满载、中载、压载)下的船模试验结果都用回归方程式表达,据此,只要已知某种船设计满载状态下的船长L_{PP}、船宽B、吃水T、排水量Δ、浮心纵向位置x_{CB},就可以估算(在其船模试验范围内)各种装载下的阻力曲线。还有如适用中、小方形系数单桨运输船的SSPA系列阻力回归方法,适用沿海船的NPL系列阻力回归方法等。

基于统计回归建立起的性能预报系统,其预报船舶的性能指标仅代表了所参与统计或回归的一批船的平均水平。如Holtrop 84只能反映1984年以前的船舶线型的性能指标水平。因此,利用该方法预报航速指标,需要设计人员具有较高水平和足够的经验,才能做出准确的评估和判断。

4. 程序及软件

在计算机得到广泛应用之后,将一些计算繁琐、过程复杂的回归公式转化为程序甚至软件就是顺理成章的事了,不仅可以大大减少计算工作量和出错概率,还提高了效率,并且利用表格和图形化的输出,能够快速、直观地看到结果,甚至可以与评价方法相结合,快速判别目标船的性能水平。

国内外很多水池机构及科研院所都开展了类似的工作,如南安普敦大学沃尔夫森小组(Wolfson Unit)开发的功率预报程序(Power Prediction Program)、澳大利亚Formation Design Systems公司开发的船体速度Hullspeed程序。常用的比较有代表性的系列图谱如泰勒60系列、BSRA系列、SSPA系列、Delft系列等都已经程序化了。

经程序化之后，除了代替图谱、公式进行更快捷的预报之外，一个重要应用是与最优化技术结合，建立船舶性能优化流程，实现基于船型参数的性能优化设计，提高设计效率和质量。

但是，这类程序和软件大多来自一些大型水池或科研机构的内部开发，没有严格遵循软件开发的一般标准，程序（软件）的验证也不够充足，有些程序甚至只有开发人员自己才能正确运用，应用范围非常狭窄。值得注意的是这类程序（软件）的真正需求方是船舶设计单位，但由于还达不到商业化的程度，又顾及知识产权的保护，这些由性能领域专家开发的程序（软件）很少在这些设计单位应用。没有应用就没有反馈，就没有改进、提高的动力，再加上数值计算技术的发展和应用，这些本应发挥作用的快捷估算方法没能发挥应有的作用，大多在档案馆"落灰"。

2.3.4 数值计算验证基准

计算机技术的发展，推动了船舶计算流体力学的蓬勃发展，船舶CFD在近三十年间取得了令人震撼的技术进步，为船舶水动力性能研究、构型设计的跨越式发展提供了强大的支撑，已成为船舶水动力性能研究、总体性能设计不可或缺的先进工具。但是，船舶CFD技术的发展离不开物理水池试验的支撑，数值计算结果的准确度、流动模拟正确性都需要物理模型试验来验证。

在水动力性能验证技术方面，美国以其强大的实力，在船舶水动力性能虚拟试验和验证领域做了大量深入细致的工作，建立了庞大的数据库。美国海军研究局（Office of Naval Research，ONR）与美国国防高级研究计划局（Defense Advanced Research Projects Agency，DARPA）长期以来支持了大量的船舶总体性能数值模拟工作。近年来，美国戴维泰勒海军舰船研究发展中心与英国国防评估研究署（Defence Evaluation and Research Agency，DERA）联合，建立了总体性能虚拟试验评估系统的验证技术体系，开展了数量惊人的验证工作。

欧盟在船舶虚拟试验领域也做了突破性贡献。2004年，由德国汉堡水池（HSVA）牵头，荷兰国家水池、瑞典船模试验水池（Swedish State Shipbuilding Experimental Tank，SSPA）等国际著名水池联合发起了欧盟虚拟水池（The Virtual Tank Utility in Europe，VIRTUE）计划，参与者为9个欧洲造船强国的20家研究机构。在2005—2009年4年时间内，这个计划将欧盟参与成员单位原有虚拟试验工具整合，研发出了一套完整可靠的舰船水动力性能虚拟试验平台，即虚拟水池。它包括5个工作模块：虚拟拖曳水池、虚拟耐波性水池、虚拟操纵性水池、虚拟空泡水筒和综合集成平台。该虚拟水池的每项技术都经过了大量的试验验证，确认各项虚拟试验技术可靠后才允许其进入综合集成平台。

由于船舶操纵运动状态下的绕流具有大面积流动分离现象,其水动力呈非定常和强非线性特征,操纵性水动力预报的难度较大,不同操纵性水动力预报方法的物理模型试验验证技术显得尤为重要。ITTC 操纵性委员会曾专门组织召开了船舶操纵性模拟方法检验和验证研讨会(Workshop on Verification and Validation of Ship Manoeuvring Simulation Methods, SIMMAN),于 2008 年和 2014 年,发起了以 4 条标模(KVLCC1、KVLCC2、KCS 及 5415M)作为研究对象,进行基准检验试验和虚拟试验验证的工作。

就虚拟试验模拟技术而言,最常用的是通过物理模型基准检验试验结合不确定度分析进行验证,标模基准检验试验数据是校验虚拟试验结果的最重要的依据。

2.4　物理模型试验的局限

历经了上百年的演变和发展,物理模型试验如常青树一样,仍然是船舶水动力性能研究的主要手段和第一选择,其最主要的原因是物理水池试验能够满足用户的核心需求:提供可靠的物理模型试验结果。物理模型试验结果的可靠性主要体现在以下两方面。

一方面水池试验经过发展和锤炼,已形成了一套周密严谨的试验操作规程。只要按照该规程实施,其试验结果,就不会因为操作者的差异以及水池的不同而出现"颠覆性"的结果,其试验过程是可重复的,试验结果是"唯一的"。另一方面,对于既定的试验项目(如阻力),在试验之前,其试验结果是可预先判断的,其值只能落在该试验项目事先评定的量化"有限散布窄带"内,如图 2.5 所示。正因为如此,船模水池试验一经建立,就成为船舶水动力学性能研究的主要手段,而且,在未来很长一段时间内,仍然是船型性能研究、性能预报以及方案优化和规律研究的第一选择。

虽然水池试验是现代船舶水动力学领域中的主要研究方法,但纵观全世界船模水池的建设和试验方法的发展,可以发现船模试验方法存在着先天的不足,主要表现在以下几个方面:

首先,船模试验中存在着尺度效应永远无法避免,虽然船模能够满足几何相似,但其流场并不能满足全相似(Re、Fr 等相似准则数同时相等)。另外,水池的固壁边界限制与实际船舶的无限宽广水域也是不尽相同的。

其次,源于历史技术条件,船舶的几大性能一般是分离的,对环境、运动和水动力三大要素的测量也往往是分离的。这种分离研究的方法影响综合性能的感知和判断,有时甚至会造成船毁人亡的悲剧,如恶劣海况的船损事故,就是因为在水池中无法实现极限环境的操纵性、耐波性、结构强度等综合试验,未能做到准确地安全边界预报,以至于没有采取合适的防范措施造成的。

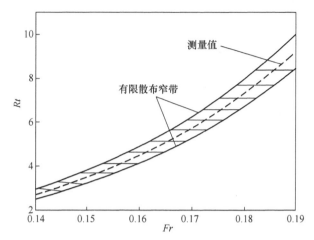

图 2.5 物理模型试验结果量化的有限散布窄带

最后,船模水池试验难以精细化测量,制约发现与发明思想的萌芽。当今船舶水动力学发展趋势是由稳态到非稳态,由定常到非定常,由单相流到多相流等,这均要求能够实现流场细节的精细化测量。

其中,尺度效应,测试与设计过程分离这类先天不足难以通过技术、设备等予以克服。

2.4.1 尺度效应

我们知道,要利用缩比模型研究实船性能,首先要满足相似定律,即两个物理系统必须满足几何相似、运动相似和动力相似。以船模阻力试验为例,根据相似理论,应同时满足傅汝德相似和雷诺数相似,但实际上,物理模型试验无法做到雷诺数相似,目前的船模阻力试验均是在傅汝德相似条件下开展。由于雷诺数不同,导致模型边界层的流态与实船不同,边界层的相对厚度亦不相同;此外,由于尺度缩小,船模的曲率与实船也不相同,影响到边界层厚度及速度分布。所有这些原因都会影响船模的摩擦阻力,根据实际分析,边界层流态不同是尺度效应的主要因素。

对于实船,其雷诺数很大,全长范围内的边界层流态都可视为紊流;但对于船模,即使采用很大的尺度,其雷诺数与实船相比仍然相去甚远,层流段相对长度大。这样在阻力换算时,由船模试验测得的总阻力按紊流平板公式计算的摩擦阻力,求得的剩余阻力必然偏小,最终求得的实船阻力也很难准确。有时,由试验结果求得的剩余阻力甚至会出现负值,说明船首部层流段的影响显著。尽管通过激流以及采用三因次法代替二因次法进行阻力换算等,一定程度上降低了这种影响,但无法完全消除,特别是对于低速船,影响仍然显著。

尺度效应影响实船性能预报的精度,对于不同的试验对象,这种影响无法精确量化,也即是说预报精度的误差范围可能很大,带来预报结果准确性置信度低,这与船舶设计对精确性的追求日益提高的需求是相矛盾的。但这是其固有的属性,暂时还无法通过技术手段予以解决,成为制约物理模型试验技术发展的重要因素。

2.4.2 试验与设计过程的分离

物理模型试验的最终目的是服务设计,帮助设计师获得更佳的方案。但实际上,试验与设计过程是分离的,试验起到的作用更多的是对设计结果的检验、验证。在物理模型试验体系的支撑下,当前的船舶设计只能做逆向设计,无法开展正向设计,这限制了船舶设计的创新。

一方面尽管通过试验研究,获得了一些可用于设计过程的经验公式、图谱、回归公式,但应该注意到,这些经验、知识存在适用范围的局限性;另外,这种统计、回归是对过去技术的总结、归纳,且资料收集难度大,并与开发单位的数据积累关系密切,因此只有一些大型研究机构可以开展,而因知识产权的保护问题,这些统计回归得到的方法大多在机构内部使用,公布得少,推广应用得更少。另外,这种需要耗费大量人力、物力、财力的工作,组织相当困难,所以一旦完成固化,可能几年、十几年甚至几十年没有变化。而在信息发达的今天,各种技术的发展可说是日新月异,用几十年前的经验知识设计当今的船舶,可谓是故步自封,严重影响船舶设计的创新发展。

另一方面,数值技术得到蓬勃发展,某些方面已能代替物理模型试验进行性能的预报、评价,并且,数值计算程序/软件可以很容易地融入设计过程,并且成本低、响应快。这就造成,许多传统的物理模型试验退化到仅充当最终结果的检验、验证,而数值计算逐步承担了以往物理水池所承担的诸如船型研究、流动"观测"等内容。

上述这些因素,一定程度上降低了物理水池在船舶设计、研究过程中的功用,但实质上正是这种试验与设计过程的分离制约试验技术的进一步发展。

第 3 章 船舶数值模拟技术

"计算加速创新!"这是国际科技工业界的共识。

自 1946 年第一台电子计算机问世,计算方法继理论分析和实验方法成为了科学研究的第三种研究方法。理论分析方法的优点在于所得结果具有普遍性,各种影响因素清晰可见,是指导实验研究和发展新的数值计算方法的理论基础。但是它往往需要对计算对象进行抽象和简化,才有可能得出理论解,对于非线性情况,只有少数情况才能给出解析结果。实验研究结果真实可信,是发现规律、检验理论和为船舶设计提供数据的基本手段。但是它受模型尺寸、环境扰动、测量精度的限制,且有时可能很难通过试验方法得到结果;另外,在进行实船性能预报时,还受尺度效应的影响。实验测量还存在周期长、费用高、响应慢等问题。数值模拟方法刚好克服了前面两种方法的缺点,在计算机上实现一个特定的计算,就好像在计算机上做了一次物理模型试验。例如,船舶阻力,通过建模和计算,可以看到流场的各种细节,包括船体表面压力、流线、兴波、涡的生成与传播、流动地分离、受力大小及其随时间的变化等。数值模拟可以形象地再现流动情景,与做物理模型试验没有什么区别,而在流动细节的精细展示、流场及受力信息的全面获取等方面更胜物理模型试验。

随着计算机性能的快速提升和计算科学的不断发展,以物理规律为基础、计算科学为核心、计算硬件与信息化技术为依托的数值计算,正高密度地融入总体性能研究与设计当中,为包括水动力学、结构安全性、振动与噪声在内的船舶基础性能研究与设计的创新发展,提供了前所未有的便利。这种以数值计算为核心技术手段的性能预报、评价/设计模式,具有周期短、成本低、效率高等优点,并且能够实现与设计和优化过程的无缝融合,已成为技术发展的必然选择和重要方向。

3.1 数值模拟技术基础知识

数值模拟是依靠电子计算机,用一组代数或微分方程(或称为控制方程)描述一个过程的基本参数的变化关系,利用数值方法求解以获得该过程的定量结果,并以数据、图像等形式进行表达的技术。

3.1.1 数值模拟的工作步骤

数值模拟是一个复杂的过程,一般包含以下几个典型的工作步骤:

(1) 建立反映工程问题或物理问题本质的数学模型。具体地说就是建立反映问题各个量之间关系的微分方程以及相应的定解条件,这是数值模拟的出发点。没有正确完善的数学模型,数值模拟就毫无意义。流体的基本控制方程通常包括质量守恒方程、动量守恒方程、能量守恒方程,以及这些方程相应的定解条件。

(2) 寻求高效率、高准确度的数值计算方法,即建立针对控制方程的数值离散化方法,如有限差分法、有限元法、有限体积法等。这里的计算方法不仅包括微分方程的离散化方法及求解方法,还包括贴体坐标的建立,边界条件的处理等。这些内容,可以说是数值模拟的核心。

(3) 编制程序和进行计算。这部分工作包括计算网格划分、初始条件和边界条件的输入、控制参数的设定等。这是整个工作中花费时间最多的部分。由于求解的问题比较复杂,比如 Navier-Stokes 方程就是一个十分复杂的非线性方程,数值求解方法在理论上不是绝对完善的,所以需要通过试验加以验证。正是从这个意义上讲,数值模拟又叫数值试验或虚拟试验。应该指出,这部分工作不是轻而易举就可以完成的。

(4) 显示计算结果。计算结果一般通过图、表等方式显示,这对检查和判断分析质量和结果有重要参考意义。

经过长期发展,形成了以计算流体力学、计算结构力学等为代表的专门的学科,不仅作为研究工具,而且作为设计工具在水利工程、土木工程、环境工程、航空航天工程、海洋结构工程、船舶工程等领域发挥作用,形成了一系列通用和专用软件,如 Ansys、CFX、Fluent、Star-CCM+ 等。

3.1.2 数值离散方法

寻求高效率、高准确度的计算方法是数值模拟技术的核心,是影响数值模拟精度、效率的重要因素。经过长期发展,数值模拟出现了多种数值解法,这些方法之间的主要区别在于对控制方程的离散方式。根据离散原理的不同,数值模拟大致上可以分为三个分支:

1) 有限差分法(finite difference method,FDM)

有限差分法是应用最早、最经典的计算流体力学方法,它将求解域划分为差分网格,用有限个网格节点代替连续的求解域,然后将偏微分方程的导数用差商代替,推导出含有离散点上有限个未知的差分方程组。求出差分方程组的解,就是微分方程定解问题的数值近似解。它是一种直接将微分问题变为代数问题的近似数值解法。这种方法发展较早,比较成熟,较多地用于求解双曲型和抛物型问题。在此基础上发展起来的方法有质点网格法(particle-in-cell,PIC)法、有标记网格法(marker-and-cell,MAC)法及有限分析法(finite analytic method,FAM)等。

2) 有限元法(finite element method,FEM)

有限元法是20世纪80年代开始应用的一种数值解法,它吸收了有限差分法中离散处理的内核,又采用了变分计算中选择逼近函数对区域进行积分的合理方法。由于有限元法求解速度较有限差分法和有限体积法慢,因此应用不是特别广泛。在有限元法的基础上,人们发展了边界元法和混合元法等方法。

3) 有限体积法(finite volume method,FVM)

有限体积法将计算区域划分为一系列控制体积,将待解微分方程对每一个控制体积积分得出离散方程。有限体积法的关键是在导出离散方程过程中,需要对界面上的被求函数本身及其导数的分布作出某种形式的假定。用有限体积法导出的离散方程可以保证具有守恒特性,而且离散方程系数物理意义明确,计算量相对较小。有限体积法是目前CFD应用最广的一种方法,并在持续的研究和扩展,如发展了适用于任意多边形非结构网格的扩展有限体积法。

3.1.3 数值模拟典型流程

为了进行数值模拟计算,可借助商用软件,也可以自己开发计算程序来完成。两种方法的基本工作过程是相同的,其典型流程如图3.1所示。

1) 建立控制方程

建立控制方程,是求解任何问题前都必须首先进行的。例如,采用CFD进行船舶阻力性能计算,一般按照物理现象,进行可行的简化和假定,写出流动连续方程、动量方程、能量方程及组分方程等。

2) 确定边界条件和初始条件

边界条件和初始条件是控制方程有确定解的前提,控制方程与相应的初始条件、边界条件的组合构成对一个物理过程完整的数学描述,即物理过程的数学模型。

初始条件是所研究对象在过程开始时刻各个求解变量的空间分布情况。对于瞬态问题,必须给定初始条件;对于稳态问题,不需要初始条件。

边界条件是在求解区域的边界上所求解的变量或其他导数随时间地点和时间的变化规律。对于任何问题,都需要给定边界条件。例如,在船舶阻力计算中,在进口断面上,我们可以给定速度、压力的分布;在船体表面上,对速度取无滑移边界条件等。

值得注意的是,对于初始条件和边界条件的处理,直接影响计算结果的精度。

3) 划分计算网格

在采用数值方法求解控制方程时,都是要想办法将控制方程在空间区域上进

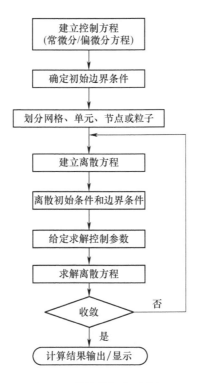

图 3.1　数值模拟典型流程

行离散,然后求解得到离散方程组。要想在空间域上离散控制方程,必须使用网格。现已发展出多种对各种区域进行离散以生成网格的方法,统称为网格生成技术。

不同的问题采用不同的数值解法时,所需要的网格形式具有一定的区别,但生成网格的方法基本是一致的。目前,网格分结构网格和非结构网格两大类。简单地讲,结构网格在空间上比较规范,如对于四边形区域,网格往往是成行成列分布的,行线和列线比较明显;而对于非结构化网格,在空间分布上没有明显的行线和列线。

对于二维问题,常用的网格单元有三角形和平行四边形;对于三维问题,常用的网格单元有四面体、六面体、三棱体等形式。在整个计算域上,网格通过节点连接在一起。

目前各种数值计算软件都配有专门的网格生成工具,如 Fluent 使用 Gambit 作为前处理器。多数 CFD 软件可接受采用其他 CAD 或 CFD/FEM 软件产生的网格模型。当然,若问题不是特别复杂,用户也可自行编程生成网格。

4) 建立离散方程

对于在求解域内所建立的偏微分方程,理论上是有真解(精确解或解析解)的。但是由于所处理的问题自身的复杂性,一般很难获得方程的真解。因此,就需要通过数值方法把计算域内有限数量位置(网格节点或网格中心点)上的因变量值当作基本未知量来处理,从而建立一组关于这些位置量的代数方程组,然后通过求解代数方程组来得到这些节点值,而计算域内其他位置上的值则根据节点位置上的值来确定。

由于所引入的应变量在节点之间的分布假设及推导离散化方程的方法不同,就形成了有限差分法、有限元法、有限体积法等不同类型的离散方法。

对于瞬态问题,除了在空间域上的离散外,还涉及在时间域上的离散。离散后,将要涉及使用何种时间积分方案的问题。

5) 离散初始条件和边界条件

前面所给定的初始条件和边界条件都是连续性的,如在静止壁面上的速度为0,现在需要针对所生成的网格,将连续性的初始条件和边界条件转化为特定节点上的值,如静止壁面上共有90个节点,则这90个节点上的速度值均应该设为0。这样,连同4)在各节点处所建立的离散的控制方程,才能对方程组进行求解。

在一些商用数值计算软件中,往往在前处理阶段完成了网格划分后,直接在边界上指定初始条件和边界条件,然后由前处理器软件自动将这些初始条件和边界条件按离散的方式分配到相应的节点上去。

6) 设定求解控制参数

在离散空间上建立了离散化的代数方程组,并施加离散化的初始条件和边界条件后,还需要给定流体的物理参数和湍流模型的经验系数。此外,还要给定迭代计算的控制精度、瞬态问题的时间步长和输出频率等。在实际应用当中,它们对计算的精度和效率有着重要的影响,需要有较深的专业知识和计算经验、技巧。

7) 求解离散方程

在完成上述工作后,生成了具有定解条件的代数方程组。对这些方程组,数学上已有相应的解法,如线性方程组可采用高斯(Gauss)消元法或高斯-赛德尔(Gauss-Seidel)迭代法求解,而对于非线性方程组,可采用牛顿-拉夫森(Newton-Raphson)方法。在商用数值模拟计算软件中,往往提供多种不同的解法,以适应不同类型的问题。

8) 判断解的收敛性

对于稳态问题的解,或是瞬态问题在某个特定时间步上的解,往往要通过多次迭代才能得到。有时,因网格形式或网格大小、对流项的离散插值格式等原因,可能导致解的发散。对于瞬态问题,所采用显式格式进行时间域上的积分,当时间步长过大时,也可能造成解的振荡或发散。因此,在迭代过程中,要对解的收敛性随时进行监视,并在系统达到指定精度后,结束迭代过程。对收敛的判断也属于经验性的,需要针对不同情况进行分析。

9) 计算结果的输出和显示

通过上述求解过程得出了各计算节点上的解,需要通过适当的手段将整个计算域上的结果表示出来。这时,我们可采用线值图、矢量图、等值线图、流线图、云图等方式对计算结果进行表示。

3.1.4 数值模拟计算软件及框架

在上一节介绍了数值模拟的求解过程,从使用者的角度来看,该过程可能显得有些复杂。为便于用户能够利用数值模拟灵活处理不同类型的工程问题,发展形成了一系列专门用于数值模拟的商用软件,将这些复杂的求解过程进行集成,通过具有标准化、通用性特征的结构和一系列的组件(工具),让用户快速的输入问题的有关参数并进行求解。数值模拟一般包含三个基本环节:前处理、求解和后处理;相应地,数值模拟软件通常也包含三个主要部分:前处理器、求解器和后处理器,如图3.2所示。

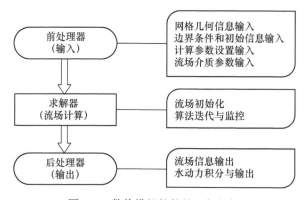

图3.2 数值模拟软件的一般框架

1) 前处理器

前处理器用于完成求解计算之前的各项输入定义工作。前处理环节是向数值求解器输入所求问题的相关数据,该过程一般是借助于与求解器相对应的对话框等图形化界面来完成,主要包括:定义所求问题的几何计算区域,网格划分及定义,边界条件、初始条件、计算参数、定义流体介质或结构的属性参数定义。

流动问题的解是在单元内部的节点上定义的,解的精度由网格中单元的数量决定。一般来讲,单元越多、尺寸越小、所得到解的精度越高,但所需要的计算机内存资源及CPU时间也相应地增加。为了提高计算精度,一般在物理梯度较大的区域,以及我们感兴趣的区域加密计算网格。在前处理阶段生成网格时,要把握好计算精度与计算成本之间的平衡。

目前在使用商用数值模拟软件进行数值计算时,有超过 50% 的时间耗费在计算区域的定义及计算网格的划分生成上。我们可以使用数值模拟软件自身的前处理器来生成几何模型,也可以借用其他商用 CFD/CAE 软件(如 Patran、Ansys、I-deas、UG、Catia)提供的几何模型。此外,定义流体属性参数的任务也是在前处理阶段进行的。

2) 求解器

求解器的核心是数值求解方案。常用的数值求解方案包括有限差分、有限元、和有限体积法,各种方法的求解过程大致相同,如在流动数值模拟中,主要包括以下三个步骤:①借助简单函数来近似待求的流动变量;②将该近似关系代入连续性的控制方程中,形成离散方程组;③求解代数方程组。各种求解方案的主要差别在于流动变量被近似的方式及相应的离散化过程。

3) 后处理器

后处理的目的是有效地观察和分析流动计算结果。随着计算机图形功能的提高,目前的数值模拟计算软件均配备有后处理器,提供较为完善的后处理功能,包括:计算域的几何模型及网格显示、矢量图(如速度矢量线)、等值线图、填充型的等值线图(云图)、XY 散点图、粒子轨迹图的显示,图像处理功能(平移、缩放、旋转等)。

借助后处理功能,还可动态模拟流动效果,直观地了解数值计算结果,或称为情景再现。

3.1.5 数值模拟计算的优点与局限

与理论研究、实验研究相比,数值模拟的长处是适应性强、响应快、应用范围广。例如,对一些非线性的、自变量多、计算域的几何形状和边界条件复杂的问题,首先,很难求得解析解,而应用数值模拟方法则有可能找到满足工程需要的数值解。其次,同样可利用计算机进行系列数值实验,例如,选择不同流动参数进行物理方程中各项参数有效性和敏感性试验,从而进行方案比较和选优。再次,它不受物理模型试验和实船试验的限制,成本低,响应快,可以在较短的时间内完成大量的方案计算,有较多的灵活性,除了给出比拟物理模型试验的结果,还能够对流场信息进行全面、精细的预报,给出详细和完整的资料,能够通过后处理显示流动细节,具有可重复的场景再现功能,容易模拟特殊尺寸、环境、高温、易燃等真实条件和实验中只能接近而无法达到的理想条件。最后,最重要的是,通过与 CAD、CAE 的融合,可以与设计过程进行无缝衔接,在优化算法的驱动下完成"分析—设计"的自动迭代优化,实现真正的设计优化。

但是,数值模拟计算也存在一定的局限性。第一,数值解法是一种离散近似的计算方法,依赖物理上合理、数学上适用、适合于在计算机上进行计算的离散有限数学模型,且最终结果不能提供任何形式的解析表达式,只是有限个离散点上的数值解,并有一定的计算误差;第二,它不像物理模型试验一开始就能给出流动现象并定性的描述,往往需要有原体观察或物理模型试验提供某些流动参数,并需要应用物理模型试验等手段对建立的数学模型进行验证;第三,程序的编制及资料的收集、整理与正确利用,需要较深的专业知识,并且在很大程度上依赖经验与技巧,因人而异的差异很大;第四,因数值处理方法等原因有可能导致计算结果的不真实,例如产生数值黏性和频散等伪物理效应;第五,应用数值模拟方法的门槛高,不仅需要专业知识,还需要熟练掌握CAD、数值模拟软件及后处理软件使用方法,并且因人而异的差异明显;第六,数值模拟因涉及大量的数值计算,需要较高的计算机软硬件配置,不过在计算机技术、计算技术高速发展的今天,这已不是限制数值模拟计算应用的主要问题。

数值模拟有自己的理论、方法和特点,数值计算与理论分析、实验观测相互联系、相互促进,但又不能完全替代。如果说物理模型试验是一种"实",基于数值模拟技术的数值试验则是一种"虚",虚实结合的研究模式在航空航天、汽车、船舶等领域正成为重要方向。

3.2 船舶总体性能数值模拟技术

现代船舶总体性能研究与设计过程中,数值模拟的应用变得越来越广。过去主要借助于理论分析和物理模型实验解决的问题,现在大多可以采用数值模拟的方式解决。本节围绕船舶水动力学性能、结构安全性和综合隐身性三大性能,介绍主要的数值模拟技术及发展情况。

3.2.1 船舶水动力学性能数值模拟技术

船舶水动力学性能数值模拟的核心基础是流体力学数值计算方法,也就是广义的计算流体力学,按照是否考虑流体黏性,可分为势流理论和黏流理论。

1. 势流理论方法

早期,由于计算能力的限制,具备工程实用能力的数值计算方法基本上都是基于势流理论的。势流理论假定流体是不可压缩、无黏性和无旋的,因此可用速度势来表达流场内的流体速度分布。势流方法主要适用船舶兴波阻力、船舶耐波性预报等黏性影响可以忽略的问题,且目前还处于不断发展之中,新的、更加完善的方法也不时出现。由于势流方法计算速度非常快,在多方案优选方面,目前仍具有相当的工程应用价值。

1) 船舶兴波阻力势流方法

船舶兴波问题的理论研究已有相当长的历史。早在 1887 年,开尔文(Kelvin)就发表了自由面上移动压力点产生兴波的重要文章,描绘出了船后优美的兴波云图。1898 年,米歇尔(Michell)推导出了历史上首个船舶兴波阻力理论公式,该公式将船型与波阻直接联系起来,运用傅里叶变换,导出了薄船在无黏静水中运动的速度势和兴波阻力解析表达式,即著名的 Michell 积分公式,为之后卢纶的研究工作奠定了基础。

1928 年,哈夫洛克(Havelock)导出了现代称之为开尔文源(或哈夫洛克(Havelock)源)的格林(Green)函数,它是一种满足线性自由面条件和辐射条件的拉普拉斯(Laplace)方程基本解,从而薄船的兴波速度势可用分布在船舶中纵剖面的源汇来描述。将计算结果和实验结果加以比较,发现 Micehell 理论仅对极薄物体。且傅汝德数 $Fr>0.2$ 时方可适用。

1972 年,Brad 在对线性自由面条件下的势流问题进行详细分析之后,提出了物面条件精确满足、波面条件线性化的求解方法,并称为 Newman-Kelvin 问题。尽管它是一种不协调的、既非一阶又非二阶的理论,但计算结果比 Michell 方法更合理。由于线性兴波理论已趋完善,也由于计算机的发展提供了强大的计算能力,人们开始向非线性理论进军,并采用数值方法来解决流体力学问题。

自 1977 年 Dawson 引入面元法用于求解兴波阻力问题,人们越来越多地采用数值方法来解决兴波问题,图 3.3 显示了采用 Dawson 方法计算的船舶航行兴波云图。

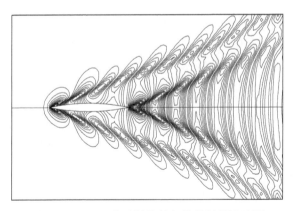

图 3.3 Dawson 方法计算的船舶航行兴波云图

纵观船舶兴波阻力势流理论的发展历史,从 20 世纪 80 年代中后期至今,船舶兴波阻力理论的发展有两个趋势,一是高速船型的兴起,使经典的线性兴波理论获得了新的应用空间;二是 20 世纪 70 至 80 年代发展出的许多方法,经过实践的筛选,逐渐聚焦于Rankine源的理论研究和实际应用上。

2)船舶耐波性势流方法

现阶段,基于势流理论的数值计算方法在船舶耐波性的预报、评估方面,仍然占据主导地位。数学上求解船舶与波浪相互作用的困难主要是难以完全满足非线性的自由面条件。按照流场的简化程度,可分为二维切片理论、二维半理论和三维理论;按照对时间项的不同处理方法又可分为频域方法和时域方法。工程实用中广泛采用的是三维数值方法,包括三维线性零航速频域数值方法、三维线性低航速频域方法和三维非线性全航速时域方法。

(1)切片理论。切片理论是一种近似方法,它假定船体是细长的,认为至少在船体的相当部分,流动主要局限于横向剖面内,于是可沿纵向(船长方向)将船体分成若干段。对每个截面来说,流动可近似认为是二维的,按二维流动计算得到剖面受到的流体力后,再沿船长积分求得船体所受的纵向流体作用力。基于不同的假设,出现了一系列的线性切片理论,其中有代表性的包括新切片法、合理切片法、STF法等。

对于常规排水型船舶而言,线性切片法能够较好的预报船舶的运动响应与波浪载荷,但是在大幅波浪中,船舶运动的非线性效应不容忽视,线性切片理论存在难以逾越的障碍。为此,一些学者尝试将线性切片法进行扩展,其中非线性时域切片法获得了发展。非线性时域切片理论可分为两类,一类是直接由频域非线性理论拓展而来的时域理论,另一类是基于Cummins提出的脉冲响应函数理论。

理论上讲,线型切片理论是一种低航速理论,对于高速船预报来说是不合适的。但有研究表明,在傅汝德数 0.57~1.4 的范围内,线型切片理论预报的船舶垂荡和纵摇响应仍然是令人满意的。

(2)频域理论。频域理论认为波浪与船体的相互作用已经持续了相当长的时间,流场和船舶摇荡已趋于稳态的周期性过程,从而可把时间项从控制方程中分离出去。在波幅和物体运动幅值都是小量的假定下,可以用摄动法将非线性边界条件进行摄动展开处理,这样自由表面条件和物面条件可以分别在平均自由表面和平均湿表面上满足。通过各种数值方法求解方程,就可在频域内求得流场内的流体运动、物体受力和运动等物理量的稳态解。

基于频域理论和零航速格林函数开发的面源法已成为大型近海结构物设计的标准计算工具,国际上以及国内开发了一系列的商业软件,如美国麻省理工学院(Massachusetts Institute of Technology,MIT)开发的WAMIT软件,挪威船级社(Det Norske Veritas,DNV)开发的WADAM软件,法国船级社(Bureau Veritas,BV)开发的Hydrostar软件。对于有航速问题来说,移动脉动源计算十分复杂,而且水线积分项的处理也存在较多问题,该问题求解十分困难,该方法在实际工程中的应用较少。

（3）时域方法。频域方法的发展历史较长,在工程已获得广泛的应用。然而,频域法有一个本质上的缺陷,即它通常只适用于稳态问题,无法处理瞬变或强非线性问题,同时三维频域方法在处理有航速问题时存在较大的困难。而时域方法在这方面有极强的优势,理论上可以处理自由面上完全非线性和物体的大幅运动问题。同时,随着工程上对面临的物理现象的描述和预报要求的日益增高,非线性的实际影响将越来越多地纳入考虑,而要处理船舶在波浪上的强非线性问题就必须进行时域模拟,这就促进了基于时域理论数值计算的发展和应用。

根据格林函数表达形式的不同,三维时域运动预报方法可分为两类,即时域格林函数法和 Rankine 源法。

时域格林函数满足线性化自由面条件、自动满足辐射条件,那么奇点只要分布在船体湿表面上即可。但时域格林函数计算存在几个问题:①处理有航速问题时积分方程会出现难以处理的水线积分项,通常的做法是忽略该项的贡献;②用分布源模型求解时域解时,不论是否有航速,对于外飘非直壁船型,都可能会发生分布源密度振荡发散的现象,数值计算无法进行下去;③时域模型中定常势的处理方法还不完善;④仅满足线性自由面条件,无法考虑自由面条件非线性因素的影响。

与时域格林函数方法相比,Rankine 源法在分布奇点计算上较为简单,但 Rankine 源既不满足物面条件也不满足自由面条件,在求解时需要在物面和自由面上均匀分布 Rankine 源,这使得该方法具有很强的灵活性。也因此,该方法不仅在定常非线性兴波数值计算上取得了成功,在处理结构物与波浪相互作用的时域预报方法上也获得了深入研究与应用。

3) 船舶波浪稳性势流方法

船舶稳性主要指船舶航行时抵抗倾覆、恢复平衡位置的能力。船舶稳性涉及船舶的安全性,是船舶性能中最基本,也是最重要的性能之一。传统的船舶稳性研究均基于横风横浪条件假设,且多采用线性方法。随着对稳性机理研究的不断深入,以及船舶航行对安全性的要求越来越高,波浪稳性已经逐渐成为船舶水动力学研究中亟待解决的热点和难点。

船舶波浪稳性本质上是研究船舶在波浪环境中的适应性,它涉及了流体力学中线性与非线性、时域与频域、势流与黏流、稳态与非稳态、混沌和交叉、短期预报和长期预报等一系列复杂问题,是船舶水动力学各种复杂力学现象集中体现的典型案例。其数值预报方法的建立与海洋环境的模拟、船舶几何特征的描述、船舶与风浪流相互作用等都密切相关,涉及船舶稳性、耐波性、操纵性、快速性等水动力学典型问题以及统计学、随机理论等其他学科问题,是船舶水动力学典型的多学科交叉问题。

船舶波浪稳性涉及大幅运动甚至倾覆,呈现明显的强非线性特征,传统的基于线性或者弱非线性的方法不再适合。在 IMO 第二代完整稳性衡准的制定中,将船舶在波浪中的动稳性划分为参数横摇、纯稳性丧失、骑浪/横甩、过度加速度、瘫船稳性五种模式。波浪稳性研究的关键是评估船舶在波浪中的大幅运动及倾覆条件,主要采用非线性动力学、基于势流理论的非线性时域预报和基于黏流理论的预报进行研究。

非线性动力学方法主要是基于给定的初始条件,采用非线性方程从解集中研究临界行为,可以直接评估倾覆的临界条件,被不少学者用于研究纵浪(顶浪和随浪)中的参数横摇现象、横浪中倾覆和混沌现象以及艉斜浪中的横甩现象。虽然随着计算水平的提高,针对波浪稳性的直接数值预报手段有了显著的提高,但采用非线性动力学方法,或者采用非线性动力学结合直接数值预报的手段,仍是目前研究大幅运动及倾覆非常有效的手段。

基于势流理论的近似非线性时域方法是当前完整波浪稳性数值模拟的主要方法。目前的非线性时域预报方法,大多考虑了影响船舶大幅运动及倾覆的部分非线性因素:一般采用线性势流理论计算辐射力和绕射力,通过卷积或其他方式考虑水动力记忆效应;傅汝德-克雷洛夫(Froude-Krylov)力和静水力由沿船体瞬时湿表面积分计算;采用经验公式或物理模型试验数据考虑横摇阻尼的非线性成分;基于经验公式考虑风的影响;采用简化模型考虑甲板积水的影响等。对于骑浪、横甩等与操纵性有关的问题,一般采用经验公式或物理模型试验处理操纵性系数以及阻力,也有学者通过自动舵进行航向控制。

基于势流理论进行波浪稳性的预报是目前国际上主要采用的技术手段,也由此形成了一些专用的软件,较为著名的有美国海军舰船设计采用的基于频域线性切片理论的多层计算和仿真系统 SMP;FREDYN 也是美国海军常用的耐波性预报软件,该软件能实现参数横摇和骑浪、横甩的预报;LAMP 是美国海军开发的评估水面舰船运动及波浪载荷的程序,是多层大幅运动的时域模拟软件,可预测极端波浪中船体运动、载荷和结构响应;OU-PR 是一款参数横摇计算软件,基于二维切片法,可用于预报规则波和长峰不规则波中的参数横摇;PRETTI 是在三维频域面源法的基础上开发的非线性时域耐波性软件。除此之外,还有如基于三维 Rankine 源的 WISH 软件、时域非线性的 DYNRES 软件以及用于非线性运动求解的 ALSLAM 软件等其他非线性混合时域软件。

2. 黏流理论与方法

基于势流的水动力学数值计算方法在处理黏性问题和强非线性问题等方面存在先天不足,因此,基于黏流的水动力学数值模拟方法受到了越来越多的关注,计算流体动力学也逐渐成为以黏流理论为基础的计算流体力学方法的专称。近三十多年来,CFD 获得蓬勃发展在船舶快速性、耐波性、操纵性和精细流场分析等方面获得了广泛的研究与应用。

1) 船舶快速性黏流计算方法

在物理水池中开展船舶快速性研究,通常包括阻力、敞水和自航试验(又称船舶快速性三大试验)。相应地,运用 CFD 技术进行船舶快速性研究时,通常也包括这三个方面。

(1) 船舶阻力计算。船舶阻力 CFD 技术的真正得到发展是在 20 世纪 60 年代后。初期采用的是基于边界层理论的方法,20 世纪 70 年代后期发展了雷洛平均纳维-斯托克斯方程(Reynolds Averaged Navier-Stokes equation,RANS)方法,90 年代后期发展了带自由面的 RANS 方法,到 21 世纪初出现了船舶 6 自由度(Degree of Freedom,DOF)计算,从而可以求解阻力试验中船舶的升沉和纵倾问题。

船舶阻力 CFD 应用技术水平主要体现之一是预报精度。船舶阻力预报精度与很多因素密切相关,主要包括网格分辨率、网格质量、湍流模型、自由面模拟精度、离散方法。经过广大研究人员系统研究和技术攻关,船舶阻力的预报精度已经达到了较高的水平,目前对主流船型的阻力预报精度可以控制在3%以内;而升沉预报平均误差还比较大,特别是在低傅氏数的时候;对于纵倾的预报,平均误差比升沉则要小很多。

从 ITTC1994 年东京会议前后开始,在 RANS 方法中逐渐增加了自由面处理的功能。在那次会议上,有十多家单位在 RANS 方法中考虑同时加进了黏性和自由面的计算,该次会议也被认为是 RANS 方法在自由面问题上取得突破的标志。

时至今日,自由面处理方法获得了长足的进步,流体体积方法(volume of fluid,VOF)方法、水平集(level-set,LS)方法等在船舶波形计算中得到了广泛的应用,并且发展了更高精度的数值处理方法,如粒子 LS 方法、VOF/LS 耦合方法等。目前,在船舶黏性自由面波形模拟中,固定网格的 VOF 和 LS 方法占主导地位。当前,基于 CFD 的兴波模拟已达到了较高的水平,如图 3.4 所示,CFD 计算获得的兴波云图与物理模型试验测得的已非常吻合。

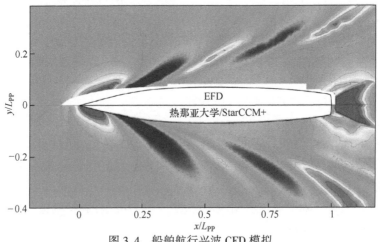

图 3.4　船舶航行兴波 CFD 模拟

（2）推进器敞水性能数值模拟。基于 CFD 的螺旋桨敞水性能预报精度大致能达到 3% 左右，一般不超过 5%，基本认为敞水性能数值模拟技术已经成熟。从国内外的文献来看，在敞水性能数值模拟过程中，推力系数预报和模型试验结果往往比较吻合，而扭矩系数往往预报偏大。究其原因是，RANS 方法是作为完全湍流来进行计算的，而在螺旋桨物理模型试验中，螺旋桨桨叶表面一般存在较大的层流区，因此计算得到的壁面剪切应力过大，导致扭矩系数偏大。为了解决这个问题，在湍流模拟中需要考虑转捩。目前在一些湍流模式中已有转捩模型，但尚需进一步验证。

在应用 CFD 工具进行螺旋桨的敞水性能预报时，要注意螺旋桨几何的处理，特别是导随边处理对预报结果的影响较大。目前的做法是导随边几何建模时使用精确的型值参数，充分表达该处几何特征，并且对导边和随边处的网格加密。另外，要注意计算坐标系的选择。由于敞水是在均匀来流中进行，而且螺旋桨匀速旋转，选择固定在螺旋桨上的坐标系在相对坐标系下来求解，整个问题转变为定常且周向存在周期性，计算域只需一个流道，大大减少了计算量。

（3）船舶自航数值模拟。船舶自航涉及船舶阻力、螺旋桨敞水及船桨间相互作用的同时模拟，主要困难在于对船桨之间的相互作用的模拟，目前主要有两种方法：一是将螺旋桨视为鼓动盘的力场模拟方法，二是直接模拟几何真实螺旋桨的滑移网格方法。

力场模拟方法是将螺旋桨视为鼓动盘，通过体积力耦合船舶流场计算程序和螺旋桨性能预报程序，研究船体和螺旋桨相互作用的一种方法。由于这种方法不需要考虑真实的螺旋桨几何，因而较容易实现，而且计算速度也比较快。但是，它也有缺点：既要进行自航试验数值模拟，又需要配合螺旋桨势流计算程序。

近年来直接模拟真实几何螺旋桨的直接模拟方法的研究和应用越来越广泛。直接模拟方法网格生成时考虑真实的螺旋桨几何形状，并在螺旋桨的物面上严格满足黏性无滑移条件。对于同时存在固定计算域和移动计算域的问题，可以利用以下三种解决的方法：一是多参考系模型，在不同旋转速度的区域上采用不同的参考系分别计算；二是混合面模型，将流场分成不同旋转速度的几个分区，每个分区作为定常状态问题求解，不同分区的交界面上下游两侧流场参数进行周向平均，作为混合面两侧区域的边界条件；三是滑移网格模型，在计算中不同旋转速度区域之间网格做相对滑移，通过通量守恒插值方法在界面之间传递流动信息。其中滑移网格模型是模拟多移动参考系流场的最精确方法，也是计算量最大的一种方法。

船舶自航数值模拟还能提供全面的流场信息，通过对比，发现桨盘面后流场总体上和物理模型试验结果吻合较好，靠近桨轴中心附近区域误差较大。在预报精度方面，船后推力扭矩已可以达到较高的精度，转速的预报精度一般可达 3% 左右，基本能够满足工程设计需求。

(4) 精细流场模拟。在船舶数值模拟方面,准确预报伴流分布是其最基本的目标之一。由于高雷诺数、船型尾部形状复杂、曲率变化大等原因,船尾流场呈现出高度复杂的三维流动。此时,湍流模式的选用至关重要。

在早期,船舶领域应用较广的湍流模式有零方程模式和二方程的 k-ε 模式,由于未能计及流线曲率和逆压梯度的效应,几乎不能正确预报出艉部伴流等值线的"钩状"。后来众多研究者通过对网格划分、离散格式、求解算法、湍流模式等诸数值计算要素的大量研究,发现湍流模式是造成尾部伴流预报不准的关键因素。随着对湍流模式应用研究的不断深入,改进型或新型湍流模式的出现才使船舶尾部伴流的数值预报结果大大改善,如 k-ω 模型开始出现在船舶数值模拟应用中。k-ω 模型有很好的稳定性,能精确预报存在压力梯度的黏流对数层,但它对自由来流的湍流度有极强的依赖性,之后发展了两种改进型的模型,即 BSL 和 SST k-ω 模型,它们结合了 k-ω 模型和 k-ε 模型的各自优点,对自由来流的湍流度也不敏感,其中 SST k-ω 模型对精确模拟船尾流动起到了重要作用。

目前,无论是国内还是国外,在船舶流场计算方面湍流模式的应用趋势惊人地一致:湍流模式的应用慢慢集中到了几个常用的二方程模式,特别是 k-ω 和 SST k-ω 等。零方程和一方程湍流模型已经很少使用,而更复杂的如二阶矩模式雷诺应力模型、大涡模拟和分离涡模拟等则逐渐受到重视。

2) 船舶操纵性能黏流数值模拟

基于 RANS 方法的操纵性研究始于 20 世纪 90 年代,主要研究船舶做定常斜航运动时的流动和水动力,现已拓展到了非定常回转运动和平面运动机构(planar motion mechanism,PMM)运动模拟,更有研究人员采用黏性 CFD 方法直接模拟船舶做自航模操纵运动。

关于船舶自航模操纵运动数值模拟,通常有三种方法,其难易度、复杂度和计算量有所不同。

第一种,只计算船体的水动力,舵力和螺旋桨力由试验或经验估算获得,将舵力和螺旋桨力代入操纵运动数学模型,通过数值计算得到船舶的运动轨迹。

第二种,考虑船体与附体的相互干扰,将船体和附体同时进行黏性绕流计算,螺旋桨以桨盘面处的体积力代替,以此方法结合操纵运动方程预报船舶运动轨迹。

第三种,最接近实际的情况,即在数值模拟过程中直接模拟旋转的螺旋桨及全附体绕流流动,结合操纵运动方程,预报船舶操纵运动轨迹,由于螺旋桨是以一定的转速旋转的,需要非定常 RANS 求解器结合滑移网格来完成绕流的数值模拟,它在整个操纵性预报中是难度最大的。

3) 耐波性黏流数值模拟

由于基于势流理论的耐波性研究在处理一些非线性问题和黏性问题方面存在不足,基于黏流理论的耐波性研究受到越来越多的关注。

船舶耐波性能研究逐渐涉及黏性带非线性自由面变形的复杂流动,有时还要考虑流体和船体的非定常、非线性作用,研究的船体几何形状越来越复杂且趋于实际船型,有时甚至还要同时考虑船体、附体、螺旋桨和自由面及其相互作用。此时,传统的势流理论已无法解决。20世纪70年代提出的RANS方程数值求解方法,逐渐被大家接受并得到了迅速发展。但是,由于流动的非定常性,波浪中船舶运动的非线性,以及环境条件(如入射波、波浪破碎、空泡等)的复杂性,RANS方程在处理耐波性问题时还有待研究和发展。

在船舶耐波性性能相关的计算和预报中,横摇运动具有特殊性。由于船宽相对较窄、静回复力矩较小,重心垂向位置往往高于静水面,横倾时重心产生的力矩抵消部分恢复力矩,因而横摇周期长,自振频率低,运动角加速度小,船舶横摇时由振荡兴波能量辐射的兴波阻尼小,这样黏性效应就非常明显。基于传统线性势流理论计算横摇运动往往很大程度上依赖阻尼系数的确定。在阻尼系数计算方法中,又往往依赖试验和半经验公式,当忽略了各阻尼成分之间的相互影响后,RANS方法为船舶横摇运动数值模拟提供了手段。实际上,基于RANS的船舶横摇运动模拟是船舶水动力性能数值模拟的一个重要分支,国内外学者近年来在此方面开展了广泛的研究,取得了丰富的成果。

基于黏流船舶耐波性数值模拟技术,目前的研究热点主要包括:①对波浪环境的模拟;②对船舶在波浪中运动响应及增阻的预报;③对船舶在波浪中的直接稳性评估;④对船舶在波浪中局部砰击载荷及中纵弯矩特性预报;⑤波浪中船舶运动的不确定度分析方法。由于问题的复杂性和计算条件的限制,目前的研究更多的集中于小幅线性规则波中的船舶耐波性研究,并已取得的很好的效果,被广泛应用于计算方法有效性检验、单一频率下的运动响应分析以及船舶水动力的高阶非线性特性分析等方面。船舶在实际海洋中航行遇到的都是随机的不规则波,具有强非线性,单纯采用规则波无法实现有效的预报。当前的耐波性数值模拟已转向大幅非线性运动或高海况不规则波中预报。

3. 船舶水动力学数值计算发展趋势

纵观水面船舶水动力学数值计算技术发展状况,可以看出主要呈现以下趋势:

从基础理论与方法层面看,由早期的近似解析方法,到后来的基于势流理论的方法,又到近年来基于黏流的CFD方法成为主流,数学模型日益趋向精细化。

从研究的问题层面看,从定常(准定常)、线性问题向非定常、非线性问题转变,从单项性能预报向多项性能耦合预报转变;同时数值计算由预报评估向设计优化转变,所关注的物理量也从宏观积分量向微观场域量转变。

从研究的对象看,从简化几何(如切片法)到复杂三维曲面再到带有复杂附体的真实船体几何,从分部件模拟(如船体阻力、螺旋桨敞水)到系统模拟(如船舶自航),研究的对象越来越复杂。

此外,"数值水池""虚拟试验体系"的概念被提出,虽然其内涵未见系统性的论述,但相关水动力学研究机构和研究人员,由内生动力的驱动、在相关政府机构的资助下,也进行了CFD计算到虚拟试验的探索,开展了应用关键技术的攻关研究,CFD正由简单计算工具向标准化、体系化应用服务系统方向发展。

3.2.2 船舶结构安全性数值模拟技术

有限元分析法是目前船舶结构性能数值计算的主要方法,而船体结构的有限元分析的精确性取决于船体运动和波浪载荷描述的精确性。船舶结构安全性主要关注结构材料基本力学性能计算、加筋板格屈曲计算、耐压壳体静强度计算以及对于军用船舶而言比较重要的抗暴、抗冲击性能计算等。

1. 船体结构有限元分析法

船体结构有限元分析法的基本原理是采用一组假想的网格线,把某一个船体结构分割成一些单元,这些单元是相对独立、相互关联,且有简单的几何形状和力学特征的,网格线的交点(单元之间或者单元与其周围的边界之间的连接点)称为节点。

原来的船体结构被替换成在有限个节点上彼此连接的有限个单元组成的结构模型。在船体结构中,有一些原来就是有离散的构件彼此连接的结构,例如交叉桁材、交叉梁系和纵向(或横向)的强框架等结构;也有构件之间是连续的结构,例如板和壳结构等。

在进行船体结构的有限元分析时,通常用节点的广义位移(自由度)和广义力(力)来描述单元的状态。节点位移与节点之间的线性关系方程为

$$K_e u_e = P_e \qquad (3.1)$$

式中:K_e为单元的点位移矢量;u_e为单元的节点力矢量;P_e为单元刚度矩阵。每个节点的自由度有6个,其中包括沿3个坐标轴方向的位移(称线位移,以坐标正方向为正)和绕3个坐标轴的转角(称角位移,正方向按右手法则确定)。每个节点的力有6个,其中包括作用在3个位移方向上的力以及作用在转角方向的3个力矩。在结构分析中,由于具体结构的特点和分析要求的不同,并不总是需要同时考虑节点的6个自由度,这样,问题的分析可以简化,例如分析一个结构的平面应力问题时,只需要考虑节点在平面内的两个线位移的自由度。

结构模型是由一个个单元组成的,在得到每个单元的刚度矩阵之后,就可以在总坐标内组装整个结构模型的总刚度矩阵。若所求的结构问题由n个自由度,则组装后的总刚度矩阵与全部节点位移和外力有如下关系:

$$\begin{bmatrix} k_{11} & k_{12} & \cdots & k_{1n} \\ k_{21} & k_{22} & \cdots & k_{2n} \\ \vdots & \vdots & \cdots & \vdots \\ k_{n1} & k_{n2} & \cdots & k_{nn} \end{bmatrix} [u_{e1}\ u_{e2}\ \cdots\ u_{en}] = [p_1\ p_2\ \cdots\ p_n] \quad (3.2)$$

式(3.2)可缩写为

$$KU = P \quad (3.3)$$

式中：K 为总刚度矩阵；U 为总位移矩阵；P 为外力矩阵。形成总刚度矩阵后必须进行约束条件的处理,然后,求解线性方程组可以获得结构系统的全部节点位移分量,及所有单元的应变与应力结果,结构计算就完成了。

在船体结构有限元分析中,可以用各种不同几何形状和力学特性的单元,其中最常用的单元如下：

(1) 杆单元:2 节点直杆单元；

(2) 梁单元:2 节点直梁单元,3 节点曲梁单元；

(3) 膜单元:3 节点及 6 节点三角形单元、4 节点及 8 节点四边形单元；

(4) 二维实体单元；

(5) 三维实体单元:6 节点三棱柱单元、8 节点六面体单元、15 节点棱柱单元、20 节点六面体单元、8~21 节点各向异性实体单元；

(6) 板单元:3 节点薄平三角形单元、4 节点薄平行四边形单元、6 节点厚曲三角形单元以及 8 节点厚曲四边形单元；

(7) 多层 6 节点或 8 节点板单元；

(8) 弹簧单元。

有限元分析是以节点为对象建立平衡方程的,因此作用在单元表面上的分布力(包括边界力和体积力)必须移置到由关节点的等效力或等效力矩表示,其中分布载荷的移置方法大致有两种：

(1) 功的等效原则:等效力和等效力矩所做的虚功与原来分布力所做的虚功相同；

(2) 特定的集中方法:采用简单的规则把单元上的载荷分配到节点上。

由于当单元网格划分得足够细密时,第二种方法引起的误差只局限于很小的范围,因此是一种简便可行的实用方法。

关于约束的处理,在结构有限元分析中,必须对结构中特定的自由度给予约束,以消除结构的刚体运动,主要有刚性固定约束、弹性固定约束和具有特定位移值得约束。

船体结构主要由平板、壳和骨材构成,所有船体结构有限元模型主要是由杆单元、板单元和壳单元组成,涉及几何建模、网格划分、参数设置、有限元计算机后处理等过程,过程复杂。目前已有大量的通用与专用软件来用于满足结构性能的有限元分析,如 Ansys、Abaqus、Patran、Nastran、Siemens Femap 等。

2. 船舶波浪载荷数值模拟技术

如上所述,船体结构的有限元分析的精确性很大程度上取决于对船体波浪载荷预报的精确性。目前常用的波浪载荷预报方法主要包括:基于坦谷波的船舶波浪载荷预报方法、基于线性切片理论的波浪载荷预报方法和基于三维势流理论的波浪载荷预报方法三种。

基于坦谷波船舶波浪载荷预报方法是将船体视为一根两端完全自由的梁,对坦谷波下的船体重量分布以及坦谷波下船体湿表面压力的积分求解,依次计算出各剖面上的波浪弯矩和剪力载荷。

基于线性切片理论的波浪载荷预报方法是采用平面流假设,把任意的船体横剖面看成无限长柱状体的一部分,将船体周围的三维流动转化为剖面内的二维流动问题来求解船体周围的流场,由此得出剖面做升沉、横荡和横摇运动的二维流体动力,沿船长积分得出三维流体动力,从而得出船体的波浪载荷。

基于三维势流理论的波浪载荷预报方法是基于三维线性势流理论,采用源汇分布法求解船体湿表面速度势。采用面元法,将船体平均湿表面离散,根据速度势应满足的物面条件,计算湿表面上的速度势,利用伯努利方程,求解船体湿表面上的压力,将压力沿船体湿表面积分,获得作用于船体上的流体力和力矩,进而确定作用于船体表面的波浪诱导载荷。

3. 结构钢基本力学性能数值模拟技术

在海上结构钢基本性能数值模拟技术方面,已有相对成熟的商业软件,如瑞典的 Thermocal、英国的 Jmatpro 软件,能够准确预报常规材料钢结构的各项力学性能,基于材料库实现材料的快速选取、结构初步设计等工作。

在船舶结构钢成型使用性能数值模拟技术方面,国外发展得较快,各类商业化平台不断出现,各类基于有限元理论的商业化软件达数十种,如 Ansys、Abaqus 等;还有专用成型或性能计算软件,如用于焊接成型的 Sysweld 软件、用于爆炸评价的 Autodyn 软件等。

在船舶结构钢环境腐蚀性数值模拟方面,德国、瑞士等国的十余家欧洲科研单位联合开发了 SICOM 项目,利用材料数据库、专家系统及物理模型试验数据,预测材料腐蚀行为,为船舶维护决策或船舶结构健康状态监测管理提供依据。在数值仿真技术的基础上,通过虚拟现实技术,将数值仿真技术、计算机图形学、人机接口多媒体技术、传感技术等多技术进行集成,发展成更先进的智慧系统,分析预测船舶的各项使用性能。美国 GCAS 公司开发了加速腐蚀专家模拟系统,用于装甲车、海军航空兵飞机腐蚀评估。该系统可半自动学习,通过获取新的物理模型试验数据,改进预测模型算法,逐步提高仿真预测精度,仿真结果与阿伯丁试验场获得的环境试验数据高度吻合。

4. 基于弹塑性理论的加筋板格屈曲计算

国际船级社协会(International Association of Classification Societies,IACS)在双壳油船共同结构规范中要求采用高级屈曲分析方法对船体板格进行校核。国外一些船级社和研究机构,在大量的船体板格结构屈曲和极限强度理论分析和实验研究工作基础上,已经开发了一些有效的计算分析软件。如 DNV 开发的船体板格结构屈曲和极限强度分析(panel ultimate limit state analysis,PULS)软件系统,韩国釜山国立大学开发的用于对加筋板格结构的屈曲极限强度进行分析评价的 ALPS (nonlinear analysis of large plated structures,ALPS)软件等。前者提供了 U3、S3 和 T1 三种结构单元(分别对应均匀非加筋薄板、形状规则的加筋板和形状不规则的加筋板)形式;后者可以分别针对包括面内载荷和侧向压力组合的准静态载荷工况及冲击载荷工况进行分析。

5. 抗爆抗冲击数值模拟技术

抗爆抗冲击对于军用船舶具有重要意义,国外在抗爆抗冲击数值模拟实验技术体系领域进行了大量的研究,并且开发出很多通用或专用的模拟平台产品。

这方面研究领先的是美国,20 世纪末就开发出了 TARVAC(Target Vulnerability Assessment Code,TARVAC)系统,它是一个通用的目标毁伤模拟平台。目前这套软件系统已经可以用于评估多种弹药(包括导弹战斗部、CE、KE、AP 及 HE 等)对多种目标(包括舰艇、坦克、步战车及飞机等)的毁伤作用效果。

3.2.3 船舶综合隐身性数值模拟技术

20 世纪六七十年代,以美国国家航空航天局(National Aeronautics and Space Administration,NASA)和加州大学伯克利分校为代表的研究机构就率先开发了 Nastran 和 SAP 等有限元仿真软件。这些软件最初主要用于对航空、航海和桥梁等结构的仿真分析,之后随着人们对环境噪声和各种交通工具噪声、振动和声学粗糙度(noise,vibration,harshness,NVH)性能的重视,数值仿真方法在声学领域的研究和应用越来越多。数值仿真方法与计算机三维造型技术的结合诞生了虚拟样机技术。该技术涵盖了虚拟设计、虚拟制造和虚拟试验等产品研制的各个方面。在这种背景下,欧美各海军强国也研制开发了多种潜艇噪声预报方法及软件。瑞典国防物资局开发了用于水面舰艇和潜艇声目标强度的计算软件 SuShi(Submarine and Ship Acoustics),该软件可以对船舶上的近 200 个子系统进行模拟,预报精度在±5dB 以内。法国 Metravib 公司开发的 GAP 软件、英国 Frazer-Nast 公司研发的 FNV-Noise 和 radsnat 软件、美国 NCE 公司研发的 Designer Noise 软件都是为潜艇机械噪声计算分析和声学设计而开发的软件工具和平台。

在声学领域,针对产品的振动噪声性能评估和设计的数值仿真技术统称为声学虚拟样机技术。该技术不仅在舰船的声隐身设计领域,而且在车辆、飞机、火箭和卫星等复杂组合结构设计领域都具有重要应用价值。与之相关的核心技术是全频段的声学仿真分析方法,目前低频声学计算主要采用有限元方法,但对于舰船声隐身设计所关心的 10Hz~10kHz 频率范围,有限元方法就无能为力了。美国 BBN 公司于 20 世纪 70 年代在研究航天器的过程中提出了解决高频振动问题的统计能量法;80 年代,美国 NASA 和 Lockheed 公司成功将统计能量法用于航天领域声振环境预测,随后与该方法相关的分析软件 Seam、Cosmic SEA、Auto SEA 等相继问世,几十年来,该方法已成为高频声学分析的主流。

统计能量法虽然解决了高频分析问题,而其适用的频率下限仍然高于有限元分析的频率范围,以至于在相当长的一段时期,在介于低频和高频之间的中频范围,并无比较有效的分析方法。国外学者将这种现象称为"中频危机"。为了解决这个难题,各国都开展了专门的研究。在该领域英国的南安普敦大学生和比利时鲁文大学的研究成果最为引人瞩目。在欧洲,欧盟组织英国、法国、比利时等国在 2007—2012 年联合开展了以提高欧盟的科技竞争力为主要目的的针对振动噪声中频问题和相关 CAE 应用技术的科研攻关。在该项目中,比利时提出了波函数分析方法,英国南安普顿大学提出了波有限元方法和混合模型分析方法,法国则提出了复射线分析方法等。这些方法的出现同时促进了声学仿真软件的成熟。2005 年法国 ESI 集团推出了世界上第一个具备全频段声学虚拟样机技术的软件 VAOne。与此同时,美国海军研究机构采用能量有限元和能量边界元法,分析水面舰船和潜艇中高频的振动和水下辐射噪声,并开发相应的软件。

声学虚拟样机技术不仅包括对各种运载工具本身的模拟,还涉及对其周围环境的模拟技术。在海洋环境中,航行体不仅作为一个噪声辐射体,还与周围环境通过声波相互作用,产生声场,这种声场特性也是体现其作战性能的重要因素。为了利用现代计算机声学仿真分析的最新成果提高潜艇等装备的水下作战能力,美国海军水下作战中心与罗德岛大学合作开发了在海洋地理空间环境下的声学模型可视化系统。该系统可对由水下航行体及水下爆炸等产生的线谱,声脉冲以及声能量流等现象进行模拟。以射线理论为基础,美国国防部开发了潜艇水声对抗的模拟软件。该软件提供了声波在潜艇艇体的反射和散射仿真功能,用于潜艇在作战状态下的水声对抗功能模拟。该软件从最初只能模拟简单水下平面物体和低频声散射发展到了具备模拟不同水声环境下较复杂的曲面和高频声散射功能。

螺旋桨辐射噪声是水面舰船和螺旋桨的主要噪声源。随着 CFD 技术的快速发展、边界元方法的日趋成熟以及计算机速度的飞速发展,许多国家的研究机构已经开发出较成熟的螺旋桨片空泡、梢涡空泡、毂涡空泡等预报技术,并已应用于螺旋桨的设计与性能预报之中,大大提高了螺旋桨的性能。这些方面的研究工作包括:用面元法对非定常片空泡和梢涡空泡进行预报,基于非球空泡动力学对梢涡空泡起始进行研究,用 NS 方程和气泡动力学研究导管桨的空泡起始,采用边界元法预报非定常片空泡和梢涡空泡,用低阶的、基于势流的边界元方法模拟非定常片空泡,用耦合非稳态雷诺平均法(Unsteady Reynolds Averaged Navier Stokes,UNRANS)和边界元法模拟 3D 非定常片空泡;把两相流植入 RANS 求解器来模拟空泡等。近几年来,采用数值方法预报螺旋桨脉动压力技术也得到了显著的进步。

在旋转机械宽带噪声预报方面,国外许多学者对此进行了研究。如早在 20 世纪 90 年代,国外就开发了 BBN2、AARC 等组合推进器噪声预报方法,可用于预报来流湍流与叶片作用噪声、随边噪声等,预报结果与消声风洞试验结果一致性较好。同时还应用该程序对定子+转子、转桨等组合推进器的各个噪声源进行了定量预报,以及湍流参数变化、叶片数变化对噪声的影响做了比较和分析,并提出了将采用完全数值方法代替目前的半数值、半经验方法。

在旋转机械线谱噪声预报方面,建立了基于势流或粘流与声学方程相结合的多种计算方法,如基于非定常升力面理论的对转螺旋桨非定常力预报方法;基于 RANS 方程,并应用了并行计算、滑移网格等技术,针对定子下游的非定常力性能计算和分析方法;基于有限元和边界元方法的导管对离散谱噪声辐射的影响计算方法。

对推进器空泡噪声的预报,美国、英国、瑞典等国家有一些报道,但仅局限于民船。由于空泡本身是一种非常复杂的动力学现象,因此目前大多数公开报道的只是一些近似估算方法,且仅用于中频噪声范围内。但从各方面资料和信息可知,美国、俄罗斯等多个国家已有螺旋桨空泡噪声工程预报方法。

3.3 CFD 与数值水池

3.3.1 数值水池概念的提出和发展

数值模拟是在计算机上实现一个特定的计算,从过程和结果方面看,就像是在计算机上完成了一个物理模型试验,因此,有学者比拟物理水池,提出"数值水池"概念。

"数值水池"说法的出现已经有相当长的时间了,但迄今为止,国际上并没有其概念的清晰、合理与共识的描述,多数时候,是将"CFD/数值模拟"与"数值水池"相互混淆,认为"CFD 即数值水池"。实际上,"数值水池"概念自 20 世纪 70 年代提出,经历半个多世纪的发展,其概念内涵才逐渐清晰,其大致经历了以下几个发展阶段。

1) 20 世纪 70—80 年代

CFD 是利用计算机和数值方法对流体力学物理现象进行数值模拟与分析的

一门学科,它综合了计算数学、计算机科学、流体力学、科学可视化等多个学科。

在20世纪七八十年代,国际上CFD广泛应用的曙光初现之时,基于对CFD技术可能引起的船舶研究和设计手段革新的期望,提出了"数值水池"的概念。然而,当时的"数值水池",更多的是将各种算法通过计算机编程实现,研究范围主要局限于一些院校和相关研究机构;同时,由于硬件、软件和相关技术条件的限制,应用范围相当有限,更加倾向于学术性的研究。

由此可见,当时的"数值水池",指的是在计算机上运行的代码(可执行程序),能够解决一些相对较为简单的问题。使用者主要是那些在流体力学、计算数学、计算机技术和船舶水动力性能等多种学科都有相当基础和造诣的研究人员,此外还需要丰富的经验。计算过程的操作繁琐费时,计算结果的可靠度较低且时效性较差,客观上不具备广泛应用的条件。

2) 20世纪末—21世纪初

到了20世纪末,随着计算机科学的飞速发展,同时伴随着计算数学和科学可视化等学科的发展,CFD也得到了快速发展,各种通用和专用软件大量出现,能够解决的问题越来越多、越来越复杂,应用范围日渐扩大,由学术性研究的性质向较高水平的工程实用化转变。

这个阶段的"数值水池",指的是以CFD软件为基础的应用技术,能够解决较为复杂的问题,仍要求使用者在流体力学和船舶水动力性能等方面有较好的基础,并且也需要一定的经验。计算过程有一定程度的简化但仍较为费时,计算结果的可靠度和时效性都有所提升,同时也得到了较为广泛的应用。

3) 20世纪90年代

20世纪90年代初,由美国国防先进研究规划局和泰勒水池开始实施"先进潜艇技术计划"的水动力学计划,组建了潜艇水动力学和水动力噪声技术中心。先进潜艇技术计划的目标是为开发"海狼"级潜艇提供设计所需的关键技术,促进美国未来潜艇设计观点的创新,发展革命性技术,引导创新概念的发展。其基本思路是建立计算技术体系,开发先进的虚拟试验技术以验证计算技术。这些研究和技术成果,在美国"海狼"级潜艇和DDG1000隐身水面平台的研制中都发挥了重要作用。

2004年,由德国HSVA牵头,荷兰MARIN、瑞典SSPA等国际著名水池联合发起了虚拟试验水池(The Virtual Tank Utility in Europe,VIRTUE)计划。该计划拟用4年时间,在欧盟参与成员单位原有CFD工具的基础上,依托计算机和网络通信技术,合作开发一套综合集成的船舶水动力性能数值水池平台,即虚拟试验水池,与欧盟早些时候实施的实船试验验证计划(2003—2005年)一起,大幅提高欧洲的先进船舶设计竞争力,扩大欧洲水动力学技术服务机构提供服务的范围和形式,增强其创新研发能力。该虚拟水池包括虚拟拖曳水池、虚拟耐波性水池、虚拟操纵性水池、虚拟空泡水筒、综合集成平台和组织协调共 6 个模块,如图 3.5 所示。通过集成先进的数值分析工具,瞄准在"真实水池"中进行的物理模型试验功能,创建"虚拟水池",在全面和系统分析的层面上,解决多目标船舶水动力性能优化问题,显著增强对船舶性能设计与构型创新的技术支持。该项目于 2005 年 1 月 1 日正式开始实施,已于 2008 年结束。

图 3.5　VIRTUE 工作模块

欧盟的 VIRTUE 计划,可以说是国际上首次提出的、全面而又系统的船舶水动力性能虚拟试验策略架构,在当时具有较强的学科指南意义,在世界范围内引起了广泛关注。但是,根据项目研究目的、实施情况和技术成果看,还是以 CFD 应用关键技术攻关为主,尚未建立真正的虚拟试验整体架构。

3.3.2　数值水池概念内涵及技术特征

"数值水池"是针对具体的物理模型试验项目而言,"数值水池"应该具备比拟物理水池的典型特征。数值水池是应用型技术,追求的是做一类确定性的事情,强调可靠性。

数值水池的核心是两大本质和三个特征。两大本质是指:一是虚拟试验:通过对环境与对象的建模,比拟物理水池物理模型试验,开发系列虚拟测量系统,提供精细水动力学信息虚拟"测试";二是服务新模式:借助计算机技术和云技术等新兴技术,高效能响应客户需求,提供经验证的精细水动力学信息和沉浸式体验。

数值水池的三大技术特征包括:

第一,属性细分、知识封装。由于数值水池的核心内容是 CFD 技术,因此,知识封装是对证实为可靠的、成熟的 CFD 应用技术的专家知识进行封装。面对用户,针对 CFD 求解器最大化设定 CFD 的应用条件,包括场域大小与位置、时间步长与调整、初始条件与边界条件、介质物理参数、可选湍流模型和模型参数、网格数量和质量控制参数等，即用户只需要像进行船模水池物理模型试验一样，只提交船模几何描述（给定型值表或船体几何形状）以及被求测物理量的种类和范围（如船模阻力试验需要明确求测的物理量是船体的阻力，并给定试验傅氏数范围和试验点的间隔），就可以获得可靠的虚拟试验结果。

知识封装类似于物理水池试验的推荐规程和实施步骤，但由于物理模型试验的规程和实施步骤最终还是要由人来实施的，因此，不可避免地会带来人为的误差。而知识封装的最终结果将形成一个"黑匣子"，对绝大多数人来说，是可见但不可改的，这就避免了人为的误差因素。因此，知识封装的目的，一方面是固化CFD专家的应用知识，避免人为的因素而影响最终的船舶性能预报；另一方面是快速的性能预报及船型优化，封装之后，可大大缩短建模时间和CFD应用条件的选择判断时间，实现实时响应。

第二，基准试验检验与结果的可靠性度量。数值水池的本质是虚拟试验，重点是分析（预报）船舶性能，因此数值水池提供的结果是船舶的某项性能（如船模阻力），这项性能究竟与船舶的真实性能有多大差别，其预报结果落在船体实际"有限散布窄带"的概率是多少？其可信度是多少？这是数值水池必须回答的，也是客户的核心需求。

借鉴并引入工业产品领域中的可靠性概念，数值水池的可靠性可定义为，对某类船模进行虚拟水池试验，在给定的输入条件下（船体型值表或船体线型图），其输出的虚拟试验结果（如船模阻力）能够满足工程应用的要求的概率。通过建立虚拟试验可靠性度量评估方法，让客户在虚拟试验之前就能知道数值水池试验项目的量化精度接受指标，更能增添用户对最终船体性能预报结果的使用信心。可见，数值水池可靠性评估的目的就是为了满足用户的核心需求（如物理水池一样），增强用户对使用数值水池的信心。

第三，情景化。船模水池试验，用户得到的通常是图表形式表达的试验结果，配以照片或录像。而数值水池实施的是虚拟试验，原理上可以给出水动力学的"全"物理信息，并且可以做到时空高精细度。因此，数值水池虚拟试验能够提供客户超越现阶段物理水池试验的"精细度"，让客户获得"身临其境（see in the field）"的沉浸式体验，捕捉物理水池试验难以测得的精细流场信息，促进物理发现和构型创新。

以上三大技术特征，既是数值水池的基本技术特征，也是数值水池区别于物理模型试验水池的差别。专家知识的封装，为数值水池能够实现实时响应创造了条件；可靠性的评估，确保了虚拟试验结果与物理模型试验结果的一致性；情景化的实现，提供了"see in the field"的可能，为将来探索流场机理，研发新方法创造了最有利的条件。

3.3.3 数值水池的技术挑战

数值水池是针对具体的物理模型试验项目而言的,其技术特征相对明显,技术发展路线、发展思路以及发展目标也是很明确的,但技术实现却不容易,这主要体现在以下几个方面。

第一,CFD 技术的攻关与突破。数值水池的首要特征是知识封装,但封装的知识应是可应用、已成熟、经过验证的 CFD 技术知识。就目前而言,可用于封装的 CFD 技术还是相当有限的。2005 年开始实施的欧盟 VIRTUE 计划也仅处于 CFD 技术的攻关阶段,还达不到数值水池要求的技术成熟程度。

第二,数值水池的可靠性评估。数值水池技术尚处于摸索和构建阶段,对其可靠性的研究更是处于真空状态。现阶段只是针对数值模拟中的某些误差(如离散误差)项进行了分析,尚没有全面考虑误差源对整个数值计算结果的影响,还没有达到对整个数值水池进行可靠性评估的地步。如果以技术成熟度等级来评价目前该项目的技术状态,可以认为它还处于"零"级,目前还没有正式地把工程可靠性理论运用于数值水池技术的先例,还处于设想摸索阶段。

第三,虚拟试验过程、结果的情景再现。虽然数值水池能够提供时空流场域的过程与结果信息,但这些海量的信息储存技术与处理技术则是首先要解决的问题。另一方面,受物理水池提供"定制"试验结果(图和表)的影响,数值水池在满足这些"定制"信息之外,如何通过提供"特制"虚拟结果来实现船型优化和改进设计、新船型开发、创新船型研制是发挥数值水池优势而努力的方向。

综上,数值水池是依托 CFD 软件和技术、比拟物理水池而提出的全新概念图像,是数值模拟应用技术发展的宏大目标,目前还处在探索发展阶段。

3.4 "虚实"融合的船舶总体性能创新研发方法

进入新世纪,在计算机支撑条件大幅提升和数值建模及计算技术趋于成熟的情况下,以 CFD、有限元应用技术为核心的船舶总体性能数值模拟技术,正在以前所未有的能力融入船舶总体性能预报(评价)环节,并且在以人力(专家)主导的船舶总体性能设计(仍是传统模式)中发挥巨大的新型力量效应,逐步形成了向虚实融合,且以虚为主的总体性能预报、评价体系方向发展。同时,随着最优化理论的不断完善,将最优化理论与数值模拟、CAD 技术结合,针对船舶三维几何,基于数值精细模拟的自动优化成为可能,一种基于"虚实"融合的船舶总体性能设计优化创新研发模式正在形成。

3.4.1 "虚实"融合的船舶总体性能设计模式

美国洛克希德·马丁(Lockheed Martin)公司在三十多年前就开始致力于以计算科学(技术)为核心的虚拟试验技术的应用研究,以 7 个经过验证的空气动力学 CFD 软件为基础,初步建立了"数值风洞"。按传统方法研发新一代战机一般需要 8~10 年,而 Lockheed Martin 公司依托虚拟试验等新的设计技术研制 F117 战机只用了 5 年时间。在民用航空领域,20 世纪 80 年代,波音公司研制波音 767 飞机时,需制造并进行 77 个不同机翼的风洞物理模型试验;到了 20 世纪 90 年代,其在研制波音 737NG 时,由于较多地采用了虚拟试验技术,仅需进行 11 个不同机翼的风洞物理模型试验;到了 21 世纪初,其在研制波音 7E7 时,仅进行了 5 个不同机翼的风洞物理模型试验;更有甚者,2015 年全球试飞成功的波音 787,其全机风洞试验模型仅 2 个,这在以前是难以想象的,而虚拟试验技术使之变成了现实。据统计,当今美国航空航天领域,虚拟试验约占飞行器气动设计工作量的 70%,而物理风洞试验的工作量仅占 30%。如今,一方面,以数值模拟软件为基础,物理模型试验验证为检验手段,应用这些经过验证的数值模拟方法进行目标对象性能预报、评价和方案优选,对少量方案进行物理模型试验验证确认;另一方面,利用数值计算有利于流场、流动的精细观测,全方位的情景展示,反过来促进物理模型试验技术的发展,这就是虚实融合的总体性能设计模式。

船舶领域的数值模拟技术发展较晚,但在近 30 年,也取得了显著的进步,应用的范围越来越广,预报的精度越来越高,已达到了崭新的高度。船舶领域虚实融合、以虚为主的总体性能设计模式也正在形成,与传统仅依赖物理模型试验的总体性能设计模式相比,它有以下优点:

(1) 可大幅减少物理模型试验量,显著提高设计效率,易于开展多方案评估和综合性能评估。完成与物理模型试验状态相同的虚拟试验,基于当前的计算能力,只需要 10~30%的时间。

(2) 摆脱对母型的依赖,并易于实现实尺度下的模拟与评估,可方便地获取丰富的流动细节信息,利于船舶构型创新思想的迸发和形成跨学科研究能力。

虚实融合总体性能设计模式的发展重点在于虚拟试验技术的发展,主要包括以下几个方面:

1) 高质量船体、部件/构件等分析对象的几何表达与网格自动生成技术

船体等分析对象的几何表达和网格生成,是进行总体性能虚拟试验的基础。几何表达的准确性、网格生成的适应性和网格质量,直接影响计算精度和效率。目前,大型数值模拟软件都自带的几何建模、网格划分工具,但它们与船舶设计所采用的 CAD、CAE 软件之间需要额外的建模转换,才能实现连接,不仅增加了建模的工作量,还增加了建模与转换的,不利于数值计算质量的提高和与设计过程的融

入。这需要发展船舶复杂几何共模技术,实现 CAD 与 CAE 及不同 CAE 软件之间无缝衔接,提高数值分析软件的前处理能力。

2) 虚拟试验的试验验证技术

虚拟试验对物理现象的模拟是否准确,预报结果是否可信,需要依靠物理模型试验进行验证。这种验证应该是典型的、具有普遍意义的,通常由标模试验来进行。包括由标模试验建立基准检验数据库,用于阻力、推进等宏观性能数值计算结果的检验;应用精细测量,如流线、LDV、PIV 流场观测检验物理现象模拟的准确性;另外,基于大数据技术,利用海量物理模型试验及实船试验数据,对虚拟试验进行验证是一个重要的发展方向。

3) 虚拟试验的不确定度分析

船舶总体性能虚拟试验是采用数值的方法对总体性能,如阻力、结构强度、推进器辐射噪声等物理量的测量。测量不确定度是对测量结果的质量给出的定量评定。因为测量结果是否有用,在很大程度上取决于其不确定度的大小,所以测量结果必须由不确定度说明,才是完整的和有意义的。物理模型试验的不确定度分析已有广泛的开展,但数值计算领域的不确定度分析尚还未引起足够的重视。

这里要区分"误差"与"不确定度"的概念,误差的定义是测量结果减去被测量值的真值,由于真值是个未知数,因此测量误差是客观存在的理想概念,是一个定性的概念。而测量不确定度是人们对被测物理量认识不足的程度,是可以定量评定的量。测量值以一定的概率分布落在某个区域内,表征被测量值分散性的参数就是测量不确定度。测量不确定度统一约定的方法可使各国进行测量和将得到的结果进行相互比对,取得相互的承认和共识,从而相互促进相关技术的发展,这同时适用于物理模型试验和虚拟试验。

4) 属性细分、知识封装

基于属性细分的知识封装是建立虚拟试验体系的关键一步。上述研究中,建立了经过验证的数值分析方法和流程,但需要有足够深厚的专业知识才能实施,并且用不同的人来实现相同的计算仍可能得到不同的结果,还无法比拟物理模型试验(按试验规程操作,均能获得稳定的测量结果)。因此,需要对上述形成的经验知识进行封装,最大限度地消除人为因素的影响和对专业知识的过度依赖。

基于属性细分的知识封装是在对数值模拟技术应用研究的基础上,依据不同虚拟试验项目、试验对象的细分,封装不因用户而变的数值模型及其设定,以期获得稳定可靠的虚拟测量结果。如用户面对的是简约界面,得到的是流程服务,获得非因人而异的结果,实际上就实现了"数值水池"的功能。

3.4.2 基于数值模拟的船舶总体性能设计优化技术

将数值模拟技术与最优化理论及船体几何重构技术集成起来,就形成了一种源于严谨数理控制、基于知识化的崭新的船型设计模式,该模式在国际上也称为基于仿真的设计(simulation based design,SBD)技术。该技术通过利用数值模拟技术对设定的优化目标(如船舶阻力)进行数值计算,同时利用最优化算法和几何重构技术对船舶构型设计空间进行探索寻优,最终获得给定约束条件下性能最优的船型。它为船型设计和构型创新打开了新局面,对船型设计技术的发展具有革命性的意义,主要体现在以下两个方面:

(1) 促使船舶构型设计从传统经验模式迅速地向以数值评估优化为特征的知识化新模式转型,为船型创新设计提供先进的研究手段和强有力的技术支撑。

基于 SBD 技术的船型优化设计将彻底摆脱传统的船型设计模式(多方案选优、缩比物理模型试验验证、设计与评估相分离),它是以船舶一项或多项性能最优作为设计目标,在给定的约束条件和构型设计空间内,通过数值评估技术和现代最优化技术实现船舶构型的优化求解(逆问题求解),最终获得给定条件下的性能最优的船型。图 3.6 给出了传统船型设计与基于 SBD 技术的船型优化设计模式流程对比图,其最显著的区别在于基于 SBD 技术的船型优化设计是一种基于最优驱动的、连续的自动寻优过程,而传统模式则是人工经验评判的间断式迭代改进过程。

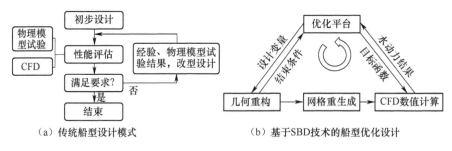

图 3.6 传统船型设计模式与基于 SBD 技术船型优化设计流程比较

从正逆问题的角度来看,传统船型设计模式属于正问题,即计算问题:对给定对象,利用已有的技术手段进行性能分析评估;新的船型设计模式属于逆问题,即设计问题:在给定目标和约束的条件下,利用数值模拟技术和最优化理论对船舶构型设计空间进行探索寻优,并最终获得设定目标最优时所对应的船型。图 3.7 描述了船舶总体性能的正逆设计问题原理及与设计模式的对应关系。

(2) 突破传统基于数值模拟的方案优选(选优)应用模式,加快推进数值模拟技术在工程设计中的应用

当前,以 CFD、有限元为核心的新兴力量——数值模拟技术虽然在船舶总体性能研究与设计过程中发挥着巨大的作用,但目前大多还局限于做计算问题(正问题),即对给定船型的水动力特性进行评估(预报),只是作为一种计算分析工具

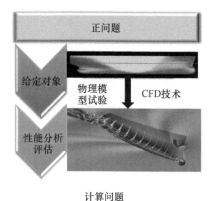 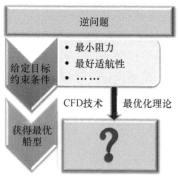

图 3.7 船型设计模式比较

(部分替代和减少物理模型试验),而没有将数值模拟技术系统地融入船舶优化设计过程(逆问题),并使之能达到启发设计师创新思想的目的。如何进一步发挥数值模拟技术在船舶构型优化设计中的作用,促使船型设计从传统经验设计模式向以数值评估优化为主的知识化设计模式转变,成为当前数值模拟技术应用研究的一个重点。

基于 SBD 技术的船型优化设计是随着数值模拟技术、CAD 技术以及最优化技术的发展,而出现的一种新的研究方向。它突破了传统数值模拟优化技术所指的多方案选优(优选),将数值模拟技术系统地融入优化过程,实现对目标函数的直接寻优。经过十多年的发展,该技术的重要性及其展现的优越性已引起越来越多的国家和科研单位的关注,并纷纷投入研究力量开展技术攻关。

1. 基于 SBD 技术的船型优化设计内涵

从数学的观点来看,基于 SBD 技术的船型优化设计实际上是一个工程设计最优化问题,以最小值为例,其数学模型描述如下:

$$\begin{aligned} &\min. \ f(x) \\ &\text{S. T.} \ g(x) \geqslant 0 \\ &\quad x \in D \end{aligned} \quad (3.4)$$

式中:$f(x)$ 是优化问题的目标函数;$g(x)$ 为约束函数;x 为设计变量;集合 D 为优化问题的可行域,也称为设计空间;可行域中的点为可行点,其所对应的目标函数值为可行解。

从最优化问题的定义可以看出,最优化包括三个基本要素:目标函数、设计变量、约束条件。对于船型优化设计问题来说,目标函数 $f(x)$ 可以是船舶的水动力性能(如快速性能、操纵性能、耐波性能等),设计变量 x 是能够表达船体几何的参数,约束条件 $g(x)$ 是船体几何外形的限制条件和功能约束条件(如排水体积、静水力等)。显然,该优化问题的目标函数与设计变量之间不是显式的数学函数关系,需要通过某种媒介来联系二者,在基于低水平评估器的船型优化问题中,这种媒介为经验公式和回归公式;而在基于 SBD 的船型优化问题中这种媒介即为数值模拟工具。船型优化设计问题的数学模型建立后,选择优化算法即可对该优化问题进行求解(图 3.8)。由此可见,基于 SBD 技术的船型设计问题即是在给定的船型几何约束条件下,求解目标性能最优时所对应的设计变量,即最优船体外形。

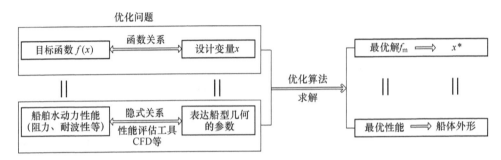

图 3.8 船型优化设计问题的实质过程

从数学的观点来看,基于 SBD 技术的船型优化设计是基于最优化理论的,而非传统船型设计过程中的多方案优选或选优。

2. 基于 SBD 技术的船型优化设计关键技术

基于 SBD 技术的船型优化设计研究主要涉及最优化理论、CAD 技术、数值模拟技术、船舶总体性能等多个学科领域,是一项复杂的、综合的、集成性很强的系统工程。它主要包括五个关键技术:①最优化技术(optimization techniques);②船体几何重构技术(hull geometry automatic modification);③总体性能预报评估技术(如船舶水动力性能预报评估技术);④海量数值计算的简约策略;⑤综合集成技术(integration techniques),如图 3.9 所示。以下分别对各关键技术进行分析。

1) 最优化技术

最优化技术是求解船型优化设计问题的科学方法和必要手段。采用何种优化算法(optimization algorithm)使其能够在优化问题的设计空间内准确、快速地搜索到全局最优解,是船型优化设计研究的重点之一。

由于人的经验、认识的局限性,即使是最简单的船型设计问题,也不可能迅速找到问题的最优解,最优化技术为设计人员提供了一种智能化的、科学的方法。优化算法可以分为两大类(图 3.10),第一类是基于梯度的方法,包括变梯度法、最速下降法、序列线性规划法、序列二次规划法等,这一类方法收敛性好,效率高,但在

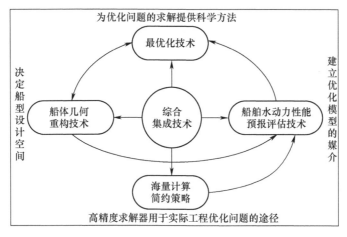

图 3.9 基于 SBD 技术的船型优化设计中的关键技术

面对复杂的实际工程优化问题时,容易陷入局部最优解;第二类是基于随机搜索技术的方法,包括模拟退火算法、遗传算法、进化算法、粒子群算法等,这一类方法适应性强,不依赖设计问题的具体领域,适用求解多目标以及全局优化问题。

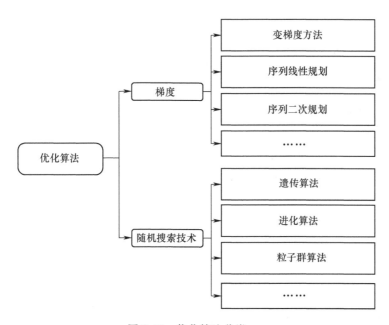

图 3.10 优化算法分类

船型优化设计是一个复杂的典型工程优化问题,非线性约束条件使得其设计空间往往呈现非凸性,加上目标函数的多峰性,使得许多传统的优化算法很难获得目标函数的全局最优解。全局最优化技术成为解决船舶水动力构型优化设计这类复杂优化设计问题的关键技术之一。

2) 船体几何重构技术

船体几何重构技术是联系优化算法与船舶性能分析评估之间的桥梁和纽带,同时也是船型优化设计过程中的关键环节。在船舶优化设计过程中,必须首先对船体几何进行参数化表达,利用尽可能少的参数实现船体几何的重构,并且要建立船体表达参数与优化过程中设计变量之间的联系。设计变量将依据优化算法做相应的调整,而设计变量的调整将体现在船体几何外形的变化上,如何用尽可能少地设计变量(参数)的变化,获得范围尽可能广的船体构型设计空间(尽可能多的不同船体几何),是船体几何重构技术追求的一个目标,当然也是形状优化设计中的一个难点。

对于一个船型优化设计问题来说,船体几何重构方法(包括设计变量)一旦确定,那么这个优化问题的设计空间也就确定了,整个优化过程只能在该设计空间里搜寻最优解。因此,几何重构方法直接决定了船型优化问题的设计空间"大小"。

船体几何重构方法按照船体参数化形式的不同,可分为两种:一种是基于船型参数(如长宽比、方形系数等)的,它通过一系列表示船体几何特征的参数的变化来实现船体几何重构,如 Lackenby 变换方法、参数化模型方法(parametric modeling approach)等;另一种是基于几何造型技术的,它主要通过一系列控制点位置的变化来实现船体曲面的变形与重构,如贝赛尔补丁(Bezier patch)方法、自由变形方法(free-form deformation approach)、基于 CAD 方法(CAD-based approach)等。无论哪种几何重构方法,均应满足如下条件:允许大量可能的几何外形存在(具有很好的适应性),能够以尽可能较少的设计变量控制生成尽可能多的不同的船型生成,且要保证生成船型曲面的光顺性。然而,对于复杂的船体几何外形而言,要满足以上条件,往往比较困难。因此船体几何重构技术是船型优化设计的关键技术之一。

3) 船舶总体性能预报评估技术

以船舶水动力性能预报评估技术为例,它是建立船型优化问题数学模型的基础,是连接船体几何外形和优化平台的纽带。水动力性能的预报精度直接影响设计优化结果的质量。在优化设计过程中,优化算法将依据水动力性能预报结果来调整下一步的搜索方向,因此,性能预报结果的可靠性是保证优化算法在设计空间中能否按照正确方向进行搜索的关键,直接关系到优化设计的成败。

按照对船型几何输入的要求可将船舶水动力性能预报技术分为两大类:第一类是基于船型参数的分析预报方法,它是以物理模型试验数据库作为支撑的评估方法;第二类是基于船体几何的数值评估方法。为了保证在优化设计过程中按照正确的方向进行搜索,确保优化设计的成功,用于船型优化设计的船舶水动力性能评估方法应该具备以下条件:预报精度尽可能高,预报结果对船体几何变化比较敏感,即具有较好的"分辨率",计算响应快捷、高效。然而,精度高、"分辨率"好与计算响应快捷高效往往相互矛盾,这给水动力性能评估方法带来了非常苛刻的要求。

此外,对于数值预报方法,特别是高精度数值预报方法,要实现船型自动优化设计,还需解决数值计算网格的自动划分和网格重生成问题。在船舶优化过程中,随着船体几何外形的变化,船体几何外形表面的网格也随之变化,为了尽可能减小由网格划分带来的不同设计方案的数值计算误差,使得不同设计方案数值计算结果具有可比性,必须保证不同设计方案的船体几何表面网格尺度尽可能相同、网格拓扑结构形式也相同。它关系到整个优化设计结果的可靠性。因此数值计算网格重生成技术也是基于数值预报方法(高精度求解器)的船型优化设计的关键技术之一。

4) 海量数值计算的简约策略

海量数值计算的简约策略主要解决在优化设计过程中由高精度 CFD 求解器带来的响应时长、计算费用等问题,它是将基于 SBD 技术的船型优化设计这种崭新的船型设计模式应用于实际工程设计的有效途径。

对于复杂工程优化设计来说,进行一次完整的系统优化,工作量是巨大的,即在优化迭代的每一步都完整地执行整个系统分析(高精度 CFD 求解器)往往很难做到。因此,如何采用适当的、科学的优化策略解决由高精度 CFD 求解器带来的响应时长、计算费用等问题,是当前该领域研究的一个重点。也是开展基于高精度数值评估方法的船型优化设计必须解决的关键技术之一。

海量数值计算的简约策略主要包括两种,一种是在优化设计过程中引入近似技术(approximation techniques),近似技术是指构建一个能够模拟一系列输入参数与输出参数之间响应关系的近似模型,用近似模型代替真实模型,进而大幅减小计算代价。目前近似技术主要有响应面模型(response surface method, RSM)、变逼真度模型(variable fidelity model, VFM)、克里金(Kriging)模型、径向基函数(radical basis function, RBF)模型等。另一种,是采用高性能集群计算机,利用强大的分布式并行计算能力解决优化过程中的海量计算问题。

5) 综合集成技术

船型优化设计的整个过程是在没有人工干预的情况下自动进行的,如何将船型优化设计涉及的众多关键技术模块集成起来,实现优化流程的自动化,是综合集成技术必须要解决的问题。

综合集成技术包括两个方面的内容:一是船型优化设计框架的各功能模块的集成,包括 CFD 工具、CAD 工具、优化算法等,需要解决各功能模块之间的接口技术、数据传递与交换技术、统一操作界面技术等;二是并行计算技术,包括集群计算机的应用技术和优化算法的并行技术,需要解决内存分配与管理问题。目前,许多工程领域的优化设计是在商用优化设计平台上进行,如美国 Engineous 软件公司开发的 iSIGHT 优化平台,LMS 数值技术公司开发的 LMS Optimus 优化平台,Phoenix Integration 公司开发的 ModelCenter 软件等。

3. 基于 SBD 的 DTMB5415 球艏构型优化设计示例

以 DTMB5415 球艏优化为例说明基于 SBD 的船型优化过程,图 3.11 展示了 DTMB5415 船型及优化区域(方框部分)。

图 3.11　DTMBS5415 船型及优化区域

1) 优化设计问题的定义

(1) 目标函数。以 DTMB5415 船模在设计航速 Fr = 0.28 时的总阻力最小作为优化设计目标。目标函数如下:

$$\min. \quad F = R_t/R_{torg} \tag{3.5}$$

式中:F 为目标函数;R_t 为优化过程中可行设计方案的总阻力;R_{torg} 为目标船原型方案的总阻力。

(2) 几何重构方法及设计变量的选择。采用贝塞尔补丁(Bezier Patch)方法进行目标区域的重构。Bezier Patch 方法是典型的基于船体几何的重构方法,它在初始船体几何(部分)上叠加一片或多片 Bezier 曲面,利用 Bezier 曲面的变形,实现船体几何重构,图 3.12 展示了采用 3 个设计变量进行球艏几何重构的示意图。Bezier 曲面的位置与形状只与其特征网格节点的位置有关。因此,可利用节点位置的变化获得不同的曲面形状,即可将节点位置直接作为优化问题的设计变量。该方法的优点是设计变量较少,光顺性容易满足,因此广泛应用于船体局部构型的优化设计。该方法的缺点是仅适用于局部几何的重构,并且随着设计变量的增加,约束条件成倍增加,导致曲面的生成较为困难。

采用 Bezier Patch 方法进行 DTMB5415 球艏几何重构,在 x、y、z 三个方向选择 3 个 Bezier Patch 面来实现球艏几何的三向自动重构;3 个 Bezier Patch 面的控制点数均为 36 个,曲面 Patch X 的控制点中有 8 个点可以移动,设置一个设计变量 x_1,曲面 Patch Y 的控制点中有 6 个点可以移动,设置 3 个设计变量 y_1、y_2、y_3,曲面 Patch Z 的控制点中有 12 个点可以移动,设置一个设计变量 z_1。因此,控制球艏

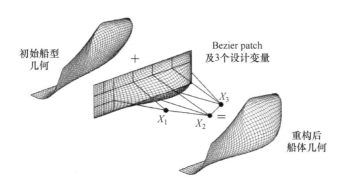

图 3.12　Bezier Patch 方法几何重构示意图

几何重构的设计变量一共有 5 个（x_1、y_1、y_2、y_3、z_1）。图 3.13 给出了 DTMB 球艏三向几何重构示意图。

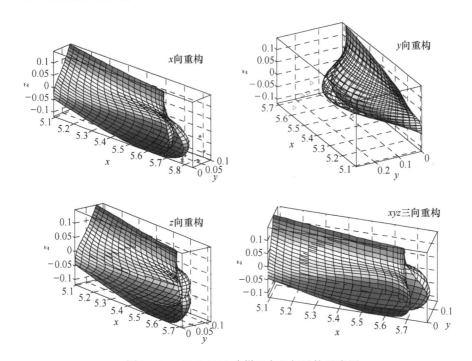

图 3.13　DTMB5415 球艏三向几何重构示意图

（3）约束条件。设计变量的约束条件见表 3.1。功能约束排水体积的变化量 $|\Delta'/\Delta - 1| < 0.5\%$、湿表面积的变化量 $|S'/S - 1| < 1\%$。

表3.1 约束条件

设计变量ν	x_1	y_1	y_2	y_3	z_1
下限($100×ν/L$)	0.0	−2.3	−1.2	−0.9	−0.3
上限($100×ν/L$)	1.4	2.3	1.7	1.7	1.4

2）优化过程与结果

（1）优化过程。优化过程采用了改进的粒子群优化算法（improved particle swarm optimization，PSO）。该算法针对标准粒子群算法（particle swarm optimization，PSO）初始化种群难以均匀覆盖整个设计空间的缺点，引入"试验设计"（design of experiment，DOE）思想，即在初始化粒子群时，粒子的初始速度和位置采用试验设计方法进行选取，这种初始化方法能够以较少的种群规模对设计空间进行较充分的探索；同时建立惯性权重自适应方法，修复标准粒子群优化算法的惯性权重随更新代数增加而逐渐递减，算法后期由于惯性权重过小而降低探索新区域的能力，其表达式如下：

$$w = \begin{cases} w_{\min} - \dfrac{(w_{\max} - w_{\min})(f - f_{\min})}{(\bar{f} - f_{\min})} + n^2 \dfrac{(w_{\max} - w_{\min})}{n_{\max}^2} & f \leq \bar{f} \\ w_{\max} & f > \bar{f} \end{cases} \quad (3.6)$$

式中：f为当前的适应值；$\bar{f}$和$f_{\min}$为当前所有粒子的平均适应值和最小适应值。

IPSO流程如图3.14所示，图中P_{best}表示每个粒子的最好位置、G_{best}表示整个种群的最好位置。

（2）优化过程集成。优化过程由船型几何参数化及重构模块、网格重生成、水动力性能数值计算和优化策略四个模块组成，通过集成，使模块间数据交换接口的无缝连接，实现流程的自动化执行，模块及模块之间的数据交换文件组成如图3.15所示。

① 船体几何参数化表达与重构单元（REFORM.exe）：该模块先是对原方案船体几何进行参数化表达，之后利用若干参数（变量）的变化实现船体几何的自动重构；该单元输入是原设计方案线型和设计参数（变量），输出是重构后的船体几何线型。

② 网格重生成单元（REMESH.exe）：该单元的功能是对输入的船体线型进行CFD数值计算建模，即实现船舶CFD数值计算网格的自动划分，为了避免和减少优化过程中由于数值计算网格划分引起的"数值噪声"，须保证在优化过程中不同方案的船体几何表面网格尺度相同且整个计算域的网格拓扑结构形式相同。该单元的输入是船体线型，输出是船舶CFD数值计算的网格文件。

③ 船舶水动力性能评估单元（CFD.exe）：该单元主要功能是船舶水动力性能

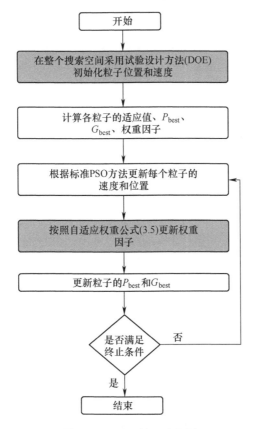

图 3.14 IPSO 算法流程图

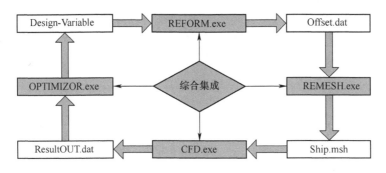

图 3.15 总体优化集成示意图

目标函数计算,主要内容包括求解器设置、数值计算结果输出、目标函数及功能约束条件的计算;本例中,利用商用软件 Fluent 对船舶的水动力性能的进行数值评估,采用编写命令流的形式实现求解器的自动化设置。该单元的输入是计算网格文件,输出是目标函数值和功能约束条件值。

④ 优化策略单元(OPTIMIZOR.exe):该单元的功能是利用最优化技术对船舶水动力构型设计空间进行探索寻优,该单元的输入是目标函数值,优化过程中的输出是设计变量,最终输出是目标函数最优值及其所对应的设计变量。

(3) 优化结果。在优化过程执行之前,采用上面③介绍的 CFD 数值计算方法对 DTMB 原型的阻力进行数值计算,以确认数值模拟计算的可靠性。计算结果与试验结果的比较见表3.2,表明所采用的数值计算方法在目标船阻力性能预报方面具有较高的精度(在 $Fr = 0.15 \sim 0.28$ 范围内,数值计算与物理模型试验结果偏差在2%以内),在本例的球艏构型优化设计过程中采用该数值方法对舰船阻力性能进行评估将是可靠的。

表 3.2 船模 DTMB5415 阻力 CFD 计算与试验(Exp.)结果的比较

Fr	$V/(\text{m/s})$	R_t/N		$C_t/\times 10^{-3}$		比较
		CFD	Exp.	CFD	Exp.	
0.15	1.124	11.856	12.049	3.868	3.931	-1.60%
0.17	1.273	15.337	15.492	3.901	3.937	-1.00%
0.21	1.573	23.400	23.689	3.898	3.946	-1.22%
0.25	1.873	33.951	34.464	3.989	4.049	-1.49%
0.28	2.097	44.019	44.769	4.126	4.196	-1.68%
0.33	2.472	65.336	67.67	4.407	4.564	-3.45%
0.37	2.772	90.863	95.843	4.874	5.141	-5.20%

优化计算过程在国家超级计算无锡中心完成,数值计算共使用了4个计算节点,整个优化设计共用72h(3天)。最优设计方案所对应的目标函数、设计变量及功能约束条件见表3.3,即以 DTMB5415 船模在 $Fr = 0.28$ ($V = 2.097\text{m/s}$)时的总阻力最小作为优化目标,得到的最优设计方案的总阻力减小了4.89%,排水量及湿表面面积分别减小了0.48%和0.18%

表 3.3 最优解对应的目标函数、设计变量及功能约束条件

F	0.9511	y_3	-0.8563
x_1	1.3600	z_1	1.2565
y_1	-1.0839	S'/S	0.9952
y_2	0.5122	Δ'/Δ	0.9982

表 3.4 给出了最优设计方案在不同傅氏数下各阻力成分与原方案数值计算结果的比较,从表中可以看出,在 $Fr = 0.15 \sim 0.28$ 范围内,总阻力较原方案均有大幅

减小,基本上均在4%以上,超过了数值计算"噪声"(图3.16比较了不同傅氏数下阻力减小百分数),说明优化效果有效且明显。

表3.4 最优设计方案(optimized)与原方案(oringinal)的阻力数值计算结果比较

Fr	R_r/N			R_f/N			R_t/N		
	original	optimized	比较	original	optimized	比较	original	optimized	比较
0.15	2.644	2.154	-18.53%	9.212	9.126	-0.93%	11.856	11.280	-4.86%
0.17	3.697	2.968	-19.72%	11.640	11.552	-0.76%	15.337	14.520	-5.33%
0.21	6.230	4.772	-23.41%	17.170	17.053	-0.68%	23.400	21.825	-6.73%
0.25	10.401	8.187	-21.29%	23.550	23.489	-0.26%	33.951	31.676	-6.70%
0.28	14.176	12.131	-14.43%	29.843	29.736	-0.36%	44.019	41.867	-4.89%
0.33	24.834	22.134	-10.87%	40.502	40.319	-0.45%	65.336	62.453	-4.41%
0.37	40.735	37.418	-8.14%	50.128	49.921	-0.41%	90.863	87.339	-3.88%

图3.17给出了最优方案与原型方案对比图,基于SBD技术的另一个突出优点是不仅能够给出可用于工程设计的精确的几何构型及其性能预报结果(目标函数),还能够给出全面的数值计算信息,包括自由面兴波云图(图3.18)、表面压力系数分布云图(图3.19)等。

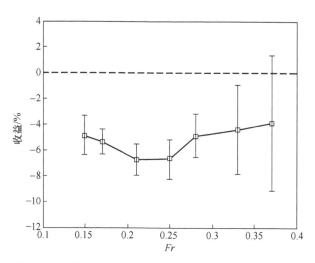

图3.16 最优设计方案在不同傅氏数时的阻力减小百分数
(图中竖线表示原方案数值计算结果与物理模型试验结果的偏差范围)

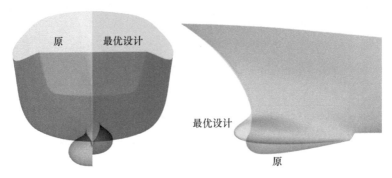

图 3.17　最优设计方案和原方案的外形图

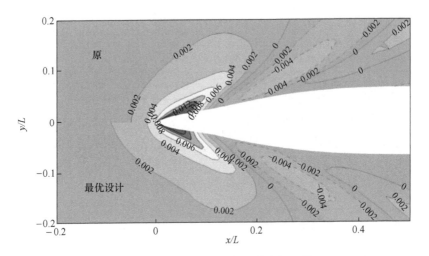

图 3.18　最优设计方案和原方案艏部兴波波幅云图（$Fr=0.28$）

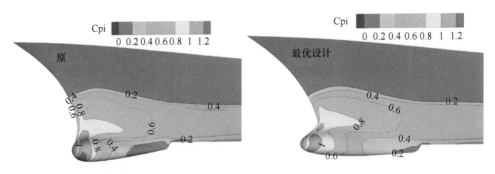

图 3.19　最优设计方案和原方案船艏部表面动压力系数分布云图（$Fr=0.28$）

第 4 章　基于 MBSE 的船舶总体性能设计方法

船舶总体性能设计是总体设计的关键环节,贯穿总体设计全过程,决定船舶的基础性能和航行性能,是船舶行业关注的焦点。船舶总体性能设计能力的提升,一方面取决于共性基础技术的进步,如反映物理关系的数学物理模型,高效、高精度数值模型及算法,高置信度、高分辨率试验测试技术等;另一方面则取决于研究模式的进步,如先进的系统工程方法、性能最优驱动的研发理念、众创共享的研究生态等。经过几十年的潜心发展,我国在船舶总体性能共性基础技术方面已取得了长足的进步,但在研究模式、特别是在系统工程方法的运用方面还需要下大力气摸索。

船舶是一个复杂的工程系统,系统工程是复杂工程系统设计的有效方法。系统工程是人们对工程系统设计建造过程中最佳实践的提炼与总结,不仅能够提高工程建造的效率,还能够提升工程系统的质量水平。系统工程在国外重大国防和航天项目的推动下迅速发展,从军用标准演化到商用标准,在军用和民用工程技术领域都取得了很大的成功。这些成功经验告诉我们,系统工程也应当是船舶总体性能研究与设计的必由之路。

经过长期的理论与实践发展,系统工程(systems engineering)已由传统系统工程(traditional systems engineering,TSE)发展到基于模型的系统工程(model-based systems engineering,MBSE)。本章首先介绍传统系统工程基本理论方法,其次介绍 MBSE 的基本原理和应用方法,最后重点介绍基于 MBSE 的船舶总体性能研究与设计内涵和实施路线。

4.1　传统系统工程及方法

系统工程产生于 20 世纪 40 年代,原意指以系统为对象的工程。1969 年,美国的阿波罗登月计划成功地运用了系统工程的科学方法,按预定目标第一次把人类送到了月球。从此系统工程受到了世界各国的高度重视,获得迅速发展和广泛应用。

4.1.1 系统工程概念

系统工程是在社会实践中,特别是在大型工程或经济活动的规划、组织、生产的管理,自动化项目的开发与使用过程中,发现综合考虑系统总体时所要解决的共性问题,总结实践经验,借鉴和吸收邻近学科的理论方法,逐步建立起来的。与经典力学相比,它还是一个比较年轻的学科,关于系统工程的定义也还没有统一公认一致的说法,以下是一些有代表性的定义。

《NASA 系统工程手册》将系统工程定义为"用于系统的设计、实现、技术管理、使用和回收等的有条理的、规范化的方法论"。

钱学森先生对系统工程的定义:系统工程是组织管理系统的规划、计划、试验和使用的科学方法,是一种对所有系统都有普遍意义的科学方法。

系统工程的最新国际标准《系统和软件工程—系统寿命周期过程》(ISO 15288 2015)给出了系统工程的最新定义:系统工程是"管控整个技术和管理活动的跨学科的方法,这些活动将一组客户的需求、期望和约束转化为一个解决方案,并在全寿命周期中对该方案进行支持"。

我国航天工程领域为避免与"系统的工程"混淆,一般用"系统工程方法"来表示"systems engineering"。航天系统工程方法被定义为从需求出发,综合多种专业技术,通过"分析—综合—试验"的反复迭代,开发出满足使用要求、整体性能优化的系统。

系统工程的思想和方法来自不同领域和行业,又吸收了不同邻近学科的理论,造成了系统工程定义的多样性。可以从这些定义中归纳出系统工程的核心思想:系统工程是把系统的各部分看作一个有机的整体,着眼全局,通过多种流程、方法、工具以实现系统结构和功能的最优。系统工程专注于开发周期的早期阶段,分析并引出客户的需求与必需的功能,将需求文件化,然后再考虑完整问题,也就是系统生命周期期间,进行设计综合和验证。

4.1.2 系统工程模型

系统工程是为了指导系统需求、设计、开发和验证顺利实施的过程。在系统工程理论与实践的不断发展过程中,诞生了一系列系统工程过程模型,如瀑布模型、增量模型、螺旋模型、V模型等,以下对这些模型进行简要的介绍。

1) 瀑布模型

瀑布模型是温斯顿·罗伊斯(Winston Royce)于1970年提出的,被广泛应用于软件工程。瀑布模型是一个项目开发架构,如图4.1所示,开发过程是通过设计一系列阶段顺序开展,从系统需求分析开始直至产品发布和维护,每个阶段都会产生循环反馈,同时评审该项活动的实施,若确认,则继续下一项活动,否则返回前面,甚至更前面的活动(图 4.1)。

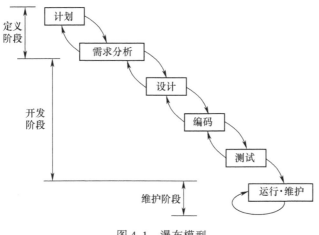

图 4.1　瀑布模型

因为瀑布模型把关键的活动明确地划分,并且以线性的顺序依次完成,所以可以让活动之间的联系降低。这是一种优秀的性质,意味着在进行一个活动的时候,只需要和上一个活动进行交互,而不需要关注过多的活动。一旦某一个活动出现问题,那么只需要去纠正上一个活动的问题即可。同时,这种线性的方式很简单,方便了过程管理。

瀑布模型是一个理想的模型,每一个阶段都应该顺序完成,直至产品交付为止。但实际情况极少如此,因为在系统开发过程中总会出现错误或缺陷,进而重复步骤直到更正。瀑布模型存在以下几个方面的不足:

(1) 各阶段的划分完全固定,阶段之间产生大量的文档,增加了工作量;

(2) 由于过程模型是线性的,只有等到整个过程的末期才能见到开发成果,从而增加了开发风险;

(3) 难以适应用户需求的变化。

2) 增量模型

增量模型(incremental model)又称渐增模型,它是瀑布模型的改进,整体上按照瀑布模型的流程实施项目开发,以方便对项目的管理,也是一个软件工程领域常用的模型。

如图 4.2 所示,增量模型采用随着日程时间的进展而交错的线性序列,每一个线性序列产生软件的一个可发布的"增量"。当使用增量模型时,第一个增量往往是核心的产品,也就是说第一个增量实现了基本的需求,但很多补充的特征还没有发布。客户对每一个增量的使用和评估,都作为下一个增量发布的新特征和功能。这个过程在每一个增量发布后不断重复,直到产生了最终的完善产品。增量模型强调每一个增量均发布一个可操作的产品。

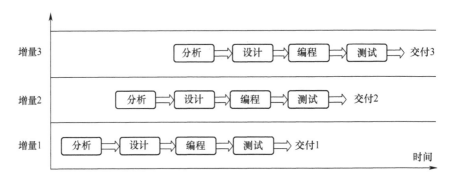

图 4.2 增量模型

增量模型引进了增量包的概念,无须等到所有需求都出来,只要某个需求的增量包出来即可进行开发。虽然某个增量包可能需要进一步适应客户的需求并且更改,但只要这个增量包足够小,其影响对整个项目来说是可以承受的。

增量模型的最大特点就是将待开发的软件系统模块化和组件化,由于这一特点,使得它具备一些明显的优点:

(1) 能够在较短的时间内向用户提交一些有用的工作产品,解决用户一些急需的工作需求,或者是用户可以及时了解软件项目的进展。

(2) 以组件为单位进行开发降低了软件的风险,一个开发周期内的错误不会影响到整个软件系统。

(3) 增强了软件开发的灵活性,开发人员可以根据需要对组件的实现顺序进行优先级排序,并在优先级发生变化时,能够及时调整。

但是,增量模型也存在一些缺点:

(1) 由于各个构件是逐渐并入已有的软件体系结构中的,所加入构件不能破坏已构造好的系统部分,需要软件具备开放式的体系结构,增加了开发难度。

(2) 在开发过程中,需求的变化是不可避免的。增量模型的灵活性可以使其适应这种变化的能力大大优于瀑布模型,但也很容易退化为边做边改模型,从而使软件过程的控制失去整体性。

3) 螺旋模型

螺旋模型是巴利·玻姆(Bany Boehm)在 1986 年提出的,它将反馈的思路融入系统工程的每个阶段,并认为原型系统的开发是降低系统风险的重要手段,特别适用大型复杂工程系统。

螺旋模型的核心是不断地设计迭代,持续地继承和发展已有的设计成果。在这个过程中,需求可以经常变更,系统工程专家很早就认识到,在设计周期中过早地编写详细的技术规格书,可能会过度限制设计并排除更安全、更负担得起的解决方案,因此需求的确定也需要反复迭代。

传统船舶设计过程(包括船舶总体性能设计)是典型的螺旋模型,通常按照概念设计、初步设计、技术设计、施工设计、完工设计的阶段划分,螺旋迭代,由简单到复杂、由粗到细不断逼近最佳设计方案。

螺旋模型具有一些明显的优点,如在设计上的灵活性,使项目可以在各个阶段进行变更;以小的分段来构建大的系统,使成本计算变得简单容易;客户可以参与到每个阶段的开发,能够保证项目不偏离正确方向,增强了项目的可控性;随着项目的推进,总师及客户始终掌握项目的最新信息,保证了与客户的良好沟通,有助于总师对项目进度、质量进行有效管理,容易获得高质量的产品。

但是,螺旋模型也存在固有的缺陷,主要包括:
(1)螺旋模型实质上是一种串行设计模式,难以实现综合评价与考核。
(2)周期长、响应慢、难以满足瞬息万变的市场对创新的、高质量产品的需求。
(3)过分依赖风险分析经验,一旦风险分析过程出现偏差将造成重大损失。

4) V模型

V模型是凯文·福斯伯格(Kevin Forsberg)和哈里德·穆兹(Harold Mooz)在1978年提出的。V模型强调测试在系统工程各个阶段中的作用,并将系统分解和系统集成的过程通过测试彼此关联。如图4.3所示,V模型从整体上看起来,就是一个V字形的结构,左侧分别代表了用户需求、需求分析、概要设计、详细设计、编码和实现;右侧代表了单元测试、集成测试、系统测试与验收测试。

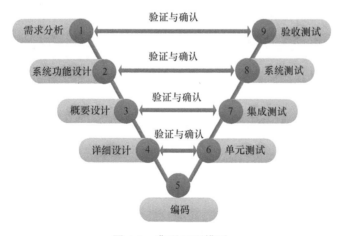

图4.3 典型V型模型

NASA在V模型中增加技术管理流程,增强了面向复杂大系统的适用性。如

图 4.4 所示,它包含技术与技术管理两个流程。其中技术流程又包含明确利益相关方期望、技术需求定义、逻辑分解、设计方案定义、产品实施执行、产品集成、产品验证、产品确认和产品交付 9 个流程。

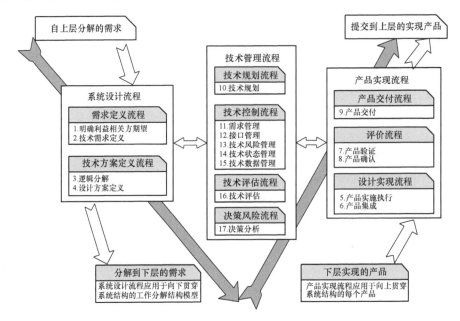

图 4.4 NASA 系统工程过程模型

在系统复杂度小的时候,应用 V 模型是非常有效的,但当面对复杂系统工程时,还存在一些不足,主要体现在:

(1) V 模型过程对需求的分解是一种从逻辑上的静态分解,分解后不可避免地破坏了复杂工程系统成员系统之间的关联性,会造成系统整体性的损失,这种损失表现在两个方面。

一是在系统的参数维度上,分解过程将复杂的多维度系统,分解为小维度子系统或部件,实现了降维。降维后,将一个复杂的大系统问题分解为多个小系统问题,为各个部分的优化设计提供了便利,但同时也造成了系统的整体性缺失,而系统整体性往往是一个复杂工程系统研制成功的关键。例如在我们熟知的足球比赛中,若将每一个位置上世界上最优秀的球员组成一支队伍,并不能确保整支球队的强大,关键还要看球员之间的配合。相反,钱学森在介绍他撰写的《工程控制论》时指出"我们有办法利用不十分可靠的元件做出非常可靠的系统",这正是系统整体性 1+1>2 的优势。因此,基于 V 模型的传统系统工程参数维上的降维解析方法有利有弊。

二是在时间维度上,静态分解过程影响了系统在时间上的动态演化特征。系统的整体性状态是在一个时间上连续变化的函数,由系统的各个模块分别设计,系统模块之间的交互关系只是在系统集成后才建立,并进行调试与试验,因此在系统研制的很长一段时间内,系统在时间上的动态演化特征是缺失的,系统模块的设计特性无法及时映射到系统的整体效能上。

(2) V 模型简单且静态的分解,未充分考虑系统成员之间的动态交互,而复杂工程系统的顶层能力是成员系统协作动态涌现出来的,因此复杂工程系统的能力无法通过 V 模型的分解来展开。这样在复杂系统工程中就面临一个现实问题:因为在系统论证阶段对应的是系统在典型任务剖面中的能力指标,而系统需求分析是需要将能力指标分解为复杂系统内部各成员系统的功能指标,所以对传统的静态分解来说这是一个难以解决的问题。

(3) V 模型是一种顺序过程,到研制阶段后期,等到复杂工程系统集成完成后才能开展顶层能力验证,一旦有大的修正,将产生代价大、效率低的问题。对复杂工程系统来说,一般情况下都是由多家承研单位协作完成的,系统总体很重要的一个工作便是确保分别研制的各分系统在集成后能够实现预期的整体目标,但传统的系统工程方法缺少有效的管控方法和手段,只能寄希望于大家都按照分解的指标保质保量完成,但对源头的指标分解来说,本来就不能保证一定准确,因此如何在复杂工程系统地研制过程中及时集成验证各部分的研制成果,并及时纠正偏差是复杂工程系统成功研制管理的关键。

4.2 从 TSE 到 MBSE

科学技术的进步推动着工程技术的发展,工程系统的规模不断扩大,系统复杂性不断增强,研究和设计过程中所产生的文档、图纸急剧增加,对于分散在海量文档、图纸中的信息的提取与管理越来越困难,以文档、图纸为主要载体和手段的传统系统工程(traditional systems engineering,TSE)方法在复杂工程系统研发中遇到了瓶颈。而随着计算机发展,工程系统设计技术发生明显变化,采用面向对象的、图形化、可视化的建模语言描述系统变得越来越容易,利用计算建模和信息技术工具,对系统的复杂关系逐一综合建模,使传统系统成功变为可实现、可控制、可验证的系统解决方案,这即是基于模型的系统工程(model-based systems engineering,MBSE)的基本思想。

4.2.1 现代工程设计手段正发生重要变化

对于复杂工程系统,传统设计是以经验为基础,以长期设计实践和理论计算而积累的经验、公式、图表、设计手册等为依据,通过经验公式、修正系数或类比等方法进行设计,获得初步方案,然后采用物理模型试验方法验证诸技术指标是否满足要求,若不满足则调整方案并再试验验证,直至获得满足全部要求的方案为止。如船舶总体性能设计,就是基于母型船、系列模型资料,由人为经验认识对线型加以修改得到目标船型,并利用经验公式、设计图表(图谱)对方案进行预报评价,应用物理模型试验对关键技术指标进行验证,最后还要通过实船系泊航行试验对主要技术指标进行最终的校核和验证。

而复杂工程系统现代设计则是依托计算机网络、数值仿真、数据挖掘等信息技术,采用现代化的设计理念和方法,如性能最优驱动设计、多学科优化设计、仿真优化设计和数据驱动设计等,并采取并行或协同的模型来进行复杂工程系统的设计。复杂工程系统设计方法是随着科学技术的不断发展以及人们对复杂工程系统性能要求的不断提高,并在不断吸收传统设计经验的基础上逐步发展起来的。现代科学技术的进步也推动着现代设计工具、方法发生了显著变化,主要表现在:

(1) 设计工具上的变化。传统设计主要依靠手工或二维绘图软件来完成。手工设计计算进度缓慢,二维设计工具对复杂空间的表达困难,增加了设备干涉检查的难度,设计修改带来相关设计图纸修改的工作量大,很大程度上约束了人脑的创造性思维。现代设计主要依靠计算机完成,设计计算、绘图、分析甚至样机检验都可借助计算机来实现;主要采用三维设计软件,实现了所见即所得,设计完成之后甚至可直接连接生产车间进行生产制造。有了计算机,设计人员可以把精力重点放在创新上,而不是一些重复性的简单劳作,从而显著的提高设计效率。

(2) 计算方法上的变化。传统设计在设计计算中通常依赖于解析求解方法,由于工程实际问题的复杂性,使一些具体问题无法求得解析解,因此,为了求解,不得不将问题简化而采用近似计算,导致设计的精度降低。现代设计在设计计算中广泛采用数值计算方法,在充分考虑各种影响因素的前提下,可利用计算机强大的计算能力来获得更详细、更精确的解。

(3) 设计模式上的区别。传统设计主要采用"需求分析—方案论证—技术设计—试验验证"这一串行模式。在前期需求分析阶段,所能获得的信息少而设计自由度大,但可利用的设计工具、方法稀少,往往是基于人工经验和掌握的历史资料,通过优选少数关键参数来确定系统的主要性能。例如在船舶设计过程中,通常以船舶长度排水量系数、方形系数、宽度吃水比、浮心纵向位置等少量参数来粗略评估阻力性能、耐波性及操纵性能,进而确定船型及主要尺度要素;进入技术设计阶段,船体线型已经基本固化设计,转入各子系统的设计,如船体结构、船舶推进、船舶电气等,于是各种用于具体分析和设计的学科开始占主导地位,但由于系统总体性能参数已基本固化,设计自由度小,即使有高精度的分析计算工具,可调整的空间也非常有限;通过少量试验对关键性指标进行验证。有研究资料显示,占系统全寿命费用约1%的概念设计却决定着系统全寿命周期费用的70%。传统设计模式存在概念设计工具短缺、学科分配不合理、不能充分利用概念设计阶段的自由度来改进设计质量,也不能集成各学科工具实现综合设计。因此在传统设计中,往往只有在制造实物使用过程中,才能发现其设计上的缺陷。这种设计模式不可能使设计过程获得较高的效率和质量。现代设计一般尽量采用多学科并行协同设计模式,计算机网络等先进通信工具的出现,使协同异地进行复杂工程系统设计已成为可能。

(4)局部或全局性的变化。对于复杂工程系统,传统设计过程实质上是一种以"还原论"为主导的"降维分析"过程:将面临的复杂系统问题尽可能地细分,即降维分析,细至能用最佳的方式进行解决的一系列子系统设计问题。然后根据设计需求,利用专业工具一对一地去解决设计中遇到的问题,最后将诸子系统组合成一个大系统,即还原。这种传统设计缺乏整体、全局观念,即缺乏系统思想。而现代设计更加科学、更加全面、更加系统,基于系统工程的综合设计理论与方法具体地贯彻了现代设计的思想。

(5)知识运用上的变化:传统设计通常凭借设计者直接或间接的经验,通过类比分析或经验公式确定方案,由于方案的拟定很大程度上取决于设计人员的经验、认知,因此即使同时拟定几个方案,也难以获得最优方案。现代设计则从以经验为主过渡到以知识为主,设计者利用知识工具、数据挖掘、人工智能等相关技术,可以科学地进行设计过程中的各种决策,从而促使设计效率和设计精度大幅度提高。

4.2.2 新兴信息技术推动研发模式变革

近年来,随着云计算、大数据、人工智能、虚拟现实等新一代信息技术的发展,传统软件技术也随着新一代信息技术的产生和深入应用发生了深远变化,基于网络平台实现资源的连接、弹性供给与高效配置;实现数据的采集、汇聚和分析;实现多方参与、合作共赢的"众创共赢"应用软件开发与应用服务已经成为时代主流。新一代信息化技术的赋能与增强,并将对复杂工程系统研究与设计,带来格局和模式的重要变革。

1)大数据技术

"大数据"一词最早出现于美国硅图(Silicon Graphics,SGI)公司首席科学家John R. Mashey博士在1999年USENIX年度技术会议上做的特邀报告中。他在报告中论述道:"人们对网络应用的期望值正在不断提升,人们希望网络应用能够创建、存储、理解大数据,数据量越来越大(图片、图像、模型),数据类型越来越多(音频、视频)。"Mashey博士的论述总结了我们对大数据最初的两点认识:①互联网应用是大数据的驱动型应用;②大数据的特征是数据量大、数据类型多。

现今所述之大数据是指无法在可承受的实践范围内用常规软件工具捕捉、管理和处理的数据集合,是需要新的处理模式才能具有更强的洞察力、决策力和流程优化能力的海量、高增长和多样化的信息资产。

Gartner 研究机构将大数据的特征概括为 3V,即大体量(volume)、高速性(velocity)和多样性(variety),随后的研究者在此基础上又增加了价值性(value),它们共同构成了大数据的 4V 特征。

(1) 大体量(volume):在如今这个信息爆炸的时代,每时每刻都有海量的数据产生并被收集和存储,随着人们生活迈入智能化和云计算的时代,数据量的增长将会难以估量。

(2) 高速性(velocity):是指数据以极快的速度被产生、积累、消化和处理。许多领域,对源源不断产生的海量数据需进行实时分析和处理,以快速响应用户需求并完成准确的业务推送。

(3) 多样性(variety):广泛的数据来源,决定了数据形式的多样性,除传统的结构化数据之外,还包括图片、音频、视频等非结构化数据。

(4) 价值性(value):大数据的价值不在于数据本身,而在于从大数据的分析中所能发掘出的潜在价值,这是大数据的核心特征。

大数据正在改变社会经济、科研活动及人们生活的方方面面,正引导着一系列的变革。首先,在思维模式方面,在大数据时代,由于数据量特别巨大,以海量的形式呈现,要找出所有量与量之间的因果关系几乎是不可能的,因此,人们不再追求数据间简单、直接的线性关系,转而关注数据之间复杂、简洁的非线性关系,大数据带来了新的关联思维模式。对于大数据,采用抽样的方法,通过研究少量样本来发现新规律是行不通的,需用整体的眼光对所有数据进行研究才能达成预期目的,大数据技术也将总体论的整体落到了实处,整体不再是抽象的而是可以操作的,大数据带来整体性思维。另外,数据量的显著增加必然会有一些不够准确的数据"混入"数据库,导致结果的不准确性,但收集到的数量庞大的信息令我们只得放弃严格精确的选择,这是大数据带来的混杂性思维。其次,在业务管理方面,大数据时代,打破了传统企业各部门之间数据相互隔绝和分离的状态,在云计算、区块链等技术的支持下,能够实现跨职能部门合作的最大化,管理的重点转向构建合适的架构来解决企业信息沟通不畅与数据孤岛的问题。在大数据时代,面对海量的数据,管理者的经验和直觉所起的作用正日渐减少,管理者开始寻求基于数据分析的决策机制,并将之转化为完整、科学的管理体系。最后,在大数据时代,个性化将颠覆传统的商业模式,未来的商业可以通过研究分析大数据精准挖掘每一位消费者不同的兴趣与偏好,从而为他们提供专属的个性化产品和服务,这同样适用科研领域。精准、个性化推送是大数据时代的业务趋势。

2) 云计算

云计算的概念最早出现于 2006 年的搜索引擎大会,经过 10 多年的发展,云计算已成为新兴技术产业最热门的领域之一,也是当前各大型企业正在考虑和投入的重要领域。云计算是一种可以通过网络接入虚拟资源池以获取计算资源(如网络、服务器、存储、应用和服务等)的模式,只需要投入较少的管理工作和耗费极少的人为干预就能实现资源的快速获取和释放,且具有随时随地、便利且按需使用的特点。

"云"实质上就是一个网络,狭义上讲,云计算就是一种提供资源的网络,使用者可以随时获取"云"上的资源,按需求量使用,并且可以看成是可以无限扩展的,只要按使用量付费即可。从广义上讲,云计算是与信息技术、软件、互联网相关的一种服务,这种计算资源共享叫作"云",云计算把许多计算资源集合起来,通过软件实现自动化管理,只需要很少的人参与,就能让资源快速提供。按照部署方式,可分为公共云、私有云和混合云三种类型。公有云是由第三方云服务供应商拥有和运营,通过互联网提供计算资源,例如服务器和存储;私有云指仅由单个企业或组织使用的云计算资源;混合云是将公共云和私有云结合在一起,并通过允许,将数据和应用程序共享的技术绑定在一起。

与传统网络应用模式相比,云计算有诸多显著的优势与特点,主要包括:

(1) 虚拟化。它是支撑云计算的最重要的技术基石,使得用户可以在任何地方通过各种终端接入"云"以获取应用服务。

(2) 高可扩展性。它是云计算服务的一大重要特性,它实现了云资源的动态伸缩,以满足客户的不同等级和规格的需求。

(3) 按需服务。用户可以像购买公共资源那样从"云"这个庞大的资源池中购买自己所需的应用资源,用户可以根据自身实际的需求选择普适和个性化的计算环境,并获得管理特权。

(4) 通用性和灵活性。云计算的架构支持开发出各种各样的应用,且一个云计算可以允许多个应用同时运行与操作;云计算服务具有足够的灵活性,可以满足大量客户的不同需求。

(5) 高可靠性。相比本地计算机,云计算采用了数据多副本容错等措施,可靠性更高。

(6) 性价比高。云计算的自动化集中式管理省去了企业开发、管理以及维护数据中心的成本和精力,且可以通过动态配置和再配置大幅度提高资源的利用率。

云技术归其本质是实现了"分而治之"这种算法精髓,它将一个需要非常巨大的计算能力才能解决的问题分成许多小的部分,采用一种分布式计算策略,把这些部分分配给许多普通计算机处理,最后把各部分的计算结果结合起来得到最终的结果。

云技术特别适合与大数据相结合,大数据处理 PB 级(也许不久之后,会达到 EB 级和 ZB 级)的数据,而云的可扩展环境使部署支持业务分析的数据密集型应用程序成为可能。云还简化了组织内部的连接和协作,使更多员工可以访问相关分析并简化数据共享。

3）人工智能（artificial intelligence，AI）

1950年，英国数学家、逻辑学家艾伦·图灵（Alan Turing）发表了一篇划时代的论文《机器能思考吗?》，文中预言了创造出"具有真正智能的机器"的可能性。1956年，达特茅斯学院（Dart mouth College）的约翰·麦卡锡（John McCarthy）组织了一组教授和科学家来探索用机器模拟人类智力的可能性，首次提出了人工智能这一术语。自那以后，研究者们发展了众多理论和原理，人工智能的概念也随之扩展，并成为独立的科学分支——它是研究、开发用于模拟、延伸和扩展人的智能的理论、方法、技术及应用系统的一门新的科学技术。斯坦福大学教授尼尔斯·尼尔森在《理解信念·人工智能的科学理解》一书中将人工智能定义为"人工智能就是致力于让机器变得智能的活动，而智能就是使实体在其环境中有远见地、实时地实现功能性的能力"。简单而言，人工智能就是通过训练（学习），使其像人一样思考和作业，使具备从现有数据、信息中学习以预测未来的能力。

人工智能是计算机科学的一个分支，它企图了解智能的实质，并生产出一种新的能以人类智能相似的方式做出反应的智能机器，该领域的研究包括机器人、语音识别、图像识别、自然语言处理和专家系统等。

人工智能正在改变跨学科科学家研究世界的方式，这是一场关于科研模式的革命，研究人员在数据洪流中释放人工智能，依托"深度学习"系统无须使用专家知识进行编程，取而代之的是借助庞大的数据集自己学习，并随着数据的增长持续提升智能水平。2016年，谷歌开发的AlphaGo战胜了李世石，机器学习超越人类智慧的胜利使人们对人工智能世界的到来充满信心；而随后研发的更为简洁的AlphaGo Zero完胜AlphaGo再次刷新了人们对人工智能的认知，后者采用了完全不同于人类经验的自学习算法。

人工智能将大量数据与具有快速迭代、处理能力的智能算法相结合，使软件可以自动从数据模式或特征中学习。借助庞大的数据集，依托云计算技术，现代人工智能在许多任务上通常会超过人类。当前，人工智能在自动驾驶、虚拟助手、图像识别、自主决策、集群协同等领域取得突破性进展和应用。

4）物联网

物联网（internet of things，IoT）起源于传媒领域。互联网是指通过信息传感设备，按约定的协议，将任何物体与网络相连接；物体通过信息传播媒介进行信息交换和通信，以实现智能化识别、定位、跟踪、监管等功能。简而言之，物联网就是"物物相连的互联网"。

物联网概念的问世，打破了之前的传统思维。过去的思路一直是将物理基础设施和IT设施分开，如一方面是机场、公路、建筑物，另一方面是数据中心、个人电脑、宽带。而在物联网时代，钢筋混凝土、电缆将与芯片、宽带整合为有机的整体，实现人类社会与物理系统地整合。在这个整合的网络当中，存在能力强大的计算机群,能够整合网络内人员、机器、设备和基础设施以实施实时的管理和控制,在此基础上,结合大数据技术、云技术、人工智能、数字孪生等新兴技术,可以以更加精细和动态的方式管理生产、生活,达到"智慧"状态,提高资源利用率和生产力水平,改善人与自然间的关系。

当前,物联网已广泛应用于智慧城市、智慧工厂、智能交通、智能电网、智能医疗、智能农业、智能物流、智能安防、智能汽车等诸多领域,正在改变生产、生活方式,同样也在推动科学研究模式的变革。例如,在科学实验中,物联网消除了必须人工读取试验结果数据的需求,使准确测量最终结果变得更容易;通过与数字孪生技术相结合,可以在线分析、预测试验结果,可以更加精细和动态地调整试验方案,提高效率。

没有数据,物联网设备就没有存在的价值,大数据和物联网相互促进,物联网发展得越快,对大数据功能业务的需求就越大。一方面这些数据将以多种不同的形式出现,包括语音、图片、视频、温度等,这些元数据需要进行处理(数据挖掘)才有意义;另一方面,物联网将持续提供大量、可操作数据,大数据和物联网协同工作以提供分析和见解。

物联网产生的数据是十分庞大的,互联网基础设施将承受很大的压力,而云技术是一种有效的解决措施。可以说,物联网与云技术是相辅相成的:物联网产生大量数据,云技术为这些数据的传播和存储铺平道路;云和物联网必须形成基于云的物联网应用程序,才能充分利用二者组合的优势。云技术使物联网能够超越常规设备,这是因为"云"具有庞大的可扩展存储空间,以至于它消除了对内部部署基础架构的依赖。物联网在移动性方面具有巨大优势,但缺乏安全性,"云"通过预防、检测和纠正控制使物联网变得更加安全,通过提供有效的身份验证和加密协议,为用户提供强大的安全防护。除此之外,借助生物识别技术,物联网产品还可以管理和保护用户的身份。如今,物联网领域的许多创新都在寻找即插即用的托管服务,这也就是为什么"云"非常适合物联网的原因。借助"云",大多数托管服务提供商可以允许客户采用现成的模型,从而消除了进入障碍。

物联网设备将持续产生的海量数据,如果没有一个有效的处理、管理机制,不但不能成为工作的助力,反而可能成为负担。人工智能适合作为这样一个有效的机制:具有庞大连接设备的物联网是数据的"供应商",机器学习是数据的"矿工",通过识别数据中的潜在模式,从变量中提取有价值的见解,并将其传输到存储库中以进行进一步分析。随着可获取的数据越来越多,智能系统可以提供更加准确的预测,从而支撑工程师做出更为妥善的决策。

物联网有望提供一个革命性的、完全连接的"智能"世界,因为物体、环境和人与人之间的关系将更加紧密地交织在一起,数据挖掘、智能分析技术不断融入,支持产品创新设计,降低产品成本和资源消耗,改善产品质量,最终实现传统经验设计提升到面向智能化的新阶段。

4.2.3 数据驱动科研范式转换

在科学发展的某一个时期,总有一种主导范式,当这种主导范式不能解释的"异例"积累到一定程度时,就无法再将该范式视为理所当然,并转而寻求既能解释、支持旧范式的论据又能说明旧范式无法解释的论据的更具包容性的新范式,此时科学革命就发生了。

在人类科学发展史上存在着三种范式。人类最早的科学研究,主要是通过实验来描述自然现象,称为"实验科学"(第一范式),比如伽利略在比萨斜塔进行的自由落体实验;随后出现"理论科学"(第二范式),比如牛顿万有引力定律、麦克斯韦方程组、纳维斯托克方程等;再后来,对于很多复杂问题,采用解析的理论模型变得难以求解,20世纪后半叶,随着计算机技术的发展,人们开始采用"数值模拟"(第三范式)的手段来解决复杂问题,比如结构强度有限元分析、计算流体力学等。

随着时间的推移,数值模拟积累了大量数据,试验也积累了大量的数据;同时伴随着大数据存储能力、计算能力和先进机器学习算法的快速发展,人们提出了科学研究的第四范式,即数据密集科学,或称为数学探索科学,其典型特征是通过对大量数据的计算分析,去发现潜藏的规律、之前未知的理论。这完全颠覆了传统科学研究先理论、再搜集数据、再试验验证的研究模式。

注意,第三范式与第四范式都是基于计算的科学,但却有着显著的区别:计算科学是先提出可能的理论,再搜集数据,然后通过计算仿真进行理论验证;而数据探索科学,是先有了大量的数据,然后通过计算分析得出潜藏的、之前未知的理论。《大数据时代》指出"大数据时代最大的转变,就是放弃对因果关系的渴求,取而代之关注相关关系"。也就是说,只要知道"是什么",而不需要知道"为什么"。这就颠覆了千百年来人类的思维习惯,人类认知、研究事物,特别是复杂事物的方式必然产生变革。

传统的科学研究首先是通过归纳推理建立模型假设,再通过物理模型试验或计算机数值模拟来对假设模型进行验证和修正,最终建立精确的解析模型,这在面对复杂系统对象时遇到了困难。

首先,对于复杂系统来说,源于其非线性的性质,即使是确定的解析式,也存在对初值敏感的不确定性,即混沌,更何况一般情况下非线性系统变量之间的解析关系无法通过归纳推理给出。其次,对一些大尺度的地域分布系统来说,存在非局部性长期相关性,但研究人员的视野往往局限于系统的局部,系统内非局部变量之间的关联关系得不到很好的考虑,从而影响了对系统全局的认识。最后,复杂系统的动态关系往往涉及多维变量,而人类对维数的认知局限在空间的三维和时间维上,多维变量模型的归纳推理挑战了人类的直觉。而大数据分析技术很好地解决了这些问题。

由于大数据强调数据之间的相关性,不是直接的因果关系,因此通过大数据分析,不需要建立精确的解析模型,也能对系统的状态与行为进行预测。只要收集的数据足够全面,非局部的相关性也能在大数据分析算法的运算下显现,而且大数据分析处理的是任意多维数据之间的相关关系。因此,在大数据分析技术的支持下,工程人员能够从杂乱的数据中看到复杂工程系统内部隐含的规律性,为复杂工程系统的需求分析、模型构建与效能验证提供方法支持。

4.2.4 基于模型的系统工程原理

传统基于文档的系统工程自20世纪40年代被提出,为大型工程系统的设计建造提供了科学的指导和有效的方法,至今仍发挥着主流的作用。然而,随着系统复杂性的不断增加、规模不断扩张、涉及的学科领域不断扩展、研究设计团队不断扩大,传统系统工程方法面临着严峻的挑战:一是工程系统复杂性不断增长,而工程师处理复杂系统问题的能力却跟不上系统复杂性的增长速度;二是利用自然语言并基于文档载体的系统描述,难以使设计人员充分洞察系统及各级子系统的特征和潜在风险;三是研究、设计过程中产生的各类文档报告数量巨大,但大多相互独立、缺乏逻辑性,在设计项目的各阶段之间及项目之间难以实现知识的继承与复用;四是随着试验技术的发展和数值计算技术的广泛应用,所产生的海量数据,依靠传统存储、处理方式越来越困难,庞大的数据背后蕴藏的规律、知识难以被发现和利用。

现代设计方法的变化以及新一代信息化技术的广泛应用,为工程系统设计提供了良好数字环境和数字工具,工程系统研发体系正在由基于文档转向数字化,一种基于模型的系统工程方法(MBSE)适应需求、应运而生。MBSE的基本思想:对系统工程活动中建模方法的正式化、规范化应用,以使建模方法支持系统要求、设计、分析、验证和确认等活动,这些活动从概念设计阶段开始,持续贯穿到设计开发以及后来的所有生命周期。这里的模型是指对现实世界对象的抽象描述,起到将特定对象普遍化的作用。这种作用对建模者来说是一种求之不得的特性,因为建模的重要目标之一便是从特定的对象中总结出具有普遍意义的、可以复用的规律。

在船舶研发领域,运用MBSE方法,在概念设计阶段,可通过模型的形式化定义清晰地描述系统设计初期结构、功能与行为等各方面的需求;在技术设计阶段,基于模型的模拟分析可以及早发现不合理的设计方案,同时模型为各方提供一个公共通用的、无二义性的设计信息交流工具,通过互联网、云技术可实现异地异构网络中的各业务单位实现复杂大系统的协同设计,对于现代大型工程系统的设计具有重要意义;在详细设计阶段,采用基于模型的定义开展三维几何设计和工艺设计,采用建模与仿真对系统性能开展虚拟验证;在生产制造阶段,利用前期设计产生的模型投入生产,确保设计制造的准确和成功;在运行(维护)阶段,基于模型演化的孪生体可优化产品运行状况,开展预测性维护。

如图 4.5 所示,MBSE 过程模型是在传统 V 模型的基础上计入模型库得到的。基于模型的系统工程,不是在 V 模型的左边完成设计,等硬件在底端制造出来后,再去右边综合和验证,而是在过程中间插入一个模型库。V 模型左边的每一步都和模型库对应,进行虚拟数字环境下的设计、制造、装配、试验、验证等全过程,这是以左边和中间的模型库实现全 V 过程的虚拟化,并快速迭代,最后等硬件制造出来就实现了"一次成功",从而使 V 的右边得以顺利地快速完成。

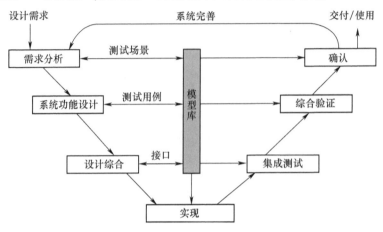

图 4.5 基于 MBSE 的 V 模型

而对于传统系统工程来说,V 的右边往往是工程延迟和失败的危险区。NASA 讲的"建造前起飞"(fly before built)就是指开始并没有制造,而是在新兴信息技术的支撑下,在虚拟数字环境下基于模型去设计、制造、试验等,就可以看到最终的场景,并在整个过程中不断完善需求、不断适应变化。

基于模型的系统工程师建立在"计算"的基础之上,其基本过程:在建立复杂系统仿真模型的基础上,通过构建作业流程和作业规则,按照时序,通过仿真运行得到复杂系统性能与系统参数间的关系,再根据所获得的这些关系,找出使综合性能最佳的系统参数和作业流程,从而实现复杂系统的设计和优化。

近年来,复杂系统已呈现功能高度复杂、各领域耦合关联、可重构、跨地域异地设计等诸多特点。与一般产品相比,复杂系统所带来的挑战是不同领域子系统间将产生不可预测的功能耦合、交叠甚至冲突,使原本功能良好的子系统可能产生不可预测的行为。复杂工程系统设计呈现一些新的需求要素,推动 MBSE 地演进发展。

4.3 MBSE 方法的演进发展

复杂系统工程过程是分层级的,分为复杂系统总体层(如船舶总体设计)与系统层(如船舶轮机、电气系统设计)。复杂系统总体层的工程过程将系统的顶层能力要求分解为成员系统的功能需求,以作为系统层系统设计的输入,待系统层提交后,再组织进行系统的集成、验证与确认工作。而一旦进入系统层级,便可采用成熟的系统工程方法进行指导。在实际工程中,复杂系统总体层的工程活动由"系统总体"部门来实施,而系统层由各个系统的研制部门来实施。这构成了复杂系统工程工作实施的成员结构,这种结构也给复杂系统工程的管理带来了复杂性,不同设计部门之间的利益冲突常常会给"系统总体"的管理工作带来"非技术性"障碍。

复杂工程系统的成员系统,不仅是异构的,它所处的工程阶段也可能不同。复杂工程系统不是从零开始构建的,成员系统一般包含三种情况:一是全新开发的系统,即为满足系统总体的能力需求,需要新开发一种新系统;二是适应性改进的系统,即根据系统总体的能力需求,对现有系统提出了功能改进需求;三是直接沿用的系统,即现有系统能够满足复杂工程系统的总体需求,但需要进行验证。因此复杂工程系统的成员系统应该根据自身的需求状态选择恰当的工程过程,而且系统总体层对系统层的管理也需区别对待。为了适应应用在复杂工程系统设计中,MBSE方法不断演变发展,形成了多种过程模型,包括DE-CAMPS模型、V+模型、V++模型。

4.3.1 面向复杂工程系统的DE-CAMPS模型

复杂系统工程的关键在于系统总体层的工程过程。对于复杂工程系统构建来说,能力是复杂工程系统需求背后的真实目的,因此能力是正向设计的起点。无论是提升设计效率,还是后续的智能学习,都离不开建模技术,MBSE为复杂物理系统建立信息空间映射模型,都是系统设计中的重要内容。而通过赋予工程系统有机生命力特性,来提升复杂工程系统的柔性与学习能力则是未来工程系统演进的必然方向。最后,以上设计活动都离不开数据的支持,通过对现有系统的数据收集与分析来为复杂系统设计提供能力需求支持、模型支持与流程优化支持。

针对以上复杂工程系统特征,从面向能力(capability-oriented)、基于架构(architecture-based)、模型驱动(model-driven)、流程连接(process-connected)、生命力保障(survivability-support)、数据驱动(data-driven)以及环境协同(environment-coordinate)几个方面开展工作,从而提出新的复杂工程系统工程构建过程模型,称之为DE-CAMPS模型。

1)面向能力

复杂工程系统是完成特定使命任务的系统集成体,使命任务的达成需要一定的能力项,因此能力是复杂工程系统的顶层需求,是设计复杂工程系统的抓手和依据。

将复杂工程系统的使命任务转化为能力项需求,有两种维度的分解方式,一是基于任务来设计能力,需要在典型任务场景下,分析完成典型任务所需的能力项,能力项一般具有层次关系。未来更好地支撑能力项的分解,应该整理出领域内的基本能力包,分析人员是参考基本能力包来进行能力项选择。二是基于效能来分解能力指标。适用于相似复杂工程系统迭代设计过程中对复杂工程系统内各系统的技术指标比较清楚时,可将复杂工程系统使命任务的整体效能逐层分解到系统具体的技术指标,用于指导设计。

2) 基于架构

复杂工程系统架构是指复杂工程系统的组成以及组成之间的耦合关系。通过复杂工程系统能力的分解,得到了复杂工程系统的能力集合,并依次作为复杂工程系统组分系统的选择依据。待组分系统确定后,下一步便是设计组分系统之间的耦合关系,由于复杂工程系统具有地域分布性,因此系统之间的耦合关系通常是通过信息交换的方式来实现的。

3) 模型驱动

模型是复杂工程系统物理实体规律的反映,基于模型的系统工程方法以模型为信息载体,无二义性,便于项目组员之间沟通确认,又提供了一种经验积累和可重用平台,提高了效率,积累的模型数据可作为组织的资产供后续项目使用。基于模型的复杂工程系统设计过程通过从组织级的模型/需求库中获取已有的模型来提高当前设计的效率。组织可通过建设复杂工程系统模型平台(基础系统),将复杂工程系统需求形式化表述,并通过模型逻辑分层逐次落实到设计过程,保证复杂工程系统设计的一致性、严谨性、可闭环验证性、可追溯性。

4) 流程连接

流程是指复杂工程系统为完成使命任务,各操作人员与各成员系统人-机、机-机之间交互与协作的过程,是系统状态转变的内在驱动力。流程又是复杂工程系统内部各部分的黏合剂,无论是系统的涌现性还是自组织性都是通过流程实现的。流程设计需要考虑合理性、高效性和安全性。

5) 生命力保障

自然界生命有机系统能够感知外界环境与自身的状态,对外界刺激作出恰当的反应以维持自身的平衡与稳定,遭破坏后能够自我恢复到另一稳定的状态,能够积累经验指导后续行为优化,长期的代替、更替能够实现生态系统地进化。类比自然界生命有机系统的有机特性,通过制定一定的规则,采用一定的控制机制、技术框架和技术手段,使得复杂工程系统导向涌现出生命有机特性来,从而形成一种有机的工程系统,如通过大数据分析,产生智能推送;通过应用反馈,驱动系统的自生长性。

6) 数据驱动

数据是获取能力需求的源泉,是构建模型的基础,是流程优化的依据;也是构建虚拟空间映射系统时,提炼知识的基础。数据驱动主要针对复杂工程系统的非线性特征,建立系统内部变量之间的相关性关系,而不是精确的解析式关系,帮助设计人员突破思考的局限性,使得系统内非局部变量之间的关联关系与隐含的秩序也能得到很好的考虑和显性化表达,从而加强对系统全局和规律的认知。同时,也能帮助设计人员突破维数的认知局限,是实现系统"升维还原"的有效技术手段。

7) 环境协同

环境是复杂工程系统能力生成的关键因素,根据霍兰的复杂适应系统理论,复杂系统在对环境的适应中不断进化(完善),因此环境协同是系统能力生成、验证和确认必不可少的条件。环境协同中的环境包括外部自然环境和系统运行的多主体环境。复杂工程系统只有在环境的协同下,才能涌现出其实际的顶层综合效能来,因此环境协同实现系统"升维还原"的必要条件。

4.3.2 从基于 MBSE 的 V 模型到 V++模型

目前在系统工程中,V 模型是应用广泛的模型。传统系统工程 V 模型强调"从顶向下设计,由底向上集成",对于工程产品的研发起到了重要的理论指导作用。但是,随着工程系统巨型化、复杂化,V 模型已难再胜任这类复杂大系统地研发。一些学者在传统 V 模型的基础上,发展了 V+模型、V++模型,增加了以 MBSE 为代表的新方法、新技术的应用。

1) 基于 MBSE 的 V+模型

基于复杂工程系统的业务流程,在复杂工程系统顶层建立复杂工程顶层的仿真模型,并随着复杂工程系统设计工作地逐步推进,不断更新模型的颗粒度,提高复杂工程系统模型仿真数据的真实性。构建复杂工程系统顶层业务流程模型具有以下几个作用:一是通过业务流程建模,实现复杂工程系统的整体性和涌现性特征,避免了 V 模型在分解过程中造成的整体性缺失;二是用于复杂工程系统的能力分解与验证,解决了传统 V 模型分解时的静态分解问题;三是可随时对复杂工程系统的能力进行仿真验证,评估复杂工程系统设计能力要求的满足程度,避免传统 V 模型中只有等到复杂工程系统集成完成后,才能对复杂工程系统能力进行验证的问题。

复杂工程系统涉及多个不同部门之间协同工作,为确保所有团队获得一致的设计输入,复杂系统工程总体管理部门建立统一信息空间数据库。在复杂工程系统工程的过程中,统一信息空间数据库收集、存储和配置管理负责工程系统与所有成员系统有关的设计输入、中间产品和最终产品相关的数据。

统一信息空间数据库持续为复杂工程系统顶层多主体建模提供输入,并支撑顶层多主体模型不断迭代更新,确保该模型始终体现系统设计的最新成果。

根据上述分析,在基于 MBSE 的 V 模型的上方增加面向系统顶层的复杂系统工程 V 模型,构成基于 MBSE 的"V+"模型,使 V 模型包括了复杂系统工程系统级过程与总体级工程过程两个层次。在系统级,按照系统的状态分为新开发系统、适应性改进系统和重用系统,不同类型的系统按照不同的系统工程过程进行管理。在总体级,按照复杂工程系统工程的 DE-CAMPS 模型,其中建立统一信息空间数据库和环境协同是公共过程,为其他过程提供支持,并加上常规的复杂系统集成、验证与确认,以及系统地运行维护,构成 V 模型的"+"。

该模型建立的系统顶层业务流程,随着复杂工程系统设计的推进,从粗颗粒模型逐渐更新到细颗粒模型,且保留了复杂工程系统的整体性与涌现性,同时可支持复杂工程系统能力指标的分解与确认。该模型建立的统一信息空间数据库,承担收集、存储和配置管理总体级和所有成员系统有关的设计输入、中间产品和最终产品相关的数据,为复杂工程系统模型的建立和更新提供数据支持,为各系统成员提供统一的设计输入。

2) 基于 MBSE 的 V++模型

在大数据时代,数据驱动在复杂系统研发过程的作用将会越来越大,在 V+模型的基础上增加虚拟映射空间,即演变为 V++模型,如图 4.6 所示。

(1) 在复杂系统总体层:依据复杂系统工程和新元素模型(DE-CAMPS 模型),在顶层业务流程模型和统一信息空间数据库的支持下,完成复杂工程系统能力需求分解、系统架构设计、功能分解与指标分配、性能评估与综合分析、系统集成、系统验证与确认等,重点关注利益相关方的组织协调与系统总体级管理工作。

(2) 系统工程层:根据复杂工程系统内部成员系统的特点,按照新研系统、改进系统和重用系统三种类型开展系统工程过程裁剪。

(3) 虚拟映射空间:通过模型映射、数据认知、知识沉淀和自主学习,将复杂工程系统改造成一种数字孪生的有机工程系统,解决复杂工程系统的虚实映射、隐秩序发掘和动态演化管理问题。

V++模型本身是一个基本、通用的原理模型,也在不断演进发展,其三层要素构成两个重要的"+"过程。

1) 复杂工程系统构建过程:复杂系统工程总体层和系统层相互作用实现复杂工程系统构建的过程。该过程的实现采用"V+"复杂工程系统构建过程模型,通过面向能力、基于构架、模型优化、流程连接、数据驱动、环境协同与生命力保障等核心元素,设计和实现复杂工程系统物理实体的集成与验证。

2) 复杂工程系统演化过程:是指复杂工程系统总体层、系统层共同构成的物理实体空间和虚拟映射空间相互作用实现信息物理系统(cyber-physical systems, CPS)的过程。该过程的实现采用生命力演化理论,构建信息空间的智能数字化虚拟映射体,通过复杂工程系统的数字孪生映射实现自主学习,不断迭代演化,将物

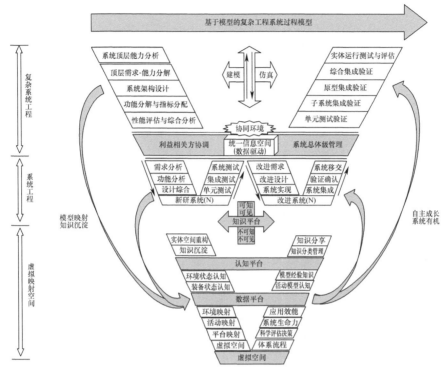

图 4.6 复杂工程系统 V++模型

理复杂工程系统中不可见的秩序变为可见,不可知的规律变为可知,解决不可见、不可知问题,促进复杂工程系统地不断进化,使复杂工程系统具有自感知、自恢复、自学习等有机特性,从而实现对复杂工程系统地动态演化。

4.4 基于 MBSE 的船舶总体性能研究与设计方法

船舶是一个复杂的工程系统,系统工程在国外重大国防和航天研究与设计过程的成功应用告诉我们,系统工程也应当是船舶总体性能研究与设计的必由之路。但是如何在船舶总体性能研究与设计中践行系统工程思想,则是需要在内涵和路径方面具体论证清楚的、具有重要创新价值的问题。

4.4.1 基于 MBSE 的船舶总体性能研究与设计面临的瓶颈

经过长期的理论与实践发展,系统工程已经由传统系统工程发展到基于模型的系统工程。如上所述,MBSE 是对建模(活动)的形式化应用,以便支持系统要求、设计、分析、验证和确认等活动。模型是贯穿产品全寿命周期的信息载体,它是

MBSE 的核心基础。模型包括系统模型和专业学科模型两类,就是把人们对工程系统的全部认识、设计、试验、仿真、评估和判据等全部以模型的形式进行保存和利用。在 MBSE 框架下,系统模型是各学科模型的集成器。对于 MBSE 在我国的应用现状,栾恩杰院士曾有这样的评述:"目前,各专业学科的模型已经被大量应用于工程设计的各个方面,但模型缺乏统一的编码,也无法共享,建模工作仍处于'烟囱式'的信息传递模式,形成一个个的'模型孤岛',没有与系统工作流程形成良好的结合"。船舶总体性能研究与设计同样存在这种共性问题且有其自身的特殊问题,在实践 MBSE 方法时存在如下 3 个主要瓶颈:

1) 基于母型和经验的单线程研发模式严重制约船舶创新

船舶总体性能研究的传统模式是基于经验和母型船,即通过有限的物理模型试验获取单个性能的"相对较优解",其基本流程如图 4.7 所示。它首先根据母型船、系列模型资料,由人为经验认知对型线加以修改得到目标船型;其次制作模型依次进行各个学科的物理模型试验或仿真计算;最后加权排序进行综合总体性能评估,得出最终设计方案。

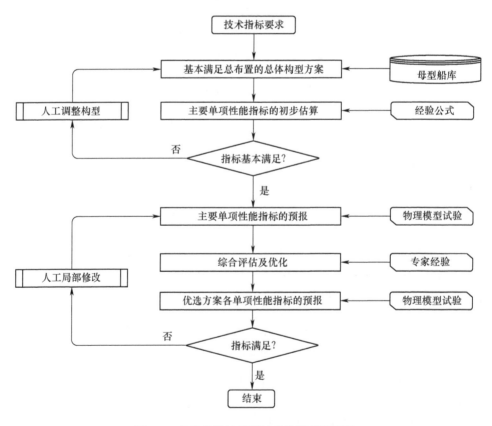

图 4.7 船舶总体性能设计传统模式流程图

在以人工经验和母型驱动的传统研发模式下,船舶总体性能的预报(评价、优化)仍然主要依赖大量的物理模型试验。一方面,受制于尺度效应、精细测量和多物理场耦合等天然瓶颈,难以反映实际情况;另一方面,该模式是离散的、孤立的、不系统的,忽视了学科之间相互耦合可能产生的协同效应。在设计过程上,仅是多型选优,而并非自动寻优;在设计质量上,仅是可行的改进设计,而并非真正意义上的性能最优化。

总之,这种串行迭代的设计模式,强烈依赖于专家经验和母型船,人为切断了信息(数据)在各环节的流通,且存在验证效费比低、受试验条件制约、难以实现综合性能考核、数据准确度和相似性不够等瓶颈问题,已无法满足船舶总体性能发展的需要。继续跟随挖潜式发展只能缩小和弥补差距,难以实现总体性能的提升和超越。

2) 数值模拟手段的核心能力尚未真正建立

我国科研人员在长期的船舶总体性能研究中,除广泛应用国外商业工具软件外,还建立了大量具有自主知识产权的数理模型和求解算法,涉及水动力、结构、振动噪声等众多学科。然而我国船舶总体性能数值模拟手段的核心能力还不能说已真正建立,究其原因,归纳为如下4点:

(1) 模型和算法的适用性缺乏系统研究。无论是自主开发的模型(算法),还是采用商业软件内嵌的模型(算法),对它们的适用性认识还停留在经验阶段。如在众多的空化相变模型中,哪些适用于推进器梢涡空化的预报,我们并没有明确的结论。这种现状导致了性能预报不准甚至出现误报的后果。当一系列不可靠的单项性能预报程序构成一个总体性能预报流程时,它的负面效果显而易见。

(2) 模型和算法的软件化缺乏规模性组织。长期以来,我国船舶总体性能研究人员基于自研模型和算法积累了大量的自编程序,存放在个人电脑或只在本单位使用。这些自编程序距离真正意义上的软件还非常远,缺乏模型和算法验证、适用范围限定、入口设置规定、软件工程化封装等。对于这种自编程序,由于使用者知识经验的不同,其结果会出现因人因事的巨大差异,需要行业专家进行综合评估与分析,造成人力和资源的巨大浪费,也不利于知识经验的流动与传承。

(3) 软件的使用缺乏系统的约束标准。如果把自研软件和商用软件的应用看作是"虚拟实验室",则缺乏《虚拟实验室操作规程》的制订,如对计算范围、计算结果不确定度、计算周期、几何构建与网格划分等的严格约束。这种现状极大制约了软件使用良性生态的出现。

(4) 与物理模型试验的交互融合严重不足。在我国船舶总体性能研究领域,数值模拟与物理模型试验似乎总是"两帮人"在做,相互支撑是有的,但深度的互信、互补局面并未形成。究其原因,一方面数值模拟研究人员更多专注于模型和算法的科学层面的东西,忽视模拟对象技术层面的要求,从而形成脱节;另一方面物理模型试验大多是针对产品的,其精细度要求与数值模拟不太吻合,还不足以支撑对计算模型的验证和完善。更重要的是,对于将物理模型试验与数值模拟结果以不同的层次展示同一个对象的属性,我们还缺乏足够的认识。因此,数值模拟与物理模型试验的交互发展,亟待推进。

总而言之,数值模拟手段的软件化、标准化、自主化,解决因人因事的差异并与物理模型试验深度融合,是船舶总体性能研究工作需要迫切解决的问题。

3) 数据的核心驱动力尚未形成

长期以来,在船舶总体性能研究与设计过程中,无论是物理模型试验,还是虚拟试验,都产生了大量的数据。这些数据以不同的标准、不同的载体、不同的完整度分散在不同的研究单位,没有建立统一的数据库,甚至连起码的关联关系都没有建立起来。这种"孤岛式"的数据分布格局造成了历史数据的"沉睡",是对数据资源的极大浪费,无法支撑数据利用的最大化。

对于船舶总体性能物理模型试验和数值模拟数据的利用,如第 2 章所述的传统的、基于统计回归的处理方式限制了对数据价值的深入挖掘。一方面,对数据知识化的展现形式缺乏足够的研究;另一方面,没有将前沿的机器学习、深度挖掘等信息技术融合进来,导致技术数据挖掘不充分。最为重要的是,面对快速增长的数据体量,目前还缺乏基于人工智能的、面向动态数据的数据知识化工具集。

船舶总体性能研究与设计中数据利用的生态也存在挑战。一方面,缺乏有力的数据共享平台,无法整合全领域的数据资源;另一方面,各单位为了保护数据的知识产权,不愿意共享数据。数据不共享,数据不流通,最终变成了僵尸数据,空守"数据金山",无法发挥价值。

概括而言,历史数据缺乏整理导致的信息孤岛、数据的技术挖掘不充分导致资源浪费、数据共享缺乏机制导致的数据生态贫血,是形成数据核心驱动力的主要障碍。

4.4.2 基于 MBSE 的船舶总体性能研究与设计核心要素

如上所述,在船舶总体性能研究与设计领域,已开发了大量的学科预报(评价、优化)模型并被应用于船舶工程设计过程,但缺乏统一标准、无法共享,各学科之间、业务单位之间的信息传递、沟通协调不畅,而用于学科模型集成器的系统模型更是处于空白。在长期的船舶总体性能研究和设计活动中,积累了丰富的各类数据,如船型、物理模型试验、仿真计算数据等,但缺乏有效的共享机制和共享平台,丰富的数据资源无法得到整合和利用,未能发挥其驱动力的作用。

模型和数据是 MBSE 实践的核心要素,建立模型,开发规范、标准,开发适用好用的学科模型和系统模型,发挥持续增长"虚实"数据的驱动作用,是实践基于 MBSE 的船舶总体性能研究与设计的关键。

1) 研发设计资源模型化

模型是对利益攸关者有意义且相关的实物的抽象,系统模型用于各类子系统模型的集成并表达系统的不同方面,复杂系统的整个生命周期要使用各种模型来进行表达。在长期的船舶总体性能研究历程中,国内相关研究机构在基础理论、数理模型、数值算法、应用技术方面积累了丰富的成果,形成了大量的分析模型、计算代码、分析设计软件等研发设计资源,这些资源构成了船舶总体性能系统模型的核心组成部分。

软件是研发设计成果固化的重要形式,是船舶总体性能研究设计中最重要的一种学科"模型",本书将其定义为 APP,它是按照"属性细分"的原则,基于数值模拟或数据挖掘方法,在学科属性、应用对象、计算精度等方面进行细分,在模型选择、参数设置、前后处理等方面封装专家知识,在当前科学认识水平下最大程度地解决计算结果因人因事差异的应用软件。APP 源自手机软件的英文名称,但二者在应用对象、运行时间和升级周期等方面有区别。通过统一模型定义、基于统一平台管理,提升模型的共享和重用率,促进其在船舶总体性能研究与设计过程中发挥核心价值。

如图 4.8 所示,技术成果模型化,即 APP 化的流程可描述为围绕已有的数理模型、数值算法、经验公式和判据、设计方法等技术成果,按照软件开发过程标准,在虚拟研究体系的框架下,开发相应的应用软件(APP)。按照不同的研究对象、预报精度、学科专业和时间成本等开发这些 APP,构建具备可扩展性的 APP 体系。

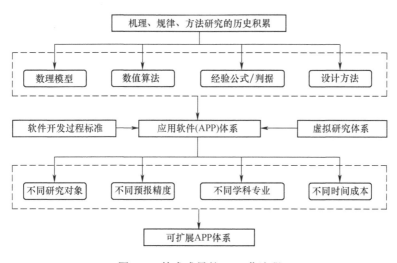

图 4.8 技术成果的 APP 化流程

技术成果的 APP 化流程,遵循以下统一、标准化原则:
(1) 顶层设计,体系先行。根据 V++模型,船舶总体性能研究 APP 的开发,首先需要从顶层进行体系框架的研究,以引导工作的有序开展。这个体系首先将描述所含 APP 的对象、功能、层次及 APP 间的逻辑关系,可称为虚拟研究体系。这个体系还将动态规划 APP 的研究进度,根据技术的发展调整 APP 的属性。

(2) 属性细分,知识封装。如将船舶总体性能虚拟研究体系比作一部机器,所有的 APP 就是一个个的零件。这些 APP 应按学科、对象、精度(不搞"泛精细化")和周期等属性进行细分,然后将经过验证的、成熟可靠的 APP 应用技术专家知识进行封装,最大程度地固化 APP 应用条件。基于这样的 APP,研究人员可按需构建出适用于不同研究要求的 APP 流程。

(3) 标准贯穿,有序开发。技术成果的 APP 化,需遵照或制定软件开发标准及行业设计标准,并严格执行。对于大规模的、有组织的 APP 开发工作,标准尤为重要。事实上,MBSE 的前提也是标准。

(4) 统一度量,合理验证。技术成果的 APP 化过程,需建立"自开发""他验证"和"第三方测试"的公正/反馈机制,通过软件基本测试、标模试验数据和分类大子样试验数据的多层验证,统一"度量衡",严控不同单位开发的 APP 质量,确保鲁棒性。通过采用高效的静态测试、智能的动态测试和丰富的专项测试,强化集成系统的可靠性测试,以测试驱动开发,确保系统安全性和稳定性。

2) 数据资产向数据驱动力转化

数据是获取能力需求的源泉,是构建模型的基础,是流程优化的依据;也是构建虚拟空间映射系统时,提炼知识的基础。在长期的船舶总体性能科研实践中,积累了大量的试验、仿真数据,并在持续加速增长,对于船舶科研活动,它是尚未开发的宝贵资产。为克服船舶总体性能研究与设计过程中数据驱动力不足的瓶颈问题,整理、挖掘已有的数据资产和未来不断形成的数据,切实支撑船舶 总体性能研发创新,已成必然。

图 4.9 给出了构建数据驱动力的主要路线,包括两大要素,即数据汇聚和数据应用。

(1) 数据汇聚:梳理整合各类技术数据,包括各层次物理模型试验数据、经验证的虚拟试验数据、已有的设计数据、共性工具类数据,形成大数据中心。在此过程中,需要进行补充试验以满足数据的关联性,大数据中心的架构设计必须考虑未来数据的融入。

(2) 数据应用:基于大数据中心,通过数据挖掘等手段支撑性能研究的各个方面,包括促进科学发现、优化物理模型试验流程、考核并优化虚拟试验所采用的模型和算法等。

数据资产向数据驱动力转化过程需要遵循以下原则:

(1) 安全保障。由于数据属于不同的单位,因此首先要解决安全、保密、产权等问题。一方面,从制度上建立保障机制,确保与国家法律法规保持一致并符合各

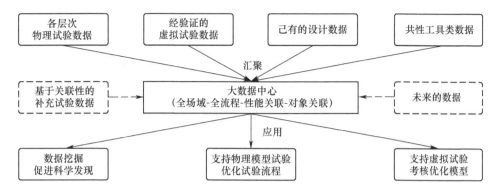

图 4.9 数据驱动力的构建与应用路线

单位的利益;另一方面,从技术上确保满足安全、保密、产权等要求,如采用"去中心化"架构、区块链技术等。

(2) 数据全息。在船舶总体性能研究与设计中,可以利用的数据包括各层次物理模型试验数据、经验证的虚拟试验数据、已有的设计数据和共性工具类数据等 4 种。这些数据应是全息的,即全场域、全流程,如此方可实现性能关联和对象关联。在构建全息数据的过程中,对某些缺失的数据,需设法进行补充。

(3) 持续拓展。数据驱动力的形成也是一个持续拓展的过程。在数据汇聚层面,包括数据容量、数据种类和数据中心架构等方面的拓展;在数据应用层面,包括数据挖掘方法、虚实融合方式等方面的拓展。

(4) 有效应用。数据知识化将以 APP 的成果形式出现,数据的应用主要包含三个方面:一是采用先进的数据挖掘手段促进科学发现;二是支撑物理模型试验,优化试验流程;三是支撑虚拟试验,考核、优化模型和算法。

4.4.3 以 APP 为节点的虚拟应用流程体系

当各学科模型逐步丰富、完善,下一步要建立统一的管理、集成平台对分散、异构的 APP 资源进行管理,以实现研发设计资源在业务单位及合作伙伴间的有效管理,实现设计资源有效利用,实现基于模型的系统工程研发模式。

以 APP 为节点,构建船舶总体性能研究与设计虚拟应用流程,实现设计资源与研发流程的深度融合,是实现船舶总体性能研究与设计实践 MBSE 思想的核心体现。其内涵是:从既有船舶总体性能的研究与设计体系出发,依托日益丰富的数值模拟和数据知识化两类 APP,以系统工程的视角,综合分析、顶层设计,梳理各 APP 的既有应用、拓展耦合应用、推进流程再造,通过几何共模和 I/O 数据链接,将孤岛式的 APP 嵌入总体性能预报(评价、优化)的各个应用环节,形成可持续发展的应用流程体系,提供总体性能研究与设计创新的新动能。图 4.10 给出了虚拟应用流程体系构想。

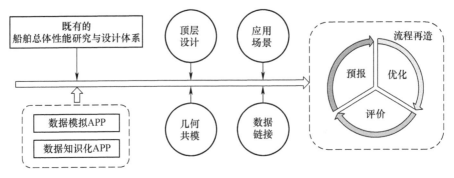

图 4.10　船舶总体性能研究与设计虚拟应用流程体系构想

值得注意的是,由于船舶总体性能各研究学科研究深度不同、发展水平不一,所产生的技术成果数量、颗粒度有较大差异,并且在船舶设计的不同阶段也会采用颗粒度不同的 APP,可能使得各 APP 模块之间的信息不对等,信息交互难实现,易导致流程的分割和关联性不强,流程层级混淆,边界不清等问题。因此,构建的虚拟流程体系要考虑柔性搭建问题,为不同设计阶段、不同性能、不同评估工具组件,提供一个可以通过"拖、拉、拽"方式自由搭建应用流程的建模环境,提高体系应用的适应性,降低各方应用的难度。形成一个具有支撑模型驱动与协同的研发服务系统。

图 4.11 以船型与水动力性能设计过程为例,给出了一个采用拖拉拽技术,支持柔性流程建模的设计环境,它同时提供流程封装与可视化、优化流程建模功能。

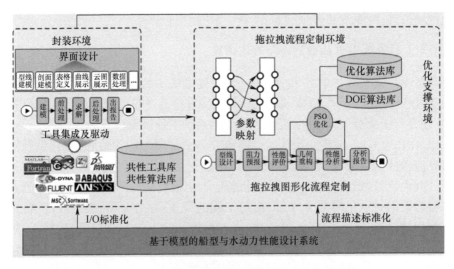

图 4.11　基于模型的船型与性能设计系统支撑环境

4.5 基于 MBSE 的船舶总体性能研究与设计服务系统

按照"属性细分、知识封装"原则对技术成果进行 APP 化,形成的各学科模型最大程度地解决了船舶总体性能研究与设计过程中因人因事的分析计算差异;以 APP 为节点的虚拟流程体系将孤岛式的 APP 嵌入总体性能研究与设计的各个环节,支持可持续发展和创新。这些业务工作需要软硬件平台支持,从系统工程的视角,可以把它看作是船舶总体性能研究与设计的"系统模型",该模型对分散异构的研发设计资源统一建模、统一管理,是实现在船舶总体性能协同创新中有效使用设计资源的基础;是实现研发资源在船舶科研院所、船厂及合作伙伴间的有效共享和实现设计资源有效利用的前提;是实现研发设计资源与研发流程的深度融合,实现船舶产品创新的关键。

4.5.1 船舶总体性能研究与设计"系统模型"顶层需求——能力分解

分层次预报、综合性能评价、多学科优化是船舶总体性能研究与设计"系统模型"的核心能力,该模型需要软、硬件的支持,是一个大型的、复杂的计算机模拟与应用服务系统,我们称为船舶总体性能研究与设计服务系统(以下简称服务系统)。根据 MBSE 思想,该服务系统要反映并满足利益攸关者的需求,即顶层需求,包括开发方、使用方、数据提供方、系统测试方、系统运维方、系统运营方。通过梳理,顶层需求主要包括以下几个方面:

(1) 能并提供强大的船舶总体性能预报,具备总体性能快速评估和智能多学科优化能力;
(2) 能够对船舶平台单项性能进行评价和优化;
(3) 对历史知识、数据和程序进行整合,形成完备有效的数据库;
(4) 能够与物理实验室进行信息融合;
(5) 具备完善的信息安全保密和知识产权保护能力;
(6) 为 APP 研发者、数据提供者提供众创环境;
(7) 为开发和使用提供标准规范,并高度支持不同专业层次用户的使用需求;
(8) 高度集成、可拓展,系统界面友好、信息反馈流畅,具有计算结果展示和前后处理功能;
(9) 具备高度的智能服务能力,利于专家知识的应用;
(10) 有助于提高工作效率,激发创新活力;
(11) 具有良好的开放性、便捷性。

逐一分析上述需求,将其映射为系统的各项功能,得出系统功能的两个定位:
(1) 船舶设计方面:船舶总体性能研究与设计系统重点服务于船舶初步设计

阶段,即根据用户提出的功能要求和技术指标,进行快速构型设计、性能预报、性能评价、性能优化等,形成总体性能初步设计方案,支撑设计部门进行详细设计工作;同时也将在详细设计、施工设计、营运(维护、报废)等阶段提供总体性能的预报(评价、优化)等技术支持。

(2)总体性能研究与设计核心能力建设方法:船舶总体性能研究与设计系统将为船舶平台总体性能研究机构(人员)构建一个技术共享的平台(服务系统),在合理处理知识产权和信息安全的前提下,高效整合、利用优秀技术资源,提升船舶平台总体性能设计能力;船舶总体性能研究与设计服务系统将与物理模型试验技术体系深度融合,整体带动船舶总体性能研究的水平的提升。

图 4.12 简要描述了系统的核心功能与边界,包括:平台构型快速设计、总体性能预报、总体性能评价、总体性能优化。系统工作的主流程描述如下:

(1)用户提出船舶的技术指标,系统根据母型船数据库的数据,调用快速构型智能设计模块,形成"初步构型方案"。

(2)系统调用性能快速预报 APP,对平台性能进行快速预报。

(3)系统调用总体性能数据库和性能评价模块,对性能快速预报的结果进行评价。

(4)系统调用性能优化 APP,在评价的基础上,对性能进行优化,并经过必要的性能精细预报和迭代,提出"总体性能初步设计方案"。

4.5.2 船舶总体性能研究与设计服务系统顶层结构

船舶总体性能研究与设计领域在其长期的发展过程中,沉淀了大量的知识,包括理论模型、数值算法、经验(半经验)公式、物理与虚拟试验数据、设计数据、专家经验等,且这些知识还在不断增长、完善。船舶总体性能研究与设计服务系统就是将这些知识通过结构化处理形成应用程序和数据库,在基础软(硬)件环境和运行管理环境下,支撑船舶总体性能的研究和设计,最终提升船舶总体性能创新研发能力。

图 4.13 描述了船舶总体性能研究与设计服务系统的基础逻辑,它实际上隐含了六大关键词,即基础软件系统、应用程序、数据库、结构化、基础硬件环境和系统运行管理环境。我们将其转化为六大分系统,即基础系统、总体性能研究软件库、数据中心、测试中心、硬件系统、管理服务与咨询中心,这六大系统也即构成了船舶总体性能研究与设计服务系统的六大分系统(图 4.14)。其中,每个分系统又包含若干子系统,如基础系统包括:APP 总控调度子系统、数据传输子系统、资源管理及调度子系统、APP 智能推荐子系统、外部接口模块、图形化 APP 开发工具、应用服务门户等。图 4.14 中的虚线图块处于服务系统边界外但可为总系统提供支持。

图 4.15 描述了服务系统的基本功能和应用流程:客户端通过应用服务门户登

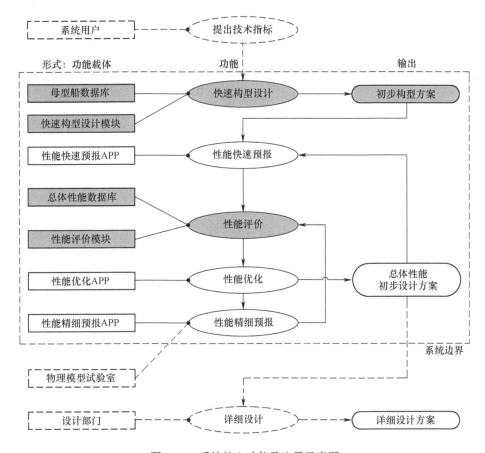

图 4.12 系统核心功能及边界示意图

录系统,用户向系统提交应用需求,在基础系统职能调度和管理下,提供 APP 调度、数据调度和硬件资源调度服务,这些服务分别以性能研究软件库、数据中心、硬件系统为支持,响应相应的调度服务。其中性能研究软件库汇聚了 APP 开发方依据 APP 准入规则、并通过测试中心测试的各类 APP。为了更好地管理、维护、运营研发系统,向用户提供优质服务,设置了专门的管理服务与咨询中心,负责系统地建设、维护和使用。

服务系统采用基于云计算基础架构的网络应用托管引擎,向应用开发者提供高弹性、可扩展的运行环境,向上层业务提供安全管理框架、大数据框架、众创服务框架、集成框架,为业务过程集成与重构、数据整合与利用、信息安全提供支持,实现对各类资源的统一调度和管理,图 4.16 描述了服务系统的典型应用场景。

131

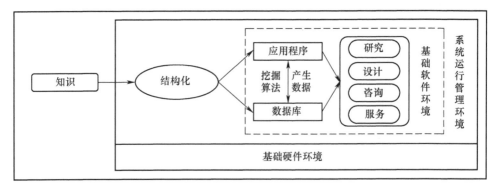

图 4.13 船舶总体性能研究与设计系统基础逻辑图

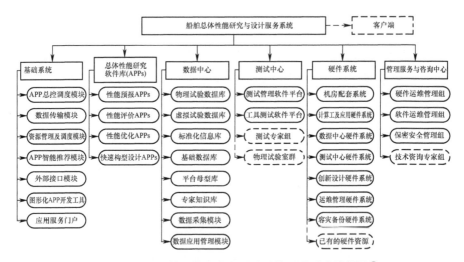

图 4.14 船舶总体性能研究与设计系统顶层形式结构图①

服务系统将为船舶总体性能研究与设计设计人员、总体性能预报(评价、优化)的 APP 开发方、数据生产方、系统维护方、系统运营方和系统测试方为主的多元主体提供众创研发环境和功能,具体包括:

(1) 针对 APP 开发方(供方):一方面,APP 开发方依照标准规范开发的各类 APP,经过测试验证后,能够利用系统提供的资源,在系统上高效地"奔跑"运行;另一方面,APP"奔跑"运行的健康状态也能及时反馈给 APP 开发方,促进其发展。应创造条件,让 APP 开发者乐意把 APP 放到系统上来,以"奔跑"在系统的核心软件系统上为荣。

---

① APPs 表示 APP 群。

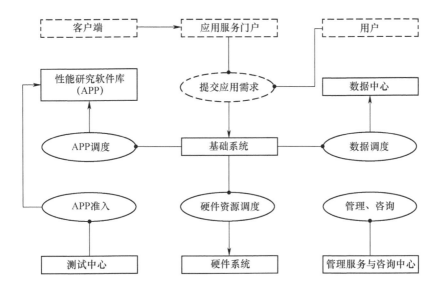

图 4.15　系统顶层功能结构图

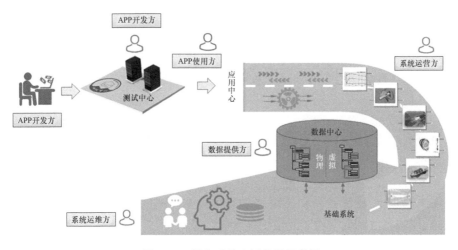

图 4.16　服务系统应用场景示意图

（2）针对 APP 使用方（需方）：经过授权认证进入系统后，根据对象属性、学科专业、精细度、时效性等要求，在应用中心上可以自由"选购"APP 或接受 APP 应用推荐，还可以将 APP 进行柔性结合，依托系统实现信息的自动流转、资源的调度，最终给出预报结果、评价结果或多种方案供优选。

（3）针对数据提供方：软件系统汇集散布于各单位、历史长期积累的、多源异构的"沉睡"数据与不断生成的新数据，通过数据聚类、关联、挖掘分析、APP 生成，

133

实现"炼数成金"。为数据生产者提供虚与实融合交互的数据应用新范式,化数字为图像、化无形为有形,促进科学发现与创新力的解放。

（4）针对系统测试方:软件系统为测试人员提供测试管理软件,对 APP 的测试全过程进行管理,积累测试知识;同时提供测试工具,方便测试人员快速地完成各类测试。

（5）针对系统运维方:系统软件为系统运维方提供自动化的应用程序部署;应用日志收集;全面地进行故障诊断、诊断信息收集、故障预警自动恢复等功能,建立的运维综合展示中心,将服务系统运维过程中的安全、服务运行、资源情况进行统一的展示。

（6）针对系统运营方:软件系统为系统运营方提供服务推广、服务交易记录、服务激励等功能,促进服务系统地持续改进。

在基于 MBSE 思想的船舶总体性能研究与设计服务系统地支持下,使众创生态持续发展,数据财富不断集聚,高质量 APP 不断涌现,并与船舶设计流程无缝衔接,必将催生船舶研发模式的变革。由"依托母型、经验驱动;有限优选,学科串行"和"设计—制造—试验—交付"的大周期反复迭代研发模式的传统研发模式,向"基于模型、充分验证、最优驱动、学科融合"和"'设计—虚拟验证'—制造—试验—交付"的嵌入式新型研发模式转变,快速迭代加速创新!

4.5.3 船舶总体性能研究与设计服务系统分系统功能设计

船舶总体性能研究与设计服务系统包含六大分系统,分别为基础系统、总体性能研究软件库(APP)、数据中心、测试中心、硬件系统、管理服务与咨询中心。

1. 基础系统

基础系统位于研发系统的底层,主要为性能研究软件(APP)和数据中心提供基础服务,包括三个层次的功能:

（1）核心级。围绕 APP、数据、安全、任务,提供安全受控的多任务协同的 APP 运行控制环境;实现异构 APP 组织管理及总控调度,实现系统运行数据及日志管理,实现系统的安全控制及系统接入接口等功能。

（2）硬件级。实现计算资源管理及调度。

（3）用户级。提供 APP 封装和集成等基础辅助工具。

如图 4.14 所示,基础系统主要包含有七个子系统,包括:

（1）APP 总控调度子系统:一方面为系统提供计算资源调度功能,统一管理整个系统中的工作流、组件库、运行环境等核心内容,即根据流程中各软件工具集合的软硬件环境自动(手动)分配相应符合条件的计算节点进行计算,同时监控任务的运行状态和资源的使用情况,支持对高性能计算集群的调用接口,使具备大规模计算及存储能力;另一方面提供计算节点控制功能,通过模型适配器与调度模块进行通信,接收调度模块的指令,调用相应的软件执行计算任务。

（2）数据传输子系统:主要包含数据传输及数据交换软总线功能。数据传输主要用于工具、工作流程和数据的传输与存储;数据交换软总线是各模块间的数据交换中心,总控调度模块发布的各类控制指令以及各计算节点的各类反馈消息均通过数据软总线进行交互。

（3）资源管理及调度子系统:主要提供计算资源管理功能,它将异地、异构的计算机、高性能计算集群统一进行管理,支持分布式和并行的运算环境。在执行仿真流程时,通过调度模块将任务分配到指定的计算节点,而计算节点的地理位置对计算资源调度模块来讲是透明的。

（4）APP 智能推荐子系统:通过采集终端用户来源、基本信息、历史行为、需求关键字等信息,将用户的属性、行为与需求联结起来,从而为用户提供智能推荐和智能搜索等服务。

（5）外部接口子系统:为具备权限的外部系统提供调用接口,调用形式包括发布为独立运行的应用程序供外部系统调用和作为外部系统工作流程中的一环参与协同设计两种。

（6）图形化 APP 开发工具:其基于软件生产线思想,为 APP 开发者提供统一的开发环境,提供"拖、拉、拽"搭积木方式的方式实现 APP 的集成,提高 APP 的开发效率,同时利用 APP 标准化导出接口,自动打包为标准化 APP。

（7）应用服务门户:它是应用软件系统的操作入口,用户在客户端通过链接登录应用服务门户。为用户提供统一门户,面向 APP 提供方实现 APP 注册、发布及状态追踪;面向 APP 使用方,提供需求驱动的、定制与柔性相结合的系统应用流程向导操作;实现海洋环境、船舶几何与多专业性能预报结果的融合,为用户提供"身临其境"的用户体验。应用服务门户向用户展现的是一个界面,主要提供用户注册登录、标准查询、APP 准入申请、数据准入申请、APP 流程创建、数据中心入口等 10 类服务,如图 4.17 所示。

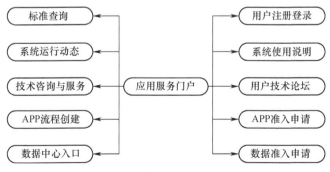

图 4.17 应用服务门户提供的服务

2. 总体性能研究软件库(APP)

总体性能是一个很大的概念,本书主要针对船舶水动力性能、结构安全性能和综合隐身性能三大核心性能。

基于属性细分原则,总体性能软件库(以下简称 APP 库)中的每一个 APP 需要创建一个标签。这个标签是一个包含 APP 若干属性值的集合,是对 APP 的属性的一个完整描述,以便系统对其进行查找、调度、操作。如图 4.18 所示,我们为 APP 定义了四大类属性,即功能类、方法类、学科类和对象类。

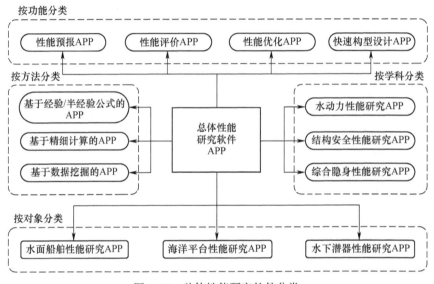

图 4.18　总体性能研究软件分类

在功能类中,APP 又可分为性能预报、性能评价、性能优化和快速构型设计 4 个小类。除"快速构型设计"外,其他 3 个小类均可再细分若干层次,形成如图 4.19 所示结构。

对于图 4.19 中的各单项性能预报(评价)APP,又可按照专业、属性和科目 3 层次进行细分(表 4.1),提供分层次预报(评价)支持。每个 APP 均拥有一个包含若干元素的标签集合,如"船舶静水预报"的标签为{对象—水面船舶法—基于精细计算,学科—船舶水动力学,功能—性能预报[专业/快速性,属性/阻力性能,科目/静水阻力性能]}。

3. 数据中心

数据中心是依托数据体系标准建立的可扩展的总体性能数据库集群。它为实现既有的并不断增长的物理模型试验数据、虚拟试验应用数据提供存储和管理功能,并具备数据快速访问和处理数据的能力;同时提供数据知识化引擎,具备为数据的关联融合及自主学习、数据的知识化(APP 化)工程提供支持;还提供船舶总体性能知识库,支持建立知识图谱和知识的自动推荐。

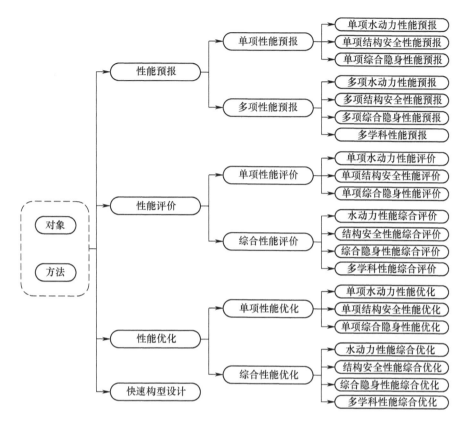

图 4.19 总体性能研究软件库(APP)结构

表 4.1 水动力性能性能预报 APP 体系(部分)

专业层	属性层	科目层
海洋环境模拟	海洋风环境模拟	海洋均匀风环境模拟
		海洋风谱环境模拟
	海洋波浪环境模拟	海洋表面波环境模拟
		海洋内波环境模拟
		海洋孤立波环境模拟
		海洋畸形波环境模拟
		海洋实测波环境模拟
	海洋流环境模拟	海洋环流环境模拟
		海洋分层流环境模拟
	海洋冰环境模拟	海冰环境模拟
		冰力学预报

续表

专业层	属性层	科目层
快速性	阻力性能	静水阻力性能
		风阻力性能
	推进及功率性能	敞水性能
		船后(预置)流水动力性能
		空泡性能
		特种推进器性能
		自航因子预报
		推进功率预报
	流场特性	航行兴波
		自由面下流场(伴流场)
		尾流场
……	……	……

数据中心分数据层和应用层组成。数据层负责实现所有数据的收集、存储、管理等相关功能,并对外提供数据访问接口;应用层负责实现基于数据层的各类与数据相关的应用,其基本结构及功能分解如图4.20所示。

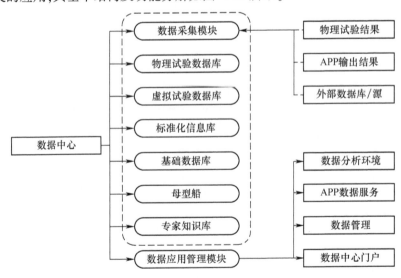

图 4.20 数据中心基本结构

4. 测试中心

测试中心的功能是在保证不影响系统运维和服务的前提下,实现新开发 APP

的准入测试;同时承担定制 APP 及 APP 典型流程的集成测试及系统的相关测试工作,图 4.21 给出了测试中心的典型应用流程。

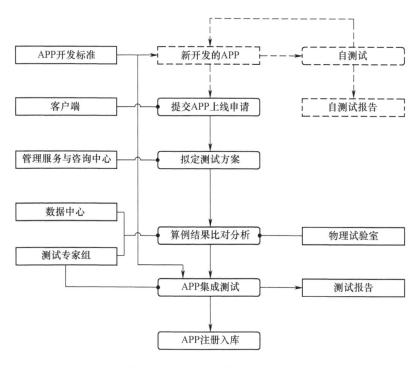

图 4.21 测试中心典型应用流程

测试中心包括测试管理平台和工具测试平台两个部分。测试管理平台提供软件测试需求、测试计划、测试用例、测试数据、测试脚本、测试缺陷、测试日志和测试报告等资产库管理,为 APP 测试工作提供基础。工具测试平台主要用于基础系统的性能测试,包括系统并发性、服务器稳定性、数据库在规定时间的吞吐量、系统支持的最大承载能力等。通常情况下,测试中心在运行中,还需要得到专家团队和物理实验室的支持。

5. 硬件系统

软件系统的运行与应用,需稳定、高效的"计算、存储、显示、网络互联、安全保密"硬件体系作为保障,并具备可持续扩容、可共享利用的特性。船舶总体性能研究与设计服务系统的硬件系统采用最新的云技术,以实现资源的按需分配和数据的安全隔离,防止资源沉睡和数据污染;针对高性能计算、智能计算和普通计算的不同需求,通过需求识别与资源智能匹配,确保系统响应的最优化。

船舶总体性能研究与设计服务系统的硬件系统包括机房配套系统、计算机应用硬件系统、数据中心硬件系统、测试中心硬件系统、创新设计硬件系统、运维管理中心硬件系统和容灾备份硬件系统七个部分,详细内容将在下一章介绍。

6. 管理服务与咨询中心

系统建设完成之后,需要一个专门的机构负责管理、运营和咨询等工作,称之为管理服务与咨询中心。该中心的管理工作主要包括硬件运维、软件运维和保密安全三个方面。

4.5.4 服务系统典型应用流程

以船舶构型设计为例,介绍服务系统的典型应用流程。船舶构型快速设计是总体设计单位最感兴趣的功能之一,也是系统中难度最大的功能。需要强调的是,水面船舶的构型设计较为复杂,其快速设计取决于当前母型数据的量和质。

船舶构型快速设计流程如图 4.22 所示,具体包括以下几个典型工作步骤:

(1) 用户在基础系统客户端创建一个任务,提出平台类型、功能、技术指标等;

(2) 基础系统调用数据中心中的"平台母型库",根据用户任务,智能搜索母型;

(3) 基础系统调用 APP 库中的"快速构型设计 APP",在母型的基础上,进行构型初步设计;

(4) 基于初步构型方案进行性能预报、评价、优化,以技术指标为评价和优化的依据,迭代完成平台构型初步设计方案。

上述流程,可以看作是"基于母型法"的自动化,是服务系统最简单的应用方式之一。在人工智能和大数据技术的支持下,服务系统将逐步实现智能设计。

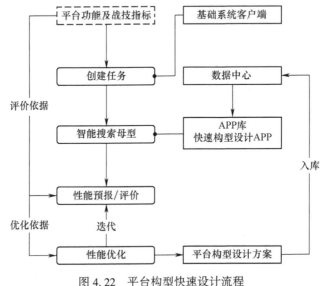

图 4.22 平台构型快速设计流程

140

第5章 "众创"新生态

近年来,大数据、云计算、人工智能、区块链等新一代信息化技术蓬勃发展,加速向经济社会各领域融合渗透、扩展,不断重塑经济社会新格局。人类正在步入新的科研范式变革周期,数据密集型科研范式变得越来越重要,研发活动向网络化、生态化方向发展,开源开放、知识共享成为新趋势。新一代信息化技术的赋能与增强,对船舶总体性能研究与设计模式将产生深远影响,基于网络平台实现资源的连接、弹性供给与高效配置,基于分布式系统的数据采集、汇聚与分析,面向多方参与、合作共赢的"众创"新生态正在悄然生长。

"众创"生态的必然前提是去中心化,让大家一起来创新。基于云计算基础架构的网络应用托管引擎为这种"众创"协同工作模式提供了可能性。云计算是分布式计算的新形式,它可以把网络内的数据、软件等资源云化后形成可供直接使用的资源池,从而使得服务对象(用户或某特定对象)像使用自来水一样直接使用它。

"众创"新生态融入新一代信息化技术,它基于互联网技术,打造高速互联的环境底座;引入云技术,支持并发和协同,实现轻终端应用、资源与计算的云泛在;引入无感记账确权技术,保护知识产权与利益;引入大数据、人工智能技术,为用户提供智能化服务,降低用户使用门槛,让普通设计师也能快速参与开发与应用。

"众创"新生态有利于提高各业务单位的研发能力,从而促进业务单位的主动对接,贡献数据。更多的数据将训练出更多的模型和用户体验,进而吸引更多的用户及更多的数据,系统将进入良性循环状态,形成一个共享的、开放的研发新生态。

"众创"新生态需要硬件资源的支持,需要研究基于云架构的高弹性、可扩展开放式资源中心,开发船舶总体性能研究与设计资源集成管理与共享平台。在开发过程中,要重视三个方面的问题,一是云资源中心的架设与重载 APP 的云化问题,为用户提供简单功能"零"编码、复杂功能"少"编码的开发模式,提升应用软件持续集成和更新的效率;二是系统的安全保证技术,包括物理防护、信息安全、容灾备份等方面,保障系统的有效运行;三是知识产权的利用和保护,它是"众创"共享的基础条件。

5.1 船舶总体性能研究与设计云资源中心设计

云资源中心是"中心化"的资源池,为各类应用提供存储和计算资源,是船舶总体性能研究与设计"众创"生态发展的基石。云资源中心首先是船舶总体性能研究与设计服务系统的硬件系统,通过配置调度、管理软件系统,为基础系统、总体性能研究软件库、数据中心、测试中心的运行提供稳定、高效和可持续扩容的计算、存储、网络互连服务。

5.1.1 云资源中心建设需求分析

在"众创"模式下,船舶总体性能研究与设计服务系统要为各业务单位的用户提供总体性能预报、评价、优化及大子样数据知识化应用开发等各类服务,研发与设计资源中心需要满足以下几个方面的需求:

1) 支持持续增长的各类 APP 的运行

船舶总体性能研究与设计涉及水动力性能、结构安全性和综合隐身性能的预报、评价、优化以及几何构型、最优化算法、数据挖掘等诸多领域。随着研究得深入,诸领域的 APP 将持续增长,每个 APP 的运行都需要计算资源的支撑,不同精度水平的 APP 运行需要的计算资源数量不同。特别是精细预报 APP,需要依赖大量的高性能计算资源来实现其运行,尤其是针对大型船舶,在对速度场、压力场和高速场等流场的精细模拟,多学科和多物理场耦合计算以及非线性、非接触、瞬态的求解,都导致了数值模拟的计算网格成倍增加,网格数量可达到千万级以上,计算迭代的步骤也呈指数级增加,这些是资源中心需要支持的重要对象。

2) 支持虚实数据融合和数据挖掘对计算资源的需求

数据是船舶总体性能研究与设计的重要资产,它主要包括物理模型试验数据和虚拟模型试验数据两个部分。对于前者,一是要实现历史数据的信息化和存储,据初步研究,这一部分的数据量预计在百兆字节级别;而对于后者,过去并未有过系统地收集整理。值得注意的是,虚拟试验数据的存储量根据 APP 的类型和运行次数是呈几何级数式增长的,并且,一些精细类 APP,单次计算的输入(输出)文件就多达数百 MB,迭代次数较多时,输入(输出)文件甚至能达到数百吉兆字节。建设易扩容的分布式存储系统才能够更好地满足数据的存储要求。

3) 支持众创新生态

船舶是一个复杂的工程系统,大型船舶研发过程参与的单位可能有几十家,包括船厂、设计所、高校、科研院所等,这些单位遍布全国各地,人员众多,需要一个分布式的资源存储、管理体系,以满足各方对数值计算、信息传输、数据的存储需求。

5.1.2 传统资源中心部署存在的问题

传统资源中心一般直接部署在物理服务器上。数据、APP 的不断增加以及并发访问的增加,将导致物理服务器数量的持续剧增,会带来以下一些不利影响。

1) 综合成本高

由于每增加一台物理服务器,都会增加配套的机房供电、机柜空间、空调制冷及运维成本等费用,因此,系统综合成本会随着 APP 和数据的不断嵌入而增加。同时,服务器数量增加所带来的管理复杂度攀升,也将进一步增加应用系统的综合成本。

2) 资源利用率低

为了支撑系统的并发访问量,如果采用 APP 直接部署在物理服务器上的方式,一方面需要在同一台服务器上部署多个 APP,另一方面需要在不同的服务器上部署同样的 APP。这样会导致每台服务器上都要安装所有 APP 的支撑运行环境,占用大量的服务器资源;另外,这种 APP 固定均等分配资源的方式,会导致资源利用率很低,运行频率高的 APP 常常需要等待计算资源,从而拉低了整个系统的运行效率。

3) 系统可用性低

随着使用年限的增加,服务器将面临设备老化、故障率高等现实问题。一旦服务器出现故障就会导致 APP 无法运行,导致系统服务中断的概率大大增加,并且修复服务器和恢复业务需要消耗较多时间。此外,服务器硬件设备的配置更新和维护需要关闭服务器才能进行操作,如果遇到硬件兼容性问题,将大大延长计划内停机时间,进一步降低系统的可用性。

4) 管理效率低

每增加一台服务器,就需要增加相应的配置、管理、监控和维护工作,从而增加 IT 日常运维的复杂度和增加工作量。而运维工作量的增加将直接占用 IT 管理人员原本用于管理(如制定改进系统服务级别等策略)的时间,导致管理的效率低下。

5.1.3 云资源中心总体设计

云资源中心基于云计算服务架构,在功能性上,它能够屏蔽底层系统复杂的实现细节,可以实现定制化资源硬件配置和软件环境,适应动态改变的负载要求,具有虚拟化和弹性伸缩特性;在非功能性上,能够监控和维护多个动态变化的服务环境,为用户提供简单访问接口,并且能够保证服务质量,具有适应性和灵活性的特性;在经济上,用户可根据实际需求,动态申请计算能力、存储空间或者通信带宽,并根据提供的服务进行付费,具有按需使用、按需支付的特性。

船舶总体性能研究与设计云资源中心由高性能计算系统、普通计算系统、智能计算系统和容灾备份系统四个子系统组成。高性能计算系统、普通计算系统由存储资源、计算资源、网络资源和管理调度系统等组成,通过资源管理调度软件对外提供服务。

1) 高性能计算系统

高性能计算系统主要用于支撑精细类 APP 运行(如 Fluent、Star-CCM+等商业 CFD 软件,自研 CFD 软件等)的需要。

如图 5.1 所示,它由登录节点、管理节点、计算节点(包括刀片计算节点、胖节点和 GPU 节点)、存储系统、网络系统以及资源管理调度系统组成。其中,管理节点主要负责作业管理调度、应用软件编译等工作;登录节点主要负责用户登录、作业提交、计算数据下载等工作;计算节点主要负责应用软件的计算任务;存储系统主要用于存储应用软件计算产生的数据文件;网络系统主要负责集群各节点间的通信工作;资源管理调度系统主要负责用户作业任务的提交和分配管理。

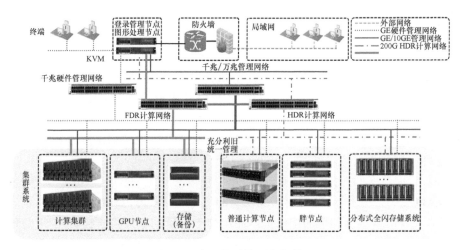

图 5.1　高性能计算系统架构

2) 普通计算系统

普通计算系统主要用于支撑三个方面的需求:一是船舶总体性能研究与设计服务系统的基础系统和非精细模型总体性能预报 APP 运行的需要;二是数据中心的管理系统运行和物理(虚拟)数据存储的需要;三是测试中心相关系统运行的需要。

随着应用中心 APP 数量的增多,使用系统的人数的增加,APP 并发运行的概率将越来越高。通过虚拟化技术对包括 CPU、内存、存储、I/O 设备等物理硬件进行虚拟化,实现在单一物理服务器上运行多个虚拟服务器(虚拟机),把应用程序对底层的系统和硬件的依赖抽象出来,从而可解除应用与操作系统和硬件的耦合关系,使物理设备的差异性与兼容性与上层应用透明。不同的虚拟机之间相互隔离、互不影响,可以运行不同的操作系统和 APP。保证了各 APP 并发运行时安全隔离,并提高计算资源的使用效率。

3)智能计算系统

人工智能作为当前认知层和决策层最有力的创新手段,正在发挥越来越强大的创新能力。构建船舶总体性能"智创造"能力,提升船舶总体性能设计与应用水平,形成技术领先的自主创新优势,必须借助人工智能的手段。人工智能从过去以基于"规则"的计算,开始向以机器学习和推理计算为代表的"统计"计算转变,对计算能力提出了更高的要求。

智能计算系统面向各专业基于数据挖掘的 APP 开发者,提供深度学习软硬件资源,提供数据标注、模型生成、模型训练、模型推理服务部署的端到端能力,降低使用 AI 的技术门槛,让 APP 开发者更聚焦本专业的研究,使 APP 能快速开发与上线,提升数据价值,提高创新能力。

4)容灾备份系统

随着船舶总体性能研究与设计系统的应用,核心业务数据将与日俱增,为保障这些核心应用数据的安全,必须对这些数据进行备份。如图 5.2 所示,灾难备份系统由四部分组成:硬件层提供存储硬件资源,存储服务层提供分布式存储池,灾备服务层由数据副本管理(copy data management,CDM)软件提供标准备份、高级备份、持续备份三大功能,应用层的功能是数据应用及备份保护。

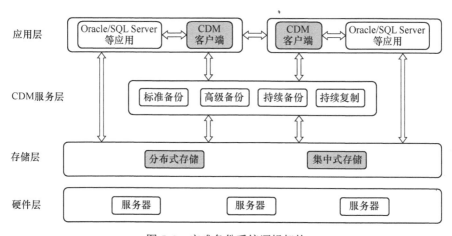

图 5.2 灾难备份系统逻辑架构

5.2 硬件资源集群化管理技术

云资源中心是一个庞大的计算机集群,需要匹配高效的管理与调度软件系统,才能发挥它的效用。对于高性能计算资源,已经有非常成熟的商业软件,如曙光的Gridview、联想的Lico、联科的Chess等,可以直接应用。软硬件一体的智能计算系统本身具备智能化资源管理与分配调度属性。普通计算资源,所运行的APP数量庞大、功能繁多、开发语言庞杂,运行支撑环境差异大、占用资源少和运行时间短,需通过集群化管理和调度来提高单台普通计算服务器的资源利用率,实现普通APP的高并发和安全隔离运行。

硬件资源的集群化管理主要包括三个部分的功能:一是物理资源管理;二是资源虚拟化;三是虚拟资源池的管理。通过这三部分功能实现硬件资源的"池化"和状态监控,保证APP计算资源的稳定供给。

5.2.1 硬件资源集群化管理

物理资源管理的功能分为两个部分,一部分是针对物理机硬件层面的管理,包含物理机组件的告警状态、物理机上电开机、掉电关机等操作;另一部分是针对物理机内运行的系统监控,包含系统CPU、内存、网络等状态的监控。

物理机硬件层面的管理主要依赖智能平台管理接口(intelligent platform management interface,IPMI)技术。IPMI是一种开放标准的硬件管理接口规格,定义了嵌入式管理子系统进行通信的特定方法。IPMI信息通过基板管理控制器(baseboard management control,BMC,它位于IPMI规格的硬件组件上)进行交流。使用低级硬件智能管理而不使用操作系统进行管理,具有两个主要优点:① 此配置允许进行带外服务器管理,例如开机、关机、重启等;② 操作系统不必负担传输系统状态数据的任务,用户可以使用IPMI监视服务器的物理健康特征,如温度、电压、风扇工作状态、电源状态等。

物理资源管理主要功能包括:添加物理机、物理机管理(如开(关)机、绑定标签、移动分组、打开控制台、导出物理机列表、编辑属性信息等)、查看告警信息、对业务和物理机操作系统进行监控。

5.2.2 资源虚拟化

在物理环境下,可直接在物理服务器上安装Linux、Windows等系统,它最大的缺陷是一台物理服务器被一个系统占用,资源使用率低。虚拟化则是在底层硬件之上增加了一个虚拟机监视器(Hypervisor)层,并且可以在Hypervisor上创建多个虚拟机(virtual machine,VM),虚拟机中又能安装不同的操作系统(Linux/Windows

等)承载多个系统,提高物理服务器资源的使用率。图 5.3 给出了两种系统结构的对比。

 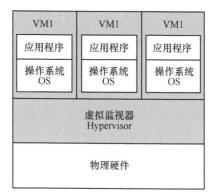

图 5.3 物理环境(左)与虚拟环境(右)下应用系统结构对比

虚拟机是由虚拟化层提供的高效、独立的虚拟计算机系统,每台虚拟机都是一个完整的系统,它具有处理器、内存、网络设备、存储设备和基本输入/输出系统(basic input output system,BIOS),因此,对用户而言,操作系统和应用程序在虚拟机中的运行方式与它们在物理服务器上的运行方式没有什么区别。

虚拟机不是由真实的电子元件组成的,而是由一组虚拟组件(文件)组成的,这些虚拟组件与物理服务器的硬件配置无关。与物理服务器相比,虚拟机具有抽象解耦、分区隔离、封装移动等优势。

Hypervisor 是一种运行在物理服务器和操作系统之间的中间软件层,由于可允许多个操作系统和应用共享一套基础物理硬件,因此也可以看作是虚拟环境中的"元"操作系统,它可以协调访问服务器上的所有物理设备和虚拟机。Hypervisor 是所有虚拟化技术的核心,非中断地支持多工作负载迁移的能力是 Hypervisor 的基本功能。当服务器启动并执行 Hypervisor 时,它会给每一台虚拟机分配适量的内存、CPU、网络和磁盘,并加载所有虚拟机的客户操作系统。

1. 计算虚拟化

计算资源虚拟化技术就是将通用的 X86 服务器经过虚拟组件化后,对最终用户呈现标准的虚拟机。这些虚拟机就像同一个厂家生产的系列化产品,具备系列化的硬件配置,使用相同的驱动程序。

计算虚拟化是云架构中的核心功能之一,对于最终用户,虚拟机与物理机相比的优势在于它可以更快速地发放,很方便地调整配置和组网;对于维护人员来讲,虚拟机复用了硬件,提高了单个硬件使用率并减少了数据中心硬件使用数,结合云平台的自动运维能力,整个 IT 系统的成本就显著降低了。

计算虚拟化包括 CPU 虚拟化、内存虚拟化和 I/O 虚拟化三个部分。

1）CPU 虚拟化

现代计算机体系结构一般至少有两个特权级（用户态和内核态，X86 有四个特权级：Ring0~Ring3）用来分隔系统软件和应用软件。那些只能在处理器的最高特权级（内核态）执行的指令称为特权指令，一般可读写系统关键资源指令（敏感指令）的绝大多数都是特权指令（X86 存在若干敏感指令是非特权指令的情况）；如果执行特权指令时处理器的状态不在内核态，通常会引发一个异常而交由系统软件来处理这个非法访问（陷入）。

经典的虚拟化方法就是使用特权解除和陷入-模拟的方式：将客户操作系统（guest operating system，Guest OS）运行在非特权级，而将虚拟机监视程序（virtual machine monitor，VMM）运行于最高特权级（完全控制系统资源）。解除了 Guest OS 的特权级后，Guest OS 的大部分指令仍可以在硬件上直接运行，只有执行到特权指令时，才会陷入 VMM 模拟执行（陷入-模拟）。

X86 架构虚拟化实现可分为全虚拟化、半虚拟化、硬件辅助虚拟化三种类型。全虚拟化所抽象的虚拟机具有完全的物理机特性，操作系统在其上运行不需要任何修改，但性能较差；半虚拟化基本思想是通过修改 Guest OS 的代码，将含有敏感指令的操作，替换为对 VMM 的超调用（Hypercall），类似 OS 的系统调用，将控制权转移到 VMM，其优点在于 VM 的性能接近于物理机，缺点在于需要修改 Guest OS；硬件辅助虚拟化的基本思想是引入新的处理器运行模式和新的指令，使 VMM 和 Guest OS 运行于不同的模式下，Guest OS 运行于受控模式，原来的一些敏感指令在受控模式下会全部陷入 VMM，这样就解决了部分非特权的敏感指令的陷入-模拟难题，而且模式切换时上下文的保存恢复由硬件来完成，这样就大大提高了陷入-模拟时上下文切换的效率。

硬件辅助虚拟化技术消除了操作系统的 Ring 转换问题，降低了虚拟化门槛，支持任何操作系统的虚拟化而无须修改 OS 内核，得到了虚拟化软件厂商的支持；硬件辅助虚拟化技术已经逐渐消除软件虚拟化技术之间的差别，正成为未来的发展趋势。

对虚拟机来说，不直接感知物理 CPU，虚拟机的计算单元通过虚拟 CPU（virtual CPU，vCPU）对象来呈现。如图 5.4 所示，vCPU 包含客户操作系统与虚拟机监视器共同构成了虚拟机系统的两级调度，客户操作系统负责第二级调度，即线程或进程在 vCPU 上的调度（将核心线程映射到相应的 vCPU 上）；虚拟机监视器负责第一级调度，即 vCPU 在物理处理单元上的调度，两级调度的调度策略和机制不存在依赖关系。vCPU 调度器负责物理处理器资源在各个虚拟机之间的分配与调度。

2）内存虚拟化

在介绍内存虚拟化技术之前，先要了解三个基本概念：

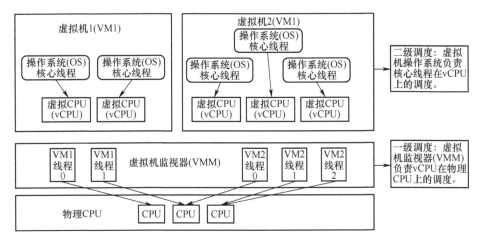

图 5.4 vCPU 调度机制

(1) 虚拟地址(virtual address,VA),指客户操作系统提供给其应用程序使用的线性地址空间。

(2) 物理地址(physical address,PA),经 VMM 抽象的、虚拟机看到的伪物理地址;

(3) 机器地址(machine address,MA),真实的机器地址,即地址总线上出现的地址信号。

三者的映射关系可表示为:Guest OS:PA = f(VA)、VMM:MA = g(PA)。VMM 维护一套页表,负责 PA 到 MA 的映射;Guest OS 维护一套页表,负责 VA 到 PA 的映射。实际运行时,如用户程序访问 VA1,经 Guest OS 的页表转换得到 PA1,再由 VMM 介入,使用 VMM 的页表将 PA1 转换为 MA1。

3) I/O 设备虚拟化

VMM 通过 I/O 虚拟化来复用有限的外设资源,先通过截获 Guest OS 对 I/O 设备的访问请求,然后通过软件来模拟真实的硬件。目前 I/O 设备的虚拟化方式主要有三种:设备接口完全模拟、前/后端模拟、直接划分。

(1) 设备接口完全模拟。即利用软件精确模拟与物理设备完全一样的接口,Guest OS 驱动无须修改就能驱动这个虚拟设备。其优点是没有额外的硬件开销,可重用现有驱动程序;缺点是为完成一次操作要涉及多个寄存器的操作,使 VMM 要截获每个寄存器访问并进行相应的模拟,这就导致多次上下文切换;另外,由于是软件模拟,性能较低。

(2) 前/后端模拟。VMM 提供一个简化的驱动程序后端,Guest OS 中的驱动程序为前端,前端驱动程序将来自其他模块的请求,通过与 Guest OS 间的特殊通信机制直接发送给VMM,VMM后端驱动在处理完请求后再发回通知给前端。其优点是基于事务的通信机制能在很大程度上减少上下文切换开销,消除了额外的硬件开销;其缺点是需要Guest OS实现前端驱动,后端驱动可能成为瓶颈。

(3)直接划分。即直接将物理设备分配给某个Guest OS,由Guest OS直接访问I/O设备(不经VMM)。其优点是可重用已有驱动,直接访问减少了虚拟化开销;缺点是需要购买较多额外的硬件。

2. 存储虚拟化

存储虚拟化(storage virtualization)的本质就是要提供一套软件定义存储的解决方案,构建分布式存储系统。就是在底层Hypervisor上,通过文件副本、磁盘管理、缓存技术、存储网络等技术,管理集群内所有硬盘,"池化"集群内所有硬盘存储的空间,通过向计算虚拟化组件提供访问接口,使虚拟机可以进行业务数据的保存、管理和读写等整个存储过程中的操作。

1) 文件副本

文件副本是将文件数据保存多份的一种冗余技术。例如保存两个副本,即把文件A同时保存到磁盘1和磁盘2上,并且保证在无故障情况下,两个副本始终保持一致。如果对文件A进行修改,如写入一段数据,这段数据会被同时写到文件B。如果是从文件A读取一段数据,则只会从其中一个副本读取。

由于存储池可用空间=集群全部机械磁盘空间/副本数(同构情况),因此副本是会降低实际可用容量的。

2) 磁盘管理服务

磁盘管理服务是根据物理集群内主机数和初始化时所选择的副本数决定集群内所有受管磁盘的组织策略。

在多主机集群下,可采用两个或三个副本组建磁盘管理,为了达到主机故障而不影响数据完整性的目标,复制卷磁盘组的每个磁盘都必须在不同主机上,即需要做到跨主机副本。

3) 虚拟存储读写

虚拟存储模块在处理上层读写指令时,读的时候,只会从其中一个副本中读取;写的时候,则会同时写入多个副本中,使数据保持一致的同时,尽可能地提高读性能。

传统机械硬盘(hard disk driver,HDD)受限于机械原理的影响,虽然能够提供极大的容量和可靠的数据保存能力,但性能与固态硬盘(solid state disk,SSD)差距较大,特别是随机读写操作,I/O时延会随着随机性地增加呈指数增长,严重影响用户体验。而在提供多虚拟机服务的存储中,数据I/O的随机性要求很高,常用SSD缓存盘+HDD数据盘混合搭配的方式进行存储加速,以此来提升随机I/O的性能。

为了提高虚拟存储的性能,还需要采用多种性能优化技术,包括:SSD 读写缓存、SSD 分层技术、I/O 本地化、链路聚合等。

3. 网络虚拟化

网络虚拟化是构建云架构中非常重要的一部分。本质上来说,网络虚拟化是对软件定义网络(software defined network,SDN)、网络功能虚拟化(network function virtualization,NFV)和虚拟化技术三者的整合。

软件定义网络如字面的意思,是通过软件的方式去控制和调度网络。它是一种创新性的网络架构,通过标准化技术(比如 openflow)实现对网络设备的控制层面和数据层面的分离,进而实现对网络流量的灵活化、集中化、细粒度控制,从而为网络的集中管理和应用的加速创新提供良好的平台,由此可获得针对网络前所未有的可编程性、自动化和控制能力,使网络很容易适应变化的业务需求,从而构建高度可扩展的弹性网络。

网络功能虚拟化将原本传统的专业网元设备(如终端复用器、再生中继器、数字交叉连接设备等)上的网络功能提取出来虚拟化,运行在通用的硬件平台上。NFV 的目标是希望通过常用的硬件承载各种各样的网络软件功能,实现软件的灵活加载,在数据中心、网络节点和用户端等各个位置另行配置,加快网络部署和调整的速度,降低业务部署的复杂度及总体投资成本,提高网络设备的统一化、通用化和适配性。

相比传统的网络功能,NFV 有以下三点优势:

(1)基于 X86 标准的 IT 设备成本低廉,能够为用户节省巨大的投资成本;

(2)通过软硬件解耦,使网络设备功能不再依赖专用硬件,资源可灵活共享,实现新业务的快速开发和部署,并基于实际业务需求进行自动部署、弹性伸缩和故障隔离;

(3)开发的接口,可帮助用户获得更灵活的网络定制能力。

因此,NFV 的典型应用是替代 CPU 密集型对网络吞吐量要求不高的功能,随着 NFV 的发展,对网络吞吐量要求高的功能,也有逐步被取代的趋势。

NFV 与 SDN 有很强的互补性,NFV 增加了功能部署的灵活性,SDN 可进一步推动 NFV 功能部署的灵活性和方便性。

通过 NFV 技术,将网络功能资源进行虚拟化,使网络资源升级为虚拟化、可流动的流态资源,使流态资源的流动范围跳出了物理网络的束缚,可以在全网范围内按需流动,呈现出网络资源的统一"池化"状态,最终实现云架构中网络资源的灵活定义、按需分配和随需调整。

5.2.3 虚拟资源池管理

虚拟资源池管理主要是将经过虚拟化的物理资源纳入资源池中进行使用,包括资源池创建、监控和编辑等,实现对虚拟资源的统一管理。

1）创建资源池

资源池是计算、存储、网络等资源的集合,创建资源池就是将物理机集群与资源池关联,物理机集群只有关联资源池后,才能进行授权并使用。通过配置资源池名称、描述、选择资源类型和属性,并选择需要关联的集群,来实现资源池的创建。

2）查看资源池详细信息

支持查看云平台上资源池的详细情况,主要包括资源使用率、资源池所关联集群的信息、物理主机、存储等信息。

3）资源池编辑与删除

支持对已添加的资源池进行编辑与删除操作。可以编辑资源池的基本信息,并修改关联的物理机集群;可以删除资源池,解除资源池与物理机集群的关联,但当资源池已经被使用时,无法删除资源池。

5.3　虚拟化资源调度管理技术

虚拟化资源调度管理功能包括两个方面:

(1) 实现对 APP 运行环境镜像的管理。将每个或每类 APP 以及其运行支撑环境打包成镜像文件,同时建立镜像的全生命周期管理功能,包括创建、存储、负载均衡、销毁等,在 APP 被请求时直接使用镜像文件来运行一个 APP 的实例进行计算。

(2) 实现 APP 运行实例的最优资源分配。根据当前虚拟资源池和物理主机的资源使用情况,为 APP 分配最优的计算、存储和网络资源,保证 APP 的正常运行;在 APP 计算过程中,可根据实际情况动态地进行资源扩充;在 APP 计算完成后,可以销毁镜像的运行实例,回收资源。

虚拟化资源调度管理包括 APP 镜像仓库管理、APP 容器资源调度管理。

5.3.1　APP 镜像仓库管理

APP 镜像仓库可以基于 Harbor 定制实现,Harbor 是一个开源的用于存储和分发谷歌（Docker 是基于谷歌公司 Go 语言的一个开源项目）镜像的企业级注册服务器。

Harbor 在 Docker 注册（registry）功能的基础上提供用户权限管理、镜像复制等功能,提高使用和注册效率。Harbor 的镜像拷贝功能是通过 Docker registry 工具的应用程序编程接口（application programming interface, API）实现的,这种做法屏蔽了烦琐的底层文件操作,不仅可以利用现有 Docker registry 功能,而且可以解决冲突和一致性的问题。

5.3.2 APP 容器资源调度管理

APP 的运行通过 APP 镜像的实例化以容器的方式来实现,容器的启动、开始、停止、删除主要通过开源 Kubernetes 调度框架来完成。但是在容器的虚拟资源分配方面还需要根据资源池的实时情况进行资源的动态调度。

1) 动态资源调度

在虚拟化环境中,如果将应用放置在了硬件资源相对匮乏的物理主机上,容器或虚拟机的资源需求往往会成为瓶颈,全部资源需求很有可能超过主机的可用资源,这样业务系统的性能将无法得到保障。

通过动态资源调度技术,引入一个自动化机制,持续地动态平衡资源,将容器或虚拟机迁移到有更多可用资源的主机上,确保每个容器或虚拟机能及时地调用相应的资源,保障业务系统的性能。即便大量运行对 CPU 和内存占用较高的容器或虚拟机,使用动态资源调度功能也能实现全自动化的资源分配和负载平衡功能。

通过跨越集群之间的心跳机制,定时监测集群内主机的 CPU 和内存等计算资源的利用率,并根据用户自定义的调度策略来判断是否需要为该容器或虚拟机在集群内寻找有更多可用资源的主机,以将该主机上的容器或虚拟机迁移到另外一台具有更多合适资源的服务器上,或者将该服务器上其他的容器或虚拟机迁移出去,保证某个关键容器或虚拟机的资源需求的同时不影响业务。

2) 内存气泡技术

当内存资源被容器或虚拟机占用过多时,需要将非重要容器或虚拟机的空闲内存回收,从而使其他需要内存的容器或虚拟机拥有足够的内存使用。这不仅让内存资源利用率更高,还能保证重要业务有足够的内存使用,保证了业务的连续性、稳定性,以及提供足够的性能保护。

通常来说,要改变容器或虚拟机占用的物理主机内存,要先关闭容器或虚拟机,再修改启动时的内存配置,然后重启容器或虚拟机才能实现。而内存气泡(ballooning)技术可以在容器或虚拟机运行时动态地调整它所占用的物理主机内存资源,而不需要关闭容器或虚拟机。

内存气泡技术:给每个容器或虚拟机分配一个内存气泡,由于该内存气泡是只能供物理主机调度,而不能供容器或虚拟机访问和使用,因此内存气泡变大意味着物理主机可用内存变大;物理主机可通过内存气泡动态调整该虚拟机的使用内存大小,进行实现内存回收和内存分配操作。

3) 磁盘管理技术

对容器或虚拟机的磁盘管理一般有三种可选的分配方式:①磁盘预分配,即根据客户给虚拟机设置的磁盘大小分配磁盘空间,但如果虚拟机不需要这么高的磁盘使用量,将导致磁盘资源浪费,因此该模式一般用于重要虚拟机的场景;②磁盘动态分配,即根据数据占用情况动态地分配磁盘空间,在提升性能的同时,也提高了存储空间的使用率;③磁盘精简分配,根据数据实际占用大小,按需分配磁盘空间,节省存储空间,充分保证存储空间的使用率。

4) 容器或虚拟机热迁移技术

容器或虚拟机的热迁移是指根据当前容器运行的物理机资源使用情况,在容器或虚拟机运行状态下,迁移其运行位置和存储位置,并保证业务不中断。

5.4 系统安全保障技术

基于云计算服务的云资源中心,实现了硬件资源的高效共享和最优利用,可以满足各方 APP 并发运行和不断"动态生长"的数据对存储、调度、管理等方面的需求,为"众创"新生态的构建创造了硬件条件。但是,基于云架构的分布式系统运行模式,却增加了信息在存储和传输过程被非法窃听、截取、篡改或破坏的可能性;虚拟化的计算资源使用方式,对传统的安全体系增加了新的要求。为保障系统的安全、稳定运行,需要建立一套有效的安全保障体系,达到与系统、APP、数据重要性相对匹配的安全防护能力,从而保障资源中心有效运行,保障"'众创'共享、协同创新"新生态的健康发展。

船舶总体性能研究与设计服务系统安全架构包含基础层安全和应用层安全两个层次,包括物理层安全、网络层安全、虚拟层安全、操作系统层安全以及应用系统安全、APP 安全和数据安全(图 5.5)7 个部分。

系统的安全保障最后由硬件系统和软件系统共同实现,硬件系统根据系统安全架构的基础层架构来设计,软件系统则按照应用层安全架构来设计。

5.4.1 系统安全架构之硬件系统设计

船舶总体性能研究与设计服务系统安全硬件系统是在系统安全总体架构的基础上,针对总体安全架构的各个层次和环节中涉及的安全硬件进行设计,主要包括物理层安全硬件、网络层安全硬件、虚拟层安全硬件和应用层安全硬件四个部分,如图 5.6 所示。

物理层安全硬件主要由机房内部温度、湿度监控系统,消防系统,电力保障系统、空调新风系统以及机房外部物理访问控制、防盗窃和防破坏、防雷系统组成,为机房内的计算、存储和网络设备提供安全的运行环境。

网络层安全硬件主要包括入侵检测系统、漏洞扫描系统、防火墙、服务器安全网关和堡垒机等硬件安全设备,保证数据访问和传输的安全。入侵检测系统是对防火墙的有效补充,部署在核心交换机的监听口,监听流入流出防火墙的数据信息,并根据监听的信息判断是否有来自内部的恶意攻击行为,与防火墙进行联动来

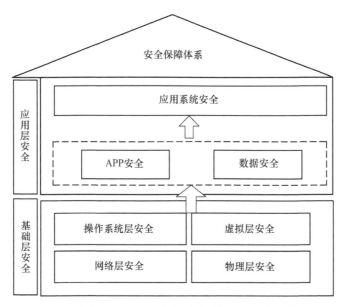

图 5.5 船舶总体性能研究与设计系统安全架构总体图

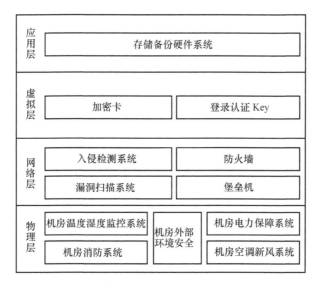

图 5.6 船舶总体性能研究与设计系统安全硬件组成

实现对信息系统的完善防护,实时检测网络流量,监控各种网络行为,对违反安全策略的流量及时报警和防护。漏洞扫描系统能够全面检测信息系统中存在的脆弱性,发现信息系统的安全漏洞、安全配置问题、应用系统的安全漏洞,检查系统存在的弱口令,收集系统中不必要的账号、服务、端口,形成整体的安全风险报告,帮助安全管理员先于攻击者发现安全问题,并及时进行修补。防火墙作为用户子网的安全边界,通过其访问控制列表(access control list,ACL)策略,禁止用户子网间的非授权互访,允许同一个子网内的用户互访,所有的信息交互必须通过防火墙完成。堡垒机可以很好地解决操作资源的问题,通过对访问资源的严格控制,堡垒机可以确保运维人员在其账号有效权限、期限内合法访问操作资源,降低操作风险,以实现安全监管目的,保障运维操作人员的安全、合法合规、可控制性。同时,堡垒机具有安全审计功能,对运维人员的账号使用情况,包括登录、资源访问、资源使用等信息进行审计。针对敏感指令,堡垒机可以对非法操作进行阻断响应或触发审核,审核未通过的敏感指令,堡垒机将进行拦截。

网络层安全硬件包括加密卡和(虚拟化管理系统)登录认证Key。通过登录认证Key加强管理人员登录虚拟化管理系统的安全性,通过加密卡对虚拟机的数据进行严密监控。

应用层安全硬件主要是应用系统的灾难备份系统,可实现对应用数据的定期备份和快速还原,它包括以下三个主要部分:

1) 关系数据库备份恢复

关系数据库作为主要的应用数据存储方式,其重要性不言而喻。虽然数据库自带备份功能,但由于其备份恢复功能大多依赖手动执行脚本,操作难度较大;此外,由于需要保护的数据库类型较多,且可能所处平台也存在差异,因此备份产品要求有较高的兼容性。

2) 分布式数据库备份恢复

分布式数据库是对大子样物理(虚拟)试验数据的主要存储方式,由基于分布式系统基础架构Hadoop来实现,数据库的备份与恢复由Hadoop标准的分布式分拣系统(Hadoop distributed file system,HDFS)接口实现。一般流程是,管理员发起数据备份或恢复请求,管理控制台向Hadoop服务器上的数据副本管理(copy data management,CDM)客户端发送备份恢复命令,客户端调用HDFS接口,对Hadoop数据进行备份恢复。

3) 分布式文件存储备份恢复

分布式文件存储系统将存储大量与研发相关的文件数据,包括物理模型试验原始数据文件、APP计算结果文件、论文等知识文件,将通过分布式文件存储系统接口,来实现对这些文件数据的异地备份。

灾难备份系统可采用数据保护一体机的方式建设。数据保护一体机集备份软件、备份服务器、备份存储于一体,它基于分布式架构设计,性能与容量线性增长,一套设备就可满足以上三种需求场景,具有高频率、高扩展、省成本、省空间、灵活使用和灵活恢复的特点。

5.4.2 系统安全架构之软件系统设计

安全软件系统也是在服务系统总体安全架构的基础上,针对各个层次和环境中涉及的软件进行设计的,主要包括操作系统安全软件、虚拟化层安全软件、应用层安全软件三个部分,其组成如图 5.7 所示。

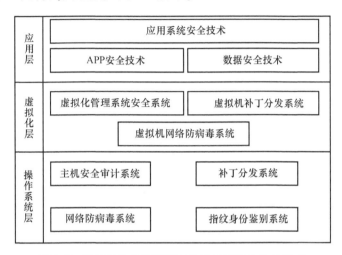

图 5.7 船舶总体性能研究与设计系统安全软件组成

1. 操作系统层安全软件

在主机操作系统上安装主机安全审计系统、网络防病毒系统、补丁分发系统和指纹身份认证等安全保密软件,实现操作系统层面的安全防护。

1) 主机安全审计系统

应在所有的服务器上安装主机安全审计系统,保护系统内部关键信息、商业秘密不外泄。主机安全审计系统功能包括:网络访问行为审计与控制、文件保护与审计、网络文件输出审计、邮件审计、文件涉密信息检查、用户权限审计、系统日志审计等。

2) 网络防病毒系统

为有效地保障内部网络不受病毒侵扰,使整个网络能够自动地进行病毒防护管理、升级病毒代码与引擎,针对网络环境下病毒传播的各种途径进行病毒的检测、清除和预防,配置网络防病毒系统。病毒防护软件可采用成熟的商用杀毒软件,如瑞星杀毒网络企业版软件。

3) 补丁分发系统

配置操作系统补丁分发的功能,让主机的操作系统在需要的时候统一打上补丁,以应对出现操作系统漏洞的情况。

4) 指纹身份鉴别系统

采用技术成熟、安全可靠的生物特征身份鉴别系统,保证安全性和易用性。

2. 虚拟化层安全软件

虚拟化层安全包括虚拟化管理系统安全系统、虚拟机网络防病毒系统、虚拟机补丁分发系统三个部分。

1) 虚拟化管理系统安全系统

虚拟化管理系统要覆盖从用户行为管理、业务管理、数据安全管理和实现内核各个层面的安全能力,提供三员分立(系统管理员、安全保密员、安全审计员)、登录管理、审计日志等功能,有效管控平台用户的行为;提供虚拟机安全策略、虚拟局域网(virtual local area network,VLAN)隔离、虚拟机网络流量服务质量查询服务(quality-of-service query service,QOS)等功能,确保业务稳定运行;提供虚拟机磁盘加密、后台防篡改、残留信息保护等功能,保障数据的安全,满足数据分级保护需求。

2) 虚拟机网络防病毒系统

虚拟机也需配置病毒查杀解决方案,虚拟化系统杀毒软件可有效地保障虚拟机不受病毒侵扰。如图 5.8 所示,虚拟化系统杀毒软件由系统中心、管理员控制台、杀毒软件服务器端、杀毒软件客户端组成。各个子系统协同工作,共同完成整个虚拟机的病毒防护工作,为用户的虚拟机网络系统提供全方位的防病毒解决方案。

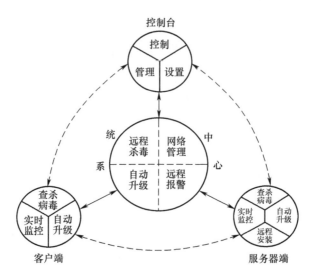

图 5.8 病毒查杀分布式体系结构

系统中心是整个虚拟化系统杀毒软件防病毒体系的信息管理和病毒防护的自动控制核心,它实时地记录防护体系内每个客户端的病毒监控、检测和清除信息,同时根据管理员控制台的设置,实现对整个防护系统的自动控制。

服务器端(客户端)是分别针对网络服务器、网络工作站(客户机)设计的,承担着对当前服务器(工作站)上病毒的实时监控、检测和清除,自动向系统中心报告病毒监测情况,以及自动进行升级的任务。

管理员控制台是为网络管理员专门设计的,是整个虚拟化系统杀毒软件网络防病毒系统设置、管理和控制的操作平台,它集中管理网络上所有已安装了虚拟化系统杀毒软件的客户端,同时实现对系统中心的管理,它可以安装到任何一台安装了虚拟化系统杀毒软件的计算机上,实现移动式管理。

采用云查杀技术可以减少杀毒软件对客户端内存、CPU 等资源的占用,提高杀毒效率。使用云查杀的客户端扫描速度为传统杀毒软件的 5~10 倍,而资源占用不到传统杀毒软件的 30%。采用这种专用于虚拟化环境下的杀毒方案,既能做到及时杀毒,又能有效降低杀毒软件对平台资源的占用,提升虚拟机的使用效果。

3) 虚拟机补丁分发系统

虚拟机操作系统补丁分发功能,能够让虚拟机在需要的时候统一打上补丁,以应对出现操作系统漏洞的情况。可采取开源工具,把工具做成了一个虚拟机模板,导入应用环境中实现补丁分发功能。

3. 应用层安全

应用层安全主要是为不同的用户提供不同级别的开发功能,提供 APP 和数据授权保护功能,包括应用系统安全技术、数据安全技术和 APP 安全技术三个部分。

1) 应用系统安全技术

应用系统安全技术主要包括身份认证技术、统一授权管理技术、访问权限验证技术和安全监测技术。

(1) 身份认证技术。即基于现有成熟和已经使用的安全认证技术,以船舶总体性能研究与设计服务系统业务需求为核心,实现身份认证安全的有效控制,系统身份认证架构如图 5.9 所示。

业务系统通过 Socket+XML 报文的方式调用统一认证管理接口,业务系统负责组装及解析报文,调用方式采用同步等待短连接方式。其中辅助模块提供数据库服务,用于查询证书、人员信息等。数字证书管理系统主要负责数字证书的签发、下载、发布、作废、更新、冻结、解冻等管理工作。动态令牌管理系统主要负责提供动态令牌密钥管理、生成管理等工作;动态令牌认证主要负责对用户的动态令牌的认证功能。数字签名验证主要负责数字签名验证功能。统一认证与管理接口包括统一认证与管理接口服务程序,主要负责对外(核心业务系统)提供统一的数字证书、动态令牌、动态口令认证、数字签名验证、信息查询等接口服务。

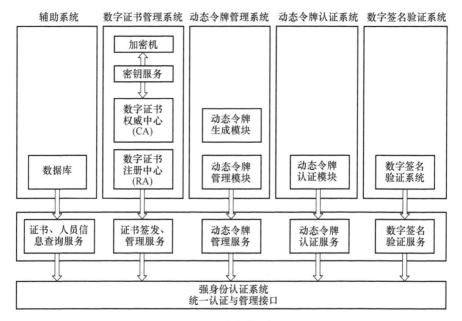

图 5.9 系统身份认证架构图

（2）统一授权管理技术。由授权服务管理者根据终端用户的组织属性、角色属性，授权分配访问资源，保证终端用户与服务系统之间使用权限关系，以此确定什么样的终端用户、组织、角色能访问哪些服务系统和资源，图 5.10 给出了统一授权管理示意图。

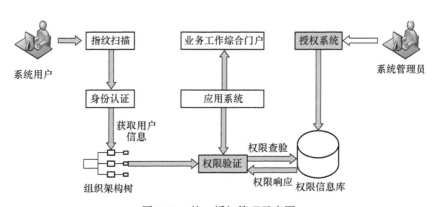

图 5.10 统一授权管理示意图

系统提供基于终端用户角色和级别颗粒度的授权访问控制功能，用于控制不同终端用户对 APP、文档、图纸、图片、视频的访问范围，主要从范围权限、功能权限、对象权限三个方面进行权限控制。

（3）访问权限验证技术。访问权限验证对所有访问终端用户进行统一监控管理。根据用户权限调用授权信息和数据，终端用户通过身份验证以后，由权限验证模块通过组织结构树得到终端用户的信息，并在终端用户权限数据库中获得该终端用户的应用权限。

信息的访问控制采用强制访问控制策略：终端用户访问信息时，首先检测该终端用户是否能够访问此信息类别，其次检测此信息的访问控制列表中是否有该终端用户，最后检测该终端用户的等级标识是否高于或等于信息的等级标识，只有检测全部通过后，终端用户才能访问到此信息。系统访问控制策略如图5.11所示。

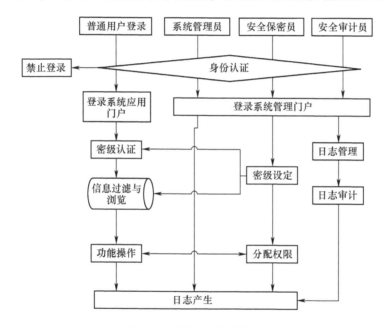

图5.11　系统访问控制策略

针对涉及商业秘密或技术秘密的数据访问权限控制，通过控制终端用户对数据的访问权限，防止低等级终端用户查看高等级数据。每个终端用户均有其对应的等级属性，通过终端用户的等级属性与信息的等级标识，控制终端用户只能获得和查看系统中等级等于或低于自身的信息数据，确保高等级信息数据不被低等级用户访问，且每次访问都留有记录，包括访问时间、访问人、访问信息唯一标识等。

（4）安全监测技术。主要负责系统漏洞扫描、入侵检测、网站可用性监控、网站内容正确性监控、自动化故障诊断等。

漏洞扫描通过对系统进行漏洞检测，分析系统的薄弱环节及网络环境的安全漏洞，给出详细的检测报告，并针对检测到的网络安全隐患给出相应的修补措施或安全建议。可以对网站、系统、数据库、端口、APP等一系列网络设备进行智能识别扫描检测,并对其检测出的漏洞进行报警提示管理人员进行修复。

入侵检测作为一种积极主动的安全防护技术,提供对内部攻击、外部攻击和误操作的实时保护,在网络系统受到危害之前可以提供安全防护解决方案。可以通过信息收集、信息分析、预警提醒来完成入侵检测。信息收集包括系统、网络、数据及用户活动状态和行为信息的收集。信息分析包括模式匹配、统计分析和完整性分析等。预警提醒是根据漏洞和入侵性质类型,作出相应的告警与响应。

网站可用性监控是门户系统网站全面监控的重要组成部分。只有门户系统正常工作,用户才能正常访问,终端用户和服务开发方才能通过门户系统各级网站进行服务的查询和使用,才能不影响各设计终端用户和服务开发方的正常工作。服务系统的门户系统网站监控采用多线程的技术,以及生产者-消费者模型(图5.12),通过生产者进程从数据库模块中取出所要监控的门户系统网站网址及其他必要字段,再由消费者进程对门户系统进行实时监控,并将监控得到的实时信息反馈到数据库中,从而对门户系统网站在数据中的实时状态进行更新。

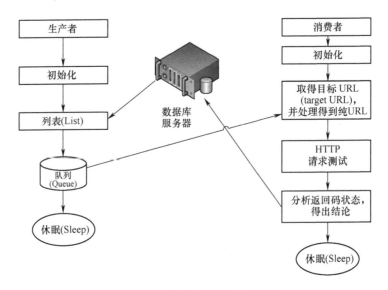

图5.12 生产者-消费者工作模型

自动化故障诊断是基于分布式信息系统基础设施的监控和智能处理技术。在多源异构网络环境下,能够解决故障症状与故障源之间关联关系的不确定性、故障事件的有效采集问题。采用以被动测量产生的实时性能采样作为故障诊断的输入,以扩大故障信息来源,提高故障诊断的有效性和时效性;以确定性推理代替非确定性推理,提高故障诊断的精确性。故障诊断和自动化处理平台体系结构如图

5.13所示。

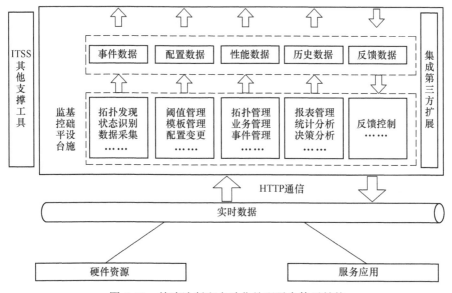

图5.13 故障诊断和自动化处理平台体系结构

门户系统网站通过网页中的内容对外进行信息交流,保证网页内容不发生异常也很重要。对网页内容进行监控,首先爬取指定门户系统网站的网页内容并以文本形式返回,通过其中的标签提取出主要内容,将内容加密值与数据库中记录门户系统网站状态的字段内容进行比较,如果不同,则分别读取数据库中非法文字表中各敏感等级下的敏感词汇,利用字符串匹配方法来判断网页内容是否被篡改,程序流程如图5.14所示。

2) 数据安全

系统中的数据包括结构化数据(如APP属性信息、终端用户信息、开发方信息等)和非结构化数据(如APP、文档、图纸、图片、视频等)。从数据隔离控制、数据存储控制、数据备份与恢复、数据库安全、数据权限控制、数据销毁管理、数据审计管理等方面确保计算数据安全,如图5.15所示。

(1) 数据隔离控制。采用多租户的方式实现数据隔离控制。多租户指多个终端用户群可以同时访问一个服务系统。因为多个终端用户同时访问和使用一个APP服务时,众多APP计算结果数据将被保存在了一个平台内,要求云计算服务供应商提供有效的机制来保证每个终端用户计算结果数据的独立性,终端用户在访问云计算平台的服务时不受其他终端用户的干扰,同时还要保障云计算平台中终端用户数据的安全性。可采用各个终端用户在单独的服务器上运行自己的APP应用程序实例,来保证数据隔离,图5.16给出了通过在多个单独的服务器上

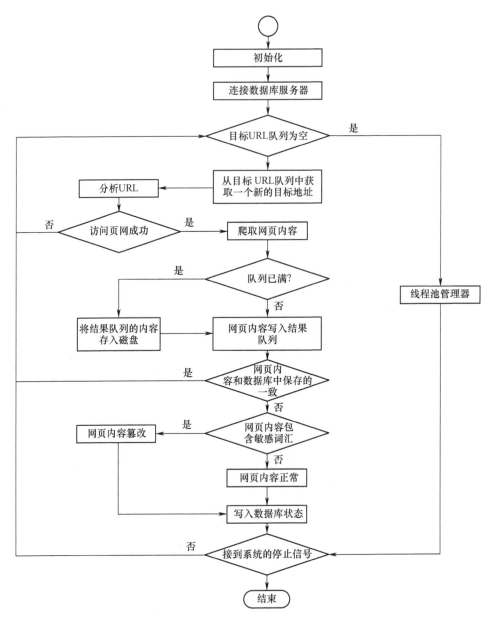

图 5.14 网页内容正确性监控流程

运行多个实例启用多租户的模型。

图 5.16 是各终端用户只共享数据中心的基础结构(比如供电和制冷),但是使用的应用程序、中间件、操作系统和服务器的实例不同。终端用户 A、B 和 C 使用同一个 APP 的三个不同应用程序实例 A、实例 B 和实例 C,它们在与终端用户

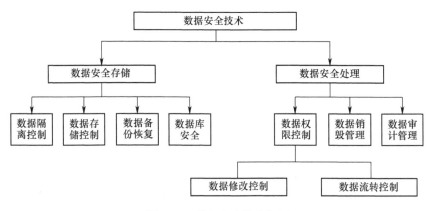

图 5.15 数据安全技术框图

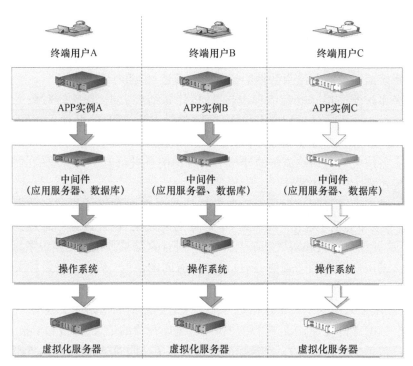

图 5.16 通过在多个单独的服务器上运行多个实例启用多租户示意图

相关的中间件实例、操作系统实例和物理服务器上运行。这种方法最适合那些要求为不同的终端用户提供充分隔离和定制的工作负载和场景。

例如，A 单位开发了一个水动力学水面船舶操纵性的偏航水动力/舵力虚拟试验 APP，当 B 单位和 C 单位同时需要使用该 APP 进行计算时，服务系统将为两家

165

单位分别发布一个实例,供两家单位分别单独使用。这样,就不用去考虑为不同的租户提供充分隔离和定制的工作负载和场景。

该种方式的实现能够保证数据充分隔离,即使是需要一些个性化的配置情况。由于是两套完全独立的APP,可以随意地改动而不影响其他的实例。

(2) 数据存储控制。服务系统中产生的APP计算结果文件,存储在文档服务器中,只有服务系统可以调用文档服务器的接口对文档进行操作。文档服务器对存储的APP计算结果文件自动采用密钥加密,服务器上只保存密文,服务器不能直接打开计算结果文件,同时对计算结果文件定期备份,保证计算结果文件数据的安全。对磁盘上的数据或数据库中的数据进行加密以防备有恶意的终端用户及某些APP的越权使用。密文数据放置在云端,加密后的计算结果数据很难被窃取利用,密文计算结果数据会增加索引或搜索的难度。

(3) 数据权限控制。数据权限控制包括计算数据修改控制和计算数据流转控制。

服务系统能控制APP计算结果数据的修改权限,可通过授权控制计算结果数据的读写状态,也可通过对关键数据进行计算结果数字签名来保护重点信息。同时服务系统对重要计算结果数据的修改留有痕迹,供随时调出监控。

服务系统严格遵守既定流程流转APP计算结果数据,且流转对象受权限控制。计算结果数据流转过程留有详细记录,包括流转过程名、办理人、开始办理时间、结束办理时间、办理周期等,同时终端用户只能看到与自己等级匹配的流程数据。服务系统应对跨系统流转的计算结果数据信息进行基于对称密钥的加密,以防在传输过程中被非法截获。

(4) 数据销毁管理。为了保障服务系统云平台中存储计算结果数据的安全性,在整个生命周期中保护"云计算"中计算结果数据,设计计算结果数据销毁框架和协议,并在该框架和协议基础上,设计一种计算结果数据自动销毁系统。该系统允许终端用户设定时间阈值,超过设定的时间阈值时,系统会销毁相关数据文件。数据销毁机制主要包括终端用户自主销毁数据和数据自销毁两种机制。数据销毁后,在服务系统云平台中任何地方都无法看到之前的初始明文数据。

(5) 数据审计管理。通过对用户访问数据库行为的记录、分析和汇报,帮助系统管理员事后生成审计报告,对数据问题追根溯源。同时,通过分析内外部数据库网络行为记录,提高数据资产安全。

(6) 数据备份与恢复。服务系统提供计算结果数据备份与恢复功能,备份计算结果数据能使用光盘等媒介进行异地存放。备份方式包括手动备份、自动备份、持续备份、定时备份。当发生系统故障或灾难事故时,可使用备份数据进行数据恢复,用户可以使用恢复功能将文件从异地备份系统下载到本地硬盘,也可以进行批量恢复。

(7)数据安全。由系统提供一定的方式标识用户,每次用户要求进入系统时,由系统进行核对,通过鉴定后才提供系统的使用权;通过用户权限定义和合法权检查确保只有合法权限的用户访问数据库,所有未被授权的人员都无法存取数据;为不同的用户定义视图,通过视图机制把要保密的数据对无权存取的用户隐藏起来,从而自动地对数据提供安全保护;建立审计日志,把用户对数据库的所有操作自动记录下来放入审计日志中,管理员可以利用审计跟踪的信息,重现导致数据库现有状况的一系列事件,找出非法存取数据的人、时间和内容等;数据加密:对存储和传输的数据进行加密处理,使不知道解密算法的人无法获知数据的内容。

3) APP 安全

软件盗版一直是软件开发面临的严重问题,为防止 APP 被盗版和非法使用,必须做好 APP 的安全工作,才能保障各方 APP 的畅通共享。

APP 使用时提供两种运行方式。本地运行和远程运行。根据当前的网络状况,通过内部局域网调用部署在本单位的 APP 运行,通过互联网调用部署在远程云端的 APP 和部署在其他单位的 APP 运行。通常,对于通过远程调用的情况,只传输 APP 计算所需的输入参数值和输出结果值,中间计算过程数据只能通过光盘离线方式进行传输,所有输入和输出数据在网络上都通过加密通道进行传输。

(1) APP 在线统一授权认证技术。采用基于 APP 在线的统一授权认证方式,软件认证和授权信息的验证由基于互联网的"云端"来完成(图 5.17)。在进行软件认证和授权信息的验证时,终端通过互联网将认证请求和授权标识传递给"云端",并由"云端"判断 APP 的使用是否合法,授权是否有效。已集成认证的 APP 软件产品在开始运行时,就与云端进行握手并建立安全连接。已激活过的在线认证 APP,实际运行前首先向云端发送在线认证请求。云端进行软件认证和授权信息校验的依据是终端通过加密安全通道发送的终端机器的硬件指纹与授权码(每一个授权码只能用于一份合法的软件拷贝)。当终端的硬件指纹与云端记录的授权 APP 版本的硬件指纹匹配时,认证通过;当授权码的状态为有效且并不过期时,授权信息验证通过。云端根据认证和授权信息验证的结果返回相应的响应给终端机器。

(2) APP 全寿命数字产权追踪技术。基于区块链实现 APP 全寿命期数字产权追踪。采用区块链技术记录和验证与版权保护相关的数字内容的属性。这些属性包括 APP 作者的标识、APP 创建的时间戳以及可用于检测内容被复制或修改的程度等。区块链可以通过加密技术、时间值、分布式共识机制和智能合约的方式,在各节点去中心化地协作,在确立版权方面提供不可篡改的版权记录,免去第三方的信托;在版权使用方面区块链可完整记录 APP 的提供者、使用者、服务请求和响应的过程,实现版权交易高度透明;在维权的方面,区块链技术可以将侵权的记录进行数据化处理,可信度高、取证成本低,为版权保障提供了技术支持与结论依据。

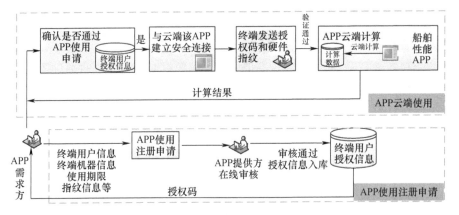

图 5.17 APP 在线统一授权认证流程

基于容器技术搭建区块链应用服务,通过对电子合同的完整记录,确保 APP 资产确权、交易、交付和仲裁的可靠性。确权工作分为三个层次:物理层面向 APP 实施加密操作,一般采用对称加密,密钥经过非对称加密进行传递,兼顾效率与安全性;逻辑层结合资产登记与用户认证建立标准化 APP 使用流转体系,规范数据管理模式;表现层着力于数字资产呈现环节中物权标定的展示,通过视觉、听觉等手段显式的声明物权人信息。

(3) APP 准入及服务注册安全技术。APP 在提供对外服务前,需要对 APP 进行准入测试和服务注册,其流程如图 5.18 所示。APP 准入测试车间提供一个标准的 APP 运行测试环境,对 APP 部署、测试运行、销毁整个过程进行安全保障。对具备准入条件的 APP,通过自动化运维工具实现生产环境的自动部署,避免人为操作引起风险,实现测试环境到生产环境的自动映射。APP 服务注册时,为部署在本地或者云端的 APP 提供充分隔离和定制的生产环境,并采用加密、授权、防

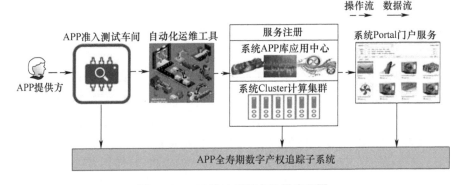

图 5.18 APP 准入及服务注册流程图

拷贝等技术手段保障系统应用中心的信息安全和系统计算集群的 APP 安全。APP 使用方通过系统门户服务搜索到注册的 APP,通过任务调度启用 APP 计算服务。APP 准入及服务注册整个过程产生的数据都记录在"APP 全寿期数字产权追踪子系统"中。

(4) APP 使用安全技术。图 5.19 展示了 APP 使用流程的用户数据保护架构。在使用 APP 前,根据 APP 受控状态判断,对于一次授权多次使用或一次授权一次使用的 APP 软件,只有通过"APP 在线统一授权认证子系统"认证,获得许可方能运行。

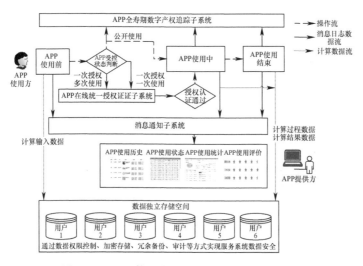

图 5.19 APP 使用流程及用户数据保护架构图

APP 使用过程中,将 APP 的运行状态通过"消息通知子系统"发送给 APP 开发方。同时,将 APP 的运行日志通过"APP 全寿期数字产权追踪子系统"进行记录,便于审计监控。对需要调用的计算数据,系统通过安全机制和管控措施实现不同用户之间数据的"可用不可见"。

APP 整个使用过程的计算输入数据,计算过程数据,计算结果数据都储存在各 APP 使用方的独立数据储存空间。通过数据权限控制、数据加密储存、冗余备份、审计等方式保证服务系统数据安全。APP 开发方可以在该"APP 在线统一授权认证子系统"上进行访问控制的调配,满足云计算环境中用户自主访问控制的需求,同时适合云计算中需要经常改变访问控制配置的需求,有权限对 APP 和数据进行销毁,采用物理擦除的方式使得销毁后永久不能恢复和还原。

(5) APP 调用监控技术。包括 APP 云端调用实时监控和 APP 本地调用实时监控。APP 云端调用实时监控对云端 APP 应用服务网络节点的访问请求和响应进行实时记录,对服务节点运行状态、计算任务情况、资源消耗情况进行监控,建立

APP服务状态综合分析与故障预警机制,供服务开发方了解服务健康状态,同时也为应用计算任务的调度提供依据。图5.20展示了APPP云端调用实时监控流程及主要内容。APP本地调用实时监控的主要内容与云端调用实时监控类似。

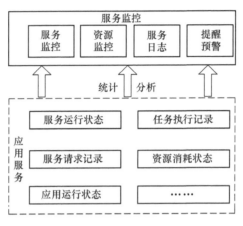

图5.20　APP云端调用实时监控示意图

5.5　基于区块链技术的数据安全保证技术

区块链作为新一代信息技术发展中的革命性技术,具备分布式对等、集体维护、防篡改和信息可追溯等特点。利用区块链的分布式加密存储、数字DNA证书等手段对软件和数据进行确权和记账,保证数字资产的所有权;利用智能合约、数据加解密等技术对敏感数据进行加密的跨网络、跨单位共享,能明确用户权限、保障链上数据不被私自篡改或非法获取,确保数据的安全性。

5.5.1　区块链技术

区块链技术自2008年被提出以来,在十余年间已发展到了第三代,并融入了众多行业,产生了显著的社会和经济效益。近年来,人们对区块链技术的研究不断深入,其技术本身也已从加密数字货币中独立出来,广泛应用于金融业、制造业、行政管理等领域,呈现出多元化的特征。

工信部指导发布的《区块链技术和应用发展白皮书》对区块链概念进行了解释:狭义上,区块链(blockchain)是一种按照时间顺序将数据区块(block)以顺序相连的方式组合形成的链式(chain)数据结构,并是以密码学方式保证其不可篡改和不可伪造的分布式账本;广义上,区块链技术是利用块链式数据结构验证和储存数据,利用分布式节点共识算法生成和更新数据,利用密码学的方式保证数据传输和访问的安全性,利用由自动化脚本代码组成的智能合约编程和操作数据的一种全新的分布式基础架构与计算范式。

区块链中的"账本",在区块链技术应用之初与现实中的账本基本一致,即按照一定的格式记录交易信息,特别是在各种数字货币中,交易信息就是节点间转账的记录。随着区块链技术及应用的扩展,账本记录的内容也扩展到了各个领域的数据。

1. 区块链逻辑架构

区块链从架构上可分为4层,从下到上依次为数据层、网络层、合约层和应用层,如图5.21所示。

图 5.21 区块链逻辑架构

数据层是区块链逻辑架构中的基础,功能包括区块数据的存储、哈希值和默克尔树的计算以及链式结构的生成。

网络层包括去中心化网络和共识算法两个部分。P2P(peer to peer)网络即去中心化网络,指没有中心服务器(弱中心服务器)的网络系统。在P2P网络中,各节点需对各个区块达成共识才能共同维护同一个分布式账本(数据库),达成共识的机制(共识算法)。

合约层使区块链中的区块具备可编程的特性,可通过脚本或智能合约实现。智能合约可对区块链中的数据和事件按照预先设定的逻辑进行处理,使区块链可在满足特定条件后自动触发相应的操作。

应用层泛指基于区块链技术结合具体业务场景开发的应用,如加密数字货币钱包、交易平台以及各种用户根据业务场景自定义的应用。

2. 区块链基础技术

1) 区块

从本质上说,区块链中的区块是由一系列特征值和一段时间内的交易记录组成的数据结构。区块由区块头和区块主体两部分组成,区块头包括父区块哈希值(previous Hash)、时间戳(timestamp)、默克尔树根(Merkle tree root)等信息。每个区块的区块头保存的父区块哈希值唯一地指向该区块的父区块,在区块间构成了连接关系,组成了区块链的基本数据结构。区块体中可以包括任何内容。

2) 哈希运算

区块链主要通过父区块哈希值组成链式结构来保证其不可篡改性。哈希即散列算法(Hash algorithm)的音译,可将任意长度的输入信息(文本等信息)通过计算生成一个固定长度的字符串,输出的字符串称为该输入的哈希值。哈希运算具有如下一些特点:

(1) 正向快速。对给定输入,可在极短时间内得到哈希值,如目前常用的 SHA256 算法在普通 PC 上一秒钟可进行 2000 万次哈希计算。

(2) 输入敏感。输入发生微小变化,重新得到的哈希值也与原哈希值有天壤之别,同时完全无法通过对比哈希值的差异推测内容发生的变化。

(3) 逆向困难。无法在短时间内根据哈希值计算出原始输入信息,该特性是哈希算法安全性的基础。

(4) 强抗碰撞。不同的输入很难产生相同的哈希输出。因为哈希算法输出位数有限,而输入是无限的,所以不存在永远不发生碰撞的哈希算法。但只要算法保证发生碰撞的概率足够小,暴力破解的代价足够大,破解就没有意义。

这些特性保证了区块链的不可篡改性。

3) 数字签名

数字签名用于证实某项数字内容的完整性和来源,保证签名的有效性和不可抵赖性。在区块链中,数字签名主要用于实现权限控制,防止节点身份冒充。一套数字签名算法包含签名和验签两种运算,数据经签名后,很容易验证其完整性,且不可抵赖。

4) 共识算法

在传统的中心化网络中,因为存在权威的中心节点,所以其他各节点均以中心节点记录的信息为准,自然形成共识。但在区块链系统中,由于不存在中心节点,所以必须有一套规则来保证系统的运作顺序与公平性,证明某个区块以某个节点生成的版本为准,(在需要时)对节点进行奖励或处罚,这种规则就是共识机制。目前区块链常用的共识算法主要有四大类,包括工作量证明(proof of work,PoW)类、Po*凭证类、拜占庭容错(Byzantine fault tolerance,BFT)类和结合可信执行环境类。

5) P2P 网络

P2P 网络也称对等计算机网络,是一种消除了中心化的服务节点,将所有的网络参与者视为对等者,并在他们之间进行任务和工作负载分配。P2P 结构打破了传统的客户端/服务端(Client/Server,C/S)模式,去除了中心服务器,依靠用户群共同维护。由于节点间的数据传输不再依赖中心服务器节点,任何单一或部分节点故障不会影响整个网络的正常运转,使 P2P 网络具有极高可靠性。同时,P2P 网络容量没有上限,节点越多,整个网络的资源也越多。图 5.22 给出了 P2P 与 C/S 网络结构示意图。

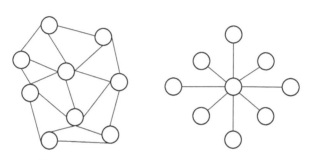

图 5.22　P2P(左)与 C/S(右)网络结构示意图

6) 智能合约

智能合约是一种以信息化方式传播、验证或执行合同的计算机协议。智能合约允许在没有可信第三方(trustable third party,TTP)的情况下进行可信交易,这些交易可追踪且不可逆转。智能合约不只是一个可以自动执行的计算机程序,它还是一个区块链的参与者。它能对接收到的信息进行回应,可以接收和储存价值,也可以向外发送信息和价值。由上可知,智能合约具体是指运行在可复制、共享的账本上的计算机程序,可以处理信息,接收、储存和发送价值的脚本。

一个基于区块链的智能合约需要包括事务处理机制、数据存储机制以及完备的状态机,用于接收和处理各种条件。并且事务的触发、处理及数据保存都必须在链上进行。当满足触发条件后,智能合约即会根据预设逻辑,读取相应数据并计算,并将计算结果保存在区块链中。智能合约一旦在区块链上部署,所有参与节点都会严格按照既定逻辑执行。基于区块链上大部分节点都是诚实的基本原则,如果某个节点修改了智能合约逻辑,则执行结果无法通过其他节点的校验,使修改无效。

基于区块链的智能合约具有不可篡改、分布式、自动触发和不依赖第三方的特点。

3. 区块链的种类

根据网络范围及参与节点特性,区块链可分为公有链、联盟链、私有链三类,

表5.1对三种类型的特点进行了归纳和比较。

表5.1 区块链类型及特性

类型	公有链	联盟链	私有链
参与者	不限	联盟成员	个体或组织内部
共识机制	PoW/Po*等	分布式一致性算法	分布式一致性算法
记账人	所有参与者	联盟成员协商确定	自定义
激励机制	需要	可选	可选
中心化	去中心化	多中心化	(多)中心化
突出特点	信用的自建立	效率和成本优化	透明可追溯
承载能力	3~20笔/s	1000~10000笔/s	1000~20000笔/s
典型场景	加密数字货币、凭证等	支付、清算	审计、发行

公有链是对外公开、任何人都可以参与的区块链。公有链是真正意义上的完全去中心化的区块链,没有任何中心管理机构,依靠事先约定的规则来运作,在不可信的网络环境中建立共识,并通过加密技术保证交易不可篡改,形成去中心化的信用机制。比特币是早期典型的公有链系统。

联盟链通常在多个互相已知身份的组织之间构建应用,比如多个银行之间的支付结算、多个企业之间的物流供应链管理、政府部门之间的数据共享等。因此联盟链系统一般都需要严格的身份认证和权限管理,节点的数量在一定时间内是确定的,适合处理组织间需要达成共识的业务。

私有链是联盟链的一种特殊形态,即联盟中只有一个成员,仅供组织内部使用,如企业内部财务审计或政府部门内部管理系统等。私有链通常具备完善的权限管理体系,要求使用者认证身份。在私有链环境中,参与方节点数量通常是确定的、可控的,且节点数目远小于公有链,而同一个组织内部已经有一定的信任机制,因为不需要对付恶意节点,所以可以采用一些对区块进行即时确认的共识算法,确认和写入效率比公有链和联盟链都有提高。且由于私有链大多在一个组织内部,所以可以充分利用现有的企业信息安全防护机制和信息系统隐私保护要求相对联盟链要弱一些。相比传统数据库系统,私有链最大的好处是有加密审计和自证清白的能力,没有人可以轻易篡改数据,即使发生篡改也能进行不可抵赖的追溯。

4. 区块链的特性

1) 透明可信

区块链中人人记账保证人人获取完整信息,从而实现信息透明。去中心化系统各个节点都能完整观察系统中节点的所有行为,整个系统对每个节点都具有透明性;同时,网络中所有交易的最终确认结果也由共识算法保证其在所有节点的一致性。所以整个系统对所有节点都是透明的、公平的,系统中的信息具有可信性。

2) 防篡改、可追溯

防篡改是指交易一旦在全网范围内经过验证并添加至区块链,就很难被修改或抹除。联盟链所使用的如 BFT 类共识算法从设计上保证了交易一旦写入就无法被篡改,而对采用 Po*类共识算法的区块链进行篡改需花费巨量的计算资源,且篡改过程也会被全网见证,无法掩饰。而"可追溯"是指区块链上发生的任意一笔交易都是有完整记录的,可以针对某一个状态在区块链上追查与其相关的全部历史交易,防篡改特性为可追溯提供了保证。

3) 隐私安全保障

由于区块链系统的去中心化特性,任意节点都包含了完整的区块校验逻辑,所以任意节点都不需要依赖其他节点完成交易确认,也就是无须额外地信任其他节点。"去信任"的特性使节点之间不需要互相公开身份,因为任意节点都不需要根据其他节点的身份来判断交易有效性,这为区块链系统保护用户隐私提供了前提。同时,同态加密、零知识证明等新技术可使链上数据以加密形式存在,只有特定的用户可以读取有效数据,进一步保障隐私。

4) 系统有高可靠性

区块链中的每个节点对等地维护同一个账本并参与整个系统的共识,也就是说如果其中某个节点出现故障或退出区块链网络,整个系统运作不受影响。区块链系统通过共识算法处理拜占庭错误(节点行为不可控,如崩溃、拒发消息、恶意造假等)保证系统的可靠性。不同的共识算法对系统内节点拜占庭行为的容忍度不同,如 PoW 算法不能容忍系统内超过 51% 的算力进行拜占庭行为,BFT 共识算法则不能容忍超过 1/3 的节点发生拜占庭行为。由于在区块链系统中一般都存在较多节点,共识算法的容错模型可以得到满足,因此一般认为区块链系统具有高可靠性。

5.5.2 区块链对于船舶总体性能研究与设计"众创"生态的意义

"众创"机制和云端运行的方式能够有效解决传统研发工作过程中数据、软件、经验等知识资源的共享和传承问题,但新模式也面临着新问题,其中数字资产(数据、APP 等)的确权与核心数据的受控安全共享是两个堪称命门的关键问题。若数字资产在使用中出现知识产权问题,不仅损害参与方的权益,还影响科研工作的开展。利用区块链的技术特点,可以很好地解决这两个方面的问题。

1) APP 众创中的知识产权保护

众创研发模式需要集合各参与单位优势力量、分工协作、优势互补,汇聚各单位积累的知识成果,共同建设 APP 服务平台,使平台提供的服务越来越丰富,解决方案越来越完整。各家共建单位既是服务的提供者,又是服务的使用者,大家共生共赢,共同使生态环境不断完善,激发大家的创新思考,让系统发挥更大的价值。区块链技术建立具有公信力的知识成果确权和记账机制,解决了"众创"生态下知识成果所有人或单位的合法权益的保障问题,促进"众创"生态的健康发展。

2) 数据安全共享

船舶研发过程各阶段都会产生大量的数据,但往往分散在不同的单位或部门,数据难以流通,难以发挥更多作用。在大数据和人工智能技术高速发展的今天,在数据受控共享的基础上对数据实现知识化应用,已成为推进船舶研究创新的重要手段。传统的数据授权使用方式一般有两种,一种方式是将数据直接提供给使用方;另外一种方式是向使用方提供跨域的数据访问接口。但考虑敏感数据存在安全、保密等问题,这两种方式在科研领域都很难实施。而区块链不但可以对数据加密储存,还可以隐藏数据提供方隐私信息。经过授权的需求方只能面向特定问题,通过接口的方式获取数据,然后对数据处理过程进行知识封装形成APP,做到"数据可用不可见"和使用留痕,保障数据安全和提供方的权益。同时APP的输入/输出数据又能实时地上传共享,不断地、高速地扩充可用的数据源,实现数据的持续汇聚。

5.5.3　面向船舶总体性能研究与设计的数字资产确权和安全共享的区块链底座设计

区块链底座是区块链应用的软硬件支撑,构建面向船舶总体性能研究与设计服务的区块链底座,将促进行业内各方的信任,树立拥有大量程序(软件)和试验数据的船舶科研单位对拥有的数字资产保护和受控共享的信心,对最大化地挖掘行业数据价值,实现数据资源的赋能,推动"众创"研发有重要意义。

1. 区块链底座总体设计

面向船舶总体性能众创研发的数字资产确权和安全共享区块链底座采用超级账本(hyperledger fabric,以下简称fabric)作为基础框架。fabric区块链是一个分布式系统,包含了一些各司其职的逻辑节点,在一个相对隔离的区间内,完整地执行着交易的发起、验证、账本状态更新、一致性等操作。节点、通道、交易是区块链网络的核心要素,图5.23给出了该区块链的网络构成示意图。

其中,逻辑节点以记账节点(peer)、排序节点(orderer)、证书节点(certification authority,CA)为主,是区块链的网络实体对象;"相对隔离的区间"就是区块链通道,为各节点提供一个安全、稳定的"交易洽谈"环境,不同的通道间交易数据相互独立;"交易的发起、验证、账本状态更新"等就是基于区块链的交易执行过程,通过智能合约支持交易的执行。

区块链底座技术架构包括三个层次:区块链基础层、区块链管理层、区块链接入层(图5.24)。

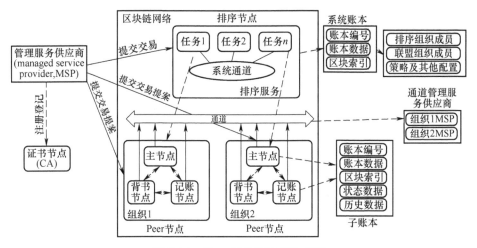

图 5.23 fabric 区块链网络构成图

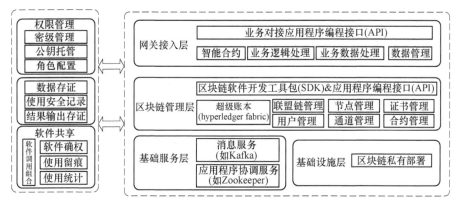

图 5.24 区块链底座技术架构

基础层包括基础服务软件和基础设施两个部分,基础设施是区块链的硬件部分,由共识服务器、节点服务器、日志及运维监管服务器及客户端计算机组成。管理层提供 API、SDK 接入管理,联盟链管理、节点管理、证书管理、用户管理、通道管理及合约管理等功能。网关接入提供应用业务安全接入服务,包括智能合约、业务逻辑处理、业务数据处理及数据管理等。

2. 区块链底座功能设计

数字知识资产主要包括应用软件(APP)和数据两类,对于软件,仅提供编译后的可执行程序文件,它在应用管理系统中运行,其核心算法、代码基本没有被非法获取的风险,提供者关注的是要确保其使用权受控,因此区块链需对软件使用过程进行记账,作为公信的日志;而数据提供者需要提供数据原文,其关注的是保护数据所有权,防止被非法获取,也要确保使用权受控。因此需要保护原始数据,并记录使用过程,此时区块链既作为日志,又作为安全的数据库。

1) 应用软件(APP)确权功能

图 5.25 给出了应用软件确权流程,主要包括以下几个典型步骤:

①软件提供者开发软件,将可执行文件、运行库等提交到业务系统;

②管理员对软件用途、属性、安全性等基本信息进行审核,不符合要求则退回提供方,审核无误则进行查重;

③计算可执行文件的 hash,与链上的程序信息库对比查重,如存在重复则不予确权;

④应用软件信息登记链上,生成确权凭证,并纳入软件库上线运行。

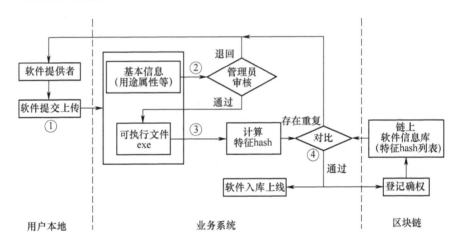

图 5.25　应用程序确权流程

2) 数据确权与存储功能

如图 5.26 所示,数据确权与存储的主要功能和基本流程描述如下。

① 数据提供方根据数据收集规则(数据文件模板)整理数据,并提交数据文件到业务系统,数据内容包括基本信息(学科、对象等)与具体内容(设计、性能参数等);

② 管理员对数据学科、属性等基本信息进行审核,如不符合要求则退回提供方;

③ 根据数据内容计算本条数据的特征哈希值,作为确权凭证;

④ 将本条数据的特征哈希与链上数据信息库对比查重,通过查重的数据特征哈希值保存到链上数据信息库,完成登记确权,如存在重复则退回提供方;

⑤ 通过审核和查重的数据进行加密后存到区块链上,其中数据基本信息与部分特征参数不加密,以供查询检索。

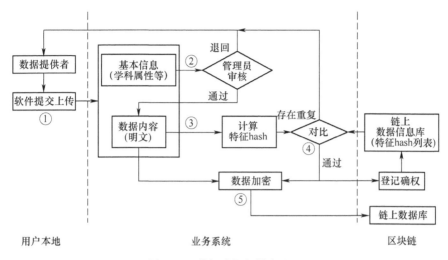

图 5.26 数据确权与储存流程

3）应用软件与数据使用记账功能

使用记账功能面向的应用软件分为两类,分别为常规型软件和数据驱动型软件,其两者区别在于运行时是否需要读取用户输入信息以外的数据,如图 5.27 所示。

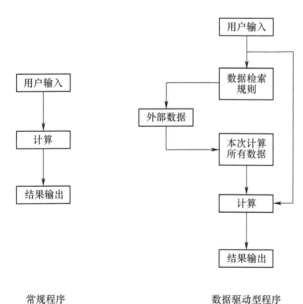

图 5.27 两类应用软件运行流程示意图

179

常规型软件采用固化的计算模型或软件内置的数据,在运行时仅读取用户的输入参数,无须外部数据的支持,因此只需将其使用记录记账上链。也可根据需求将运行结果数据保存到链上,其记账流程如图 5.28 所示。

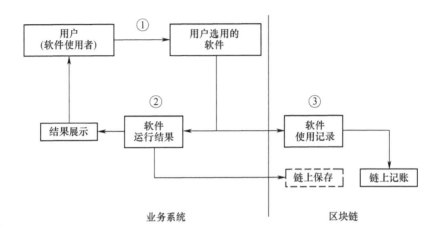

图 5.28　常规应用软件使用记账流程示意图

数据驱动型应用软件是在使用时需要从外部数据源获取数据,即从链上数据库按一定规则获取数据,用于实现预报、评价等功能的应用软件,基于区块链底座,使这类应用软件能够实现数据的"可用不可见"。数据使用与记账功能见图 5.29,包括以下主要环节:

① 用户选择需要使用的应用软件,软件向区块链发出数据请求;
② 由用户级别限定可检索数据范围,根据应用软件所属学科、适用对象、参数范围等规则检索用于驱动软件运行的数据;
③ 对检索得到的数据进行解密,返回给请求数据的软件;
④ 程序读取数据并运行,输出结果展示给用户,根据需要也可保存到链上;
⑤ 对数据和软件使用情况进行记账,相关使用记录保存到区块链上。

从上述流程可见,系统中的用户(包括管理员)均不与区块链基础系统直接接触,而是通过业务系统来实现交互。业务系统的作用主要是为用户提供易用的可视化操作界面,以及程序、接口集成等功能,本身不存储业务数据,避免产生数据失控;数据提供方之外的其他用户及管理员均不能查看数据具体内容,管理员可查看数据基本信息。

4) 区块链底座业务功能

区块链底座主要业务功能列于表 5.2。

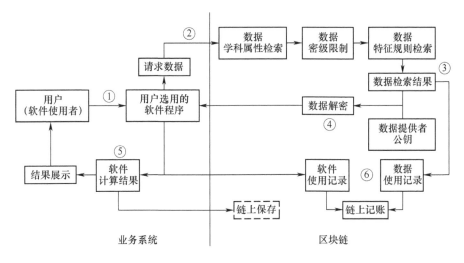

图 5.29 数据驱动型应用软件与数据使用及记账流程示意图

表 5.2 区块链底座主要业务功能列表

序号	业务	功能
1	成员管理	提供链下业务系统所需的成员管理模块相应的成员注册及成员数据权限密级管理。
2	证书管理	对链下业务系统在区块链注册的所有用户的接口访问签名证书的发布、签名验证、证书更新等。
3	公钥托管	公钥托管分为链下业务系统上传公钥和链下业务系统密钥托管创建两种,管理链上成员的数据访问公钥。
4	角色管理	角色的创建和角色的分配,角色对应接口访问权限集合。
5	数据存证	提供满足链下业务系统的数据存证上链,数据列表查询功能。
6	存证访问记录管理	将链下业务系统对数据存证的访问记录保存至区块链,并且链下业务系统可查看数据的访问记录。
7	APP 确权	链下业务系统将软件可执行文件提交至区块链验证,获取到唯一文件验证句柄后通过的验证颁发确权证书。
8	软件使用记录管理	提供链下业务系统将软件的使用记录上链及查询使用记录功能,追溯软件的使用人员和使用时间等信息。
9	软件运行结果存证	提供链下业务系统将软件的执行结果上链保存功能。
10	查询区块信息	通过区块哈希或交易 ID 查询指定区块或指定交易的区块链详细信息,这些信息包括块哈希、块号、上一个块哈希、当前交易数量、交易详情。

续表

序号	业务	功　能
11	统计信息	查询区块链统计指标信息,统计指标包括:当前区块高度、交易数量、成员数量、节点总数、通道总数。
12	查询交易列表	查询区块链查询所有产生的交易信息列表。

5）区块链底座管理功能

区块链底座主要业务管理功能列于表 5.3。

表 5.3　区块链底座主要业务管理功能列表

序号	管理业务	功　能
1	组织管理	管理联盟链中组织,或新增组织节点。
2	通道管理	创建通道或为已有通道添加节点。
3	成员管理	管理联盟链中组织的成员或添加成员。
4	事件管理	实现基于区块链的事件机制,实现事件上报。
5	链码管理	包括链代码安装、实例化、更新链代码,以及链码历史版本管理。
6	区块链指标查看	查看区块链运行状态指标信息,包括生成区块的哈希、数据哈希等详细信息。
7	交易管理	查看区块链运行产生的所有交易列表信息,包括交易的交易 ID、创建者组织、创建时间等交易信息。
8	区块管理	查看区块链运行产生的所有区块列表信息。
9	性能分析	通过曲线图查看性能数据走势,了解性能状况,分为区块数量随时间增加的趋势和交易数量随时间增加的趋势。
10	节点监控	查看当前所选通道中所有 peer 节点的运行状态等信息。
11	告警信息	提供运维监控能力,运维人员可以查看告警信息,常见告警信息如:节点连接排序节点失败、节点访问数据库失败、节点磁盘空间不足等。
12	运维日志管理	包括 peer 节点运行日志和 orderer 节点运行日志运维日志管理。
13	链码调测日志管理	查看链码调用日志信息,对链码的运行情况进行日志记录。

6）功能扩展

支持提升交易性能、国密算法改造、通用化接入能力、密钥托管体系等拓展功能。

3. 基于区块链的大侧斜螺旋桨设计与综合评估应用实例

螺旋桨是关系船舶推进性能、安全隐身性能的重要部件,其性能预报、试验验证、优化设计等流程涉及多家单位的数据,由于历史试验数据汇集及存储、数据受控共享规则、数据安全验证测试等技术难题一直没有得到有效解决,因此其设计研发转型的进程始终存在阻碍。区块链所具备的分布式对等、集体维护、防篡改和信息可追溯等特点,使其天然适合于处理这类数字知识产权问题;同时,通过与智能合约、加解密等技术结合,数据的安全受控共享也能得到妥善解决。

本节以大侧斜螺旋桨设计与综合评估流程为应用对象,通过构建多个网络域模拟多家单位的方式,将区块链技术结合到流程中,展示基于区块链记账、确权的大侧斜螺旋桨设计与综合评估多单位跨域协作方法。

如图5.30所示,大侧斜螺旋桨设计与综合评估流程包含14个用于螺旋桨设计、性能预报、评价的应用程序和1个用于船舶阻力预报的应用程序。其中,船舶阻力预报程序与螺旋敞水性能代理模型预报程序属于数据驱动型,其余均属于常规型,两者的主要区别在于运行过程中是否需要获取外部数据(上节已有阐述,见图5.27)。

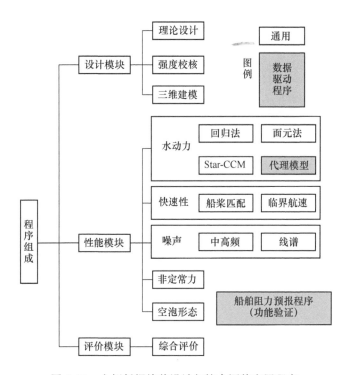

图5.30 大侧斜螺旋桨设计与综合评估应用程序

数据提供方在提供数据时,首先根据系统提供的数据模板在本地预先整理数据,之后通过服务系统上传数据模板文件。服务系统会将数据内容与区块链上的数据特征进行比对查重,并赋予确权凭证。数据上链储存成功后,可在数据仓库中查询及并供程序使用。

程序提供方在提供程序时,首先由管理员对程序的功能、安全性等属性进行审核。人工审核通过后,应用服务系统会将程序关键文件 hash 特征值与区块链上特征列表进行比对查重,如通过审查则发放确权凭证。管理员可根据程序提供方的功能要求,以预设功能组件拖、拉、拽的方式进行用户界面(user interface,UI)设计与 web 化封装。封装完成的程序在完成测试后,便可发布到应用服务系统上,供用户选用。

区块链底座向用户提供数据及应用程序授权服务,以数据授权服务为例来说明授权服务的基本流程。如图 5.31 详细描述了数据访问申请的流程,在此过程中,数据使用者需要申请数据访问令牌才可查看数据,数据访问令牌是权限控制的核心要素,服务通过智能合约对令牌进行管理。在传统中心化系统中,令牌机制处理认证相关的动作,只要持有令牌即可访问一定的信息,这种令牌是单项验证,有

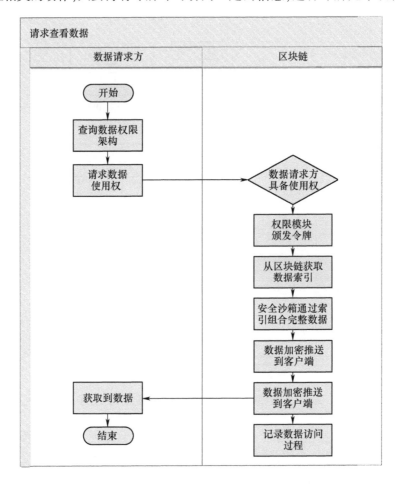

图 5.31 区块链数据访问申请流程图

令牌被冒领的风险。例如,通过截获他人令牌访问应用,可以不同程度上获取被冒领者的账户信息。而区块链颁发的令牌有区块链授权方的签名,且令牌本身就是交易凭证,授权过程需要在令牌中完成数据权限方对数据申请方的签名授权。签名后的令牌无法篡改,且记录了完整的授权过程凭证,同时保障数据拥有方、数据消费方的权益。

数据所有方完成令牌颁发后,数据请求通过授权令牌从区块链上访问数据资源。区块链全程记录了数据使用过程,且不可篡改,数据请求过程不影响数据的所有权。服务过程中,区块链需要对数据所有方的身份进行一次认证,对数据请求方的身份进行一次认证,管理交易的区块链权限管理模块要对数据请求方的数据权限进行一次认证;同时在交互过程中,数据采用加密传输,保障数据安全。图5.32详细给出了数据安全认证流程。

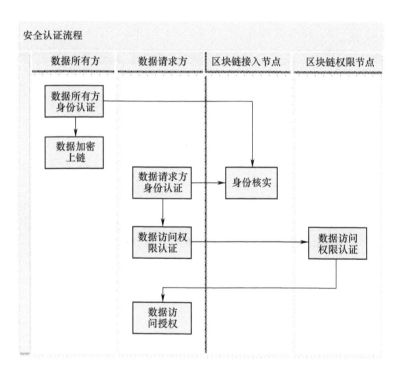

图 5.32 区块链数据安全认证流程图

基于区块链底座,系统管理员可在线监控系统资源使用、区块链底座状态等运行情况,图5.33显示了实际运行中的监控到的系统资源使用情况,图5.34显示了区块链底座状态监控情况,包括块区、交易、节点及链码等状态信息。

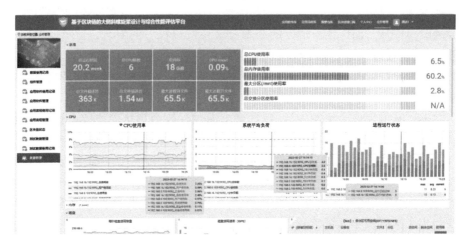

图 5.33 系统资源情况监控

图 5.34 区块链底座状态在线监控

第6章 数据知识化

在当今信息快速发展的浪潮中,人类社会已步入知识经济时代,对知识的需求与日俱增,知识的共享、应用和创新已成为社会各领域进步的必由之路。

科研数据是知识最重要的载体,在任何时候,数据都是宝贵的财富。在长期的船舶科研活动中,积累了十分丰富的各类数据,但数据利用率低、应用方式匮乏。目前对数据的利用主要局限于单次试验或者单个项目的单向使用上,如对于某一个型船开展的总体性能试验完成后,在向客户提交总体性能试验报告或者评估报告后,数据较少进行再利用再分析。只有下一艘相类似船型做试验分析时,才会翻阅以前的报告,查看相关结论。只有极少数数据经过整理、分析,以图谱、经验公式或计算程序的形式,实现数据的知识化传承、复用。大部分情况下,各科研单位对于试验数据,仅仅是根据各自的管理规定进行归档,然后将其淹没于海量的归档材料中,最终变成僵尸数据,数据蕴藏的价值得不到合理的开发和应用。

伴随着大数据技术的出现与发展,研究人员、科研机构、政府部门越发意识到,经过管理的数据才能成为财富,才能成为有价值的资源。但是数据是脆弱的、易于损坏和消失的,合理有效的管理和共享,才能做到不仅可以保存数据,而且可以对已有科研成果的可靠性进行检验,加快科学研究不断创新。

数据管理包括数据汇聚、数据标准、数据分析、数据保存和发布以及数据共享和再利用等多个方面。当数据达到一定的量级,利用大数据、数据挖掘等新一代信息化技术和知识化方法,可以实现数据资产的深度挖掘、关联分析、被动推送,形成知识积累、传承、创新与复用的循环链。改变长久以来依赖于对物理模型试验数据的单方案、有限范围、低精度、手工获取的总体性能快速预报的传统数据应用服务模式,转向基于物理模型试验数据的海量方案、普适范围、比拟试验精度、沉浸式人机交互界面的新的管理及服务新模式,提升各业务单位乃至整个船舶行业内的船舶研发知识共享和协同创新能力。

本章首先介绍科研数据管理的基础知识及关键技术,其次分析船舶总体性能虚实数据的特点及标准化、汇聚、存储管理方案,最后介绍典型的数据知识化方法及实例。

6.1 数据管理技术概述

数据管理(data management)最早出现在计算机领域,是指利用计算机硬件和软件技术对数据进行有效的收集、存储、处理和应用的过程,其目的在于充分有效的发挥数据的作用。本章所述"数据"主要是指"科研数据",是指科研活动中产生的原始的、基础的数据。

科研数据可以采取任何数字文件格式,如视频、文本、照片、数字等。科研数据管理能够帮助提高科学的可再利用性和可信度,它不仅仅是可获得的、可重复利用的,经过同行评审的,还要是准确无误的。科研数据管理过程应该是针对数据整个生命周期的管理。

6.1.1 数据基本概念

在开展数据管理研究之前,我们首先要了解数据概念,关于数据有一些的基本术语和定义。

数据:信息的可再解释的形式化表示,适用于交流、解释或处理。(注:数据可以由人工或自动的方式加工、处理)

数据元:由一组属性规定其定义、标识、表示和允许值的数据单元。

数据模型:数据的图形或文字表示,指明其特性、结构和相互间关系。

元数据:定义和描述其他数据的数据。

元模型:规定一个或多个其他数据模型的数据模型。

对于科研数据,不同的学者有不同的认识,约翰霍普金斯大学界定的科研数据:将用于重建和评估报告的或以其他方式公布的结果的记录,例如实验室的笔记,原始实验结果和仪器输出的数值等;耶鲁大学给出的科研数据的定义:为分析目的而收集、观察或创建的信息,以产生原始研究,包括观测变量,实验室的数据以及用于文本挖掘或测试算法的派生和编译数据。

从数据结构来划分,可以将数据划分为三类,即结构化数据、非结构化数据和半结构化数据,具体描述如下:

(1)结构化数据。这是一种用户定义的数据类型,它包含一系列的属性,每个属性都有一个数据类型,存储在关系数据库里。传统的船舶试验数据大多属于这一类,如船舶阻力试验过程中记录的阻力数据,敞水试验中记录的螺旋桨转速、推力、扭矩等。一般的业务系统都有大量的结构化数据,一般存储在 Oracle 或 MySQL 等关系数据库中,在企业级数据中心一般是在集中存储架构中保存,或称为主存储系统,以块存储访问为主。

(2)非结构化数据。相对于结构化数据而言,不便用数据库二维逻辑表来表现的数据称为非结构化数据,包括所有格式的办公文档、文本、图片、XML 文件、HTML 文件、各类报表、图像和音频(视频)信息等。船舶科研工作中产生的各类设计图纸、文档,试验过程中的图像、视频信息都属于这一类。分布式文件系统是实现非结构化数据存储的主要技术。

(3)半结构化数据。它是介于完全结构化数据和完全非结构化数据之间的数据。半结构化数据模型具有一定的结构性,但较之传统的关系型和面向对象的模型更为灵活,比如船舶几何信息:有的船舶几何简单,只用少量船型参数即可定义描述;而有的船舶除主船体外,还包含有舵、轴支架、舭龙骨、减摇鳍、侧推等等各种形式的附体;有的主船体不是单个,而是多个,这种情况下,仅依靠船型参数、型值表等结构化数据已难以准确表达,需匹配合适的安装图、局部外形图辅助表达,这就是半结构化数据。半结构化数据并无明确的数据模型结构,但包含相关标记定义用来分隔语义元素以及对记录和字段进行分层。由于半结构化数据没有严格的语义定义,所以不适合用传统的关系型数据库进行储存,适合储存这类数据的数据库被称作 NoSQL 数据库。

以往的科研数据管理主要是针对结构化数据,采用关系型数据库储存。近年来,随着科学研究技术及需求的发展,对非结构化数据应用研究的需求越来越大,非结构化数据管理技术也得到了快速发展。

6.1.2 数据管理技术的发展

传统数据管理经历了人工管理、文件系统、数据库系统三个发展阶段。

1) 人工管理阶段

20 世纪 50 年代中期以前,计算机主要用于科学计算,并辅助科研人员进行科研数据的管理,主要特征如下:

(1)不能长期保存数据。在 20 世纪 50 年代中期之前,计算机一般在关于信息的研究机构里才能拥有,当时由于存储设备(纸带、磁带)的容量空间有限,都是在做试验的时候暂存实验数据,做完试验就把数据结果打在纸带上或者磁盘上带走,所以一般不需要将数据长期保存。

(2)数据并不是由专门的应用软件来管理,而是由使用数据的应用程序自己来管理。作为程序员,在编写软件时既要设计程序逻辑结构,又要设计物理结构以及数据的存取方式。

(3)数据难以共享。在人工管理阶段,可以说数据是面向应用程序的,由于每一个应用程序都是独立的,一组数据只能对应一个程序,要使用的数据已经在其他程序中存在,但是程序间的数据是不能共享的,因此程序与程序之间有大量的数据冗余。

(4)数据不具有独立性。应用程序中只要发生改变,数据的逻辑结构或物理结构就相应的发生变化,因而程序员要修改程序就必须都要做出相应的修改,给程序员的工作带来了很多负担。

2) 文件系统阶段

20 世纪 50 年代后期到 60 年代中期,计算机开始应用于数据管理方面。此时,计算机的存储设备已不再是磁带和卡片,硬件方面已经有了磁盘、磁鼓等可以直接存取的存储设备了。软件方面,操作系统中已经有了专门的数据管理软件,一般称为文件系统,文件系统一般由三部分组成:与文件管理有关的软件、被管理的文件以及实施文件管理所需的数据结构。文件系统阶段存储数据就是以文件的形式来存储,由操作系统统一管理。文件系统阶段也是数据管理发展的初级阶段,使用文件存储、管理数据具有以下4个特点:

(1) 数据可以长期保存。有了大容量的磁盘作为存储设备,计算机开始被用来处理大量的数据并存储数据。

(2) 有简单的数据管理功能。文件的逻辑结构和物理结构脱钩,程序和数据分离,使数据和程序有了一定的独立性,减少了程序员的工作量。

(3) 数据共享能力仍较差。由于每一个文件都是独立的,当需要用到相同的数据时,必须建立各自的文件,数据还是无法共享,会造成大量的数据冗余。

(4) 数据不具有独立性。在此阶段数据仍不具有独立性,当数据的结构发生变化时,也必须修改应用程序,修改文件的结构定义;而应用程序的改变也将改变数据的结构。

3) 数据库系统阶段

20世纪60年代后期以来,计算机管理的对象规模越来越大,应用范围越来越广,数据量急剧增长,同时对多种应用、多种语言相互覆盖的共享数据集合的需求越来越强烈,数据库技术便应运而生,出现了统一管理数据库的专门软件系统——数据库管理系统(database management system,DBMS)。

数据库系统中所建立的数据结构,能够充分地描述数据间的内在联系,便于数据修改、更新与扩充,同时保证了数据的独立性、可靠性、安全性与完整性,减少了数据冗余,是使用最为广泛的一种数据管理方式。

用数据库系统来管理数据比文件系统具有明显的优点,从文件系统到数据库系统,标志着数据管理技术的飞跃。

6.1.3 数据管理的一般方法

科研数据管理是一个从数据产生,到数据的加工发布,再到数据的再利用的一个循环往复的过程,是针对数据整个生命周期的管理。关于科研数据管理技术的研究已相当成熟,公开发表并认可的各类数据生命周期管理模型已有40多种,典型的生命周期管理模型包括:撰写数据管理计划、数据收集、数据描述、数据分析、数据发布和保存、数据共享和再利用六个典型阶段。

(1) 撰写数据管理计划。数据管理计划要求科研人员或者数据管理专家设计研究和明确要搜集的数据来源、类型或其他特征,以及如何管理数据使其能在整个生命周期内被访问,发挥其利用价值。

(2) 数据收集。数据收集是进行数据管理的重要步骤，是整个数据管理的基础。所收集的数据，是从海量信息中发现获取的，要求有较高的质量，以保证数据管理的全面性、真实性以及可信度。数据的收集途径是多种多样的。

(3) 数据描述。就是运用规范的语言对数据进行精准的描述，以便后来人查找和获取数据，也方便数据的管理和后期的引用等。对于数字资源主要使用元数据进行描述，目前比较主流的元数据标准"都柏林核心元数据"（Dublin core metadata initiative，DCMI）。

(4) 数据分析。数据分析是指对原始数据的分析、可视化或者评价表达的过程。原始数据的使用将花费研究人员大量的时间和精力，但是倘若原始数据被整理得当，成为有用有意义的信息，不仅可以方便研究人员使用，还可以探讨数据之间的潜在联系。此外，数据分析常常是多种方法共同操作完成的，而且还需要遵循特定学科领域的标准，因此数据分析应当熟悉基本的数据分析方法和工具，还要掌握学科领域的知识和技能等。

(5) 数据保存和发布。数据保存和发布是指把数据提交到一个合适的长期的归档处，例如数据中心等，并公布调查结果。该项过程对于数据管理和研究数据本身都有着重要意义。数据的保存是为了维护数据的完整性，避免物理性损害和数据篡改、盗取、丢失等情况的出现。数据发布则是为共享数据做准备，是数据生命周期得以轮转的关键。

(6) 数据共享和再利用。数据共享能够促进研究再现或对研究进行验证，使研究的结果让大众知晓和使用，使其他研究人员利用现有数据进行新的科学问题的探讨，提高研究水平和创新层次。数据再利用是促进数据生命周期循环的重要环节，起着承上启下的作用。数据再利用的过程中，研究人员不断地对数据进行挖掘，例如不断重新整合数据，进行可视化分析等，预测未来的研究发展趋势，目的都是为了使数据升值，增加数据的价值。

6.2 大数据管理技术

大数据又称巨量资料，是指无法在一定时间范围内用常规软件工具进行捕捉、管理和处理的数据集合，是需要新处理模式才能具有更强的决策力、洞察发现力和流程优化能力的海量、高增长率和多样化的信息资产，即大数据需要新的管理模式。

6.2.1 大数据管理技术特点分析

大数据管理包括数据接入、数据预处理、数据存储、数据处理、数据可视化、数据治理，以及安全和隐私保护等方面，在形式上与传统数据管理类似，但因大数据特性又具有独有的特点，包括：

1) 数据接入

大数据的数据来源广泛,采集方式多样。大数据系统需要能够从不同应用和数据源(如互联网、物联网等)进行离线或实时的数据采集、传输、分发。为了支持多种应用和数据类型,大数据系统的数据接入除了需要采用规范化的传输协议和数据格式,还应提供更丰富的数据接口,以利于读入各种类型的数据。

2) 数据预处理

由于采集到的数据在来源、格式、数据质量等方面可能存在较大的差异,需要数据抽取、清洗、转换等步骤,以便支撑后续数据处理、查询、分析等步骤来进一步应用,其中数据抽取和清洗是两个关键步骤。数据抽取可以帮助研究人员将复杂的数据转化为单一的或者便于处理的形式,以达到快速分析处理的目的。对于大数据,并不全是有价值的,有些数据并不是我们所关心的内容,而另一些数据则是完全错误的干扰项,需要进行数据清洗。清洗是对数据的过滤"去噪",从而提取出有效数据。

3) 数据存储

大数据大体量、高速和多样性的特点,使得传统的集中式存储结构和存储技术难以满足其存储需求,基于云架构的分布式存储成为大数据的主流存储方式。基于分布式文件系统(Hadoop distributed file system,HDFS)在海量半结构化和非结构化数据的存储方面有巨大优势,能够很好地支持内容检索、深度挖掘、综合分析等大数据分析应用。

大数据存储重点要解决复杂结构化、半结构化和非结构化大数据管理与处理问题,解决大数据的可存储、可表示、可处理、可靠性及有效传输问题,涉及分布式非关系型大数据管理与处理技术、异构数据的数据融合技术、数据组织技术、大数据建模技术等关键技术。

4) 数据处理

因各方需求不同,导致产生了如离线处理、实时处理、交互查询、实时检索等不同数据处理方法。

离线处理是针对实时性要求不高的数据的处理方法,通常数据量巨大,对计算及存储资源的要求高。实时处理是针对有实时性要求的数据(如流数据)的处理方法单位时间处理的数据量大,通常对 CPU 和内存的要求很高。交互查询是指对数据进行交互式的分析和查询,对查询响应时间要求较高,对查询语言支持要求高。实时检索是指对实时写入的数据进行动态的查询,对查询响应时间要求较高,并且通常需要支持高并发查询。

近年来,为满足不同数据分析场景在性能、数据规模、并发性等方面的要求,流计算、内存计算、图计算等数据处理技术不断发展。同时,人工智能的快速发展使得机器学习算法更多地融入数据处理、分析过程,提升了数据处理结果的精准度、智能化和效率。

5）数据可视化

数据可视化是大数据技术在各行业应用中的关键环节。通过直观反映出数据各维度指标的变化趋势,用以支撑用户分析、监控和数据价值挖掘。数据可视化技术的发展使得用户借助图表、2D\3D 视图等多种方式,通过自定义配置可视化界面实现对各类数据源进行面向不同应用要求的分析。

6）数据治理

数据治理涉及数据全生命周期端到端过程,不仅与技术紧密相关,还与政策、法规、标准、流程等密切关联。

从技术角度,大数据治理涉及元数据管理、数据标准管理、数据质量管理、数据安全管理等多方面技术。当前,数据资源分散、数据流通困难(模型不统一、接口难对接)、应用系统孤立等问题已经成为企业数字化最大挑战之一。大数据系统需要通过提供集成化的数据治理能力,实现统一数据资产管理及数据资源规划。

7）安全与保护

大数据系统的安全与系统的各个组件及系统工作的各个环节相关,需要从数据安全(例如备份容灾、数据加密)、应用安全(例如身份鉴别和认证)、设备安全(例如网络安全、主机安全)等方面全面保障系统的运行安全。同时随着数据应用的不断深入,数据隐私保护(包括个人隐私保护,企业商业秘密保护)也已成为大数据技术重点研究方向之一。

6.2.2 大数据管理关键技术

1）分布式数据库技术

分布式数据库是指将物理上分散的多个数据库单元连接起来组成的逻辑上统一的数据库。随着各行业对大数据应用需求的不断提升,人们对数据库系统的可扩展性、可维护性提出更高要求。当前以结构化数据为主,结合空间、文本、时序、图等非结构化数据的数据融合分析模式正成为用户的重要需求方向。同时随着大规模数据分析对算力要求的不断提升,需要充分利用异构计算单元(如 CPU、GPU、AI 加速芯片)来满高性能计算的要求。

分布式数据库可分为联机事务处理过程(on-line transcation processing,OLTP)数据库、联机分析处理(online analytical processing,OLAP)数据库、混合事务/分析处理(hybrid transcational/analytical processing,HTAP)数据库。OLTP 数据库,用于处理数据量较大、吞吐量要求较高、响应时间较短的交易数据分析。OLAP 数据库,通过对数据进行时域分析、空间分析、多维分析,从而迅速、交互、多维度地对数据进行探索,常用于商业智能和系统的实时决策。HTAP 系统,混合了 OLTP 和 OLAP 业务,用于对动态的交易数据进行实时的复杂分析,使得用户能够作出更快的商业决策,支持流、图、空间、文本、结构化等多种数据类型的混合负载,具备多模引擎分析能力。

分布式数据库的发展呈现与人工智能融合的趋势。一方面基于人工智能进行自调优、自诊断、自愈、自运维,能够对不同场景提供智能化性能优化能力;另一方面通过主流的数据库语言对接人工智能,降低人工智能使用门槛。此外,基于异构计算算力,分布式数据库能基于对不同 CPU 架构(ARM、X86 等)的调度进行结构化数据的处理,并基于对 GPU、人工智能加速芯片的调度实现高维向量数据分析,提升数据库的性能、效能。

2) 分布式存储技术

随着数据(尤其是非结构化数据)规模的快速增长,以及用户对大数据系统在可靠性、可用性、性能、运营成本等方面需求的提升,分布式架构逐步成为大数据存储的主流架构。

基于业务需求和技术发展,分布式存储主要呈现三方面趋势:①一是基于硬件处理的分布式存储技术。目前大多数存储仍是使用传统机械硬盘(hard disk driver,HDD),少数的存储使用固态硬盘(solid state disk,SSD),或者 SSD+HDD 的模式,如何充分利用硬件来提升性能,推动着分布式存储技术进一步发展,是当前分布式存储技术研究的重点问题之一。②二是基于融合存储的分布式存储技术。针对现有存储系统对块存储、文件存储、对象存储、大数据存储的基本需求,提供一套系统支持多种协议融合,降低存储成本,提升上线速度。③三是与人工智能技术融合,例如基于人工智能技术实现对性能进行自动调优、对资源使用进行预测、对硬盘故障进行预判等,以提升系统可靠性和运维效率,降低运维成本。

3) 流计算技术

流计算是指在数据流入的同时对数据进行处理和分析,常用于处理高速并发且时效性要求较高的大规模计算场景。流计算系统的关键是流计算引擎,其主要特征包括:支持流计算模型,能够对流式数据进行实时的计算;支持增量计算,可以对局部数据进行增量处理;支持事件触发,能够实时对变化进行及时响应;支持流量控制,避免因流量过高而导致崩溃或者性能降低等。

随着数据量的不断增加,流计算系统的使用正日趋广泛,传统的流计算平台和系统开始逐步显现不足,如状态一致性保障机制较弱,处理延迟较大,吞吐量受限等。这些推动着流计算平台和系统向新的发展方向延伸,包括:更高的吞吐速率,以应对更加海量的流式数据;更低的延迟,逐步实现亚秒级的延迟;更加完备的流量控制机制,以应对更加复杂的流式数据情况;容错能力的提升,以较小的开销来应对各类问题和错误。

4) 图数据库技术

图数据库是利用图结构进行语义查询的数据库。相比关系模型,图数据模型具有独特的优势:一是借助边的标签,能对具有复杂甚至任意结构的数据集进行建模,而使用关系模型,需要人工地将数据集归化为一组表及它们之间的连接条件,才能保存原始结构的全部信息;二是图模型能够非常有效地执行涉及数据实体之间多跳关系的复杂查询或分析,由于图模型用边来保存这类关系,因此只需要简单地查找操作即可获得结果,具有显著的性能优势;三是相较于关系模型,图模型更加灵活,能够简便地创建及动态转换数据,降低模式迁移成本;四是图数据库擅于处理网状的复杂关系,在金融大数据、社交网络分析、推荐、安全防控、物流等领域有着更为广泛的应用。

6.3 船舶总体性能研究与设计数据汇聚技术

科研数据的收集是开展数据管理的前提和基础,对于船舶领域船舶总体性能研究与设计一般依托某个项目或某一个型船的设计来开展,所产生的科研数据具有显著的项目属性,这些数据分布在各业务单位的各工作系统中,存在地理上分散、组织上分布的特点,将这些数据收集起来的过程是一个"汇聚"的过程。船舶领域的试验成本高、技术难度大,其历史和不断新生的物理模型试验数据的宝贵价值是毋庸置疑,但实现"无损高保真"的收集、汇聚是一件非常困难的事。

6.3.1 船舶总体性能数据特点

数据的收集是实现数据管理和应用第一步需要完成的工作,船舶总体性能数据包括物理模型试验、虚拟试验、实船测试数据等基础性数据,还包括相关的系统管理数据,这些数据具有以下特点。

1) 存量多、分布分散

自1872年世界上第一座船模拖曳水池诞生,船模试验成为船舶总体性能研究的重要手段,各船舶强国纷纷投入人力、物力建造各自的船模试验设施,开发船模试验研究体系。我国于20世纪50年代建造了国内第一座船模拖曳水池,在之后的几十年间,以中国船舶科学研究中心为代表的各船舶科研院所开始研究建设我国的船舶试验研究体系,建设了数量庞大、配套齐全、覆盖船舶总体性能研究各学科领域的实验室及配套设备,仅中国船舶科学研究中心就拥有各类实验室30余座。

这些实验室自建成以来,已源源不断地产生船舶几何、试验数据、性能预报、评估方法、验证方法等海量数据和知识,并且在现有试验能力拓展以及新建实验室的"加力"下,将以更快的速度持续不断地生产数据。

据不完全统计,这些实验室已经完成的试验模型或试验试件数量早已过万,形成的试验数据也已不可胜数。仅以中国船舶科学研究中心承担船舶快速性试验的深水拖曳水池实验室为例,1994年就已完成了1000条试验模型的试验,2021年增加到了3000条,其中每一条模型都进行了大量的试验测试,积累形成了海量的试验数据。我国船舶总体性能历史数据的存量巨大，但分散于各单位的各实验室，分布分散。

2）专业广、类型多样

这些实验室的建设初衷是为了满足船舶总体性能的研究需求，因此这些试实验室的能力涵盖了几乎所有船舶类型（包括水面船舶、水下潜航器、海洋平台等）的诸项总体性能，包括但并不仅限于表6.1所列。

表6.1 物理模型试验数据分类表

性能分类	子性能	子性能子项
水动力性能	快速性	阻力
		敞水
		自航
		伴流场
		波浪增阻
		波浪中自航
	操纵性	拘束模操纵性
		自航模操纵性
		波浪中操纵性
	耐波性	海洋环境
		波浪力/载荷
		运动响应
		耐波性事件
		波浪中稳性
	兴波与精细流场及控制	兴波
		精细流场
		边界层脉动压力
	动稳定性能	带自由面的六自由度运动
		运动控制
		降载
	水动力载荷	载荷试验技术
	流体动力	空泡水动力
	推进器性能	空泡
		流场
		水动力
		内波尾迹

续表

性能分类	子性能	子性能子项
结构安全性	船舶波浪载荷	波浪弯矩
		砰击弯矩
		波激振动弯矩
		甲板上浪
		破损船体载荷
	液舱晃荡载荷	晃荡载荷
	落体砰击载荷	二维楔形体
		三维船体结构
	冰载荷	冰载荷
	船体结构性能	总纵强度、刚度和稳定性
		局部强度
		疲劳强度
		极限强度
		剩余强度
		船体碰撞
		结构优化
	耐压结构性能	强度
		极限承载能力
		变形协调
		低周疲劳寿命
		蠕变
		密封性
	动响应评估	流固相互作用
		冲击环境预报及控制
		设备抗冲击性能
		人员抗冲击性能
综合隐身性能	振动	结构振动
		推进系统振动
		机械振动
		流激振动
	水下辐射噪声	机械噪声
		螺旋桨噪声
		水动力噪声
	舱室噪声	设备振动噪声
		通风系统振动噪声
		推进轴系
		推进器脉压动力

专业广也意味着数据的类型多、数据结构差异大、数据记录存储的形式多样等问题,既有结构化的物理测量数据记录,也有模型几何、图片、文件等非结构化数据,即数据异构问题突出。

3) 质量高

这些数据均是从国家级甚至世界级的实验室中产生,涵盖了国防科技重点实验室、国家重点实验室、国家级船舶流体与结构性能检测试验室等,经过了中国合格评定国家认可委员会(China National Accreditation Service for Conformity Assessment,CNAS)及相关的质量管理体系等认证机构的严格审查。

这些数据所依托的试验是遵循国际标准或者我国最高标准,通过严格的质量体系控制、采用国际一流的试验测试系统、经过有丰富经验的技术人员精细采集获得的,试验数据的质量和精度非常高。

4) 价值大但利用不足

这些数据在我国船舶技术发展、新船型研发过程中发挥了不可磨灭的作用。我国的第一艘水翼船、地效翼船、小水线面双体船等高性能船艇的研发都在试验室进行了大量的系列研究试验,为设计建造提供了科学依据。

但是,目前对于这个存量多、专业广、质量高、价值大的"数据宝库"的利用还存在以下不足:

1) 使用单向性

目前的利用还局限于单次试验或者单个项目的单向使用上,即对于某一个型船开展的总体性能试验完成后,向客户提交总体性能试验预报报告或者评估报告,获得了一部分船舶实船试验,或者实际交付使用过程中的试验数据,以优化完善我们的预报方法。但大多数情况下,船东(客户)、设计方很少反馈实船试验等总体性能的实际情况,导致这些数据的利用价值被低估,从而缺少试验预报—实船验证—优化试验预报—实船验证的螺旋式提升循环。

2) 数据离散性

针对同一型船的这些试验数据的产生往往是相对分散的,各性能数据产生的时间随着该型船研究阶段可能是不同步的,这就导致这些历史上的数据有可能散落在不同的"存储空间"中,没有形成针对某一型船统一的试验数据库。并且,船型的研制过程由于其系统复杂性,可能是间歇性的、时空不连续的,这也导致了获得的这些数据时空分布是较为离散的、较为困难收集的和统一分析的。

3) 数据处理方法及应用有局限性

历史上对这些数据的再加工,主要通过统计回归形成用于快速预报的回归公式,而在方法的形成过程中,对船型的表征参数采用了内插、简化处理,导致这些总体性能的数据和船型之间的关联弱;由于样本和数据离散性强(除了系列物理模型试验),预报的精度时常不高,且仅对样本覆盖的船型适用,方法较为局限。

4）濒临消散

历史上形成的这些宝贵数据,大多以图纸、试验数据记录表、试验报告、研究报告、规程标准等形式分散地存储于档案、计算机中,且随着时间的推移,若不对这些宝贵的、尚未信息化的数据进行"抢救性发掘",这些"汗牛充栋"的"知识"将不可避免地逐渐消散。

5）虚拟试验数的价值被低估

一直以来,船舶科研只注重对物理模型试验数据的管理,而忽视虚拟试验数据的价值。进入 21 世纪,随着计算机及计算技术的发展,以数值仿真计算为特征的虚拟试验技术蓬勃发展,在某些领域,如在常规船舶阻力性能、螺旋桨敞水性能预报方面已达到船模试验预报精度水平,虚拟试验数据与物理模型试验数据具有同等重要的价值,已成为船舶总体性能预报、评价、优化的重要工具。

虚拟试验数据本身具有数字化特点,容易记录、保存和转换,但是虚拟试验数据往往体量大,计算文件动辄几百兆字节,对存储空间的需求大;虚拟试验的另一个突出特点是增长速度快,在计算技术高速发展的今天,其增速将持续增加,给数据管理、存储带来的巨大的挑战。

因此,在虚实双重属性来源的大子样数据管理及应用方面,以及在数据的聚类与关联、数据高效流通(共享)、数据工程化应用方面,应建立系统的数据管理体系,包括数据标准化、数据汇聚方法、数据库设计、数据中心建设、数据知识化应用等。

6.3.2 数据标准化

面对海量、快速增长的高价值船舶科研数据,如何以一种规范、有序的方式进行收集、汇聚,成为船舶科研数据管理和知识化应用的第一大挑战。作为描述和表示信息的工具和符号,数据及其标准化是获取、共享、管理信息和知识的关键。

数据标准化是一种按照预定规程对共享数据实施规范化管理的过程。数据标准化的对象是数据元素和元数据。数据元素是通过定义、标识、表示以及允许值等一系列属性描述的数据单元,是数据库中表达实体及其属性的标识符。在特定的语义环境中,数据元素被认为是不可再分的最小数据单元。元数据是描述数据元素属性(语义内容)的信息,并存储在数据元素注册系统(又称数据字典)中。数据元素注册系统通过对规范化的数据元素及其属性(元数据)的管理,可以有效实现用户跨系统和跨环境的数据共享。

各专业方向及各应用领域对于相同的数据概念有着不同的功能需求和不同的描述,从而导致了数据的不一致性。主要表现为数据名称、数据长度、数据表示的不一致及数据含义的不统一。

为了阐述的方便,本节以船舶结构安全性能物理模型试验数据标准化过程来说明船舶科研数据标准化方法和过程。船舶结构性能涉及波浪载荷、疲劳强度、结构强度、极限强度、稳定性数据等多个方面,结构性能数据标准化包含结构化数据标准化和非结构化数据标准化两个部分。

1. 数据标准化流程

数据标准化是一个庞大的、长期的、基础的系统工程,需要各方面的专业人员按照系统化的规范流程开展实施。数据标准化主要包括业务建模、数据规范化、文档规范化三个典型阶段。

1) 业务建模

数据标准化是建立在对现实业务过程全面分析和了解的基础上,并以业务模型为基础的。业务建模阶段是业务领域专家和业务建模专家按照制定的业务流程设计指南,利用业务建模技术对现实业务需求、业务流程及业务信息进行抽象分析的过程,从而形成覆盖整个业务过程的业务模型。该阶段着重对现实业务流程的分析和研究,尤其需要业务领域专家的直接参与和指导。

业务模型是某个业务过程的图形表示或一个设计图。从某种角度说,它又是收集和存取业务数据要求的一种框架,以确定这些要求在实现中是否完整、准确和合适。业务模型还能用于业务过程的改善,确定如何减少不能增值的活动,同时使增值活动更有效地改善业务。

数据不是臆造的,业务建模可用于确定数据需求。业务模型通过图示的方式标示出需要数据共享和数据交换的环境和范围。业务模型有利于数据标准化,保证需要共享的数据是结构化和可用的,以便所有用户能使用和理解这些数据。业务模型也能标识参与同一个业务过程的其他组织和数据。

2) 数据规范化

数据规范化阶段是数据标准化的关键和核心,该阶段是针对数据元素进行提取、规范化及管理的过程。数据元素是信息管理和信息交换的基本单元,而信息的管理与交换更离不开业务流程。因此,数据元素的提取离不开对业务建模阶段成果的分析,通过研究业务模型能够获得业务的各参与方、确定业务的实施细则、明确数据元素对应的信息实体。该阶段是业务领域专家和数据规范化专家按照制定的数据元素设计与管理规范要求,利用数据元素注册系统(数据字典)对业务模型内的各种业务信息实体进行抽象、规范化和管理的过程,从而形成一套完整的标准数据元素目录。

3) 文档规范化

文档规范化阶段是数据规范化成果实际应用的关键,是实现离散数据有效合成的重要途径。标准数据元素是构造完整信息的基本单元,各类电子文档则是传递各类业务信息的有效载体,也是黏合标准数据元素的黏合剂。该阶段是业务领域专家和电子文档设计专家按照电子文档设计指南对各类电子文档格式进行规范化设计和管理的过程,并形成一批电子文档格式规范。各类电子文档规范化必须依赖数据规范化阶段成果,各类电子文档处理系统也要依赖数据规范化阶段成果才能实现对各类规范电子文档的有效处理。

2. 结构性能科研结构化数据标准化

结构性能科研结构化数据的标准化包括3个步骤:数据分类、数据编码和数据模板设计。

1)数据分类

结构性能数据来源于多个专业的多个实验室,根据其属性特点按学科领域,对象和子性能三个层次进行分类。表6.2给出了结构性能数据属性分类的示例。

表6.2 船舶结构性能数据属性分类示例

学科领域	对象	子性能
结构安全	水面船舶	波浪载荷
		极限强度
		疲劳强度
		结构强度
		局部强度
		……
	水下潜航器	耐压密封性
		结构强度
		结构稳定性
		疲劳强度
		……

水面船舶结构性能数据是对水面船结构波浪载荷、疲劳强度、结构强度、极限强度试验中形成的物理模型试验数据,以及相关的试验大纲、原始记录、试验报告等文件或视频影像资料,按照相应试验数据标准及数据库标准的要求进行编辑整理的数据。

水下潜航器性能数据是对水下耐压结构、耐压球壳结构模型在结构性能和稳定性试验中形成的物理模型试验数据,包括相关试验大纲、原始记录、试验报告等文件或视频影像资料,采用如上类似的方法进行编辑整理。

2)数据编码

分析各类数据中每类数据包含的层级关系,得到各类数据最多所需要的层级。根据折中又不影响数据全部录入原则,最后确定用来划分数据结构的节点目录级数,每级目录给予一个分类码,目录分类码从"1~9"及小写英文字母中取值,其中小写英文字母去掉"o"和"z",目录等级不够的用数字 0 填补,以给文档和表格编号。每级分类码及底层编码均未满,数据库的扩展性强。

3)数据模板设计

针对数据编码底层目录中的结构化数据表进行设计,其主要包括以下几方面内容。

(1)表主题。阐述表的内容和目的,一个 excel 表里含有多个不同主题 sheet 表,如分类属性表、本属性定制特征表、模型主参数表、结果属性表等。

(2)中文表名。由汉字组成,一般来说字数小于 20,简明扼要地表达该表所描述的内容。

(3)表标识。该表在数据库中的真实表名,命名规则是简明扼要;表标识一般为中文关键字的英文简写,长度不超过 30 个字符,对应不同种数据,从大写字母 A~H 中取值。

(4)表体。每个专业方向数据模板都包含一个通表即分类属性表,定义名称、数据来源、试验名称、平台对象、试验对象、学科、专业和属性等框架标签。

属性定制特征表主要定义船舶结构专业试验模型主要相关参数,表体设计主要包含以下方面的内容:名称、符号、单位、备注等,定义了字段标识、类型及长度、必填项,其中名称根据表格所要表示内容确定,命名规则是中文关键字的英文缩写,一般来说字母个数小于 10,不足 10 个时用全名;字段标识是字段在数据库中的表现方式,类型及长度是对字段的类型和长度进行的定义,其中类型一般包括定长字符串 char、变长字符串 varchar、整型 int、双精型 double、日期型 date 及时间型 time,长度需要根据字段最大可能表示长度来确定;必填项是对字段名是否为非空字段进行定义,非空就填"Y",否则不填;单位是根据字段的属性选用国际通用单位,有则填,无则不填。

(6)代码。字段取值为固定选项时,宜以字段代码代替文字输入。

3. 结构性能非结构化数据标准化

结构性能数据来源广泛,且分属不同的系统,数据源具有异构性、非结构化特性,如 word 文档、视频、图片等。传统方式通常对每一种数据源单独开发一套数据采集、清洗、入库规则程序,数据标准化过程复杂,很难做到对数据的统一管理。

java script 对象表示法(java script object notation,JSON)是一种轻量级的数据交换格式,具有良好的可读性以及快速编写特性,可以在不同平台间完成数据交换。

采取"非结构化数据-JSON-结构化数据"的转换方式,将非结构化技术资料的元数据信息转换为可存储在数据库中的结构化数据,解决非结构化数据标准化问题。

针对船舶结构性能数据的分类,利用 JSON 对结构性能相关非结构化数据的共有属性进行描述和表达。这些非结构化数据多以 word 文档、图片和多媒体文件的形式表现,其共有属性具有一定的结构性,例如 word 文档中的试验报告、物理模型的图纸、动态视频等。在文档上传的时候录入这些共有信息,然后根据这些结构性信息编写相关的 JSON 文档,最终将带有 JSON 信息的非结构化文档储存在数据库中,方便后期对非结构化数据进行检索。

6.3.3 数据汇聚方案

不管是试验条件下的物理模型试验数据,还是虚拟试验数据,还是实船测试数据,目前都还无法达到真正意义上的"大数据"量级,但大数据汇聚与分析的基本思想以及相关技术可以给总体性能数据汇聚工作提供参考。

试验数据是船舶总体性能快速预报的基础,数据源包括历史上形成的试验数据和未来试验产生的试验结果。开展数据挖掘首先需要将多源异构数据按统一的分类、预处理和标准框架进行处理,形成标准化动态样本库,属性细分后的样本子库可作为机器学习的输入。

如图 6.1 所示,数据汇聚包括数据的分类和关联、数据预处理、数据架构体系建设三个部分,最终形成船舶总体性能试验数据库,这其中要处理好如下关键技术问题。

1) 数据的分类和关联

船舶总体性能数据来源于水动力性能、结构安全性、综合隐身性等学科的科研活动,涉及不同的船型对象、试验类型、试验环境和数据格式。开展数据挖掘技术研究不是在庞大的试验数据库里进行数据查询,而是要根据预报目标属性在细分后的样本子库进行数据应用。因此需要对数据开展分类关联技术处理,针对数据进行属性细分,根据试验类型、试验对象、数据格式等对试验数据源进行分类标识,在此基础上,根据数据源的属性进行分类汇聚。

数据分类方法包含人工分类和基于机器算法的分类,为了实现样本库的动态更新,基于机器算法的自动分类入库具有更强的适用性。常用的分类算法主要有决策树分类、基于规则的分类、最近邻分类、贝叶斯分类、人工神经网络和支持向量机等。针对不同学科问题可能采用不同的分类算法,建立标准分类算法,作为数据自动分类入库的基础。数据关联技术是指在物理模型试验数据属性细分的基础上,基于数据之间的属性特征,建立对象数据、工况数据、试验结果等不同数据之间的联系。

最后,基于数据分类关联方法,指导不同性能的试验数据分类汇聚,形成不同的预报样本子库。

2) 数据的预处理

总体性能数据包含多种数据类型,即使通过标准化技术处理,仍存在数据的质

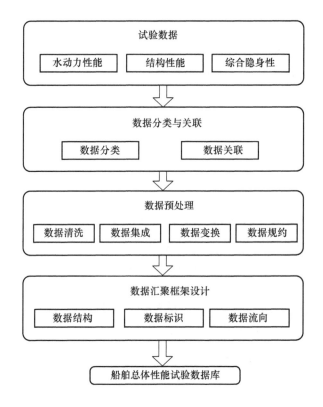

图 6.1 船舶总体性能试验数据汇聚流程

量不一的情况。当大量的数据汇集到数据库中时,部分数据存在数据类型不一致、噪声数据、数据冗余、数据稀疏等问题,使其在挖掘过程中难以直接使用,需要对数据进行预处理。

物理模型试验数据预处理主要包括数据清洗、数据集成、数据变换和数据归约四个方面。数据清洗是去掉噪声和无关数据的过程;数据变换是将多个数据源中的数据结合起来存放在一个一致的数据存储中;数据集成是把原始数据转换成为适合数据挖掘的形式的过程;数据归约是从原有庞大数据集中获得一个精简的数据集合,并使这一精简数据集保持原有数据集的完整性。主要方法包括:数据立方体聚集、维归约、数据压缩、数值归约、离散化和概念分层等。

通过数据预处理,针对不同性能的不同数据格式,建立每种数据格式下的数据预处理规范,形成统一的数据预处理方法,为样本库数据的标准化奠定基础。

3) 数据汇聚架构体系

物理模型试验数据样本库是数据知识化应用的基础,需要开展数据汇聚框架体系设计,围绕数据结构、数据标识以及数据流向等方面开展标准化研究。首先要对不同类型数据进行数据结构一致化处理,保证数据结构的统一;其次对多元化的数据进行数据标识设计,赋予样本库中的数据必要的补充标识,利于数据的深入应用;同时应用合适的数据入库与提取策略,形成统一的数据流向,确保数据使用的通畅,避免数据重复、数据缺失等问题。

6.4 船舶总体性能数据中心

船舶科研数据分散于各业务单位的各工作系统,存量多、增长快、类型广,打造一个船舶总体性能数据中心,一是能够满足地理分散的各业务单位多源异构数据的汇聚、共享和应用的需求,二是能够满足海量数据并发读写的需求,三是能够满足快速增长的数据对存储空间的需求。最终形成一个分布式、可扩展的船舶总体性能数据中心。

船舶总体性能数据中心建设应特别注重数据知识产权的保护和安全,甚至应该把数据知识产权保护放在数据中心系统建设第一要考虑的问题,因为只有处理好了知识产权保护问题,各业务单位才乐意共享数据,才能实现全面、有效的数据汇聚。只有数据汇聚、积累到一定程度,才能够有效的运用机器学习、数据挖掘等新一代信息化技术,挖掘数据背后潜藏的知识,实现数据的知识化应用,打造并持续改进数据的知识化产品——应用程序(APP)。

6.4.1 数据存储架构的发展

数据存储在云计算、虚拟化、大数据等相关技术进入后发生了巨大的改变,集中式存储已经不再是数据中心的主流存储架构,海量数据的存储访问需要扩展性、伸缩性极强的分布式存储架构来实现。

随着数据中心从最初的孤立系统企业级应用,发展到互联网化阶段的大规模云计算服务,其存储架构也不断演进发展。如图 6.2 所示,应用需求的变化推动存储架构不断改进提升,从最初仅满足关键系统的性能与容量需求,发展到以虚拟化架构来整合数据中心存储资源,提供按需的存储和自动化运维服务,并进一步向存储系统的智能化、敏捷化演进。竖井式、虚拟化、云存储三种架构并存是当前存储架构发展的现状,软件定义存储架构的出现则是后云计算时代的存储发展阶段。

1. 竖井式架构

对于早期的系统,在主机架构下,数据和逻辑是一体的。采用面向过程的设计方法,每个应用是一个孤立的系统,维护相对容易,但难于相互集成。客户机/服务器架构将逻辑与数据进行了分离(不论 C/S 还是 B/S 模式,本质都是客户机/服务器架构),同样采用面向对象的设计方法,每个应用是一个孤立的系统,提供了一定后台集成的能力。这种架构的存储也随着系统的建设形成了自身的独立性,业

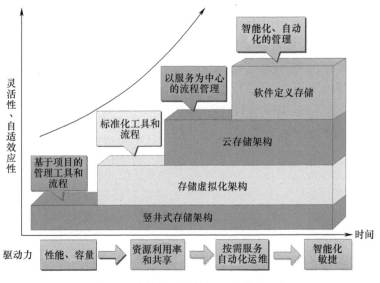

图 6.2 存储系统系统架构和管理演进

务平台的硬件设备按照规划期内最大用户数来配置,而在业务初期和业务发展情况难预测的情况下,无法真实评估存储的规模与性能要求,这往往会浪费不少硬件设备资源和空间、动力等资源,并且硬件资源不能灵活调度。每个业务上线都需要经过软件选型、评估资源、硬件选型、采购和实施等环节,业务上线流程长、时间跨度大,不利于业务发展。

即使是企业数据中心进入云计算时代,大量的应用逐步向云的环境迁移,但因为某些系统独特的技术要求,这种竖井式架构仍会长期存在。

2. 存储虚拟化架构

随着业务发展,数据中心存储不可避免形成大量的异构环境,标准化的管理流程难以实施。存储虚拟化架构可实现对不同结构的存储设备进行集中化管理,统一整合形成一个存储池,向服务器层屏蔽存储设备硬件的特殊性,虚拟化出统一的逻辑特性,从而实现存储系统集中、统一又方便的管理,使存储池中的所有存储卷都拥有相同的属性,如性能、冗余特性、备份需求或成本,并实现自动化以及基于策略的集中存储管理。

同时,存储资源的自动化管理为用户提供更高层次策略的选择。在存储池中可以定义多种存储工具来代表不同业务领域或存储用户的不同服务等级。另外,还允许用户以单元的方式管理每一个存储池内部的存储资源,根据需要添加、删除或改变,同时保持对应用服务器业务系统的透明性。基于策略的存储虚拟化能够管理整个存储基础机构,保持合理分配存储资源,高优先级的应用有更高的存储优先级,使用性能最好的存储,低优先级的应用使用便宜的存储。

3. 云存储架构

云存储架构伴随着大规模云计算的数据时代的到来,将存储作为"云"的服务来提供。不论是企业私有云还是公有云的存储,都着重于大量存储数据的创建和分布,并关注快速通过云获得数据的访问。云存储架构需要支持大规模的数据负载的存储、备份、迁移、传输,同时要求巨大的成本、性能和管理优势。

云存储的技术部署是通过集群应用或分布式文件系统等功能,将网络中大量各种不同类型的存储设备通过应用软件集合起来协同工作,共同对外提供数据存储和业务访问功能的一个系统,保证数据的安全性,并节约存储空间。

在大规模系统支撑上,分布式文件系统、分布式对象存储等技术,为云存储的各种应用提供了高度可伸缩、可扩展性,提供优异的弹性支撑和强大的数据访问性能。并且因为这些分布式技术对标准化硬件的支持,使得大规模云存储得以低成本地建设和运维。

云存储不是要取代现有的磁盘阵,而是为了应对高速增长的数据量与带宽而产生的新形态存储系统,因此云存储在构建时重点考虑的三点:扩容简便、性能易于增长、管理简易。

4. 软件定义存储架构

当前,软件定义存储还未有确切的定义,但软件定义存储代表了一种趋势,即存储架构中软件和硬件的分离,也就是数据层和控制层的分离。对于数据中心用户而言,通过软件来实现对存储资源的管理和调度,如灵活的卷迁移等将无须考虑硬件设备本身。

通过软件定义存储实现存储资源的虚拟化、抽象化、自动化,能够完整地实现数据中心存储系统的部署、管理、监控、调整等多方面的要求,使存储系统具备灵活、自由和高可用等特点。

传统存储的虚拟化、自动化都由专用的存储设备来实现。许多厂商虚拟化存储都要使用自己定制的设备,或者是在特定服务器上加载的一款软件来支持。软件定义存储将存储服务从存储系统中抽象出来,且可同时向机械硬盘及固态硬盘提供存储服务,软件定义存储消除硬件设备的限制,采用开放的存储架构,提供存储的性能、可管理性,增强存储系统的智能性和敏捷的服务能力。同时软件定义存储也以分布式技术,如分布式文件存储、对象存储等大规模可扩展架构为数据基础,支持灵活的控制管理,这将是存储领域发展的大趋势。

6.4.2 分布式存储技术

分布式存储技术是一个与集中式存储技术相对的概念,传统的集中式存储技术将信息数据存储在了特定的节点上,而分布式存储技术则是利用网络的优势将零散的存储空间模拟成一个整体,并将数据存储在这个虚拟的存储空间中,实际上数据已经被分散在了各个存储器中,并非某些特定的节点。

分布式存储管理系统(distributed file system,DFS)是基于分布式存储技术建立的数据资源管理系统。系统将分散的存储空间进行整合,利用多台服务器分散存储负荷,有效保证了系统的可靠性、可用性与安全性,分布式存储技术的最大特点就是"分散存储,集中管理"。建立分布式的存储系统,能够大大提高数据读取的效率,对于数据的爆发式增长,分布式系统可按需动态地添加存储节点,真正做到按需配置。

分布式存储系统由数据节点(datanode)进行数据的主控,所有的数据文件都切分成块(block),采用一种写入一次读取多次(write-one-read-many)数据访问模型。数据在 datanode 中能够冗余备份,一个节点的损坏不会造成数据的丢失和系统的崩溃。

1. 分布式结构化数据存储

结构化数据是计算机信息技术的基础数据,通常情况下,结构化数据存储在 Oracle、SQL Server 等关系型数据库中,当信息数据超出了单个节点的存储能力时,系统一般采用扩展的方式解决存储空间问题,如垂直扩展、水平扩展。

1) 垂直扩展

垂直扩展是根据数据的功能进行分类,将同类型的数据存储在指定空间中,最后对完整的数据库进行分割,实现存储空间扩展的目的,这种扩展方式要求数据具备较好的独立性,数据功能之间的交叉越少越好。

2) 水平扩展

水平扩展是根据数据行的规则进行分割,将同行的数据分配到指定的数据库中。除此之外,还可以按照特定的规则对数据进行分割,将具有一定共性的数据分配到相同的数据库,比如按照数据字段的 hash 值进行分割。

2. 分布式半结构化数据存储

现有的半结构化数据的分布式存储解决方案较多,主流的包括如 NoSQL 数据库、Mongo DB、HDFS 以及 SWIFT 等。

(1) NoSQL 数据库的中文名为非关系数据库(Not only Structured Query Language,NoSQL),可不依靠固定的关系建立数据模型,具有较好的数据扩展伸缩性,最重要的一点是可以支持定制存储,灵活性极好。

(2) Mongo DB 实质上是基于 JSON 的非关系型数据库,数据库中的格式是 JSON,具有较好的调阅性与解析性,同时可以应用于多个系统平台中,具有极强的兼容性,比如 Windows、Linux 等。

(3) HDFS 可以支持流式访问的超大型文件,具有较好的复制性,系统构建成本较低。

（4）SWIFT属于对象存储系统,具有极强的扩展性与持久性。

NoSQL数据库是最主要的半结构化数据的存储方式,它是大数据时代的产物。NoSQL数据库的产生就是为了解决大规模数据集合多重数据种类带来的挑战,特别是大数据应用难题。

传统的关系型数据库均遵循ACID理论,即数据库在写入或更新资料的过程中,为保障事务是正确可靠的,所必须具备的四个特性,即原子性(atomicity)、一致性(consistency)、独立性(isolation,又称隔离性)和持久性(durability)。而NoSQL数据库则遵循CAP理论,是指一个分布式系统不可能同时在一致性(consistency)、可用性(availability)以及分区容错性(partition tolerance)上达到完美的实现。相比于传统的关系型数据库,NoSQL则拥有诸多的优势,包括:

（1）NoSQL具有高可扩展性。与关系型数据库相比,NoSQL数据库中的数据没有固定的结构,没有固定的关联,这在架构层面上带来了极大的可扩展能力。

（2）NoSQL具有更高的读写性能。NoSQL数据库特别适合大数据量的场景,这得益于数据库中的数据彼此没有关联性,而且数据库的结构也更加简单。从缓存角度考虑,NoSQL的缓存是记录级的,是一种细粒度的缓存策略。而一般的关系型数据库使用的是查询缓存,每当表发生了更新,缓存就会失效,是一种粗粒度的缓存策略。因此在交互频繁的应用中,NoSQL数据库会比关系型数据库拥有更好的读写能力。

（3）NoSQL具有更加灵活的数据模型。NoSQL不需要事先为存储的数据建立字段,可以根据场景随时存储自定义的数据格式,这使得其数据结构可以灵活地发生变化。在这个数据量激增的年代,这种优势尤其明显。

（4）NoSQL具有高可用性。在不影响性能的情况下,通过分片、副本等机制,NoSQL数据库可以轻松的实现高可用的分布式架构,使其比关系型数据库具有更好的容错性。

在实现上,NoSQL数据库存储类型多样,可以满足不同场景下不同的数据要求,常见的NoSQL数据库存储类型有以下几种:

（1）键值对方式存储(key-value stores)。在该类型的数据库中,数据通过键值对(key-value)的方式进行存储,并且通过键值进行检索。这一类数据库可以存储结构化或者非结构化的数据。在实现上,这一类数据库主要会使用到一张哈希表,这个表中有一个特定的键和一个指向特定数据的指针。这一类数据库优势在于比较简单,容易部署。典型的数据库有Redis、Berkeley DB、Amazon Simple DB等,适用于内容缓存、混合工作负载并需要扩展大的数据集的场景。

（2）列式存储(column-oriented stores)。这一类型的数据库会包含一项可扩展的紧密相关的列,而不是像在关系型数据库中的表和列那样拥有严格的结构化设置。这部分数据库通常用来应对分布式存储的海量数据,其优势在于查找速度快,可扩展性强,更容易进行分布式的扩展。典型的数据库包括谷歌内部使用的 BigTable 以及 Cassandra 和 Hbase 等。

（3）文档方式存储(document-based stores)。在这类数据库中,数据以文档集进行组织存储。该类型的数据模型是版本化的文档,用户可以在文档里添加任意长度和任意数量的字段。在数据库中以 JSON 格式为基础的文档作为基本单位。文档数据库允许文档之间嵌套键值,并且相比于 key-value 数据库拥有更高的查询效率。其优势在于对数据的结构要求不严格,可以进行灵活的变化,典型的数据库有 Apache Couch DB、Mongo DB 等。

（4）图形方式存储(graph stores)。图形数据库利用灵活的图形模型进行数据的组织,并且可以轻易地将数据扩展到多个服务器上。而且,图数据库更加关注数据之间的相关性以及用户要如何执行计算任务,它允许用户以事务性方式执行相关联的操作,而在关系型数据库中只能通过批量处理的方式来完成。图形数据库常见的用途包括地理空间计算、推荐引擎、生物信息学等方面,偏向于表达位置关系的数据都适合利用图形数据库进行处理。典型的图数据库有 Neo4J、InfoGrid、Infinite Graph 等。

3. 分布式非结构化数据存储

非结构化数据的分布式存储主要有谷歌文件存储管理系统(Google file system,GFS)和分布式文件系统(Hadoop distributed file system,HDFS)两种方式。

1) 谷歌文件存储管理系统

GFS 是谷歌公司开发的一款具有代表性的非结构化数据的分布式存储系统,它主要由三个功能模块组成,包括主服务器模块(master)、客户端模块(client)和数据块服务器模块(chunk server)。

主服务器模块主要用于存储元数据,包括了文件系统的目录结构以及文件相应的位置信息。主服务器模块相当于分布式存储系统的"中枢",记录着每一个数据块的详细信息,除此之外,主服务器模块还会定期更新这些信息,通过周期性的扫描,保证数据的准确性。

客户端模块实际上是主服务器模块预留的接口,应用程序可以通过这些接口访问系统,应用程序调用的数据以库文件的形式进行传递。当然,这些库文件是应用程序可以直接读取的,同时库文件与数据库具有一定关联性,可以与数据库进行链接。

数据块服务器模块负责具体的存储操作,将文件按照标准的大小进行分割,而数据块就是数据块服务器模块中的最小存储单元,一般取值为 64MB,再将每一个数据块分割成 64KB,一般的非结构化数据的分布式存储系统具有三个数据块服务器模块,具体的数量根据系统与数据的规模进行划分。

2）分布式文件系统

HDFS 是受 GFS 系统启发,被设计成适合运行在通用硬件上的一个高容错性的系统。HDFS 能提供高吞吐量的数据访问,非常适合大规模数据集上的应用。

图 6.3 给出了 HDFS 架构示意图,由图可以看出 HDFS 系统由一个名称节点(namebode)和多个数据节点(datanode)组成。namenode 是一个中心节点,负责管理文件系统的名字空间、客户端对文件的访问、接收 datanode 的心跳、负载均衡以及数据复制等。一个 datanode 一般会对应一个节点,该节点上的存储及客户端的读写请求将会由此 datanode 负责。datanode 会在 namenode 的统一调度下进行数据块的创建、删除和复制。

和 GFS 一样,HDFS 默认采用副本复制策略保证数据的可靠性,它将每个文件划分为多个数据块,除了最后一个数据块,其他数据块的大小都相同,且每一个数据块都会有副本,分布在不同的地方。

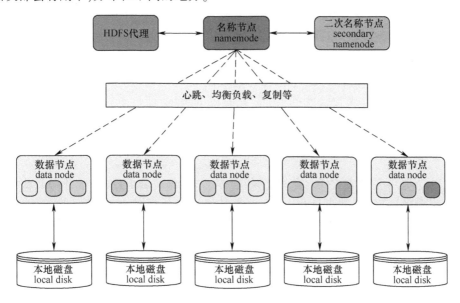

图 6.3　HDFS 架构示意图

4. 分布式对象数据的存储

对象存储也称为基于对象的存储。对象具有自完备特性,它包含元数据、数据和属性,可以进行自我管理,即对象本身是平等的。也就是说,对象分布在一个平坦的空间中,而非文件系统那样的树状逻辑结构之中。对象存储以身份标识号码(identity,ID)为基础,根据 ID 可以直接访问数据,核心是将数据通路(数据读或写)和控制通路(元数据)分离,并且基于对象存储设备(object-based storage device,OSD)构建存储系统,每个对象存储设备具有一定的智能,能够自动管理其上的数据分布。

对象存储是随着云计算和大数据的概念而发展的一种存储技术,目前主要有 Ceph 和 Swift 两种方式。

1) Ceph

Ceph 是当前使用较为广泛的一款开源分布式存储系统,它采用对象存储模型来存储数据,并且同时支持块存储和文件存储,因此,Ceph 已经作为许多云计算平台的存储后端,比如 OpenStack 和 CloudStack。相比于其他的分布式存储系统,Ceph 提供了更加丰富的存储接口,包括:对象存储接口、传统可移植操作系统接口(portable operating system Interface,POSIX)、块存储接口。

与 GFS 相比,Ceph 没有 master 节点,实现了整个系统的去中心化,这样就避免了系统的单点故障,提高了系统的可靠性。Ceph 的基础服务架构主要包括了对象存储设备(object storage device OSD)、监视器(monitor)和元数据服务器(metadata server,MDS)等部分。OSD 负责数据的存储,包括处理数据的副本、数据的恢复、数据的再均衡以及通过心跳机制检测其他 OSD 的状态并及时报告给 monitor 节点。monitor 负责监控系统的整体状态,包括自身的状态、集群 OSD 的状态、存储位置映射状态等。monitor 主要解决系统整体的一致性问题,维护集群内节点关系图的一致性,当 OSD 新增或者被删除时,需要通过 monitor 进行系统整体状态的更新。MDS 则主要负责系统中文件的元数据管理。当然,该模块只负责提供标准的 POSIX 文件访问接口,块存储服务和对象存储服务并不需要 MDS 的参与。

2) Swift

Swift 是一套分布式的对象存储系统,是 Openstack 云平台(一个开源的云计算管理平台项目)的存储组件之一,可以为其提供持久可靠的对象存储服务。在对象存储中,往往存在三个概念,即账户、容器和对象。在 Swift 中,每个用户都需要创建一个账户来使用 Swift 存储服务,而在数据层面,Swift 则和一般对象存储一样,以容器作为数据的存储单位,以对象作为基本的存储实体。一个账户下可以创建无限多个容器,而在一个容器内则可以存储千万个对象。

Swift 采用一致性哈希算法构建一套可扩展的对象存储集群,其主要目的在于,当集群中的节点数量发生改变时,能尽量减少对键(key)和节点(node)的映射关系的影响。其中用于存储该映射关系的组件叫作环(ring)。账户、容器和对象有不同的 ring。当某个组件需要对一个对象、容器或者账户进行操作时,它就需要和相应的 ring 进行交互来决定对象、容器或账户的物理位置。ring 还负责在发生故障时保证集群的高可用性。当代理服务器转发的客户端请求访问设备失败时,就需要 ring 来决定将请求转发到指定的设备来继续完成读写操作。当集群中发生存储节点的增加、删除,或者区(zone)的增加或者删除,以及出现节点宕机等导致分区和设备间映射关系发生改变时,就需要对 ring 进行更新。在高可用服务方面,

Swift使用审计服务实现对数据的有效性检测,而使用更新服务对写入失败的数据进行修复更新。

6.5 船舶总体性能数据中心设计

近年来,国内对科研数据管理越来越重视,相继发布了《科学数据管理办法》、《国家科技资源共享服务平台管理办法》,旨在规范管理国家科技资源共享服务平台,推进科技资源向社会开放共享,提高资源利用效率,加强和规范科学数据管理工作。国家科技部、财政部自2019年起,已推动建立了多个国家科学数据中心。国家科学数据中心承载着国家科学数据顶层设计实施重大使命,以及资源汇聚整合、资源开发应用与分析挖掘等工作的方向性布局,将对全国的科学数据工作起到示范性引导作用。可以说,国家科学数据中心既是当前国家创新体系的基础要素,又是国家创新体系的重要引擎之一,也是变革未来创新模式的重要推手。

船舶科研领域,长期以来,积累了大量的物理模型试验、虚拟试验(数值模拟)和实船测试数据,部分物理模型试验已不同程度实现了信息存储,现有分散的数据库中存储了大量宝贵的数据。在新一代信息技术的支持下,创建船舶总体性能数据中心,依托数据标准体系,整合现有资源,汇聚持续积累的物理模型试验数据、虚拟试验应用数据、实船测试数据、海洋环境数据、船型数据等数据,利用人工智能技术挖掘数据价值,形成知识化APP,是响应国家增强科学数据管理、提高资源利用率精神,推进船舶领域创新体系的重要举措和基础。

船舶总体性能数据中心需要适应各船舶研究、设计主体单位在信息化过程中存在的系统分割、资源分散、体制多样、处理重复、运维成本高等问题,依托以云计算、大数据为核心的新型信息技术,建设数据库集群,集中汇聚总体性能立体感知网采集的水动力学、结构安全性能、综合隐身等专业数据等资源,实现数据采集、数据存储、数据处理等一体化管理。利用大数据分析技术,根据行业应用特点,挖掘提炼专业知识,为船舶总体性能提供信息保障,提升船舶设计决策能力,为各行业和应用各类基础数据提供支撑,提升船舶信息共享和应用能力。

具体而言,船舶总体性能数据中心应首先实现以下基本功能。

(1) 数据收集(汇聚)。梳理总体性能各类历史数据,特别是以光盘甚至是纸质资料的数据,以人工和信息化技术相结合的方式抢救历史"沉睡"数据,录入信息化系统,纳入总体性能数据中心。

(2) 基础数据集群。尚未建立数据库的专业数据先建立数据库,已建数据库的专业数据,整合现有资源,打通数据接口,建设数据中心调度系统,在不重复建设的基础上,实现数据中心全门类逻辑上的完整性。

(3) 数据应用。建立数据共享服务系统,使不同单位、不同专业的设计人员能共享数据成果、应用成果,建立数据可视化系统,为用户提供多样化的数据展示形式和统计查询展示形式,建立工程化 APP 和应用 APP 使用服务系统,在数据挖掘的基础上,能针对具体的专业性能进行评估预报。图 6.4 从应用的角度,给出了数据中心总体应用示意图,它包括大数据采集系统、数据标准规范发布查询系统、大数据服务系统、大数据处理分析系统、大数据存储管理系统。

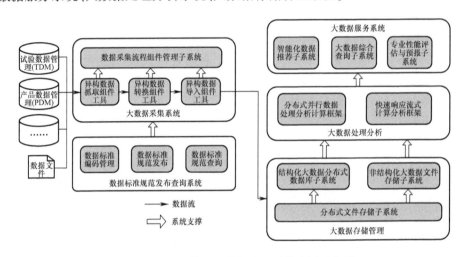

图 6.4 船舶总体性能数据中心总体应用示意图

6.5.1 船舶总体性能数据中心系统架构

数据中心在逻辑上大致可分为数据层和应用层,如图 6.5 所示,数据层负责实现所有数据收集、存储、管理等相关功能,并对外提供数据访问接口;应用层负责实现基于数据层的各类与数据相关的应用。

1) 数据层

数据层主要包括数据采集子系统和数据存储子系统两个部分。

(1) 数据采集子系统。数据采集子系统主要实现数据中心外部的各类数据源的数据采集,包括外部应用系统、外部数据库、数据文件、实船试验远程实时传输数据等。数据采集子系统具备可扩展能力,可以向 APP 开发方提供相关接口,供 APP 开发方定制开发适用于自身使用场景的数据采集应用。

(2) 数据存储子系统。数据存储子系统主要实现数据中心的所有数据存储管理功能,是数据中心的基础应用。数据存储子系统存储的数据可划分为四类:船舶总体性能数据库群、APP 数据、系统数据和知识数据。

船舶总体性能数据库群包含了所有的总体性能数据,具体可细分为物理模型试验数据库、虚拟试验数据库、海洋环境数据库、实船试验数据库、数据样本库、船

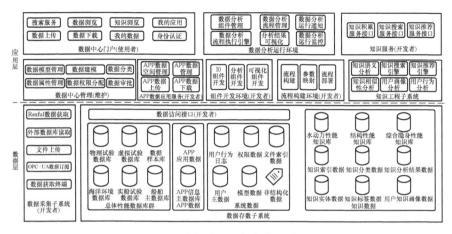

图 6.5 数据中心逻辑架构示意图

舱主数据库,如图 6.6 所示。

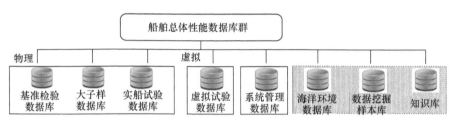

图 6.6 船舶总体性能数据库组成

APP 数据包含了所有跟 APP 应用相关的数据,具体可细分为 APP 应用数据和 APP 信息主数据。

系统数据包含了数据中心运维的基础数据,具体可细分为用户行为日志数据、权限数据、文件索引数据、用户主数据、模型数据、非结构化数据。

知识数据包含了数据中心所有的知识相关数据,具体可细分为总体性能数据相关知识(如水动力性能知识库、综合隐身性能知识库、结构性能知识库等)、知识索引数据、知识分类数据、知识分析结果数据、知识实体数据、知识标签数据、用户知识画像数据。

除此之外,数据存储子系统还包含数据访问接口,APP 开发方在开发 APP 过程中可以调用该数据访问接口以实现 APP 对数据中心的数据存取。

2) 应用层

应用层包括以下几个主要功能模块。

(1) 数据中心门户。数据中心门户提供面向 APP 使用方的数据服务,具体包括搜索服务、数据浏览、知识浏览、数据上传、数据下载、我的数据、我的应用、身份认证等。

（2）数据中心管理。数据中心管理提供面向系统维护方的数据中心管理服务，具体包括数据模型管理、数据属性管理、数据建模、数据分类、数据权限分配、数据审批等。

（3）APP应用数据服务。APP应用数据服务提供面向APP开发方的应用数据服务，具体包括APP数据空间管理、APP数据管理、APP数据上传、APP数据下载等。

（4）数据分析运行环境。数据分析运行环境提供针对数据分析的应用服务，具体包括数据分析组件管理、数据分析流程管理、数据分析状态通知、数据分析流程执行引擎、分析结果可视化、数据分析运行监控等。

（5）组件开发环境。组件开发环境提供面向APP开发方的应用开发服务，具体包括I/O组件开发、分析组件开发、可视化组件开发等。

（6）流程构建环境。流程构建环境提供面向APP开发方的流程构建服务，具体包括流程构建、参数映射、流程部署等。

（7）知识服务。知识服务提供面向APP开发方的知识相关服务接口，具体包括知识积累服务接口、知识搜索服务接口、知识推荐服务接口等。

（8）知识工程子系统。知识工程子系统提供知识工程相关服务接口，具体包括知识语义分析、知识搜索引擎、知识推荐引擎、知识相似性分析、用户画像分析、用户行为分析等。

数据中心应用层的核心是数据中心管理系统，其组成如图6.7所示，包括了数据采集、数据存储、数据管理、数据分析和知识管理5个二级子系统。

数据中心采用分布式云存储架构设计，但是对于数量不是很大，但是访问速度和数据安全要求非常高的结构化数据还是采用物理机直接存储的方式。如图6.8所示，船舶总体性能数据中心存储架构分为5个层次，包括基础设施层、数据存储层、数据交互层、数据处理层、数据展示层。

（1）基础设施层。基础设施层是为各类数据，包括结构化数据、半结构化数据和非结构化数据的存储提供的存储设备。

船舶总体性能研究产生的结构化数据相对来说数量少，数据的增长速度不是太快，对存储容量要求不太高，但是对数据读取速度和数据安全性要求比较高。因此，结构化数据存储设备以高性能的集中式存储服务器组成，并以数据库垂直分库的方式实现数据的分布式存储。

半结构化数据存储设备主要用来存储大量的列式的物理模型试验结果和虚拟试验结果，这些数据的增长速度较快，对存储容量有一定的要求，同时对数据读取速度和数据安全性要求比较高。因此半结构化数据设备也是以高性能的集中式存储服务器组成，以分布式数据库的方式实现数据的分布式存储。

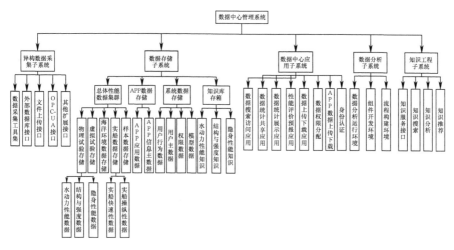

图 6.7 数据中心管理系统功能组成图

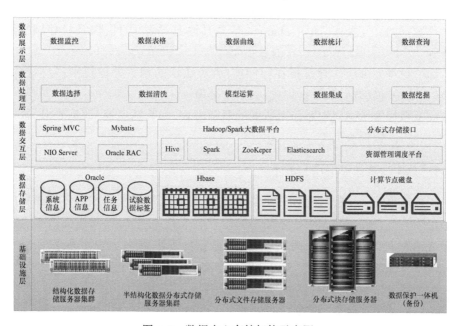

图 6.8 数据中心存储架构示意图

非结构化数据存储设备存储的数据主要包括两个方面：一方面是为船舶总体性能研究与设计服务系统的普通计算节点提供存储空间，短暂存储 APP 运行产生的数据；另一方面是数据中心为物理模型试验和 APP 运行产生的图片、模型、结果和报告等提供永久的存储空间，这些数据普遍较大，而且随着系统运行时间和

217

APP数量以及APP运行频率的增长而快速增长,对存储容量和数据安全性有很高的要求,但是对读取速度的要求略低。

因此,非结构化数据存储设备包括两种:一种是服务系统的存储区域网络(storage area network,SAN)存储设备,它以分布式服务器的方式形成块存储资源池,并以磁盘的方式直接为应用中心的普通计算节点提供存储空间;另一种是数据中心网络附属存储(network attached storage,NAS)存储设备,它以HDFS协议的方式为系统的所有永久存储的非结构化数据提供分布式文件存储服务。

(2)数据存储层。它是各类基础设施对外提供存储服务的最终形式。其中,结构化数据采用Oracle数据库的形式进行存储。半结构化数据和文件数据的管理采用大数据框架Hadoop来实现,采用HBase数据库进行存储,HBase是一个非关系型分布式数据库(NoSQL),实现的编程语言为Java。非结构化文件数据采用Hadoop的HDFS组件进行存储。

(3)数据交互层。它是指读取、存储和管理各类数据采用的相关技术,包括针对数据库的数据交互技术:SpringMVC、Mybatis、Oracle RAC等,针对半结构化数据和文件数据的交互技术:Hive、Mapreduce及其他Hadoop组件,以及块存储的交互技术等。

(4)数据处理层。它是指在存储前/后对数据的相关处理技术,包括数据选择、数据清洗、模型运算、数据集成、数据挖掘等。

(5)数据展示层。它是指对数据的展示方式,如数据监控、数据表格、数据曲线、数据统计、数据查询等。

6.5.2 总体性能数据汇聚与展示

构建一个统一、规范、完整的总体性能数据库模型,实现船舶总体性能数据有效的汇聚、存储,满足数据中心各用户的信息要求和处理需求,对提高数据管理和应用效率有重要意义。对于船舶总体性能数据的设计,要注意以下几点。

(1)保证数据的完整性,实现数据的存储、查询;
(2)通过系统地管理,提高数据的安全性;
(3)实现资源的有效管理和利用;
(4)具有可扩展性,可满足三大专业,未来数据存储业务的需要。

对各类物理模型试验数据进行研究,对其中的公共部分进行提取,设计能表述各专业性能的通用数据表,通过数据之间的逻辑关系表述清楚,可使用PowerDesigner等专业工具,详细描述实体、属性类型及其逻辑关系。数据库集的逻辑结构设计如图6.9所示,每一个方块对应一个信息"表",表的格式依据6.3节所述的标准化方法制订,表6.3给出了特征表的标准格式。

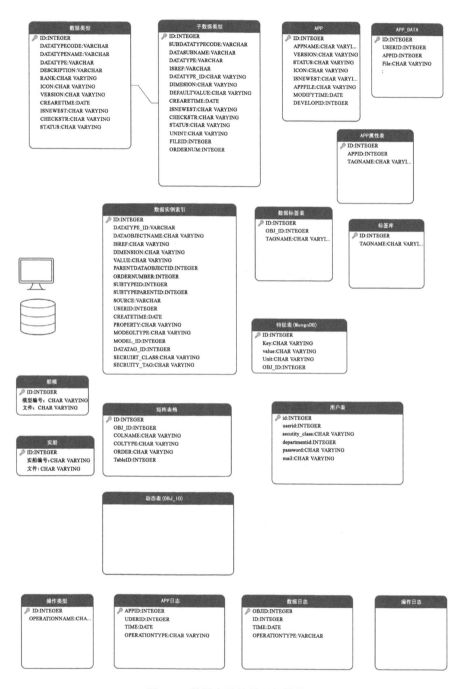

图 6.9 数据库结构的逻辑结构图

219

表 6.3　特征信息表示例

序号	属性名称	显示名称	类型	长度	备注
1	ID	主键	VARCHAR2	100	
2	NAME	特征名	VARCHAR2	200	
3	VALUE	特征值	VARCHAR2	1000	
4	TYPE	特征类型	INTEGER		
5	UNIT	特征单位	VARCHAR2	1000	

数据展示也是数据管理的重要内容之一。为从宏观上把握整个数据库，需要在数据面板中展示数据库中各类试验数据的数据量信息和统计信息，并提供一些快捷入口以及部分热门数据的展示，方便用户第一时间掌握数据动态。如图 6.10 给出了数据中心数据量统计概要图，它从多个维度提供数据统计情况信息。

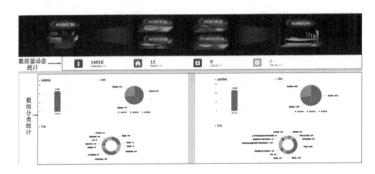

图 6.10　数据量统计概要图

根据需求，用户可以在数据面板中添加快捷方式，即定制化服务，以供用户快速定位到所需分类的数据。快捷方式的标签可根据用户需求更改，旨在高效定位。例如，当我们点击水动力专题选项卡，页面将跳转至水动力相关的数据展示界面，并且数据是已经经过筛选的。在此页面中还可以继续进行查询，筛选等操作。

数据中心还提供数据可视化服务，如图 6.11 所示，将数据划分为四级，即来源、学科、专业、属性，在每一个节点后可展示该节点包含的数据量，由于同一个任务可能包含了几个节点信息，所以这些数字会分别展示，更显数据分类的好处。

对于非结构化数据由于任务常带有 img、txt、xls 等各种格式的附件，而在表格中可展示的数据种类有限，数据中心可提供了详情按钮来查看该任务的所有相关信息。如图 6.12 所示，数据中心点击数据"水动力操纵性试验"后的"详情"按钮，将跳转到任务详细信息页面，页面中包含基本信息、数据信息以及附件信息等。附件预览区域提供了两种方式：图片直接预览和附件原件下载。由于图片格式简单，所以可以直接在页面上预览缩略图，并且点击图片可以查看大图。其他复杂类型的附件数据中心在"任务附件下载"区域提供了下载路径，点击名称即可下载。

图 6.11 数据体系示意图

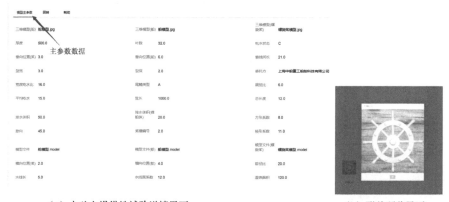

（a）水动力操纵性试验详情界面　　　　　（b）附件预览界面

图 6.12 物理数据非结构化展示图例

在应用层，除提供上述服务之外，数据中心还可提供虚拟试验数据图形化展示、虚拟试验结果下载功能，提供数据查询、数据使用权限分配、数据审核、数据发布等功能。

6.5.3 数据处理和分析

数据处理和分析是数据管理的重点内容，是数据知识化的重要部分。一般而言，数据分析的执行包括数据流和控制流两部分，由数据管理系统平台提供数据分析执行引擎以及一套标准接口，对外提供分析流程控制服务，可与第三方软件集成。平台根据需求，进行资源分配，查找到满足要求的分析资源，然后将创建任务过程中设置的模型、文件、参数等数据自动传递到大数据环境中进行数据分析。

221

图 6.13 给出了数据分析执行工作的一般流程,平台还将提供分析结果查看功能,如"是否展示结果""展示结果描述",用户可通过看板查看当前已完成的分析流程结果。

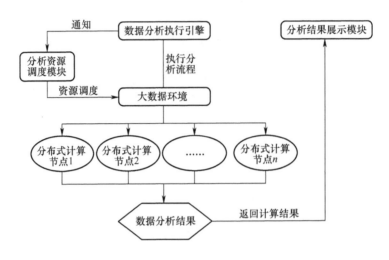

图 6.13　数据分析执行流程

6.5.4　数据中心与试验数据管理系统融合技术

来自各船舶实验室的物理模型试验数据是数据中心数据的重要来源,各实验室已建成或正在建设各自的实验数据管理系统(test data management,TDM),将数据中心与试验数据管理系统进行融合,对于数据中心建设来说具有重要意义。

数据中心与 TDM 融合涉及文件解析、接口技术、数据获取技术,将面临数据中心与业务数据库紧耦合、融合过程中不同数据库间共享共用难等问题,包括以下关键技术。

1. 基于元数据的异构数据库统一建模技术

良好地表示、存储、访问和使用大量数据库资源信息是跨平台多引擎数据库运行的基本前提。在跨平台多引擎数据库中,数据库资源是分布的,资源及其提供者也是分布的。采用元数据描述数据资源、方法(技术)、数据集及用户信息,利用元信息服务对外提供元数据管理,实现新数据资源注册与发布,支持相关性发布。跨平台多引擎数据库的元数据构成元数据目录,元数据采用统一的结构来描述,形成如图 6.14 所示的基于元数据的跨平台多引擎数据库动态建模与统一访问方式。

对于异构数据库,提供异构数据库的适配器,从适配器及元数据描述中抽取格式一致数据,进行转化、加载并提供统一视图,形成跨引擎统一数据访问,也为异构数据库间相互转化提供数据基础。

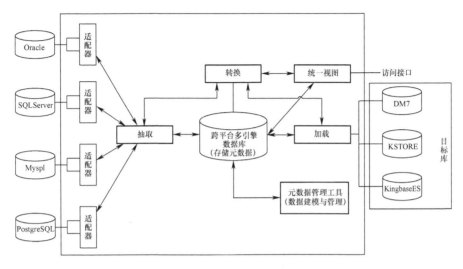

图 6.14 数据库统一建模

2. 基于面向服务的架构的异构数据库融合技术

该技术采用基于面向服务架构(service-oriented architecture,SOA)思想的体系架构,以企业服务总线(enterprise service bus,ESB)作为底层数据通信与平台,实现对各异构数据库差异化服务调用管理,业务流程采用 SOA 体系中的标准业务流程描述语言(business process execution language,BPEL)。BPEL 主要用于异构数据库的自动识别与转化,封装异构数据库标准服务,实现基于 Web 服务组合的数据库转化、访问及操作,建设成一个集成性强的、开放的、具有高度柔性的、可扩展的、可流程重组的数据库整合平台。图 6.15 给出了异构数据库融合基础框架。

实现数据库融合的基础是将各个异构数据库需要进行交互的动作进行标准服务化封装。封装的业务服务在统一的服务注册管理中心进行注册、发布、查询管理。ESB 是构建 SOA 解决方案时所使用基础架构的关键部分。ESB 支持异构环境中服务、消息,以及基于事件的交互,并且具有适当的服务级别和可管理性。简而言之,ESB 提供了连接企业内部及跨企业间新的和现有软件应用程序的功能,以一组丰富的功能启用管理和监控应用程序之间的交互。在 SOA 分层模型中,ESB 用于组件层以及服务层之间,它能够通过多种通信协议连接并集成不同平台上的组件将其映射成服务层的服务。ESB 对于提高 SOA 可扩展性和可用性非常重要,它是连接各元素的信息总线,是服务提供者和服务请求者之间通信的基础设施。

在 ESB 基础上是基于服务组合的业务流程编排,系统通过组合各个异构数据库操作服务实现异构数据库融合。ESB 通过多种方式与现有的系统进行整合,异

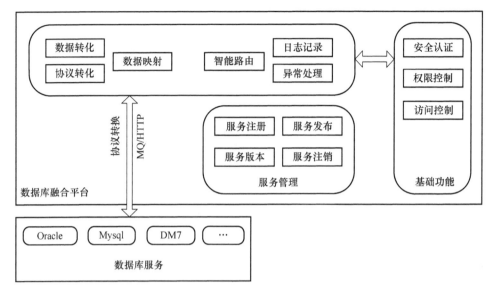

图 6.15 异构数据库融合基础框架

构数据操作流程采用 BPEL 语言进行描述,将各异构数据库操作服务组合起来实现异构数据库统一融合。

3. 基于分布式异构数据库一致性操作接口技术

该技术基于元数据统一建模技术,通过异构数据库一致性操作接口设计,多个应用进程可以同时对不同结构的数据库进行访问,而无须对数据库或程序进行修改。应用程序无须了解数据库是何种数据库,使得应用程序的设计可以完全抛开数据库接口处理的问题,达到程序设计与数据库无关的目的。所有数据库操作的应用编程接口(application programming interface,API)相同,简化了应用代码,方便维护、实现数据的无缝移植与变动。

进行跨引擎数据库访问及操作,包括基于元数据的异构数据库统计建模技术、基于 SOA 的异构数据库统一转化技术、基于 Java 数据库连接的异构数据库统一访问技术、基于分布式异构数据库一致性操作等内容。

6.6　船舶总体性能数据知识化方法

数据知识化是数据管理、数据应用的高级模式,它是应用有效的方法和手段分析、挖掘数据背后潜藏的规律和价值,通过显性的方式予以表达的过程。数据知识化的成果是知识化产品,包括公式、图谱、计算程序、应用软件等,这些产品可脱离数据独立存在,可永久性地传承,直接用于相关产品的研制、建造。

船舶科研领域,很早就开始开展物理模型试验数据知识化的研究工作,如20世纪六七十年代运用统计回归的方法,获得了大量的船舶总体性能设计图谱、公式,后来随着计算机技术的发展和应用,有些形成了专门的计算程序乃至软件。随着大数据技术及人工智能技术的发展,已有科研人员尝试应用机器学习、神经网络等新兴信息技术开展数据知识化的研究工作,并已取得了一些成果。本节对船舶科研领域传统和新兴的数据知识化方法进行较系统的介绍,为相关科研人员提供参考。

6.6.1 统计回归方法

统计回归分析是处理变量之间关系的一种数理统计方法。在科研工作中,经常出现这样的情况,相关的变量之间不存在确定性的函数关系,但若进行了大量的试验观察,就能看出这些相关关系所呈现的规律性。但是,在客观上又只允许我们进行次数有限的试验。从表面看来这是矛盾的,然而只要我们充分利用试验测量到的数据,以及局部和整体之间的内在联系来进行分析与推断,仍然是能够发现、认识这些规律性的。回归分析就是应用数学方法,对试验测量到的数据进行去粗取精、去伪存真、由此及彼、由表及里地处理,从而得出反映事物内部规律的结果。它的主要任务是从有限次试验观测数据对回归函数估计、分析与推断,以及对变量进行预测和控制。它包括如下三个方面的内容。

(1) 确定几个特定的变量之间是否存在相关关系,如果存在的话,找出它们之间回归函数的合适的数学表达式。在实际上往往先假定变量之间存在某些关系,而回归函数的类型也是假定已知的,余下的问题是确定回归函数中的某些未知参数,这在形式上和熟知的最小二乘数据拟合是完全类似的,以下两个问题才是回归分析所独有的。

(2) 进行因素分析。例如,对于共同影响一个变量的许多变量(因素)之间,找出哪些变量是重要因素,哪些是次要的、甚至是可以忽略的因素,这些因素之间又有什么关系等。

(3) 根据一个或几个变量的值,预测或控制另一个变量的取值,并且需要知道这种预测或控制可以达到什么样的精确度。

回归分析方法有很广泛的应用,在生产和科学研究工作中的许多问题都可以用这种方法得到帮助和解决。在船舶科研设计工作中也已得到广泛应用,如MAU系列、B系列螺旋桨图谱回归分析,泰勒系列、系列60、英国BSRA系列船型阻力性能数据回归分析等。

在船舶科研设计中,绝大多数情况,影响因变量的因素不是一个,而是多个,因此主要讨论多个自变量的回归分析问题,在此介绍两种常用的方法:多元正态线型回归和多元多项式回归。

1. 多元正态线性回归

一般的多元回归问题很复杂,此处着重讨论简单而又最一般的多元正态线性回归问题。这是因为许多非线性情形都可以转化为多元线性回归来做,而正态分布则是一种最常见的概率分布,在一般误差理论中都认为误差是服从正态分布的。

多元正态线性回归的基本数学模型可以归结为

$$\eta_r = \beta_0 + \beta_1 x_{1,r} + \beta_2 x_{2,r} + \cdots + \beta_n x_{n,r} + \varepsilon_r (r = 1, 2, \cdots, m) \quad (6.1)$$

式中:$x_{n,r}$ 为自变量 x_n 的第 r 次试验值;η_r 为因变量 η 的第 r 次试验值;ε_r 为误差项;m,n 分别为试验次数和因变量个数。

假定 η 的条件概率分布式是正态分布,误差 ε_r 是正态分布的随机变量,具有无偏性(数学期望均为0)、等方差性和独立性。概括地说,误差 $\varepsilon_1, \varepsilon_2, \cdots, \varepsilon_m$ 相互独立的遵循正态分布 $N(0, \sigma^2)$。

式(6.1)可变形为

$$\eta_r - \bar{\eta} = \beta_1(x_{1,r} - \bar{x}_1) + \beta_2(x_{2,r} - \bar{x}_2) + \cdots + \beta_n(x_{n,r} - \bar{x}_n) + \varepsilon_r (r = 1, 2, \cdots, m) \quad (6.2)$$

常数项 β_0 有

$$\beta_0 = \bar{\eta} - \beta_1 \bar{x}_1 - \beta_2 \bar{x}_2 - \cdots - \beta_n \bar{x}_n \quad (6.3)$$

其中:

$$\bar{\eta} = \frac{1}{m} \sum_{r=1}^{m} \eta_r, \quad \bar{x}_k = \frac{1}{m} \sum_{r=1}^{m} x_{k,r} \quad (k = 1, 2, \cdots, n)$$

现在需从这 m 次试验观测值来确定出回归系数 β_k 的估计值 $\hat{\beta}_k$,而 β_0 的估计值则由式(6.3)求得,即

$$\hat{\beta}_0 = \bar{\eta} - \hat{\beta}_1 \bar{x}_1 - \hat{\beta}_2 \bar{x}_2 - \cdots - \hat{\beta}_n \bar{x}_n \quad (6.4)$$

按回归函数的最小性质,要求的估计值 $\hat{\beta}_k$ 是使得试验点到回归函数之间的距离的平方和为最小的,则有

$$Q_2 = \sum_{r=1}^{m} \{(\eta_r - \bar{\eta}) - [\hat{\beta}_1(x_{1,r} - \bar{x}_1) + \hat{\beta}_2(x_{2,r} - \bar{x}_2) + \cdots + \hat{\beta}_n(x_{n,r} - \bar{x}_n)]\}^2 = \min \quad (6.5)$$

这就是通常熟知的最小二乘法的形式。式(6.5)中大括号的部分:

$$e_r = (\eta_r - \bar{\eta}) - [\hat{\beta}_1(x_{1,r} - \bar{x}_1) + \hat{\beta}_2(x_{2,r} - \bar{x}_2) + \cdots + \hat{\beta}_n(x_{n,r} - \bar{x}_n)] \quad (r = 1, \cdots, m) \quad (6.6)$$

称为残差。

令 $\boldsymbol{\eta}$、$\boldsymbol{\beta}$、$\hat{\boldsymbol{\beta}}$、$\boldsymbol{\varepsilon}$、$\boldsymbol{e}$ 分别为如下的向量式:

$$\boldsymbol{\eta}=\begin{Bmatrix}\eta_1-\overline{\eta}\\ \eta_2-\overline{\eta}\\ \vdots\\ \eta_m-\overline{\eta}\end{Bmatrix},\boldsymbol{\beta}=\begin{Bmatrix}\beta_1\\ \beta_2\\ \vdots\\ \beta_m\end{Bmatrix},\hat{\boldsymbol{\beta}}=\begin{Bmatrix}\hat{\beta}_1\\ \hat{\beta}_2\\ \vdots\\ \hat{\beta}_m\end{Bmatrix},\boldsymbol{\varepsilon}=\begin{Bmatrix}\varepsilon_1\\ \varepsilon_2\\ \vdots\\ \varepsilon_m\end{Bmatrix},\boldsymbol{e}=\begin{Bmatrix}e_1\\ e_2\\ \vdots\\ e_m\end{Bmatrix} \quad (6.7)$$

则式(6.5)可写为

$$Q_2 = \boldsymbol{e}^T\boldsymbol{e} = (\boldsymbol{\eta}-\boldsymbol{X}\boldsymbol{\beta})^T(\boldsymbol{\eta}-\boldsymbol{X}\hat{\boldsymbol{\beta}}) = \boldsymbol{\eta}^T\boldsymbol{\eta} - 2\hat{\boldsymbol{\beta}}^T\boldsymbol{X}^T\boldsymbol{\eta} + \hat{\boldsymbol{\beta}}^T\hat{\boldsymbol{X}}^T\boldsymbol{X}\hat{\boldsymbol{\beta}} \quad (6.8)$$

欲求确定最小值的 $\hat{\beta}$,可对式(6.8)两侧进行微分并使之等于 0 来求得,即由

$$\frac{\partial Q_2}{\partial \hat{\boldsymbol{\beta}}^T} = -2\boldsymbol{X}^T\boldsymbol{\eta} + 2(\boldsymbol{X}^T\boldsymbol{X})\hat{\boldsymbol{\beta}} = 0 \quad (6.9)$$

推得

$$(\boldsymbol{X}^T\boldsymbol{X})\hat{\boldsymbol{\beta}} = \boldsymbol{X}^T\boldsymbol{\eta} \quad (6.10)$$

由以上讨论可知,为求一般的 n 元线性回归方程,最后归结为解一个具有 n 个未知数的线代数方程组,即正规方程式(6.10)。关于线性代数方程组的具体解法很多,有行列式法、逆矩阵法、消元法、迭代法等。但是,由于多元线性回归有它自己固有的特点,即要求寻找所谓"最优"回归方程,一般采用求解正规方程式(6.10)所特有的数值解法。

2. 多元多项式回归方法及数值计算方法

上面讨论了简单的多元线性回归问题,但在实际问题中,经常遇到的变量之间的关系不是简单的线性关系,而是非线性关系。本节讨论在多元回归问题中占有特殊地位的多元多项式回归问题。因为,一方面多项式函数是一类被熟知的常用函数,计算它的函数和导数值都非常简便,而且多元多项式回归问题又可以化为多元线性回归问题来处理;另一方面,任何一个多元函数至少在一个比较小的邻域内可以用多元多项式任意逼近。因此,通常在比较复杂的实际问题中,可以不问因变量与各个自变量的关系如何,而首先用多元多项式回归进行分析和计算。

所谓多元多项式回归系指回归函数类型是一个多元多项式,即

$$\mu(x_1, x_2, \cdots, x_n) = \sum_{i_1=0}^{n_1}\sum_{i_2=0}^{n_2}\cdots\sum_{i_n=0}^{n_n} g_{i_1 i_2 \cdots i_n} x_1^{i_1} x_2^{i_2} \cdots x_n^{i_n} \quad (6.11)$$

为书写得简便,以三元多项式为代表来讨论多元多项式回归方法及数值计算方法,此时,自变量只有3个,假定为 x、y、z,回归多项式为

$$\omega = \mu(x,y,z) = \sum_{i=0}^{n_1}\sum_{j=0}^{n_2}\sum_{k=0}^{n_3} g_{ijk} x^i y^j z^k \quad (6.12)$$

可以化为多元线性回归的问题来处理。若把三元多项式(6.12)的项按如下

的由低到高的齐次次序：$(0,0,0)$，$(1,0,0)$，$(0,1,0)$，$(0,0,1)$，$(2,0,0)$，$(1,1,0)$，$(1,0,1)$，$(0,2,0)$，$(0,1,1)$，$(0,0,2)$，$(3,0,0)$，…进行排列，其中形式(i,j,k)中的i、j、k分别表示式(6.11)中每一项的x、y、z的幂次。并令

$$\begin{cases} f_h = f_h(x,y,z) = x^i y^j z^k \\ \beta_h = g_{ijk} \quad h = 0,1,\cdots,n_0 \end{cases} \quad (6.13)$$

其中

$$n_0 = (n_1 + 1) \cdot (n_2 + 1) \cdot (n_3 + 1) - 1 \quad (6.14)$$

如果把式(6.13)所定义的f_h作为自变量,那么三元回归多项式(6.11)就可以转化为如下形式的多元线性回归式:

$$\omega = \sum_{h=0}^{n_0} \beta_h f_h \quad (6.15)$$

如此,就可以应用熟悉的知识来进行求解。

应用多元线性回归分析方法建立回归方程,其中一个重要的问题是如何在可能影响因变量的、为数众多的初始因素中"挑选"自变量,以建立我们称之为对这批试验数据"最优"的回归方程式。在多元多项式回归时,它相当于从许多初始项中"挑选"某些项,建立多项式回归方程式。

所谓"最优"的回归方程是指以下内容。

(1) 回归方程中的每一个自变量对因变量η的影响是高于显著性水平的,一般置信水平不小于0.95,即回归方程中的每一个偏回归系数$\hat{\beta}_k$都在置信度$\alpha \leqslant 0.05$下与0有显著性差异。

(2) 若在回归方程中再引进一个或几个新的自变量,不可能显著地改进回归方程的精确度,即均方差的估计量$\hat{\sigma}$不可能显著地减小。

(3) 若从回归方程中再除去任何一个自变量,则回归方程的精确度会显著下降,即$\hat{\sigma}$就会显著的增加。

概括地说,最优回归方程包含所有对因变量影响显著的自变量,而不包含对因变量影响不显著的自变量。这样,将最优回归方程作为表示变量之间关系的经验公式,它的项数少,且有可能反映变量之间变化的客观规律。

下面介绍选择"最优"回归方程的几种不同方法。

(1) 从所有可能的变量组合的回归方程中挑选最优者。这个方法就是把所有可能的包含1个、2个……直至所有自变量的回归方程都进行计算处理,并对每个方程作方差分析,对每个变量的影响进行显著性检验,然后按上述标准选择最优者。

从全部可能的回归方程中选择最优方程的方法虽然一定能达到目的,但计算量较大。例如,如果有10个自变量,那么全部可能的显性回归方程就有$2^{10}-1=$

1023 个,因此,必须借助计算机编程实现。

(2) 从包含全部变量的回归方程中逐次剔除不显著的变量。首先求得包含全部自变量的回归方程;然后将经过检验的不显著变量中 t_k (t_k 是指 η 对 x_k 回归系数 $\hat{\beta}_k$ 与 $\hat{\beta}_k$ 方差估计值 $\hat{D}(\hat{\beta}_k)$,即 $t_k = \hat{\beta}_k / \hat{D}(\hat{\beta}_k)$)绝对值最小(偏回归平方和最小)的那个变量从回归方程中剔除。对余下的变量重新求得新的偏回归系数和 t_k 值,并再进行检验,把新的不显著变量中 t_k 绝对值最小的那个变量再剔除。重复这一步骤,直至 t_k 绝对值最小的那个变量也是显著的为止。

这个方法,如果所考虑的自变量中,有些自变量间的线性相关程度较高,此时正规方程式(6.10)的系数矩阵 $X^T X$ 的行列式 $\det(X^T X)$ 的值很小但并不实际等于零,使正规方程式(6.10)成为一个"病态条件"方程组。这样在求偏回归系数 $\hat{\beta}_k$ 的计算中,或将出现很大的系数;或者系数是两个很小的数之比,这样在试验数据中或计算中的微小误差,都将引起最终结果的很大偏离。其中的一个处理办法是增加有效数字的位数,如 2 倍或 3 倍于正常数字工作位数,称为 2 倍或 3 倍精度算术。

(3) 从一个自变量开始,把变量逐个地引入方程。此法的计算顺序正好与第(2)种方法相反,其特点是回归方程的变量式从少到多一个一个地引入的,每一步都是将在当时情形下对因变量 η 影响最大的那个变量引入回归方程,且这个变量在刚引入回归方程时一定要经过检验对 η 的显著性影响。重复这一步骤,直至还未引入回归方程的变量中没有对 η 影响显著的变量为止。

此方法对事先所选的变量数目较多,且其中有一些是对 η 作用不显著的情形时,计算量是比较小的,但是随着变量的逐个引入,由于自变量之间的相关关系,前面引入的变量可能因其后面变量的引入对 η 的影响从显著变得不显著。因此,最后得到的回归方程可能包含有不显著的变量。从这个意义上来说,最后得到的回归方程并不一定是"最优"的回归方程,所以这个方法有进一步改进的必要。

(4) 逐步回归方法。吸收上面第(2)种方法思想,对第(3)种方法进行改进,得到"逐步回归"方法。逐步回归也是从一个自变量开始,按自变量对 η 影响的显著程度,从大到小依次逐个地引入回归方程,所不同的是,当先引入的变量由于后面变量的引入变得不显著时,则随时将它们从回归方程中剔除,因此逐步回归的每一步(引入一个变量或从回归方程中剔除一个变量都算作一步)的前后都要作显著性检验,以保证每次在引入新的显著变量以前回归方程中只包含有显著的变量,直至没有显著的变量可以引入回归方程式为止。

(5) 模长界限控制的正交化方法。这种方法是第(2)种方法的改进。它的主要特点是在数学上熟知的格拉姆-施米特(Gram-Schmidt)正交化过程中加上模长界限控制的技巧,从所考虑的全部自变量中,先剔除其中线性相关程度特别密切的那些变量,即先消除"病态"因素,然后再按照第(2)种方法的步骤,逐次剔除其中不显著变量。由于正交化过程不是从所考虑的全部自变量出发,而是逐个地引入进行正交,占用内存和计算量都显著减小。

3. 统计回归方法在船舶总体性能研究与设计中的应用

20 世纪 50 年代至 90 年代,为研究船舶性能,各主要造船国家的水池研究机构开展了大量的系列物理模型试验,发表了一系列的试验系列图谱、试验数据列表,其中以螺旋桨敞水系列试验、船模阻力试验数据图谱(数据列表)资料最为丰富。在电子计算机逐步普及应用的过程中,一些船舶科研机构采用回归分析的方法对这些试验图谱、数据列表实施程序化、软件化。如 20 世纪 70 年代,对公开发表的 MAU 系列螺旋桨敞水试验数据、B 系列螺旋桨敞水试验数据、19A 号系列螺旋桨敞水试验数据、串列螺旋桨模型系列敞水试验数据以及关刀推进器 GD4-45 系列设计图谱开展回归分析,并集成螺旋桨空泡校核、结构校核和 CAD 制图等方面的知识,形成可直接用于螺旋桨设计的程序,至今仍在发挥作用。

在 20 世纪中前期,各国船模试验池和相关研究机构进行了大量的船模系列试验,如泰勒系列、系列 60、英国的 BSRA 系列、瑞典的 SSPA 系列、日本的肥大船系列等,这些系列都给出了相应的船型参数变化范围。其中大部分按照傅汝德分类法将总阻力分为了摩擦阻力和剩余阻力两部分,对于摩擦阻力一般按相当平板公式(1957ITTC 公式或桑海公式等)进行计算,对于剩余阻力系数也实现了由图谱向回归公式的转化,表 6.4 给出了部分系列船型资料信息和回归形式。

表 6.4 部分船型系列和回归方程式形式

参数范围		系列船型				非系列船型
		60 系列	BSRA 系列	SSPA 系列	NPL 沿海船系列	MARIN 的统计回归资料
参数范围	C_B	0.60~0.80	0.65~0.80	0.725~0.80	0.625~0.725	—
	C_P	—	—	—	—	0.55~0.85
	L/B	5.5~8.5		7.2~8.1	5.5~6.5	3.9~9.5
	B/T	2.5~3.5	2.12~3.96	2.3~2.5	2.0~3.0	2.1~4.0
	Fr	0.15~0.25	0.149~0.238	0.18~0.30	0.169~0.256	最大 0.45
主要变化参数		$C_B, L/B,$ $B/T, x_{CB}$	$L/\nabla^{1/3}, C_B,$ $B/T, x_{CB}$	$L/\nabla^{1/3}, C_B,$ $B/T, x_{CB}$	$C_B, L/B,$ $B/T, x_{CB}$	$B/L, C_P,$ C_M, C_{WP}
回归方程形式		幂函数	线性多项式	线性多项式	幂函数	兴波阻力幂函数

续表6.4

	系列船型				非系列船型
	60系列	BSRA系列	SSPA系列	NPL沿海船系列	MARIN的统计回归资料
结果表达形式	C_r	ⓒ	C_r	C_{TL}	R_w, R_v

表中，L/B 为船长船宽比值，L/B 为船舶宽度吃水比，C_B 为方形系数，C_M 为舯剖面系数，C_P 为棱形系数，x_{CB} 为浮心纵向位置，F_r 为傅汝德数，$L/\nabla^{1/3}$ 为船长排水体积比(瘦长比)，C_{WP} 为水线面系数，ⓒ为阻力圆系数，R_w 为兴波阻力，R_v 为黏压阻力，C_r 为剩余阻力系数，C_{TL} 为特尔弗阻力系数。

国内，中国船舶科学研究中心选取高速船舶的物理模型试验数据进行回归分析，获得针对高速船剩余阻力系数、推进因子的四元回归公式、七元回归公式；针对VLCC、CSSRC 系列大方形系数商船剩余阻力系数、湿面积的四元回归、七元回归公式。

其他的回归分析还包括某些静水力系数和形状参数等，如 Fairlie-clarke 通过回归分析得出了 NPL 海船系列的湿表面积系数、稳心半径系数($BM \cdot T/B^2$)和浮心垂向位置系数(KB/T)的回归方程，泰勒、Mumford、Munro-smith、Luke、Morrish等针对不同类型船舶开展了类似工作。

由于尺度效应影响，采用船模-实船相关因子修正预报结果，提高预报精度有重要意义，在这方面英国开展了较多工作。在1965年由 B.S.R.A. 和 N.P.L. 船舶部对125艘单桨油轮满载状况实船试航所得的船模-实船相关因子数据联合进行了分析，得到了相关因子的回归多项式。同年，斯科特(Scott)对英国船模水池委员会(British Towing Tank Panel, B.T.T.P.)的170艘单桨油轮满载状况实船试航所得的相关因子数也用回归分析方法进行了分析。斯科特于1973年又把回归分析方法应用到单桨商船，1974年应用到双桨商船相关因子的统计分析，从而可以较精确预测这类船舶的实船试航性能。国内杨佑宗等人开展过类似的工作。回归分析同样适用于对数值计算数据的统计分析，如张楠对潜艇流水孔阻力数值计算数据进行了回归分析。

4. 回归预报方法在设计应用中存在的问题

船舶总体性能统计回归预报方法自20世纪出现以来，直到今天仍是船舶性能预报的重要手段，相关成果丰富，应用广泛。但是存在以下问题。

(1) 精度与便捷的矛盾。相对而言，回归多项式或系列图谱的预报精度比较高，而经验公式的精度往往较差。一般来说，经验公式的形式往往很简略，即输入变量少，这样虽然使用更方便，但对原始基础数据内在信息的保留也越少。同时，经验公式的适用范围一般比回归多项式更宽泛，这也意味着基础数据的离散度更大，更难保证公式对基础数据内在信息的还原度。要改善这种情况，就需要增加变量,但变量增加的同时对适用范围的限制也就更严格,同时回归拟合的难度也更大。这也是传统的统计回归方法固有的问题。

(2) 回归方法的局限。如上面所言,回归方法存在着使用便捷性与拟合预报精度之间的矛盾。更多的变量(或变量组合)与更严格的参数范围限制带来精度提升的同时,也使拟合工作难度更大,使用受到更多限制。此外,回归公式的形式、回归变量的选择受人为主观因素影响很大,甚至是决定性的。在方法上,采用线性回归过于牵强,可能造成较多的信息丢失;而采用非线性回归的难度和计算工作量都很大,尤其在处理操纵性和耐波性预报这种存在强非线性数学关系的问题时,如采用回归方法,拟合可能难度较大且预报效果不佳。

(3) 静态预报方法的不足。现有的回归预报方法大多根据数据样本的参数范围进行分组,如依据方形系数的大小对样本船型进行区分,分别给出对应不同范围的固定模型(公式)。在此基础上建立的模型是适用于一定范围的,而不同的预报对象对这种模型的适用性是不同的,且难以进行区分。其次,对样本进行固定分组会导致预报模型在间断处发生突变,不符合船型渐变的特性,适应性差。而且,如何确定分组界限的合理性也是一个问题。以预报对象为中心选择近似样本进行拟合可以解决这个问题,此时继续使用回归拟合是不现实的,这便要求我们寻求机器学习这类智能算法。

(4) 基础数据的限制。在传统的回归预报方法中,数据样本固定分组,在其基础上得到的模型(回归公式)自然也是固定不变的。这些预报方法建立后,其基础数据长期没有更新,回归公式也无从更新和修正。随着船型设计的不断发展改进,这些预报方法精度日渐降低,即存在时效性问题。最明显的就是诸如60系列、BSRA等经典系列船型,其方形系数整体偏小,已经无法适应如今非常普遍的方形系数大于0.80的肥大型船,一些适用范围较窄的预报方法也无法得到扩展,影响了适用性。同时,新产生的数据又得不到有效的利用,造成数据资源的浪费。如果加入新数据重新回归,则需要定期进行,工作量和难度都会很大。

6.6.2 基于数据挖掘的知识化方法

各大型水池每天都在进行着各类物理模型试验项目,试验数据样本每天都在增加,在此支持下,船舶性能水平也在不断提高,传统人工回归分析更新一次耗费时间长、操作难度大,难以保持对新数据、新技术的跟踪。与此相比,机器学习技术能够适应动态更新的样本数据,并能够随样本数据的增多而不断提高预报精度,可以说,机器学习的数据挖掘技术是实现物理模型试验数据知识化应用生命力的有效保证。基于数据挖掘的试验数据信息化、知识化、APP化、自动化已成为船舶总体性能研究与设计的重要趋势,将涉及动态样本提取、机器学习算法等方面的关键技术。

1. 动态样本提取方法

无论是通过人工回归还是机器学习算法进行预报技术研究,数据样本都是数据挖掘的基础,而动态样本技术就是智能算法与人工回归的重要差别之一。动态样本技术的本质包含样本库的动态更新以及计算过程中的近似样本选取。通过动态样本库技术实现样本库实时动态更新,近似样本提取技术是指根据预报对象的特征,按照特定规则从全体数据中选出一组与预报对象近似的样本,用于建立预报模型。采用该方法所建立的测量模型不再是某一个参数区间的泛化模型,提高了预报模型对预报对象的自适应能力。

1) k 近邻分类算法

最近邻检索就是根据数据的相似性,从数据库中寻找与目标数据最相似的项目,而这种相似性通常会被量化到空间上数据之间的距离,可以认为数据在空间中的距离越近,则数据之间的相似性越高。当需要查找离目标数据最近的前 k 个数据项时,就是 k 最近邻检索(k-nearest neighbor,k-NN)。

最近邻检索起初作为具有查找相似性文档信息的方法被应用于文档检索系统。随后在地理信息系统中,最近邻检索也被广泛应用于位置信息、空间数据关系的查询、分析与统计上,如今在图像检索、数据压缩、模式识别以及机器学习等领域都有非常重要的作用。而在这些领域中大多会涉及海量的多媒体数据信息的处理,其中包括大量图像、视频信息。在图像处理与检索的研究中,最近邻检索的引入将图像检索转化到特征向量空间,通过查找与目标特征向量距离最近的向量来获得相应图像之间的关系。这种特征向量之间的距离通常被定义为欧几里得距离(Euclidean distance):空间中两点之间的直线距离。

最近邻检索作为数据检索中使用最为广泛的技术一直以来都是国内外学者研究的热点。在近些年的研究中涌现出大量以最近邻检索或近似最近邻检索为基本思想的方法,其中一类是基于提升检索结构性能的方法,主要方法大多基于树形结构;另一类是基于对数据本身的处理,包括哈希算法、矢量量化方法等。

动态样本提取就是选取与预报目标最接近的一批样本进行预报,因此可以采用 k 近邻分类算法的思想进行研究。

2) 邻近度度量

在许多数据挖掘任务中,往往通过计算数据之间的邻近度(包括相似度和相异度)来建立原始数据集之间的联系。邻近度就是两个属性对应变量之间通过建立一个对应函数,计算得到的度量值来表示邻近关系,主要包括相似性度量和距离度量。相似性度量通常采用余弦相似度、皮尔逊相关系数、互信息等典型方法;距离度量通常采用欧拉距离、曼哈顿距离、切比雪夫距离、闵可夫斯基距离、马尔可夫距离等典型度量方法,限于篇幅,本书对具体方法不做介绍,可参阅相关文献。

2. 机器学习算法

数据挖掘的问题类型决定了适用的算法。船舶总体性能预报是属于回归-预测问题,采用有监督型机器学习算法更为合适,目前流行的有监督型机器学习算法主要包括:反向传播(Back Propagation,BP)神经网络、极限学习机、支持向量机、径向基函数网络、广义回归神经网络等。

1) BP 神经网络和极限学习机

BP 神经网络是一种按误差反向传播(简称误差反传)训练的多层前馈网络,其算法称为 BP 算法,其基本思想是梯度下降法,利用梯度搜索技术,根据训练样本输入和输出关系,反复迭代调整神经元的权值和阈值,以期使网络的实际输出值和期望输出值的误差均方差为最小。

BP 神经网络是一种应用广泛的经典算法,其误差反馈和阈值权值调节机制是众多神经网络算法的基础。BP 神经网络的理论基础是无限学习,理论上,如果有足够多的训练样本,BP 神经网络总可以收敛到全局最优解。然而,现实中不可能满足无限样本的条件,初始权值和阈值的选择将影响最终的收敛结果,所以在实际应用中经常将遗传算法(genetic algorithm,GA)等优化算法与 BP 网络配合使用(GA-BP 神经网络),以优化初始权值和阈值。如果是在固定样本的基础上训练固定的模型,那么经过多次试算和比较,BP 神经网络一般都能得到较好的训练效果。此外,BP 神经网络在使用时需要人工设置的超参数较多,比如网络层数、神经元数、最大迭代步数等,这些参数的选择多依靠操作者的经验,如果再加上遗传优化算法,其设置和使用将更加复杂。

以贝叶斯正则化算法的 BP 神经网络(Matlab 平台)为例,需要设置和调整的网络参数有 7 个,同时遗传优化算法还有 3 个参数需要人工设置,这导致参数自寻优功能实现难度非常大。同时,BP 神经网络的多层前馈迭代机制造成其收敛慢且不稳定,这一点也一直为人诟病。

表 6.5 展示了带遗传算法的 BP 神经网络对某 44600DWT 散货船的 5 次预报结果的对比。在 5 次预报中,基础样本、动态样本选择设置和网络超参数设置均不变,可见 5 次预报的结果之间有明显的差异,对同一个点的预报误差时大时小,说明 BP 网络运行过程中的随机性导致其结果不稳定。虽然可以通过设置固定的初始权值和阈值的方法消除网络的随机性,但无法保证初始设置的取值为最优。在训练样本有限的条件下,固定初始权值和阈值可能导致网络收敛到某个固定的局部极值点,导致最终的训练效果很差。

表 6.5 GA-BP 网络 5 次预报误差对比

航速/节	有效功率预报误差/%				
	BP-1	BP-2	BP-3	BP-4	BP-5
9.0	7.29	3.97	-17.66	9.46	-5.95
9.5	6.24	2.79	-16.15	7.62	-4.49

续表

航速/节	有效功率预报误差/%				
	BP-1	BP-2	BP-3	BP-4	BP-5
10.0	5.66	1.63	-14.63	5.84	-3.16
10.5	5.24	0.50	-13.10	4.11	-1.94
11.0	5.03	-0.61	-11.56	2.44	-0.77
11.5	4.86	-1.70	-10.01	0.82	0.42
12.0	4.85	-2.78	-8.44	-0.74	1.69
12.5	4.76	-3.89	-6.82	-2.31	3.16
13.0	4.50	-5.04	-5.17	-3.84	4.83
13.5	4.61	-6.29	-3.43	-5.39	6.78
14.0	4.64	-7.71	-1.56	-6.98	9.02
14.5	4.99	-9.36	0.49	-8.62	11.54
15.0	5.98	-11.28	2.73	-10.30	14.24

2) 极限学习机

极限学习机(extreme learning machine,ELM)于2004年被提出,是一种基于前馈神经网络的机器学习算法。其曾被认为是BP网络的一种变体,但近年来已被广泛接受为一种独立的机器学习算法。

ELM比常规的BP神经网络拥有更强的泛化能力,计算速度更快。在使用时,只需要设置其隐层神经元数量这一个超参数,比较方便。相应的,隐层神经元数量对ELM的性能影响甚大,如何确定适用于动态样本的隐层神经元数量是一个问题。更重要的是,ELM与BP神经网络一样存在输出结果具有随机性的问题。表6.6展示了ELM对同一艘44600DWT散货船的5次预报结果的对比,在样本和设置均不变的情况下,5次预报的结果同样存在误差离散、偏差较大的问题。

表6.6 ELM 5次预报误差对比

航速/kn	有效功率预报误差/%				
	ELM-1	ELM-2	ELM-3	ELM-4	ELM-5
9.0	4.55	-7.76	-3.75	11.84	-5.58
9.5	4.12	-6.70	-3.91	10.92	-6.88
10.0	3.72	-5.51	-4.22	10.16	-7.85
10.5	3.22	-4.35	-4.57	9.60	-8.59
11.0	2.83	-3.34	-4.88	9.27	-9.18
11.5	2.52	-2.61	-5.05	9.18	-9.70

续表

航速/kn	有效功率预报误差/%				
	ELM-1	ELM-2	ELM-3	ELM-4	ELM-5
12.0	2.48	-2.24	-5.03	9.31	-10.21
12.5	2.52	-2.33	-4.74	9.65	-10.79
13.0	2.57	-2.93	-4.14	10.13	-11.45
13.5	3.14	-4.12	-3.17	10.74	-12.25
14.0	3.72	-5.94	-1.75	11.40	-13.21
14.5	4.69	-8.46	0.21	12.07	-14.33
15.0	6.38	-11.78	2.85	12.65	-15.63

3）支持向量机

支持向量机(support vector machine,SVM)提出于20世纪90年代,该方法是建立在统计学习理论基础上的机器学习方法。在机器学习中,SVM是与相关的学习算法(核方法)有关的监督学习模型,即需要根据有明确输入/输出关系的训练样本进行训练,才可对新的样本进行预测。(图6.14)。

与多层前馈网络和径向基网络一样,支持向量机可用于模式分类和非线性回归。它具有坚实的理论基础、简单明了的数学模型。与传统方法的大样本学习不同,SVM研究有限样本的规律,在解决小样本、非线性问题中表现出许多特有的优势。其引入奥卡姆剃刀原则,寻找使结构风险最小的最简单函数,使学习器获得良好的泛化性能。

SVM的主要思想是建立一个分类超平面作为决策曲面,使正例与反例之间的隔离边缘最大化;SVM的理论基础是统计学习理论,是结构风险最小化的近似实现,但在模式分类问题上能实现良好的泛化性能,这一特性是支持向量机所独有的。

支持向量机有以下优点:①通用性。能够在分布广泛的各类数据集中构建函数;②稳健性。不需要微调;③使用简单。只需要利用简单的优化方法。④有效性。在实际使用中总是最好的方法之一;⑤理论完善。基于VC(Vapnik-Chervonenkis)推广性理论。

在支持向量 $x(i)$ 和输入空间抽取的矢量 x 之间的内积核这个概念是支持向量机学习算法的关键。其算法模型如图6.16。其中,$K(x,x_i)$ 为核函数,在回归类问题中,常用的种类如下:

线性(linear)核函数:$K(x,x_i) = x \cdot x_i$;

多项式(polynomial)核函数:$K(x,x_i) = (\gamma x x_i + r)^p$,$\gamma > 0$;

径向基(RBF)核函数:$K(x,x_i) = \exp(-\gamma \parallel x - x_i \parallel^2)$,$\gamma > 0$。此外,还有

两层感知器核函数、高斯核函数等。

针对不同的研究问题,支持向量机模型一般可分为两类:一类为分类模型(support vector classification,SVC);另一类为回归模型(support vector regression,SVR)。

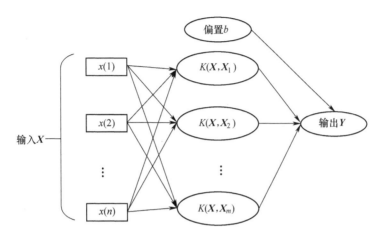

图6.16 支持向量机算法模型

4)径向基函数网络

径向基函数(radial basis function,RBF)网络是一种使用径向基函数作为激活函数的神经网络,提出于1988年。径向基函数网络的结构与多层前向网络类似,它是一种三层前向网络。输入层由信号源节点组成;第二层为隐层(模式层),隐单元数目由所描述问题的需要而定,隐单元的变换函数是径向基函数,它是对中心点径向对称且衰减的非负、非线性函数;第三层为输出层,它对输入模式做出响应,从输入空间到隐含层空间的变换是非线性的,而从隐含层空间到输出层空间变换是线性的,其输出是输入的径向基函数和神经元参数的线性组合。

RBF网络的基本思想:用径向基函数作为隐单元的"基"构成隐含层空间,这样就可将输入向量直接(不需要通过权连接)映射到隐空间。RBF网络隐层的功能就是将低维空间的输入通过非线性函数映射到一个高维空间,然后在这个高维空间进行曲线的拟合,它等价于在一个隐含的高维空间寻找一个能最佳拟合训练数据的表面。隐含层空间到输出空间的映射是线性的,即网络的输出是隐单元输出的线性加权和,此处的权为网络的可调参数。从总体上看,网络由输入到输出的映射是非线性的,而网络输出对可调参数而言却是线性的。这样网络的权就可由线性方程组直接解出,从而大大加快学习速度并避免局部极小问题。

5)广义回归神经网络

广义回归神经网络(generalized regression neural network,GRNN)是美国学者

Donaid F. Specht 在 1991 年提出的,它是径向基神经网络的一种。GRNN 具有很强的非线性映射能力和柔性网络结构以及高度的容错性和稳健性,适用于解决非线性问题。GRNN 在逼近能力和学习速度上较 RBF 网络有更强的优势,网络最后收敛于样本量积聚较多的优化回归面,并且在样本数据较少时,预测效果也较好。

GRNN 在结构上与 RBF 网络较为相似:它由四层构成,如 6.17 所示,分别为输入层(input layer)、模式层(pattern layer)、求和层(summation layer)和输出层(output layer),对应网络输入 $X = [x_1, x_2, \cdots, x_n]^T$,其输出为 $Y = [y_1, y_2, \cdots, y_n]^T$。

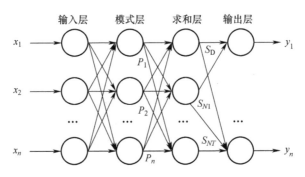

图 6.17 广义回归网络结构图

(1) 输入层。

输入层神经元的数目等于学习样本中输入向量的维数,各神经元是简单的分布单元,直接将输入变量传递给模式层。

(2) 模式层。模式层神经元数目等于学习样本的数目 n,各神经元对应不同的样本,模式层神经元传递函数为

$$P_i = \exp\left[-\frac{(X-X_i)^T(X-X_i)}{2\sigma^2}\right] \quad (i = 1,2,\cdots,n) \quad (6.16)$$

神经元 i 的输出为输入变量与其对应的样本 X 之间 Euclid 距离平方的指数平方 $D_i^2 = (X-X_i)^T(X-X_i)$ 的指数形式。式中,X 为网络输入变量;X_i 为第 i 个神经元对应的学习样本。

(3) 求和层。求和层中使用两种类型神经元进行求和。

一类的计算公式为 $\sum_{i=1}^{n} \exp\left[-\frac{(X-X_i)^T(X-X_i)}{2\sigma^2}\right]$,它对所有模式层神经元的输出进行算术求和,其模式层与各神经元的连接权值为1,传递函数为

$$S_D = \sum_{i=1}^{n} P_i \quad (6.17)$$

另一类计算公式为 $\sum_{i=1}^{n} Y_i \exp\left[-\frac{(X-X_i)^{\mathrm{T}}(X-X_i)}{2\sigma^2}\right]$，它对所有模式层的神经元进行加权求和，模式层中第 i 个神经元与求和层中第 j 个分子求和神经元之间的连接权值为第 i 个输出样本 Y_i 中的第 j 个元素，传递函数为

$$S_{N_j} = \sum_{i=1}^{n} y_{ij} P_i \quad (j=1,2,\cdots,k) \tag{6.18}$$

（4）输出层。输出层中的神经元数目等于学习样本中输出向量的维数 k，各神经元将求和层的输出相除，神经元 j 的输出对应估计结果的第 j 个元素，即

$$y_j = \frac{S_{N_j}}{S_D} \quad (j=1,2,\cdots,k) \tag{6.19}$$

6）改进广义回归神经网络

"光滑因子 σ"的合理取值对 GRNN 网络的性能有重要影响。在 Matlab 编程中，GRNN 网络在使用时需要设置 spread 参数，这个参数决定了网络中 σ 的取值。spread 越小，网络更偏向于对训练样本的逼近（记忆），但泛化能力下降，出现过度学习（过适性），对训练样本之外的新对象的预测能力可能会很差，如图 6.18 所示；spread 越大，网络更偏向于对样本总体规律的学习，但会损失细节变化中的信息，出现欠学习（不适性），如图 6.19 所示。过度学习和欠学习都导致网络预测性能低下。

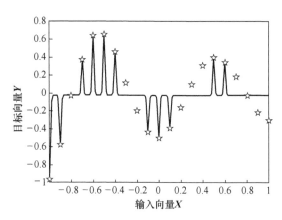

图 6.18　网络过度学习示意图

此处仍以某 44600DWT 散货船为例，验证 spread 参数设置对预报结果的影响。表 6.7、图 6.20 分别展示了当 spread 参数分别取 0.01、0.05、0.1、0.5 和 1 时，对应得到的有效功率预报相对误差。可以看出，spread 取值太大或太小均会导致误差偏大，而当 spread 取 0.05 或 0.1 时，误差可保持在 −5% 以内，且非常稳定，说明最适的 spread 应在这一范围内或附近。

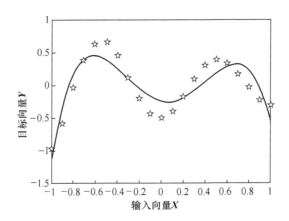

图 6.19 网络欠学习示意图

表 6.7 spread 取值不同时预报误差对比

航速/kn	有效功率预报误差/%				
	spread=0.01	spread=0.05	spread=0.1	spread=0.5	spread=1
9	-8.25	-3.52	-3.28	6.11	8.63
9.5	-5.99	-4.29	-3.73	5.65	7.96
10	-9.36	-4.57	-3.79	5.55	7.67
10.5	-8.23	-4.61	-3.74	5.47	7.39
11	-7.68	-4.39	-3.54	5.42	7.13
11.5	-7.24	-4.16	-3.32	5.19	6.67
12	-5.70	-3.86	-2.98	4.79	6.05
12.5	-7.20	-3.72	-2.77	3.87	4.89
13	-6.57	-3.76	-2.83	2.25	3.02
13.5	-6.70	-3.44	-2.77	0.28	0.79
14	-8.07	-3.30	-3.17	-2.66	-2.39
14.5	-8.245	-3.35	-3.90	-6.32	-6.29
15	-8.23	-3.49	-4.94	-10.56	-10.76

在使用不同的样本训练 GRNN 网络时,其最合适的 spread 一般是不同的。如果是基于固定样本训练固定模型,可以通过多次对比找出最合适的 spread。因为当采用动态样本时,决定了当预报对象不同时,近似选择得到的训练样本一般也是不同的,所以自然不能通过人工修改 spread 取值进行对比。

考虑到这些因素,可采用循环训练+交叉验证的方法,以针对每一组训练样本

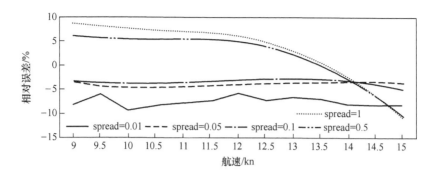

图 6.20 spread 不同取值对应预报误差曲线

求取最合适的 spread,这即是改进的广义神经网络。如图 6.21 所示,循环训练,实际上就是对 spread 在某个范围内按照一定步长取多个值,对每个 spread 取值分别进行训练。在训练中,采用交叉验证的方法确定训练效果,将训练样本分为 n 组,其中一组用于测试,其余 $n-1$ 组训练网络。全部验证计算结束后,根据结果的对比,可得最适的 spread 取值。

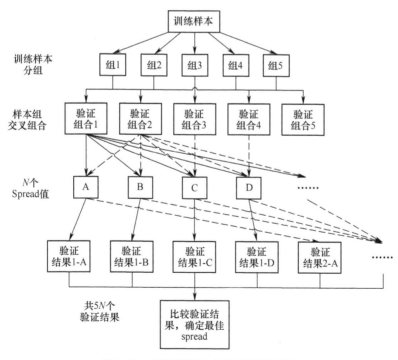

图 6.21 "循环训练+交叉验证"示意图

241

6.7 基于大子样数据的数据挖掘实例

随着船舶行业的不断发展,对于船舶螺旋桨的设计也在不断优化。持续提高螺旋桨推进效率、减少桨叶空泡和噪声是螺旋桨设计的关注重点。传统螺旋桨设计主要依赖于螺旋桨物理模型试验、经验公式、理论计算以及 CFD 仿真。其弊端在于无法精确模拟空泡相位、耗时长、人力及对计算机算力要求较高等。经典机器学习和深度学习算法在特征提取、数据分析、回归和分类方面取得了重大进展,并在各行各业中得到了广泛应用,也为螺旋桨优化设计提供了新的途径。

本节基于经典机器学习和已有数据,以螺旋桨几何特征为输入,通过建立螺旋桨推进效率的代理模型,预报螺旋桨敞水性能,展示大子样数据知识化和应用实践方法。

6.7.1 传统螺旋桨设计理论

提高螺旋桨推进效率是螺旋桨设计的核心目标。推进效率快速、准确预报是开展设计的重要基础。传统螺旋桨设计主要分为图谱设计法和环流理论设计法。图谱法是将已有的螺旋桨敞水试验结果的性能曲线制成可查阅的图谱,并应用到新的船舶的设计中,如图 6.22 所示。环流理论设计法又可分为升力线理论,升力面理论和面元法。升力线理论和升力面理论分别采用涡线和涡面代替螺旋桨叶进行水动力计算,可得到较好的敞水特性精度。用面元法在升力面理论的基础上做更精确的离散化处理,使其能够更加精确地描述复杂的螺旋桨几何特征和压力分布,也能很好地处理空泡特性。

传统图谱法的缺点是设计受限于已有螺旋桨型号性能曲线,不具有良好的泛化能力,查阅起来也不方便。而环流理论设计法则需要较为繁琐的 CFD 建模过程以及计算,对人力和计算资源要求较高。

螺旋桨推进效率 η_0 由两个无因次系数计算得出,分别为螺旋桨推进系数 K_T 以及螺旋桨转矩系数 K_Q。对于几何形状一定的螺旋桨,K_T、K_Q 及 η_0 仅与进速系数 J 有关,因此针对孤立螺旋桨(不考虑船体影响)的推进效率可以通过敞水试验的方法获得。这三者的曲线又称螺旋桨的敞水特性曲线。由于 K_Q 数值较小,通常在绘制螺旋桨敞水性征曲线时使用 $10 K_Q$。

6.7.2 螺旋桨敞水性能试验及数据

为得到螺旋桨敞水性征曲线,在实际的敞水试验中,通常采用的方法简易概括为如下步骤:

第一步:控制不同螺旋桨进速 $V_A(\mathrm{m/s})$,相同螺旋桨转速 $n(\mathrm{rad/s})$,测量得

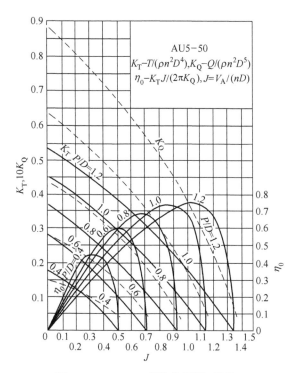

图 6.22 AU5-50 螺旋桨图谱(部分)

到螺旋桨推力 $T(N)$。使用式(6.20)~式(6.22)计算得到 J、K_T 和 K_Q：

$$J = \frac{V_A}{nD} \tag{6.20}$$

$$K_T = \frac{T}{\rho n^2 D^4} \tag{6.21}$$

$$K_Q = \frac{Q}{\rho n^2 D^5} \tag{6.22}$$

式中：n 为桨叶数量；D 为螺旋桨直径(m)；ρ 为水的密度(kg/m³)。

第二步：根据试验数据，使用多项式拟合 K_T，以及 K_Q 基于 J 的线性关系，如式(6.23)和式(6.24)：

$$K_T = b_n^{K_T} J^n + b_{n-1}^{K_T} J^{n-1} + \cdots + b_1^{K_T} J + b_0^{K_T} \tag{6.23}$$

$$K_Q = b_n^{K_Q} J^n + b_{n-1}^{K_Q} J^{n-1} + \cdots + b_1^{K_Q} J + b_0^{K_Q} \tag{6.24}$$

式中：$b_n^{K_i}, i \in \{T, Q\}, n \in \mathbb{Z}$ 为多项式拟合的系数。

第三步：根据式(6.25)由 K_T、K_Q 计算出 η_o，从而得出此螺旋桨特征曲线：

$$\eta_o = \frac{K_T}{K_Q} \frac{J}{2\pi} \tag{6.25}$$

6.7.3 机器学习流程及算法

本实践应用的最终目的是根据螺旋桨的几何特征来推测出螺旋桨推进效率。因此,采用如图 6.23 所示的机器学习流程来构建螺旋桨预报模型。

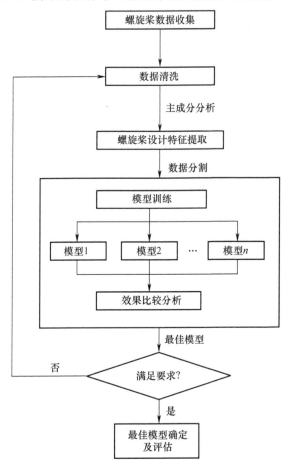

图 6.23 螺旋桨推进效率代理模型

首先基于现有不同类型螺旋桨敞水试验结果,进行数据挖掘并提取与螺旋桨设计相关的特征。其次,在清洗过后形成结构化数据的基础上,通过对 6 个经典机器学习模型的构建以及参数调整,建立起能良好预测螺旋桨推进效率相关系数的预报代理模型,并在测试数据集上对其精确度与泛化能力进行验证。

采用的 6 个经典机器学习模型除上文介绍的多元线性回归、支持向量机和人工神经网络外,还包随机森林模型(random forest)、改进的提升算法(adaptive boost)和梯度提升算法(gradient boos)。

1) 线型回归模型

针对螺旋桨参数,采用了多元线性回归,通过最小二乘法求出其回归方程,使得均方误差最小化。

2) 集成模型

集成学习(ensemble learning)是将几种机器学习技术组合成的预测模型。通常采用决策树作为弱分类器(weak learner),并放进不同的算法框架,从而搭建一个大型的集成模型。本实践采用了两种主流集成学习的算法。第一种为装袋算法(bagging),其中具有代表性的模型为随机森林;第二种为提升算法(boosting),本实践应用采用其中的 adaptive boost 和 gradient boost。采用集成学习的优点在于能更好地适应实际场景,鲁棒性强。即使是某一个弱分类器得到了错误的预测,也能通过调整权重或引入惩罚系数 penalty 来修正,从而得到更接近真实情况的模型。

(1) 装袋算法。装袋算法是 bootstrap aggregating 的简称,是一种个体弱学习器之间不存在强依赖关系,可同时生成的并行式集成学习方法。模型通过有放回地选取样本进行弱学习器的训练。模型对于分类任务使用公平投票方式来决策,而针对本研究的回归任务,采用分类平均值来得出最后结果。采用平均的方法会降低弱分类器的方差,从而减少模型的泛化误差。bagging 主要包括以下几个典型步骤:①使用 bootstraping 方法从原始样本集中抽取训练样本;②由新训练集训练模型;③从每个模型中得到一个决策树;④由训练模型预测结果的均值作为最后预测的结果。

随机森林是 Bagging 算法里具有代表性的模型,它在每个节点分裂过程中都是随机选择特征的,结构如图 6.24 所示。随机森林的弱分类器为单个的回归决策树,在每棵回归决策树用最小化平方平均误差最小的方式确定了部分样本的回归后,对于结果进行平均得到最终预测结果。随机森林的优点是可以用于高维度数据的训练,训练速度快,可以处理特征缺失等问题。缺点是在噪声过大的样本上容易过拟合。

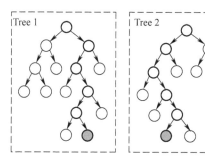
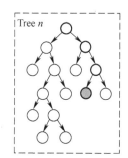

图 6.24 随机森林结构示意图

在建立随机森林的同时,对螺旋桨集合参数进行特征显著性分析。当一个特征显著的时候,去除特征将会极大增加模型的误差;反之亦然,当一个更显著的特征被加入到模型时,模型纯度提升的梯度越大。针对本实践,遍历每一个螺旋桨集合特征,得出每一个特征对于误差的影响,按照重要性排序依次为:推进系数、$0.7R$ 螺距比、盘面比、叶片数、直径。

（2）提升算法。boosting 是在概率近似正确(probably approximately correct, PAC)框架下,将弱学习器按照不同权重形成强学习器的一种方法。与 bagging 不同的地方是,boosting 中弱学习器间有依赖关系,训练过程呈阶梯状,如图 6.25 所示。模型搭建与调试的重点在于如何确定上一个弱学习器错误分类样本的权重,从而建立更精确的模型。相比 bagging,boosting 有可能会有更好的精度,但是会有过拟合的风险。boosting 中经典的算法包括 adaBoost 和 GBDT 算法。

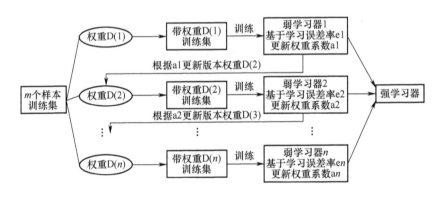

图 6.25　boosting 流程示意图

adaBoost 算法是 adaptive boosting(自适应增强)的缩写。其特点在于被弱学习器错误分类的样本会被加权,重新被新的弱学习器判别。经过反复迭代后,得到足够小的错误率。

GBDT(gradient boost decision tree)算法使用分类回归树(classification and regression tree, CART)作为弱学习器和前向分布算法,去拟合损失函数的梯度,通过选择迭代时残差值最大的梯度下降方向。

3）支持向量机

支持向量机在前面已做介绍,其关键技术是运用了核函数(kernel),是把低维空间映射到高维空间之后内积的一种简便运算方法,把线性不可分变成线性可分。

4）人工神经网络

人工神经网络原理前面也已做介绍,本实践应用所采用的人工神经网络为三层全链接 BP 人工神经网络,如图 6.26 所示。通过 random grid search CV 的方法调整了包括层数、每层神经元数量、激活函数、求解器等超参数,对影响最大的参数进行坐标梯度下降。建立的神经网络隐藏层单元为 12、22、16。激活函数为 ReLU 函数,如图 6.27 所示。说明,ReLU 函数具有良好的非线性拟合能力。

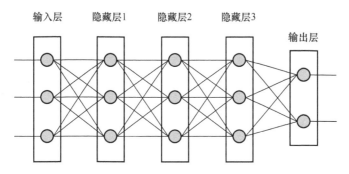

图 6.26 全链接的三个隐藏层的人工神经网络示意图

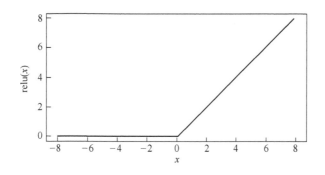

图 6.27 ReLU 激活函数

6.7.4 数据收集以及预处理

1. 原始数据收集

共收集了 66 只民用螺旋桨的敞水试验报告以及螺旋桨本身的几何参数,参数样本分布如图 6.26 所示。

针对不同螺旋桨在不同进速系数下的敞水试验结果,总结得到了 1190 条原始样本数据。样本包括但不仅限于以下试验数据:桨毂推力、桨叶推力、进速、螺旋桨型号、叶片数、螺旋桨直径、螺距比、盘面比、毂径比、桨毂大端、桨毂小端等。原始数据以敞水试验报告形式储存,将部分螺旋桨几何参数可视化后得到的样本特征分布如图 6.28 所示。螺旋桨盘面比为螺旋桨各个叶片近似展平的面积之和与盘面面积的比值。叶片数为螺旋桨桨叶的个数。直径为螺旋桨旋转时,叶梢轨迹圆

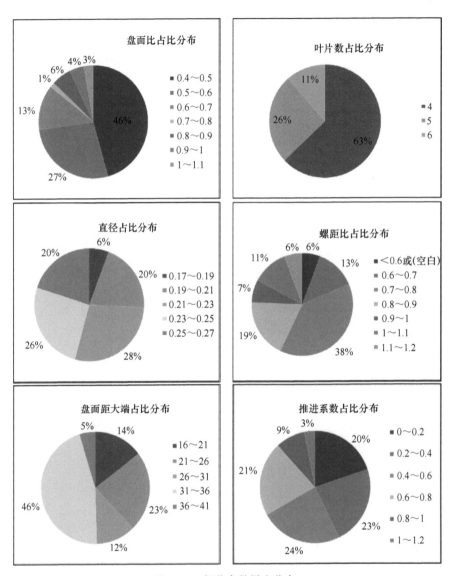

图 6.28 部分参数样本分布

的直径。0.7R 螺距比的定义：在桨叶半径为螺旋桨最大半径的 70% 的位置时，螺旋桨旋转一周在轴向移动的距离（螺距）P 与直径 D 的比值 P/D。盘面距大端是指螺旋桨的盘面与桨毂大端的距离。

2. 数据清洗

在进行螺旋桨回归建模分析之前，对非结构化数据进行标签了统一清洗。本例为了避免小样本数据上有过多的噪声影响，将有标签缺失的数据进行了删除。

同时对样本数据进行了主成分分析(principle component analysis,PCA)。PCA是一种降维的统计方法,它借助于一个正交变换,将其分量相关的原随机向量转化成其分量不相关的新随机向量,这在代数上表现为将原随机向量的协方差阵变换成对角形阵,在几何上表现为将原坐标系变换成新的正交坐标系,使之指向样本点散布最分散的 p 个正交方向,然后对多维变量系统进行降维处理,使之能以一个较高的精度转换成低维变量系统,再通过构造适当的价值函数,进一步把低维系统转化成一维系统。假设样本数据为 n 维,共 m 个,具体计算步骤如下:

(1) 将样本数据组成 n 行 m 列矩阵 X;

(2) 对 X 按行均值化,即先求每一行的均值,然后该行的每一个元素都减去这个均值;

(3) 求出协方差矩阵 $C = \dfrac{1}{m}XX^{\mathrm{T}}$;

(4) 求出协方差矩阵的特征值即对应的特征向量;

(5) 将特征向量按对应的特征值的大小,从上而下按行排列成矩阵,取前 k 行组成矩阵 P。

(6) $Y = PX$ 即为降维到 k 维后的数据集

图 6.29 为 PCA 示意图,每一个点代表一个数据标签;过原点的黑色直线可以绕原点转动,代表某一个映射的平面;当该直线与斜向直线在同一直线上时,使得方差最大。因此,这一映射平面最大限度地代表了原来的变量,为第一大方差指标。步骤(5)中,每一行特征向量中每个数值的大小对应着每一个变量的重要性,值越大,此变量越重要。这通常在实际案例中用于给特征重要性排序。

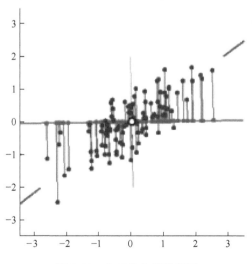

图 6.29 主成分分析示意图

在训练样本中去除无效数据后,利用上述 PCA 的方法得到每个主成分解释的模型百分比为

$$[0.902, 0.072, 0.0164, 0.0090, 0.0006]$$

第一大方差主成分的特征向量进速系数 J、叶片数、螺旋桨直径 D、$0.7R$ 螺距比 P/D 和盘面比 a_E 相对应的值为

$$[0.07298571, 0.96831266, 0.01607921, 0.13569404, 0.1958884]$$

因此变量的特征重要性从大到小排序为:叶片数、盘面比、$0.7R$ 螺距比、进速系数 J、螺旋桨直径。

3. 数据分割

本例主要搭建并分析了前面 6 个针对螺旋桨推进效率预测的回归模型。为了横向比较模型的预测精度,同时将样本以 k 折交叉验证(k-fold cross validation)方式进行分区,本例中取 $k=10$。采用交叉验证的好处在于每一个子样本将会轮流作为测试集的数据,适用于数据量小的场景,防止过拟合,如图 6.30 所示。

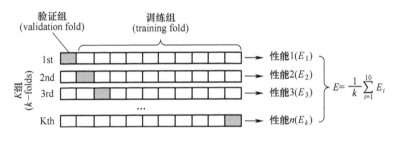

图 6.30　k 折交叉验证示意图

6.7.5　模型预报结果及分析

1. 初步泛化精度

在不设置任何样本限制条件下预测螺旋桨推进系数 K_T 的模型精度分析如图 6.31 所示。

其中左边纵坐标轴表示模型误差百分比,对应的是 6 种不同模型的折线图;右边纵坐标轴表示的是样本的个数,对应的是柱状图。横坐标轴是不同进速系数 J 的范围。从图 6.31 中可以得出结论:在边界进速系数下,由于样本数个数降低,模型总体误差百分比上升。横向比较的情况下,集成学习方法效果较好,支持向量回归总体表现较差。

2. 二次数据清洗泛化精度

在初步模型预测结果分析的基础上设定样本边界条件 $0<J<0.9$,去除样本数量少的进速系数范围。同时设定 K_T 的边界范围 $K_T>0.1$,从而避免在边界条件下,由于

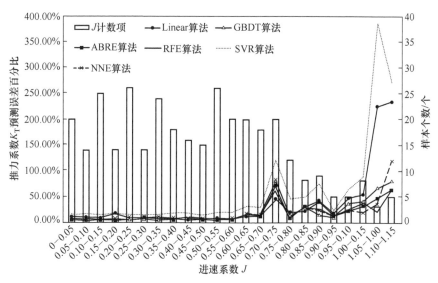

图 6.31　不同机器学习模型推力系数预测精度对比

试验值较小,接近测量误差而产生的噪声数据。二次数据清洗后的 6 个模型精度和初步模型对比如表 6.8 所示。从表中可以看出,所有的模型在预测 K_T 和 K_Q 的精度方面都有了提升。考虑到最终关注点在于螺旋桨推进效率 η_o,表现最好的模型是随机森林。在不同的进速系数 J 范围内的模型平均误差及样本个数如图 6.32 所示。从图中可以得出,当进速系数 $J<0.6$ 的时候,随机森林预测误差不超过 2%。

表 6.8　二次数据清洗后模型预测精度对比　　　　　单位:%

模型	K_T 误差（初步）	K_T 误差（二次）	K_Q 误差（初步）	K_Q 误差（二次）	η_o 误差（二次）
线性回归	17.88	7.1	52.39	8.3	3.6
随机森林	12.73	4.6	24.33	4.2	1.8
adaBoost	12.84	4.6	27.26	4.3	3.9
GBDT	13.05	5.7	23.10	5.0	4.8
支持向量机	35.81	4.4	50.92	4.3	12.2
人工神经网络	13.99	8.3	46.88	5.2	3.2

3. 螺旋桨性能预报

上述分析表明建立的随机森林机器学习模型能很好地从螺旋桨几何特征中提取总结规律,拥有着更好的非线性拟合功能。因此,当需要计算一只未知桨的推进效率,推力系数和转矩系数,可以直接通过输入螺旋桨几何特征:叶片数、螺旋桨直径、0.7R 螺距比、盘面比,通过模型的推理即可预测出 K_T 和 K_Q,以及计算出 η_o 的

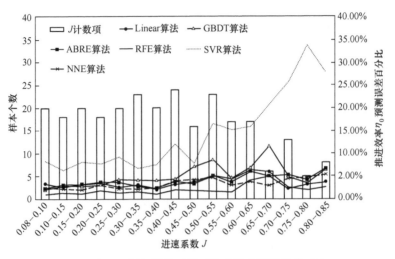

图 6.32 不同机器学习模型推进效率预测精度对比

值,从而得到螺旋桨性能曲线。图 6.33、图 6.34 为两只几何特性已知的螺旋桨敞水试验值(K_T,$10K_Q$,η_0)和随机森林模型推测的推进效率(K_T 模型,$10K_Q$ 模型,η_0(图中用 Eta 表示,下同)模型)。通过比较推进效率的绝对值可以再次证明随机森林预测推进效率的平均误差在 2% 以下,达到了工程应用的精度水平,基于机器学习的数据知识化是可行的、有效的。

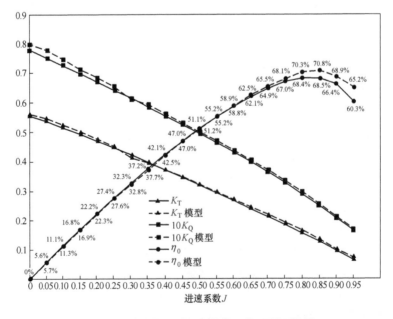

图 6.33 螺旋桨 1 随机森林代理模型预测结果

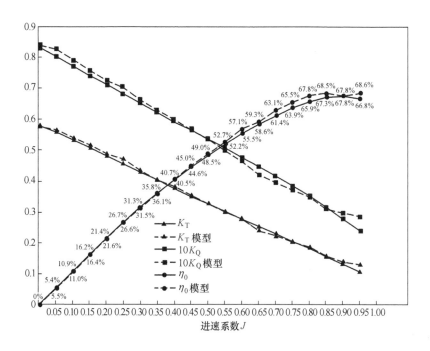

图 6.34 螺旋桨 2 随机森林代理模型预测结果

4. 预报结果分析

基于对几何特性已知的螺旋桨推进效率快速、准确预报的需求,上例通过数据挖掘、数据清洗、主成分分析、模型训练、测试及交叉验证等方法,展示了螺旋桨推进效率代理模型开发过程,提出包括随机森林、Adaboost、GBDT、线性回归、支持向量回归及人工神经网络在内的 6 种机器学习模型,并进行了效果对比分析。建立的随机森林代理模型,可使螺旋桨效率预报的周期从几天缩短为几秒,且精度与敞水试验相比误差小于 2%,具有较好的泛化能力以及工程使用价值。

由于收集大批量训练数据耗费时间长、试验成本高,本例只对螺旋桨推进效率的预报进行了初步探索,后续可从以下 3 个方面做进一步深入研究,以进一步提高机器学习效果和预报精度水平。

(1) 对于已有模型的进一步提升与修正可以集中在弱学习器的改进方面。由于集成学习在模型精度方面表现较好,可以将人工神经网络作为弱学习器进行集成学习。相较于传统的决策树作为弱学习器,人工神经网络非线性拟合能力更强,值得进一步探索。

(2) 对于样本数据本身也可以进行数据增强。螺旋桨的几何特征是非常规的、非线性的。目前,所用提取的螺旋桨特征依然是如 $0.7R$ 螺距比等经过人为计算或者根据经验预定的几何特征。这意味着部分螺旋桨的特征在原始数据收集阶段就已经失去。下一步的数据挖掘工作可以集中在直接使用螺旋桨型值表进行特征提取，从而减少信息流失。

（3）除了针对螺旋桨推进效率的研究，针对空泡以及噪声等难以通过建立物理模型而计算得知的物理量也需要在设计阶段进行快速准确的预报。下一步工作可以关注使用机器学习模型将螺旋桨几何特征映射到空泡和噪声的方法。

第7章 应用软件APP化

  软件是新时代最有力的研究工具,船舶总体性能研究与设计是一个软件密集应用的过程。在概念设计阶段,常需要用到一些快速性能预报软件,通过输入船长、船宽、方形系数等少量船型参数来预报、评价船舶阻力、操纵性等关键性能指标,用于快速比较不同方案的优劣。在方案设计阶段,需要解决设计船的所有重大技术问题,得到满足任务书要求、技术(经济)指标优良的方案,需要用到大量的各类软件以支持对各性能指标进行预报、评价及优化,涉及船舶水动力学、结构安全性和振动噪声诸学科领域,有各科研单位自主开发、也有通用商业CAE软件,有基于物理模型试验数据统计回归的程序/软件,也有如Fluent、Ansys、Nastran等基于严谨数学物理模型的精细分析软件,还包括用于船体几何设计及建模、数值计算结果后处理的相关软件等,其中以各科研单位自主研发的各学科分析计算软件数量最多、类型最广,几乎涵盖船舶总体性能研究与设计的方方面面。技术设计阶段,主要是在局部细节上做进一步地改进优化,如轴支架、螺旋桨的设计优化,以往大多采用基于数值计算的方案选优,最新发展的基于模拟的设计(simulation based design,SBD)将数值计算与最优化理论及几何重构技术集成起来,形成了一种源于严谨数理控制、基于知识化的设计优化模式,在船型阻力、球艏优化等方面已获得成功应用,是船舶总体性能精细设计优化发展的新趋势。这个过程不是对数值计算、优化及几何建模软件的简单应用,而是流程化、自动化的集成应用,涉及几何建模及重构、最优化算法、数值模拟等多类应用软件。在施工设计、完工设计阶段,关注的重点转移到生产建造和实船性能检测,各类生产设计、工艺设计及实船性能检测类的软件被应用,如实船航速、回转直径、舱室噪声、主机轴转速(扭矩)的测量、分析等。可以看出,软件的应用贯穿了船舶设计建造全过程,并超出了物理模型试验能力范围,延伸到了概念设计、优化等领域。软件的应用,特别是以Fluent、Star-CCM+等为代表的高性能CAE软件的广泛应用正在加速船舶研发创新,软件正成为现代船舶研发的"新质"创新要素。

  在软件使用过程中,我们发现三个方面的突出问题:一是概念设计阶段所需的快速性能预报软件稀缺、零散不成体系,易用性差,应用范围模糊、边界不清,导致除开发团队或个人自己使用外,很少有其他人使用;二是技术阶段及后续阶段经常用到的高精细度CAE软件,操作复杂、使用门槛高,造成只能由行业专家(researcher)而非设计工程师(engineer)使用,并且存在因人因事差异,即对于同一个问题,不同的人采用同一种 CAE 软件进行分析计算会得到不同的结果;对于不同的问题,同一人采用同一种 CAE 软件进行分析计算得到的结果精度水平、置信水平可能也存在差异;三是很多所谓的软件实际上还处于"计算程序"阶段,没有经过严格的软件测试,也没有经过应用测试,缺乏用户的应用反馈和维护升级,使得这些程序的可靠性、实用性很差。

船舶总体性能研究与设计软件开发,有其自身的特点和难点。首先,与其他商用软件不同,船舶总体性能应用软件属于数据集中型的科学计算类软件,其具有专家知识密集、逻辑性强等特点。船舶总体性能应用软件的研发,需要把原来依赖于个人能力的预报分析过程中的知识"封装"进来,即要明确应用域、数学模型以及相应的条件域(参数设置)等 3 个核心环节的相关内容,以此来提高软件的鲁棒性和可靠性。在开发过程中,除了要考虑普通软件开发过程中的常见问题,还需要结合应用软件自身及船舶专业领域的个性化特色,难以直接使用现成的标准规范。其次,在船舶总体性能应用软件开发中,从事船舶总体性能预报软件研发的人员以船舶性能基础科研人员为主,在软件工程化方面的基础相对薄弱,主要表现在:①软件研制流程不明确,整个软件研制过程应该包含哪些阶段、各阶段工作任务及要求等不明确;②需求分析不充分,当前应用软件的应用场景、具体采取什么模型,以及哪些是外部输入,哪些是按照经验知识进行封装等不够清晰明确,导致后期在试用过程中经常有需求变更;③测试不够全面,普通的专业测试人员,往往只能满足"纯软件"方面的验证,而实际效果怎么样,还需要相关性能专业研究人员进行专业确认。

APP 的概念在前面已有提及,是指以基于数值模拟或基于数据挖掘的方法为对象,在学科属性、应用对象、计算精度等方面进行细分,在模型选择、参数设置、前后处理等方面封装专家知识,在当前科学认识水平下最大程度地解决计算结果因人因事差异的应用软件。应用软件 APP 化是从软件开发和应用两个维度,针对船舶总体性能应用软件在应用领域、数学模型以及参数设置等环节专业知识密集、逻辑复杂的特点,基于属性细分、知识封装原则,遵照软件开发过程标准,采用自测试、他验证的测试模式,实施 APP 开发的过程。

本章主要介绍船舶总体性能 APP 的属性细分方法、开发过程标准、测试及准确度验证方法以及不同类型 APP 的开发方法。

7.1 船舶总体性能 APP 的属性细分

面对复杂多样、类型及层次各异的研究对象,通过运用"属性细分"理念,形成满足不同设计阶段需求的性能预报(评价、优化)应用软件体系,为船舶总体性能众创研发生态体系提供底层知识、方法和工具库,为汇聚形成船舶总体性能预报、评价和优化的创新发展提供基础动力。

7.1.1 APP 类型

从开发方式的角度,结合数学模型属性,将船舶总体性能 APP 分为快速预报类 APP、预报定制类 APP、虚拟试验类 APP 三大类。

1) 快速预报类 APP

它是基于物理模型试验数据挖掘(包括统计回归方法)而开发的船舶总体性能预报 APP,所需的运行资源少、速度快(一般毫秒到秒级),称为快速预报 APP。它是对船舶总体性能研究与设计过程中,长期积累的水动力性能、结构安全性、综合隐身性试验数据,利用以统计回归、机器学习、神经网络为代表的数据挖掘技术,采用"分类汇聚、典型开发、成熟验证、应用推广"的递进式开发模式,滚动开发的、经充分验证的船舶总体性能预报 APP。这类 APP 的开发方法在第 6 章的 6.6 节、6.7 节已做了较详细的介绍,本章节不再赘述。

2) 预报定制类 APP

预报定制 APP 是指基于商用软件定制封装的船舶总体性能 APP,又称基于虚拟试验的船舶总体性能 APP。它采用基于虚拟试验的知识化工程,把长期以来分散在各个使用者大脑中的经验积累通过参数和流程的设定,实现软件使用过程的快速化、标准化和专家化,并据此对当前商业软件进行二次开发,将相对成熟的预报方法和技术能力按照"属性细分、知识封装"的核心原则进行封装,形成高度匹配船舶总体性能研究与设计的数值预报定制技术,最终成为功能完善且强大的船舶虚拟试验技术。这种封装了专家经验的总体性能预报定制技术,能在保证预报精度的前提下,极大地减轻对使用者使用经验的要求,同时也极大地减轻预报分析的前期准备以及后期结果分析的工作量,是一种可靠且高效的数值预报定制工具。

这类 APP 充分利用了现代商业软件强大的非线性求解能力,通过对专家使用经验的封装,消除因人差异,降低使用门槛,提升效率。

3) 虚拟试验类 APP

虚拟试验类 APP 是指基于简略或精细模型的船舶总体性能 APP。简略模型主要指基于经验(半经验)和解析(半解析)的数学模型,通常只需要有限数量的参数输入,不需要求解场量。与简略模型相对应是精细模型,它通常基于一组不能解析求解的控制方程,求解的是场量,模型求解需要真实的几何构型及求解域(时、空、频)的离散文件。

此类 APP 是将相关单位长期以来自主研发的、并在科研生产中使用的总体性能预报(评价)程序代码,依据软件工程的思想,通过系统性地测试、调试和必要的应用验证测试,集成封装形成一系列分层次设计的基础求解器和预报软件;在此基础上,开展相关的虚拟试验策略研究,并通过基于"属性细分、知识封装",最大程度消除"因人因事"差异,开发形成相应的总体性能虚拟试验 APP。

除了上述几类 APP 外,基础求解器实际上也是船舶总体性能应用软件开发的重要内容。基础求解器是可作为船舶总体性能虚拟试验 APP 开发基础的数值计算模拟器。不是所有求解器都可称作基础求解器,它必须是经系统性验证后,功能、效率、精度、稳定性等多方面的指标都能满足工程应用需要的求解器。

7.1.2 APP 属性

通过 APP 的属性细分,对于开发者,有利于抓住主要矛盾,缩小应用方向,避免大而全、适用范围模糊等问题;对于使用者,能够根据实际需求精准找到所需APP,或者提出 APP 开发需求。在基于 MBSE 的船舶总体性能研究与设计服务系统中,通过智能算法,更是可以根据用户提出的需求实现智能推送,在成百上千的APP 中迅速找到所需的。

实际上,在第 4 章 4.5.3 节介绍船舶总体性能研究 APP 库时,对 APP 细分方法已做了介绍,即从开发方法、功能、学科属性、应用对象 4 个方面进行细分,其中,开发方法主要包括基于数据挖掘、基于商业软件定制和基于精细模型自主开发三大类。

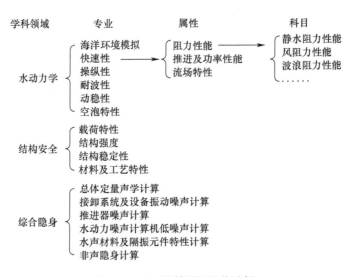

图 7.1 APP 学科属性细分示例

从功能属性的角度,可分为性能预报、性能评价、性能优化和快速构型 4 类。其中,性能预报、评价和优化 3 类 APP 又可再细分为若干个层次,如性能预报可细分为单项性能预报 APP、多项性能预报 APP;单项性能预报还可细分为单项水动力性能、结构安全性、综合隐身性3类,多项性能预报APP除这3类外,还包括多学科性能预报APP。

从学科属性的角度,划分为船舶水动力学、结构安全性和综合隐身性3个学科领域,每个学科领域再细分为专业、属性、科目3个层级,如图7.1展示了船舶水动力学的4个层级。

从应用对象的角度,主要分为水面船舶、水下潜器、海洋平台三大类,各大类还可向下细分,如水面船舶按速度分为常规排水型船、过渡船型、滑行艇以及特殊船型等,如表7.1所示。

表7.1 应用对象

一级属性	二级属性
水面船舶	常规排水型船
	过渡型船
	滑行艇
	特殊船舶
水下潜航器	常规载人潜器
	深水载人潜器
	水下无人潜航器(UUV、AUV等)
海上浮式平台	海上钻井平台
	海上风电平台
	海上大型浮式结构物等

如4.5.3节所述,经属性细分之后,每一个APP将拥有一个包含若干元素的标签集合,如船舶静水阻力预报的标签:{对象----水面船舶法----基于精细计算;学科领域----船舶水动力学;功能----性能预报[专业/快速性,属性/阻力性能,科目/静水阻力性能]}。

7.2 船舶总体性能APP研发过程标准

通过对船舶总体性能的体系化梳理并形成相应的APP软件(其组合)进行船舶总体性能预报、评价、优化的工作模式,具有周期短、成本低、效能高、可与设计无缝高效融合等优点。它将与现有的物理模型试验研究体系一起,构成船舶总体性能研究的两大台柱,APP软件的质量和可靠性是支持台柱发挥作用的重要基础和前提。

近年来,GJB5000A—2008《军用软件研制能力成熟度模型》标准在众多软件研发单位得到了广泛的应用,其思想在许多商业软件开发上也得到了很好的体现,显著提升了软件开发的质量和可靠性。作为国内外卓越软件企业的经验汇聚而成的最佳实践,GJB5000A—2008 标准提供了非常全面的软件研制过程精细化管控手段,来帮助软件开发团队提升质量及完成项目目标的可能性。船舶总体性能 APP 化过程非常适合于采用 GJB5000A 的精细化管控思想。

7.2.1　GJB5000A—2008 标准及实施原则

以能力成熟度模型集成(capability maturity model integration,CMMI)V1.2 为主要参考蓝本的 GJB5000A—2008《军用软件研制能力成熟度模型》标准是国际软件开发过程最佳实践的凝练。它以计划(plan)、执行(do)、检查(check)和处理(act),简称 PDCA,为指导思想,以实现精细化管理和单位最佳实践的传承为目标,既是评价组织(某个单位或团队)软件研制能力的主要标准,也是软件研制能力如何提升的重要参考和指导。

如图 7.2 所示,GJB5000A—2008 标准将软件研制能力成熟度分为 5 个等级:1 级为"初始级",2 级为"已管理级",3 级为"已定义级",4 级为"已定量管理级",5 级为"优化级"。每个成熟度等级都包含了一组预先定义的、改进组织整体绩效的过程域。根据是否达到与每组预定过程域相关的专用目标和共用目标来判定是否满足相应的成熟度等级。

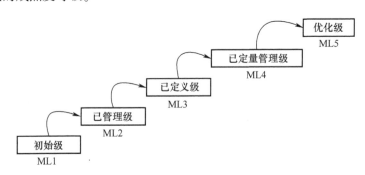

图 7.2　GJB5000A—2008 成熟度等级表示图

每一等级构成了前进中过程改进基础的一个层次,是实现下一个成熟度等级的基础;每个成熟度等级都包含了一组预先定义的、改进组织整体绩效的过程域;根据是否达到与每组预定过程域相关的专用目标和共同目标(必须部件)来判定是否满足相应的成熟等级,而专用目标和共用目标是否能够达到又以下一层次的专用实践、共用实践等期望部件和其他资料性部件的实际情况为评价与改进依据。

图 7.3 给出了 GJB5000A—2008 标准框架模型示意图,其中二级(已管理级)的核心内容(提升重点)如研制流程规范性、工作计划性、研制阶段性、需求控制与

管理等,以及三级(已定义级)的部分核心内容(提升重点)如严格规范工程过程活动/制品等,特别契合本书中 APP 软件研发过程监控的重点和目前存在的重要问题。GJB5000A—2008 标准的每个成熟度等级对应若干个过程域(图 7.3),其实质是一簇相关的实践(实现过程域目标应该执行的活动)。过程域把项目管理过程、工程过程、支持过程和组织过程全部分解成一个一个动作要求。但是,我们的科研生产过程实际上是一系列连贯动作的组合,有并行有交叉,所以不能把 GJB5000A—2008 标准直接作为企业的软件过程规范,这是制定体系文件时要考虑的难点问题。因此,在进行体系架构设计时,结合 GJB5000A—2008 标准的要求,对各过程域进行剖析,进行必要的合并与整合,并结合船舶总体性能研究与设计的实际进行创新性的应用方案,形成符合实际的体系架构,用于指导船舶总体性能 APP 开发活动的实施。

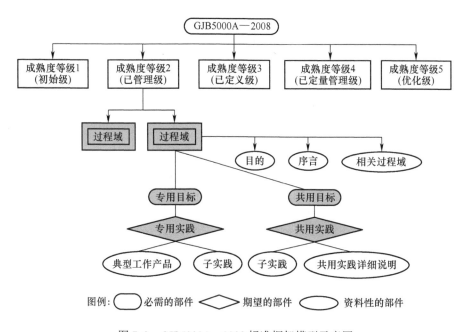

图 7.3 GJB5000A—2008 标准框架模型示意图

在 GJB5000A—2008 标准实施过程中,为取得更高的组织效益并防止出现"两层皮"现象,需要结合组织(项目)的目标要求,以最有效、最简炼为总原则,对目标和实践进行本地化。具体而言,相关的专用与公用目标是每项工作的分目标和指导思想;而作为期望部件的专用实践与公用实践,则应该给出符合组织特色、有效且尽量简单的过程活动描述,用以满足相应的专用目标与公用目标。特别是当对应的目标正好与目前软件开发过程中存在的问题相呼应时,更应该据此进行针对性强化,这也是 GJB5000A—2008 标准在实施过程不断持续改进的指导原则。

7.2.2 基于GJB5000A—2008标准的APP研发方案

以GJB5000A—2008标准的核心内容为指导,基于作者多年的船舶总体性能预报软件应用经验和APP化特点,制定专门的APP软件研发生命周期开发过程精准管控方案,用于指导该类软件的研发。

1. 制定APP研发生命周期

为解决软件研制流程不明确的问题,首先需要针对其技术特性设定生命周期模型,并根据技术状态变化设定不同的工作阶段。

一般而言,经船舶总体性能体系化梳理后确定需要开发的APP软件,其需求应该已经比较明确,所以采用最经典的瀑布模型是合适的。其次,此类APP一般以计算为主要特征,大量的复杂计算特别容易"犯错",同时为了解决以往测试不够全面等问题,特吸收V模型在开发阶段就引入验证的优点。再者,参考GJB2786A—2009《军用软件开发通知要求》等相关国军标要求,依据APP化软件研发过程中"软件模型"技术成熟度的演变,以及团队人员专业分工的不同,制定如图7.4所示的APP软件研发生命周期图。

如图7.4所示,整个生命周期划分为5个阶段。

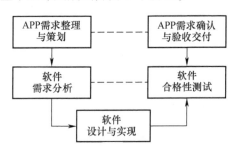

图7.4 船舶总体性能预报APP软件研制生命周期模型

1) APP需求整理与策划

该阶段主要工作是由船舶总体性能研究人员(简称APP项目发起人)提出软件研制需求,然后委托给软件开发组并由他们给出开发计划;同时吸收V模型加强验证的思想,在任务书中即给出APP最后确认(验收测试)的初步方案。

2) 软件需求分析

由软件开发组按照软件研制任务书的要求,从软件具体实现角度,定义和记录每项需求得以满足所使用的"软件"方法,形成详细的软件需求规格说明;同时给出软件配置项测试(合格性测试)的初步方案。

3) 软件设计与实现

由软件开发组针对软件需求,进行概要设计、详细设计并开展代码开发实现;

同时做好代码自测试等工作。

4）软件合格性测试

由独立于软件开发组的其他软件测试人员，对照软件需求规格说明，开展软件验证测试工作。

5）APP 需求确认与验收交付

由独立的船舶总体性能研究同行，协同 APP 任务提出者一起，完成任务书中提出的功能/性能方面的确认测试，说明该 APP 确实能在船舶总体性能研究与设计中起到期望的作用。

2. 建立开发过程精准管控方案

GJB5000A—2008 标准提供的需求管理、项目策划、项目监控、测量与分析、配置管理、过程和产品质量保证等过程域，对船舶总体性能 APP 的研发，尤其是目前主要问题的改进以及三大核心环节的管控，均具有很好的指导意义。经研究，综合其相关的专用目标、共用目标以及专用实践、共用实践，在整个 APP 研发生命周期内，建立精准管控方案，主要包括以下 5 个方面。

1）参考需求管理过程域的应用方案

（1）由 APP 项目发起人（船舶总体性能分析研究人员）按照专门的任务书模板提出并整理需求，然后与软件开发人员、测试人员以及船舶总体性能分析研究其他人员一起对每条需求进行理解并确认。

（2）整个开发过程如果有需求变更，则需要分析影响域并获得团队（变更控制委员会，负责人为 APP 发起人）同意。

（3）对任务书、软件需求、软件设计、测试计划和报告以及关键代码都进行技术评审，通过需求跟踪矩阵来确保每条需求的可追踪性。

2）参考项目策划过程域的应用方案

（1）软件研制任务书确定之后，在制定的 APP 研发生命周期基础上，对 APP 开发过程进行工作分解结构（work breakdown structure，WBS）分解（可"近细远粗"），并进行工作产品规模、工作量等估计。

（2）在估计的基础上，结合任务要求制定开发进度，并将 APP 开发关键环节（需求分析、测试和验收）设置为里程碑节点。

（3）识别可能存在的风险，如哪些需求可能不明确、如何有效验证或测试预报的合理性等。

（4）结合 APP 开发目标确定工作量、进度、需求变更、缺陷等测量项。

（5）最后依据推荐的模板将以上内容编制成开发计划，以及配套详细的 WBS 实施计划。并在执行过程中随时更新 WBS 实施计划；而开发计划只在进度超过阈值时更新。

3）参考项目监控、测量与分析过程域的应用方案

（1）在整个开发期间,开发团队每个成员按照分配的WBS任务包进行开发工作,记录完成任务包的工作量、进度,以及可能有的规模(如文档或代码)、问题(如测试任务)、需求变更等,如存在困难则需要尽早作为问题(含风险)提出来,并更新软件问题跟踪表。

（2）APP开发负责人定期(如双周)并在阶段工作(里程碑)节点完成时,对WBS任务包和记录的测量项进行数据采集,获得当前实际执行情况,并与计划进行比较,当测量项超出阈值时则应作为一个问题,需分析原因并及时采取纠正措施,通知受到影响的团队成员和发起人。

4）参考配置管理过程域的应用方案

（1）经过技术评审后的文档和测试通过之后的代码,需纳入受控库统一管控。

（2）通过合格性测试和(或)确认测试的,则应该进入产品库。

（3）两个库中文件(配置项)的存、取、改,均需要获得该APP项目发起人的同意并有技术状态备注。

5）参考过程和产品质量保证过程域的应用方案

软件质量保证(software quality assurance,SQA)人员对总体开发流程、关键控制点(需求提出、分析、测试)的活动和工作产品(技术文档与部分代码)进行质量审查,对存在的主要不符合项进行督促整改,促使开发人员对整个应用方案的理解与执行能越来越到位。

7.2.3　APP研发测试方案

如上所述,依据GJB5000A标准将船舶总体性能APP研发过程,划分为了需求整理与策划、软件需求分析、软件设计与实现、软件合格性测试、确认与验收交付等5个阶段(图7.5),而测试过程贯穿其中。

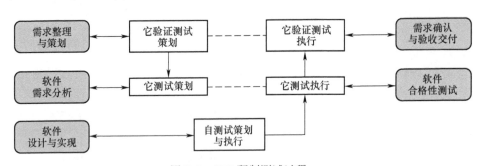

图7.5　APP研制测试过程

如图7.5所示,在需求整理与策划阶段,一般即开始他验证测试活动的策划;在软件需求分析阶段,即开始他测试策划;在软件设计与实现阶段,完成自测试策

划与执行；在合格性测试阶段，再确定他测试方案及执行；在最后阶段，完成他验证测试。具体测试活动内容包括以下几个方面。

（1）软件自测试。软件开发团队依据软件设计报告和/或软件需求开展的测试工作。如总体性能 APP 软件，一般由该领域的专业研究人员开展核心算法功能，以及输入/输出等自测试工作。

（2）软件他测试（软件合格性测试）。应用软件完成全部开发之后，包括界面集成也已经完成之后，由第三方专门的测试中心，按照软件需求和（或）软件研制任务书要求完成测试。

（3）软件他验证测试。这时软件层面已经符合要求，对照软件研制任务开展的验收测试；如果软件以他测试作为验收测试依据的，则软件在后期的试用（使用）过程中，对软件的精度、鲁棒性等方面发现的问题，也将作为他验证测试发现的问题反馈给开发组进行修改维护。

7.2.4 基于GJB5000A—2008标准的APP研发工作实施方案

GJB5000A—2008 标准实施的主要工作活动可以分为建立组织机构、培训教育、分析现状差距、梳理软件研制流程、建立软件质量体系、搭建软件研制平台、贯彻实施标准、持续改进 8 项活动，如图 7.6 所示，这些活动可以归纳为前期准备、建立软件质量体系、贯彻实施质量体系、持续改进等 4 个方面。

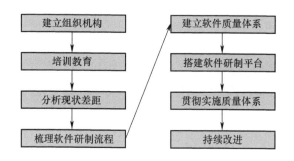

图 7.6　GJB5000A—2008 标准实施主要工作

1. 前期准备

前期准备工作是能力成熟度提升成功与否的关键，在这个阶段要根据软件研制能力的要求，梳理和完善组织机构；同时在单位层面开展教育培训工作。

（1）建立组织机构。确定主管软件开发的单位级领导和部门级领导，设立软件总师等相关管理岗位，全面负责软件的开发工作。在单位原有的垂直组织机构基础上，对组织机构进行调整，根据 GJB5000A—2008 标准实施要求建立组织机构，包括管理领导组、工程过程组、配置管理组、质量保证组、测量与分析组、培训组等,并明确落实各级组织职责。

(2) 培训教育。培训作为 GJB5000A—2008 标准能力成熟度提升实施方法的一项活动,足见这项工作的重要性。因为任何一种标准和方法的推广都需要不断的培训和教育,只有通过循序渐进的方式才能让使用者从了解到理解和接受。尤其是在刚开始的认证阶段,更应多参加相关的培训。

2. 建立软件质量体系

建立软件过程管理质量体系是软件工程组的主要工作,这个阶段的工作主要是在分析单位现状的基础上,进行软件研制流程梳理,依据 GJB5000A—2008 标准的要求建立相应的软件过程管理体系文件。有条件的单位还应搭建软件研制平台,以通过信息化环境支撑软件开发过程管理。

(1) 现状差距分析。工程过程组织单位内拥有一定软件开发工作经验的人员,同时借助外部力量,比对国内、外同行业软件实施优秀的单位,开展软件开发能力现状差距分析工作。从组织资源、技术能力、人员技能、开发流程等进行全方位的对比分析。明确自身弱点和长处,形成差距分析报告。

差距分析工作的形式有多种,比如单位内部开展内部评估、项目实施过程监督检查、能力成熟度认证评价、外部的年度审查等。

(2) 梳理软件研制流程。工程过程组观察、采集当前项目执行的最佳实践,结合软件开发特点,根据软件开发能力要求和 GJB2786A、GJB5000A 等软件工程标准的要求,系统梳理软件研制流程,使软件开发流程规范化、显性化。并结合信息化手段将软件开发流程纳入平台管理。主要体现在3个方面:首先收集整理本单位内现行软件开发的各项制度、规范,按照项目管理、工程管理、支持管理进行分类;其次通过与执行人员沟通了解分析现行制度、规范的实施问题和有效之处;最后结合各项标准要求,明确现行软件开发的各项制度、规范存在的问题和待改进方面。

(3) 软件质量体系建立。结合软件开发流程的梳理结果,组织建立一套系统的、条理清晰的、易操作和管理的软件质量体系。首先,通过流程的梳理,了解现行流程的不足和不适用的环节,结合标准要求,确定软件质量体系的层次架构;其次,组织本单位内具有软件工程基础的人员编制各层文件,编制过程中要定期进行相互交流、统一认识;再次,软件研制体系需要通过有关人员的认可,通过评审、试行的方式了解待改进和完善的地方,进行修订;最后,组织软件质量体系文件的宣贯培训。

(4) 搭建软件研制平台。目前不少单位都在建设自身的信息化平台,软件过程化管理可以通过信息化的管理手段提高管理效率和管理信息的共享,特别在能力成熟度向更高等级提升的过程中更是需要信息化的管理方式对大量的项目数据进行收集、分析和存储,从而实现软件开发过程的量化管理。因此组织在梳理软件开发流程的过程中,结合本单位开展的信息化建设,整合软件开发工具,适当增补,统一部署,规范管理,提高人员及设施配置水平。并按照软件开发管理规范和标准的要求,搭建软件研制平台,确保软件工作可视、可控。

3. 贯彻实施质量体系

建立(或修改)软件过程管理体系文件之后,还应该对相关人员进行培训。然后在前期(如评价认证时)可以选择合适项目进行试点工作;在后期则应该全面推广贯彻实施。

(1)人员培训。培训组要组织对各级人员进行能力成熟度提升核心思想及标准理解的培训。培训工作将贯穿于能力成熟度提升工作始终,根据培训目标把培训内容分为不同层次进行,一层一层逐步从抽象到具体,使相关各级人员通过培训逐步从认知到认可,从被动到主动。通过培训不仅告知大家如何实施的有关技能,更需要通过培训和教育发动全员参与到能力成熟度提升的工作中来,从而让各方面的人都能够更好地接受这种这些先进思想,转变思想观念,主观上认可,客观上配合。同时要开展软件工程基础技术的培训,如软件工程标准(国军标)、软件开发技术、软件测试技术、软件可靠性技术、软件安全性技术、软件质量控制与评价技术、软件重要度分级技术、软件验证技术、软件开发工具、软件管理工具等。

(2)贯彻实施标准要求。在评价认证时,首先选择4~6个试点项目,严格按照已经颁布的体系文件进行实施,并对贯标项目实施进展进行监控,确保满足GJB5000A—2008标准评价的各项要求。工程过程组织开展内部评估,对评估问题进行分析和整改。当单位认为已经满足评价要求时,根据评价工作管理规范向认证单位提出评价申请,准备开展评价;评价后工程过程组要对评价中提出的弱项和待改进项进行分析和整改并向新时代报备。

通过正式评价后,开始在单位内全面推广。

4. 持续改进

在通过正式评价之后,还需要不断地结合单位发展需要、软件质量管理体系执行情况进行不断总结、改进。

按照一般要求,单位应定期(至少半年度)组织开展内部审查,进行差距分析寻找改进点,通过高层验证,开展新一轮的软件能力提升工作要求,不断提升软件开发能力。

这里需要特别说明的是,在持续改进过程中,随着标准体系要求的不断落地和软件工程能力的不断提升,各个单位还应结合具体项目的特点,不断丰富形成针对不同项目类型、有着各自特色的新的或者演化的生命周期模型以及相应的工作产品输出要求模板。

7.3 预报定制类 APP 化方法

预报定制类 APP 化方法本质上是对商业软件的二次开发，它将分散在各个使用者大脑中的软件使用经验和知识，通过参数化和流程化的设定，把软件的使用过程进行快速、标准化和专家化，形成高度匹配船舶总体性能研究的数值预报定制技术，并最终成为功能完善的虚拟试验技术。通过 APP 化，降低专业 CAE 软件的使用门槛，但保证了预报精度，最大限度地消除因人因事差异，使得普通工程设计人员能够快速掌握过去只有行业专家才能熟练使用的大型数值分析软件，并获得可靠、可信的结果。

7.3.1 专家知识提取与封装

对于专家经验知识的封装要考虑以下几个方面。

1) 影响虚拟试验结果的知识梳理

采用商业软件开展数值计算（虚拟试验）时，首先依据虚拟试验种类、试验对象和试验特性等属性进行细分，然后在此基础上，对虚拟试验过程进行解析，分析可能影响结果的各种因素。影响因素数量一般较多，并且有些因素的影响还是交叉耦合的，从而导致研究难度非常之大。此时，要发挥相关知识和经验的作用，剔除那些影响程度足够小、且与其他因素之间交叉耦合影响也足够小的因素，仅留下必要的、数量明显减少的因素开展研究。

如果影响因素仍然较多，还要考虑一些因素之间可能存在交互作用，研究难度仍然较大。此时，可以根据试验设计的局部控制原则，并结合相关研究、分析和经验，将其中与其他因素之间交互作用较低的因素分离出来单独处理。通过对这些因素的影响研究，可获得各因素的影响大小和规律，同时可获得较优的参数设置，将之固化，从而保证计算条件的一致性。

2) 影响因素的评估与知识的凝练

此时，剩下的影响因素应该是比较少了，可以通过正交试验设计等方法，研究这些因素的影响及交互作用。选定影响因素之后，可以结合相关研究成果和经验，分析并确定每个因素的水平，并对因素之间的交互作用进行初步分析。基于分析结果，选择合适的正交表并进行表头设计，形成试验方案，进而开展虚拟试验。

根据试验结果，通过方差分析，获得各因素及因素间交互作用的影响，进而可以通过效应分析方法，推算最优试验条件组合。知识封装，封装的就是最优试验条件组合与设置。

3) 影响因素的量化表达与知识封装

以上梳理、凝练得到的专家知识，相当大的部分是定性的，需要进行定量化处理。此时,要根据属性细分的原则,针对细分后的专家知识,进行定量化处理,表达成计算机程序代码执行。

7.3.2 基于Star-CCM+的船舶自航预报定制类APP化实例

Star-CCM+已广泛应用于船舶快速性、耐波性、操纵性等水动力性能的分析计算,特别是对于一些高速船舶,有较好的效果。本节介绍采用Java程序对采用Star-CCM+开展排水型单体水面船自航预报的专家知识进行封装的主要过程,说明预报定制APP化方法。

1. 基于Star-CCM+的船舶自航预报定制类APP需求分析

1) 数学模型

船模自航虚拟试验求解属于船体自由面绕流以及螺旋桨非定常流场的CFD模拟问题,采用基于黏性不可压缩的非稳态雷诺平均纳维-斯托克斯方程(unsteady averaged reynolds Navier-Stokes equation,URANS)和流体体积(volume of fluid,VOF)自由面处理方法,进行流场模拟;采用滑移网格方法实现螺旋桨旋转流动模拟;通过积分船体表面的受力,结合牛顿第二定律,来求解船体的运动。

控制方程包括质量守恒和动量守恒方程,采用Star-CCM+中特有的Realizable k-ε Two-Layer模型,来封闭控制方程(关于控制方程及Realizable k-ε Two-Layer模型,限于篇幅,本书不做详细介绍)。

2) APP功能分析

定制APP需要实现以下典型功能。

(1) 读取船体三维几何文件。读取给定目录下的Ship.dbs(船体几何信息)、Prop.dbs(螺旋桨几何信息)文件。

(2) 计算螺旋桨推力、扭矩、强制力。计算给定航速、转速下的螺旋桨推力、螺旋桨扭矩、强制力。

(3) 计算船模运动姿态。计算给定航速下的船模升沉量与纵倾角度。

(4) 计算自由面兴波。计算船体附近兴波场。

(5) 输出结果。输出螺旋桨推力、扭矩、强制力、运动姿态和自由面兴波等。

3) 输入(输出)

表7.2、表7.3列出了输入参数、输入文件;表7.4、表7.5给出了输出参数和文件。

表7.2 输入参数表

分类	名称		数据类型	单位	数据精度	范围	对软件的使用要求
	中文	缩写					
资源参数	并行核数	n_{CPU}	整数	个	—	>1	少于计算机核数

续表

分类	名称 中文	名称 缩写	数据类型	单位	数据精度	范围	对软件的使用要求
船体主参数	垂线间长	L_{pp}	浮点数	m	小数点后三位	5~10	根据船模几何外形
	型宽	B	浮点数	m	小数点后三位	0~2	
	吃水	T	浮点数	m	小数点后三位	0~1	
	排水体积	∇	浮点数	m³	小数点后三位	0~10	
	重心纵坐标	X_G	浮点数	m	小数点后三位	(0.44~0.56)*Lpp	
螺旋桨主参数	直径	D	浮点数	m	小数点后四位	0.2~1.0	根据螺旋桨几何外形
	桨毂长	L_{H1}	浮点数	m	小数点后四位	0.2~1.0	
	桨盘面中心位置	X_{P1}	浮点数	m	小数点后四位	0.2~1.0	
		Y_{P1}	浮点数	m	小数点后四位	0.2~1.0	
		Z_{P1}	浮点数	m	小数点后四位	0.2~1.0	
	桨毂前端位置(距桨中心)	L_{HB1}	浮点数	m	小数点后四位	0.2~1.0	
	桨旋向	R_{x1}	浮点数	—	小数点后四位	0~1.0	
		R_{y1}	浮点数	—	小数点后四位	0~1.0	
		R_{z1}	浮点数	—	小数点后四位	0~1.0	
环境参数	水温	T_w	浮点数	°	小数点后一位	10~30	根据环境流体特性
	密度	ρ	浮点数	kg/m³	小数点后三位	—	
	运动黏性	v	浮点数	10^{-6} m²/s	小数点后三位	—	
工况参数	航速	V_m	浮点数	m/s	小数点后三位	0~5	—

表 7.3 输入文件表

类型	格式	文件名	内容说明	对软件的使用要求
三维几何输入文件	dbs	Ship.dbs	带附体船体几何三维模型	① 应满足坐标系要求,即原点在尾垂线、吃水与舯纵剖面交叉点,x 轴指向船艏为正,y 轴指向左舷为正,z 轴指向水面向上为正; ② 曲面封闭,且通过 star-CCM+曲面质量检查; ③ 经过 star-CCM+处理,船体几何的面包含三个:船体(faces)、舭龙骨(BLK)、其他附体(otherAPP)。 ④ 船体总长应小于 10m。

续表

类型	格式	文件名	内容说明	对软件的使用要求
三维几何输入文件	dbs	Prop.dbs	螺旋桨几何三维模型	① 应满足坐标系要求,同上面①; ② 曲面封闭,且通过Star-CCM+曲面质量检查; ③ 经过Star-CCM+处理,船体几何螺旋桨的面包含两三个桨叶(propblade)、桨毂(prophub)。
自动化流程文件	java	Selfprop_VOF.java	专家知识封装的自动化流程控制	—

表7.4 输出参数表

分类	名称 中文	名称 缩写	数据类型	单位	数据精度	范围	对软件的使用要求
推力结果	推力	T	浮点数	N	小数点后三位	—	使用自开发软件自动求解平均值
	扭矩	Q	浮点数	N	小数点后三位	—	
	强制力	F_d	浮点数	N	小数点后三位	—	
运动姿态结果	纵倾角	θ	浮点数	°	小数点后三位	—	
	升沉量	η	浮点数	m	小数点后三位	—	

表7.5 输出文件表

类型	格式	文件名	内容说明
中间结果文件	csv	T.csv	推力时历结果
中间结果文件	csv	Q.csv	扭矩时历结果
中间结果文件	csv	Fd.csv	强制力时历结果
中间结果文件	csv	T-End.csv	推力时历结果
中间结果文件	csv	Q-End.csv	扭矩时历结果
中间结果文件	csv	Fd-End.csv	强制力时历结果
中间结果文件	csv	Motion.csv	升沉与纵倾角时历结果
中间结果文件	csv	Motion-End.csv	升沉与纵倾角时历结果
中间结果文件	csv	TimePassed.csv	剩余迭代步时历结果
中间结果图片	png	T.png	推力时历曲线
中间结果图片	png	Q.png	扭矩时历曲线

续表

类型	格式	文件名	内容说明
中间结果图片	png	Fd.png	强制力时历曲线
中间结果图片	png	Motion.png	升沉与纵倾角时历曲线
算例文件	sim	Init.sim	初始算例文件
算例文件	sim	SelfPropulsion.sim	算例文件
后处理文件	plt	Mesh.plt	船体几何
后处理文件	stl	Wave.stl	兴波轮廓
结果文件	png	Geometry_bow.png	船体三维模型图(船艏视角)
结果文件	png	Geometry_hull.png	船体三维模型图(船侧视角)
结果文件	png	Geometry_stern.png	船体三维模型图(船尾视角)
结果文件	png	Waves.png	兴波云图
结果文件	doc	SelfPropulsion_Report.doc	自航预报报告

4) 数据流程图

基于 Star-CCM+ 软件的排水型单体水面船模型自航预报定制 APP 数据流程如图 7.7 所示。

原始数据包括:船模几何文件、螺旋桨几何文件、资源参数、船型参数、螺旋桨参数、环境参数与工况参数。

结果数据包括:推力平均值、扭矩平均值、强制力平均值、升沉平均值、纵倾角平均值、兴波云图、船体带桨三维模型图。

原始数据中,船模(螺旋桨)几何文件通过"模型导入"模块,实现导入;资源参数、船型(螺旋桨)参数、环境参数与工况参数通过"参数设定"模块,进行自动流程 Java 文件的修改;通过"开始试验"模块的自动试验后得到结果数据船体带桨三维模型图与兴波云图;通过"试验结果"模块的平均值自动处理,得到结果数据的推力、扭矩、强制力、升沉、纵倾角平均值。

5) 接口

在"模型导入"模块中,有输入接口,导入其文件名为:Ship.dbs、Prop.dbs,路径为全英文路径,文件格式为 dbs,文件内容分别为船体几何三维模型、螺旋桨几何三维模型。

在"参数设定"模块中,有输入接口,为界面参数输入数据,其内容为资源参数、船型参数、螺旋桨参数、环境参数与工况参数。

在"报告输出"模块中,有输出接口,输出文件名:SelfPropulsion_Report.doc,路径为 Ship.dbs 文件所在路径,其内容为自航预报报告。

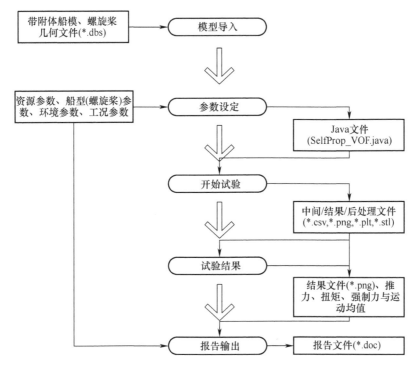

图 7.7 数据流程图

2. 基于 Star-CCM+的船舶自航预报定制 APP 化实现

1) 模块组成

基于 Star-CCM+的排水型单体水面船舶模型自航预报定制 APP 包含 5 个模块:模型导入、参数设定、开始试验、试验结果、报告输出。软件结构图如图 7.8 所示。

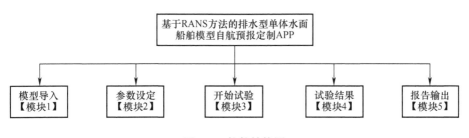

图 7.8 软件结构图

APP 按顺序执行各模块:模型导入→参数设定→开始试验→试验结果→报告输出,即上一模块未执行时,下一模块不可操作;对下一流程操作时,上面所有流程均只能查看。

2) 模块功能

模型导入：将用户提供的船模三维几何模型文件、螺旋桨三维几何模型文件，导入后台，进行展示，并作为预报对象。

参数设定：资源参数、船型参数、螺旋桨参数、环境参数，以及工况条件输入。

开始试验：设置资源调用，进行预报。

试验结果：显示最终预报结果，求解稳定值。

报告输出：按规定格式输出预报报告。

3) 模块间接口

"模型导入"向"参数设定"，提供输入数据：初步船型参数、初步螺旋桨参数。

"模型导入"向"开始试验"，提供输入文件：初始算例 Init. sim 文件。

"参数设定"向"开始试验"，提供输入文件：自动化流程控制文件 SelfPropulsion_VOF. java。

"参数设定"向"报告输出"，提供输入数据：船型参数、螺旋桨参数、环境参数、工况参数。

"开始试验"向"试验结果"，提供输入文件：推力数据文件(T-End. csv)、扭矩数据文件(T-End. csv)、强制力数据文件(Fd-End. csv)与姿态数据文件(Motion-End. csv)、兴波轮廓文件(Wave. stl)、船体带桨几何文件(Mesh. plt)。

"开始试验"向"报告输出"，提供输入文件：兴波图片文件(Waves. png)、船体带桨三维模型图文件(geometry_bow. png、geometry_hull. png、geometry_stern. png)。

"试验结果"向"报告输出"，提供输入文件：推力、扭矩、强制力与运动姿态(升沉、纵倾角)平均值。模块之间的数据关系如图 7.9 所示。

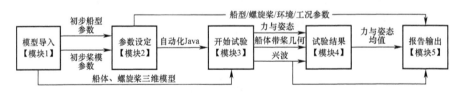

图 7.9　模块数据关系

4) APP 的实现与应用验证

采用 JAVA 程序，基于 Star-CCM+开发如图 7.9 所示的模块，实现相关的功能，如模型导入模块，其关键代码及注释如下：

```
private void execute0(){
    Simulation simulation_0 =
getActiveSimulation();
    PartImportManager partImportManager_0 =
```

```
    simulation_0.get(PartImportManager.class);
        partImportManager_0.importDbsPart(resolvePath( " Ship.dbs " ), "
OneSurfacePerPatch", "OnePartPerFile", true, units_0, 1); //导入目标目录下
的船模
        PartImportManager partImportManager_1 =
    simulation_0.get(PartImportManager.class);
        partImportManager_1.importDbsPart(resolvePath( " Prop.dbs " ), "
OneSurfacePerPatch", "OnePartPerFile", true, units_0, 1); //导入目标目录下
的螺旋桨
        ……
}(导入模型模块关键代码摘要)
```

配合外部集成平台,以及三维曲面可视化、二维曲线可视化软件实现定制APP化,其中外部集成平台,以及三维二维可视化工具软件同样采用定制模块,其编码不再在本书中讨论和描述。

APP 开发完成以后,依据测试验证方法,进行自测试、他验证。本例选择 8 艘典型水面船舶,通过 15 个状态的模型光体阻力计算对 APP 的阻力计算精度和可靠性进行验证,傅里叶数覆盖范围为 0.17~0.41,船型包括单桨船、双桨船。模型阻力误差统计结果如表 7.6 和图 7.10 所示,由表中可知,误差在 -3%~3% 以内的样本数为 14,占总样本数 93.33%,满足一般工程应用的要求。

表 7.6 模型阻力误差统计结果

误差	-6%~-5%	-5%~-4%	-4%~-3%	-3%~-2%	-2%~-1%	-1%~0	0-1%	1%~2%	2%~3%	3%~4%	4%~5%	5%~6%
个数	0	0	1	5	3	1	1	2	2	0	0	0
占比	0%	0%	5%	25%	15%	5%	5%	10%	10%	0%	0%	0%

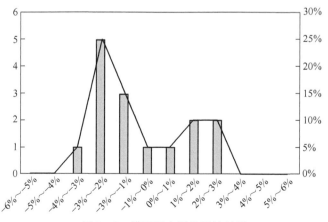

图 7.10 模型阻力误差统计结果

7.4 虚拟试验类 APP 化方法

本节所述的虚拟试验类 APP，主要是指基于精细模型的船舶总体性能预报 APP。虚拟试验类 APP 开发的目的一方面是满足船舶总体性能创新研发的需求；另一方面是要打破国外商业软件的长期垄断，研发具有自主知识产权的高性能船舶总体性能 CAE 软件。因为当前国内在船舶设计过程中，对总体性能进行预报、评价的科学计算和数值模拟，主要依赖于是基于国外商用软件：一方面国外商用软件的购置、升级和售后服务等方面，耗资大、代价高；另一方面在功能、性能方面也有诸多限制。

尽管近些年在国家的支持下，各科研院所努力投入自主 CAE 软件的研发，发布了一系列优秀的自主软件，如中国船舶科学研究中心在 2021 年陆续发布了海洋结构分析通用软件 ICS-SAM、螺旋桨先进设计系统 ICS-PRADS、第二代完整稳性衡准评估软件 ICS-HydroSTAB、船舶流体力学 CFD 软件 MarineFlow 以及三维水弹性力学分析软件 ICS-THAFTS 等多款自研软件，但与实际需求还相差很远。

本节以自主开发的船舶流体力学 CFD 软件 MarineFlow 为例来介绍虚拟 APP 的开发过程和取得的效果。

7.4.1 需求分析

CFD 求解器主要用于求解船舶水动力学中的典型流动问题，即三维复杂外形航行体的不可压缩湍流绕流和自由面绕流问题，并能够实现船舶水动力性能预报所需的 CFD 模拟模块。

通常，CFD 模拟包括三个基本环节：前处理、求解和后处理，与之对应的程序模块简称为前处理器、求解器和后处理器。前处理器用于完成前处理工作，主要包括船体几何建模、网格划分、计算参数设定等，前处理环节是向 CFD 软件输入所求问题的相关数据。求解器的核心是数值求解方案，各种数值求解方案的主要差别在于流动变量近似的方式以及相应的离散化过程。后处理的目的是通过多维度、多角度显示，帮助有效地观察和分析流动计算结果。本节重点介绍求解器的开发，前后处理器可应用通用的建模和显示软件，只需要做好 CFD 求解器与相关前后处理软件之间的接口开发工作即可开展数值计算工作。

1. 功能需求分析

1) 前处理方面

① 具备与主流网格生成软件 Gambit 的接口功能，能够实现将 Gambit 生成的网格（.msh 文件）转换为自主 CFD 求解器所能够使用的文件格式；

② 能够定义流体的属性参数；

③ 能够根据需要,为计算域边界处的单元指定上述类型的边界条件;

④ 对于非稳态问题,能够指定计算域内单元的初始条件。

2) 求解器方面

自主 CFD 求解器要能够求解三维复杂外形航行体的不可压缩湍流绕流和自由面绕流问题,实现船舶水动力性能(如快速性)预报所需的 CFD 模拟模块:

① 能够实现静水中船模阻力数值计算;

② 能够实现螺旋桨模型敞水数值模拟;

③ 能够实现静水中船模自航数值模拟。

3) 后处理方面

① 具备与主流后处理软件 Tecplot 的接口功能,能够将计算域、几何模型、网格和数值计算的场域量输出为 Tecplot 能读入和处理的文件格式;场域量包括:速度场、压力场、湍动能和湍流耗散率场等;

② 能够输出水动力积分量(如阻力)的收敛历程曲线。

2. 性能需求

1) 计算精度

① 在设计航速及附近,静水中船模阻力数值计算结果与典型标模基准检验试验结果偏差不超过 3%;

② 在设计工作点及附近,静水中螺旋桨推力、扭矩数值计算结果与典型标模基准检验试验结果偏差不超过 3%。

2) 计算效率

同等网格、同等计算精度条件下,自主研发 CFD 求解器计算效率与主流商用 CFD 软件量级相当。

3. 非功能性需求

1) 并行计算

自主 CFD 求解器应具备 MPI 并行计算功能,支持不限核数的并行计算。

2) 可扩展性

自主 CFD 求解器应具备可扩展性和可持续发展能力,能够根据相关研究的进展,将有关新模型(如湍流、自由面等)和新算法应用到自主 CFD 求解器中。

3) 开放性

虽然现阶段自主 CFD 求解器的前后处理接口功能有限,但后续应具备与主流前后处理软件的接口功能。

4. 运行环境

1) 软件环境

能够在 Win7、Win10 等 64 位 Windows 操作系统中运行;

2）硬件环境

内存:不小于 8GB 的内存配置;

硬盘空间:不少于 4GB 的硬盘空间。

7.4.2 原理和开发流程

CFD 可以看作是在流动基本方程控制下对流动的数值模拟。通过这种数值模拟,可以获得复杂问题的流场内各个位置上的基本物理量的分布,以及这些物理量随时间的变化情况,确定旋涡分布特性、空化特性及分离流动区域等;同时还可据此计算出相关的其他物理量。

对包括 CFD 在内的数值模拟而言,通常会包括如图 7.11 所示的这些原则上必需的步骤或过程。

(1) 通过对物理现象的观察,进行一些可行的简化和假设后建立起数学模型。这些数学模型一般是用具有边界条件和(或)初始条件的控制方程来描述的。控制方程可以是一系列常微分方程、偏微分方程或由其他物理定律决定的方程形式。在空间和(或)时间上求解场变量时,必须还要知道边界条件和(或)初始条件。

(2) 对控制方程进行数值求解,必须将问题域的几何结构进行离散化。对问题域进行离散化的方法因数值方法的不同而各不相同。区域离散化一般是将连续的问题域离散化为有限数量单元的组合,这些单元构成了数值近似计算的框架。传统上这些计算框架是一系列由点阵或网格节点组成的网格,网格节点通常就是计算场函数的点。数值近似的精度很大程度上取决于所划分网格的大小和形状。

(3) 进行数值离散化,为将控制方程的积分或者微分运算的连续形式转换为离散形式提供了数值方法,这与区域离散化所选用的方法紧密相关。数值离散化以函数近似理论为基础。在区域离散化和数值离散化后,初始的物理方程被转换为一系列可以用现有的数值方法进行求解的代数方程或常微分方程。

(4) 进行数值模拟(计算),此时需要将区域分解和数值算法转换成某种计算机程序代码。在编码时,精度和效率是必须着重考虑的问题,其他需要考虑的因素包括程序的有效性、可微性、可移植性等。在进行具体的数值模拟之前,必须通过已有实验、理论求解,或其他现存的数值方法获得精确解的标准程序测试问题或实际工程问题对程序进行验证。

(5) 对数值求解获得的网格点或离散点上物理量的近似解,如压力、速度等进行处理,得到所关心的计算结果,包括绘制流动图像(如等值线图、矢量图、流线图、云图等)、积分出水动力和力矩等流动参数等。

7.4.3 数学模型与控制方程

船舶水动力学中,流体的运动学和动力学行为服从质量、动量和能量三大守恒

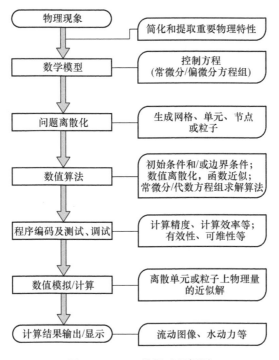

图 7.11 CFD 模拟过程框图

定律,并由这三大守恒定律确定。这三大定律对流体运动的数学描述就构成了流体力学的基本方程组——Navier-Stokes 方程组。

由质量守恒定律可以得到连续性方程。由于未涉及力的作用,因此连续性方程实际上是一个运动学方程,且不存在黏性流体与非黏性流体的差别,用下式表示:

$$\nabla \cdot \mathbf{V} = 0 \tag{7.1}$$

式中:$\mathbf{V}$ 为速度向量。

由牛顿第二定律可以推导出动量方程。它是动量守恒定律对流体运动规律的数学描述。

$$\rho \frac{\partial \mathbf{V}}{\partial t} + \rho (\mathbf{V} \cdot \nabla) \mathbf{V} = -\nabla p + \mu \Delta \mathbf{V} + \nabla \cdot [\tau'] + \rho \mathbf{g} \tag{7.2}$$

式中:ρ 为流体密度;p 为压力;μ 为黏度;g 为重力加速度;$[\tau']$ 为雷诺应力张量,可表示为

$$[\tau'] = (-\rho \overline{u'^2} \quad -\rho \overline{u'v'} \quad -\rho \overline{u'w'} - \rho \overline{u'v'}) \tag{7.3}$$

以上这就是不可压缩流体湍流流动的运动方程,通常称为雷诺平均 Navier-Stokes 方程,简称 RANS 方程。

由热力学第一定律可以导出能量方程,它是能量守恒定律应用于运动流体时的数学表达式。由于船舶水动力学研究中,一般情况下不考虑热量的传递,因而通常并不求解能量方程,这里就不再给出。

由于动量方程中的雷诺应力张量项,使得控制方程不再封闭,需要引入湍流模型,如标准 $k-\varepsilon$ 湍流模型。

标准 $k-\varepsilon$ 模型是由 Jones 和 Launder 基于 Boussinesq 近似提出的二方程湍流模型,是一种应用广泛的经典湍流模型,其中湍流黏性定义为

$$\mu_t = \rho C_\mu \frac{k^2}{\varepsilon} \tag{7.4}$$

式中:μ_t 为湍流黏度;C_μ 为常数(取 $C_\mu=0.09$);ε 为湍流耗散率。

标准 $k-\varepsilon$ 模型的湍动能 k 和湍流耗散率 ε 方程完整形式如下:

$$\rho \frac{\mathrm{D}k}{\mathrm{D}t} = \frac{\partial}{\partial x_i}\left[\left(\mu + \frac{\mu_t}{\sigma_k}\right)\frac{\partial k}{\partial x_i}\right] + G_k + G_b - \rho\varepsilon - Y_M \tag{7.5}$$

$$\rho \frac{\mathrm{D}\varepsilon}{\mathrm{D}t} = \frac{\partial}{\partial x_i}\left[\left(\mu + \frac{\mu_t}{\sigma_\varepsilon}\right)\frac{\partial \varepsilon}{\partial x_i}\right] + C_{\varepsilon 1}\frac{\varepsilon}{k}(G_k + C_{\varepsilon 3}G_b) - C_{\varepsilon 2}\rho\frac{\varepsilon^2}{k} \tag{7.6}$$

式中:G_k 为由于平均梯度引起的湍动能产生项;G_b 为用于浮力影响引起的湍动能产生项;Y_M 为可压缩湍流脉动膨胀对总的耗散率的影响;t 为时间;x_i 为 x 方向第 i 个节点;$C_{\varepsilon 1}$、$C_{\varepsilon 2}$、$C_{\varepsilon 3}$ 为经验常数。

为了便于对各控制方程进行分析,并用同一个程序对各控制方程进行求解,通常需建立各基本控制方程的通用形式。

上述控制方程,尽管其中因变量各不相同,但它们均反映了单位时间单位体积内物理量的守恒性质。如果用 ϕ 表示通用变量,则以上控制方程都可以表示成以下通用形式:

$$\frac{\partial(\rho\phi)}{\partial t} + \nabla\cdot(\rho V\phi) = \nabla\cdot(\Gamma\nabla\phi) + Q \tag{7.7}$$

式中:通用变量 ϕ 可以代表速度等求解变量;Γ 为广义扩散系数;Q 为广义源项。

式(7.7)中的各项依次为瞬态项(transient term)、对流项(convective term)、扩散项(diffusive term)和源项(source term)。对于特定的方程,ϕ、Γ 和 Q 具有特定的形式,表7.7给出了3个符号与各特定方程的对应关系。

表7.7 通用控制方程中各符号的具体形式

方程	ϕ	Γ	Q
连续性方程	1	0	0
动量方程	V	μ	$\nabla p + Q$

所有控制方程都可以经过适当的数学处理,将方程中的因变量、时变量、对流项和扩散项写成标准形式,然后将方程右端的其余各项集中在一起定义为源项,从而化为通用方程。只需考虑通用方程式(7.7)的数值解,编制求解方程式(7.7)的源程序,就可以求解不同类型的流体流动问题。对于不同的 ϕ,只要重复调用该程序,并给定 Γ 和 Q 的适当表达式以及适当的初始条件和边界条件,便可求解。湍流模型的湍动能方程和湍流耗散率方程,可以纳入式(7.7)的形式中,采用同一个程序代码来求解。

7.4.4 控制方程离散与求解

目前常用的离散化方法包括两大类:网格法和粒子法。计算流体力学中的网格法一般基于欧拉方法,也就是将求解域离散成有限数量的、相互毗邻的结构化或非结构化网格,并在这些空间网格上求解控制方程。粒子法则是定义一定数量的粒子来表示流体,并用粒子间的相互作用来求解控制方程。

从目前的技术状态看,基于网格的数值方法相较于基于粒子的数值方法,具有较为明显的综合优势。常用的基于网格法的离散化方法主要包括三种:有限差分法(FDM)、有限元法(FEM)、有限体积法(FVM)。相较于有限差分法和有限元法,有限体积法具有以下特点和优势。

(1) 有限体积法的出发点是积分形式的控制方程,这一点不同于有限差分法;同时积分方程表示了特征变量在控制体积内的守恒特性,这又与有限元法不一样。

(2) 积分方程中每一项都有明确的物理意义,从而使得方程离散时,对各离散项可以给出一定的物理解释。这一点对于流动问题的其他数值计算方法还不能做到。

(3) 区域离散的节点网格与进行积分的控制体积分立,各节点有互不重叠的控制体积,从而整个求解域中场变量的守恒,可以由各个控制体积中特征变量的守恒来保证。

正是由于有限体积法的这些特点和优势,使其成为当前求解流动问题的数值计算中最成功的方法,也是本书自主研发 CFD 求解器所采用的方法。

有限体积法的基本思路:首先把计算区域离散成有限个互不重叠的网格,围绕每个网格点取一系列互不重叠的控制体单元,在每个控制体单元中只包含一个节点(图7.12),并把待求流动量 ϕ 设置在网格节点上;然后利用流动量守恒律对每个控制体单元进行积分,导出一组离散方程,对它进行求解,得到流动的数值解。

从积分区域的选取方法看来,有限体积法属于加权余量法中的子域法;从未知解的近似方法看来,有限体积法属于采用局部近似的离散方法。简而言之,子域法加离散,就是有限体积法的基本方法。

有限体积法的关键步骤,是将控制微分方程式(7.7)在控制体内进行积分,并

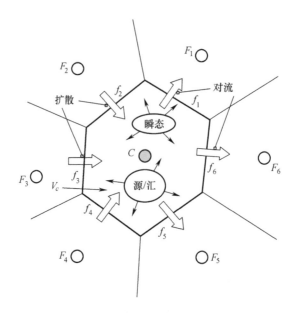

图 7.12 有限体积法控制体示意图

利用奥斯特罗格拉德斯基-高斯公式,可以得到

$$\frac{\partial}{\partial t}(\int_\Omega \rho\phi \mathrm{d}\Omega) + \int_A \boldsymbol{n} \cdot (\rho V\phi)\mathrm{d}A = \int_A \boldsymbol{n} \cdot (\Gamma\ \nabla\phi)\mathrm{d}A + \int_\Omega q_\phi \mathrm{d}\Omega \qquad (7.8)$$

用文字表述式(7.8)表示的特征变量 ϕ 在控制体内的守恒关系为

ϕ 随时间的变化量 = ϕ 由边界对流进入控制体的量 + ϕ 由边界扩散进入控制体的量 + ϕ 由内源产生的量。

由此可见,有限体积法离散方程的物理意义,就是因变量 ϕ 在有限大小的控制体内的守恒原理。由此得出的离散方程,因变量的积分守恒对任意一组控制体都得到满足,对整个计算区域自然也得到满足。

RANS 方程实质是质量输运方程(连续性方程)和动量输运方程(动量方程),而湍流模型是湍动能和湍流耗散率输运方程,自由面模型是体积分数输运方程。由此可见,CFD 求解器所求解的都是一类的输运方程,经离散后都可以转化为代数方程组进行求解。基于有限体积法的控制方程离散与求解流程如图 7.13 所示。

7.4.5 软件框架设计

如前所述,CFD 模拟一般包括 3 个基本环节:前处理、求解和后处理;相应地,CFD 软件通常包含 3 个主要部分:前处理部分(输入)、数值计算部分(流场计算)、后处理部分(输出),如图 7.14 所示。

根据实际情况,输入模块由 4 个部分组成,分别为网格几何信息输入、边界条

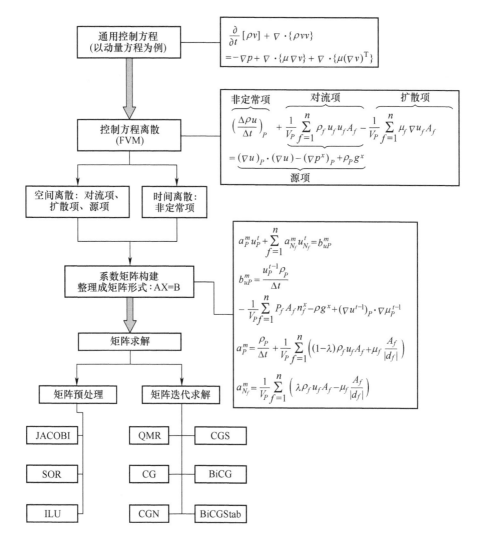

图 7.13 控制方程离散与求解流程

件和初始信息输入、计算参数设置输入和流场介质参数输入、输入模块的框架图 7.15 所示。

网格几何信息输入包括两个部分，网格输入和网格处理。输入网格后，创建网格变量的数据结构，在此基础上对网格进行相应的处理，包括构建控制体、计算控制体体积、控制体表面面积和外法向向量等。需要注意的是，本求解器是三维 RANS 求解器，二维问题的网格也是三维的，而不是一个平面，只是在厚度方向仅有一层网格。因此，控制求解器是二维还是三维的，与网格形式有关，而非在计算

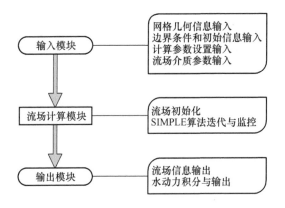

图 7.14 CFD 软件总体框架

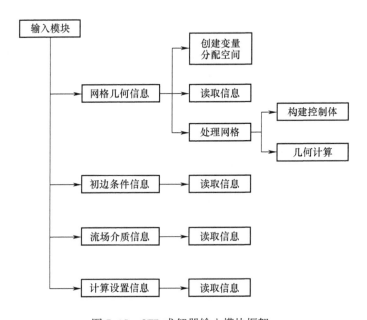

图 7.15 CFD 求解器输入模块框架

参数输入文件中设置。

边界条件和初始信息输入也包括两个部分,指定边界条件和流场初始信息。输入文件中包含了计算域各边界的边界条件,同时也包含整个计算域的初始信息。

计算参数设置输入通过读取输入文件可以确定求解器的控制方程、离散格式、松弛因子、自动保存间隔、迭代步数和收敛准则等。

流场介质信息输入单元的输入文件为 *.mtl 格式。由于本求解器主要面对的是船舶 CFD 领域,存在自由面,所以输入文件需要输入两相的流场介质的密度、黏性等信息。

CFD求解器的流场计算模块是研发的核心,包括两个主要部分:流场初始化和迭代计算。其中,初始化部分较为简单,就是根据输入部分的信息给相应的流场变量进行赋值,包括流场介质的密度、黏性、各边界处的信息以及各控制体单元的流场初始值等。迭代计算部分是整个软件的核心部分,由基础模块和模块单元组成。基础模块是RANS方程的求解,采用主流的SIMPLE算法。而功能模块则是根据船舶水动力学领域的特点,开发专用模块,包括湍流模型和自由面模型,流场计算模块框架如图7.16所示。

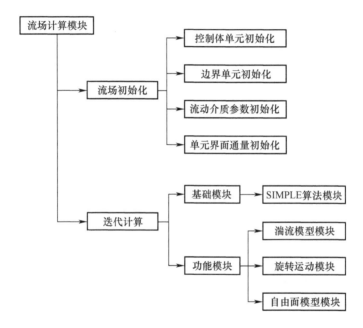

图7.16 CFD求解器流程计算模块框架

输出模块主要包含两个部分,分别是流场信息输出和水动力输出。流场信息输出文件是Tecplot文件格式的.dat文件;水动力输出文件是.txt格式文件,分别输出积分得到的航行体摩擦力和压差力。

根据上述软件框架设计,CFD求解器运行流程如下:

(1) 读取流动参数及计算设置信息,包括计算网格、计算设置、边界条件和初始信息、流动介质参数等;

(2) 流场初始化,创建流场变量的数据结构,分配相应的内存空间;

(3) 执行迭代求解;本CFD求解器采用的是SIMPLE算法,所以包括湍流模型求解、动量方程求解、连续方程求解(压力修正方程)、流场修正这4个过程。

(4) 计算收敛后,输出流场信息以及受力情况。

7.4.6 软件详细设计

CFD 求解器的流场计算部分是开发工作的核心，接下来，主要聚焦于流程计算部分的算法研究和代码实现，限于篇幅，这一部分的详细工作不做展开介绍。最终的 CFD 求解器，包含 81 个程序文件（其中 .c 文件 41 个，.h 文件 40 个）；另外，使用代数多重网格法（algebraic multigrid method, AMG）加速求解库 120 个文件。图 7.17 显示了各主要子程序的调用关系。

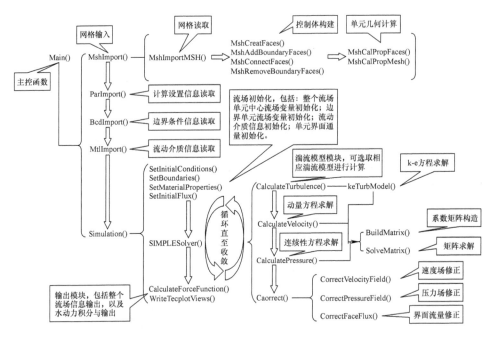

图 7.17 CFD 求解器各子程序调用关系图

7.4.7 APP 测试

1. 单元测试

无论怎样强调软件测试的重要性和它对软件可靠性的影响都不过分。在软件开发过程中，面对各种错综复杂的问题，在软件开发周期的每个阶段都不可避免地会产生差错。如果在软件投入生产性运行之前，没有发现并纠正软件中的大部分差错，则这些差错迟早会在运行过程中暴露出来，那时不仅改正的代价更高，而且可能会造成恶劣的后果。软件测试的目的就是在软件投入生产性运行之前，系统地、尽可能多地找出软件中潜在的各种错误和缺陷。因此，软件测试是保证软件质量的关键步骤，它也是对软件设计和编码的复审。

大量统计资料表明，软件测试的工作量往往占开发总工作量的40%以上。因此，必须高度重视软件测试工作，绝不能以为写出程序之后软件开发工作就接近完成了，实际上可能还有更多的工作量需要完成。

软件测试在软件开发周期中横跨两个阶段。通常在编写出每个模块之后，就应对它做必要的测试（称为单元测试），模块的编写者和测试者可以是同一人。在这个阶段结束之后，对软件系统还应该进行各种综合测试，这是软件开发周期的另一个独立的阶段，通常由专门的测试人员承担，我们称为"他测试"。

调试是在测试发现错误之后排除错误的过程。软件开发者在评估测试结果时，往往仅面对着软件错误的症状，也就是说，软件错误的外部表现和它的内在原因之间可能没有明显的联系。调试就是把症状和原因联系起来的尚未被人深入认识的智力过程。因此，调试可以说是软件开发过程中最艰巨的脑力劳动。

由于CFD求解器开发，是强耦合非线性系统的研发工作。因此，一方面，单元之间高度耦合，难以分割，一个单元很难脱离其他相关单元单独测试；另一方面，由于单元间的强耦合，任一单元如未经充分测试，其潜在问题的影响可能是全局的，很可能会导致数值计算乃至软件的崩溃。所以，CFD求解器开发中的软件测试与调试工作，相当困难、繁琐。

单元测试工作开展的原则是，由底层开始向上，先单元（模块）测试，后集成（系统）测试。由于求解器包含的模块很多，因而主要聚焦核心、关键模块的测试；测试的算例由简单到复杂、由二维到三维。

根据以上原则，设计了线性方程组迭代求解算法测试、不可压缩流动基础求解器测试、典型流动中的界面捕捉测试等测试项目，每个测试项目都包含若干测试算例（表7.8），以下对典型测试项目的测试方法和结果进行简要介绍。

表7.8 CFD求解器单元测试主要算例

算例类别	算例名称	测试（调试）目的	个数	次数
矩阵求解测试	对称矩阵求解（Laplace方程）	测试各类迭代算法求解对称矩阵的性能对比	3	15
	非对称矩阵求解	测试各类迭代算法求解非对称矩阵的性能对比	3	15
	三维方腔驱动流	测试各类迭代算法求解单相稳态问题性能对比	3	15
	三维溃坝流	测试各类迭代算法求解多相非稳态问题的性能对比	3	15
SIMPLE求解器测试	二维方腔驱动流	测试基础求解器模拟二维稳态问题	5	15
	二维后台街流	测试基础求解器模拟二维稳态问题	5	15
	二维圆柱绕流	测试基础求解器模拟二维非定常问题	4	12
	三维方腔驱动流	测试基础求解器模拟三维稳态问题	3	6

续表

算例类别	算例名称	测试(调试)目的	个数	次数
自由面模型测试	界面平移运动	测试 VOF 模块模拟界面平移问题	10	30
	界面旋转运动	测试 VOF 模块模拟界面旋转问题	3	6
	界面剪切运动	测试 VOF 模块模拟界面剪切问题	2	4
	表面张力测试	测试 VOF 模块模拟表面张力问题	1	2
小计	—	—	45	150

1) 线性方程组迭代求解算法测试

在自然科学和工程技术中,很多问题的解决可归结为求解线性方程组,在计算流体力学(以下简称 CFD)中,线性方程组的求解问题尤为普遍。求解线性方程组的数值解法有两类:直接法和迭代法。在 CFD 中所求解的往往是大规模稀疏矩阵方程组,迭代法具有存储单元少,程序设计简单等优点,比直接法要更有优势,因而 CFD 问题求解大多采用迭代法。

测试前,先对几种典型迭代算法的求解性能进行对比分析,选出适合 CFD 问题求解最优的线性方程组迭代算法。

(1) 典型迭代算法简介。迭代法中常见的有经典迭代算法、子空间迭代算法和代数多重网格迭代算法(AMG)。每种算法都有其独特的属性和应用范围。

经典迭代算法又叫基本迭代算法,是较早就实现并且一直被广泛使用的迭代算法,主要有雅可比(Jacobi)迭代、高斯-赛德尔(Gauss-Seidel)迭代和逐次松弛迭代(Succesive over relaxation,SOR)迭代,当 SOR 中的松弛因子为 1 时它就是 Gauss-Seidel 迭代,因此这里只介绍 Jacobi 迭代和 SOR 迭代的相关理论。

Jacobi 迭代是出现较早且较简单的一种算法,其命名是为了纪念普鲁士著名数学家 Jacobi。Jacobi 迭代算法的计算公式简单,每迭代一次只需计算一次矩阵和向量的乘法,且计算过程中原始矩阵 A 始终不变,比较容易并行计算。

逐次超松弛迭代算法是求解大型稀疏矩阵方程组的有效方法之一,它具有计算公式简单、程序设计容易、占用计算机内存较少等优点,但需要选好加速因子(最佳松弛因子)。

子空间迭代法又称 Krylov 子空间算法,其基本思想是在一个具有更小维数的子空间 $K \subset R^n$ 中寻找满足精度要求的近似解,也是投影算法的一种。该算法是目前求解大规模稀疏矩阵的首选方法,并已经被广泛地应用到 CFD 商业软件中,特别适合于单核计算。根据搜索空间和限制子空间之间的关系,具体又可以分为共轭梯度算法(Conjugate gradient, CG)、全正交法(full orthogonalization method, FOM)、极小残差法(minimal residual algorithm, MINRES)、双共轭梯度法(biconjugate gradient, BiCG)、稳定双共轭梯度法(biconjugate gradient stabilized method,BiCGSTAB)等算法,其中 CG、GMRES、BiCGSTAB 等算法的应用较多。

多重网格迭代算法(algebraic multigrid AMG)的基本思想:迭代误差可分为高频波动分量和低频光滑分量,设计某种特殊的迭代方法来消除那些高频波动分量,而用粗网格修正来消除那些顽固的低频光滑分量。AMG 迭代算法是目前绝大部分商用软件都采用的加速迭代算法,AMG 迭代算法继承并扩展了几何多重网格算法(geometrical multi-grid,GMG)的特点,因其没有几何网格的约束,因而能够用于各类不同网格下离散方程组的求解。

此外,使用合适的预处理技术也能够获得加快迭代收敛的效果。预处理技术是指通过在线性方程组 $Ax=b$ 两边同时乘以相应的矩阵,将其化为一个与之等价,但系数矩阵特征值分布更加集中,即系数矩阵条件数变小的线性方程组的技术,从而可以达到加快迭代收敛的技术。常用的预处理技术包括 LU 分解和不完全 LU 分解(ILU)技术;AMG 某种程度上也可以看作是一种预处理技术。

(2) 测试结果。

① 对称矩阵求解测试。采用上面的迭代算法,对对称问题离散后形成的线性方程组进行求解,测试各个迭代算法在求解该问题上的性能。对方程组 $Ax=b$ 有

$$A = \begin{bmatrix} 4 & -1 & \cdots & -1 & \cdots & \cdots \\ -1 & 4 & -1 & \cdots & -1 & \cdots \\ \cdots & -1 & 4 & -1 & \cdots & -1 \\ -1 & \ddots & \ddots & \ddots & \ddots & \ddots \\ \cdots & -1 & \cdots & -1 & 4 & -1 \\ \cdots & \cdots & -1 & \cdots & -1 & 4 \end{bmatrix}, \quad b = \begin{bmatrix} 1 \\ 1 \\ \vdots \\ \vdots \\ 1 \\ 1 \end{bmatrix} \quad (7.9)$$

分别对 10000 行、100000 行和 1000000 行的该问题进行求解,收敛准则是当前范数为初始范数的 1×10^{-8} 倍,这里给出 1000000 行的求解测试结果,如表 7.9 所列,表中"—"符号表示该算法计算得到的结果为对比的基准值。

表 7.9 行数为 1000000 的对称矩阵求解测试结果

迭代算法	第 1 次计时	第 2 次计时	第 3 次计时	平均计时	效率对比	最大误差
ILU+GMRES	不收敛	不收敛	不收敛	不收敛	不收敛	不收敛
ILU+CG	79.514	78.621	77.852	78.662	1.0	—
ILU+BiCGSTAB	132.647	134.215	133.125	133.329	0.590	2×10^{-4}
ILU+Jacobi	不收敛	不收敛	不收敛	不收敛	不收敛	不收敛
ILU+SOR	不收敛	不收敛	不收敛	不收敛	不收敛	不收敛
AMG	1.125	1.068	1.115	1.103	71.338	3×10^{-5}
AMG+GMRES	0.986	0.993	0.953	0.977	80.486	2×10^{-5}
AMG+BiCGSTAB	0.801	0.796	0.781	0.793	99.237	2×10^{-5}

② 非对称矩阵求解测试。同样采用上面的迭代算法对非对称问题离散后形成的线性方程组进行求解,测试各个迭代算法在求解该问题上的性能。对方程组 $Ax = b$,则

$$A = \begin{bmatrix} 8 & -1 & \cdots & -2 & \cdots & \cdots \\ -1 & 8 & -1 & \cdots & -2 & \cdots \\ \cdots & -1 & 8 & -1 & \cdots & -2 \\ -3 & \ddots & \ddots & \ddots & \ddots & \cdots \\ \cdots & -3 & \cdots & -1 & 8 & -1 \\ \cdots & \cdots & -3 & \cdots & -1 & 8 \end{bmatrix}, \quad b = \begin{bmatrix} 1 \\ 1 \\ \vdots \\ \vdots \\ 1 \\ 1 \end{bmatrix} \quad (7.10)$$

分别对 10000 行、100000 行和 1000000 行该问题进行求解,收敛准则是当前范数为初始范数的 1×10^{-8} 倍,这里给出 1000000 行的求解测试结果,如表 7.10 所列。

表 7.10　行数为 1000000 的非对称矩阵求解测试结果

迭代算法	第1次计时	第2次计时	第3次计时	平均计时	效率对比	最大误差
ILU+GMRES	5.121	5.168	5.009	5.009	1.0	—
ILU+CG	不收敛	不收敛	不收敛	不收敛	不收敛	不收敛
ILU+BiCGSTAB	4.702	4.652	4.663	4.672	1.072	1×10^{-5}
ILU+Jacobi	7.288	7.273	7.671	7.411	0.676	2×10^{-5}
ILU+SOR	5.216	5.178	5.321	5.238	0.956	2×10^{-5}
AMG	1.007	1.035	1.001	1.014	4.940	8×10^{-6}
AMG+GMRES	0.722	0.730	0.741	0.731	6.852	6×10^{-6}
AMG+BiCGSTAB	0.604	0.636	0.647	0.629	7.963	7×10^{-6}

③ 典型流动求解的初步测试。前面给出的求解的矩阵元素都是整型的,而实际问题大多数是实型矩阵。实际在 CFD 问题中,压强方程离散后的线性方程组的求解,往往在 CFD 求解中占据了 80% 以上的计算时间,因而迭代算法的选择对压强方程的求解乃至整个 CFD 的计算效率都是至关重要的。

因此,针对典型流动,对采用 SIMPLE 类算法离散后得到的压强方程的线性方程组进行迭代求解,初步测试在实际问题中上述算法的性能。

方腔驱动流是典型的不可压流动,其数学模型简单,涡系结构明显,常用于算法测试。本算例网格数为 40000,$Re = 1000$,同时采用 ILU 预处理、AMG 预处理,用 PISO 解耦配合 GMRES 迭代求解对该问题的压强方程进行有限体积离散后进行求解测试,结果如表 7.11 所示。

经过对比测试,从中可以分析出一些利于后续完善改进的结论,包括但不限于:①在诸算法中,以 AMG 为预处理方法、BiCGSTAB 为迭代算法的计算效率最高;②系数矩阵严格对角占优时,经典迭代算法与某些 Krylov 迭代算法的效率基本一致;而系数矩阵非严格对角占优时,经典迭代算法可能无法满足收敛条件;

③对同一个线性方程组求解问题,各种迭代算法的精度基本一致,但随着网格数量的增加,相互间差异增加;④对一些典型流动问题的求解,离散后的系数矩阵非严格对角占优,采用经典迭代算法无法满足迭代收敛条件。

表7.11 三维方腔驱动流压强方程迭代求解测试结果

计算方法	压强方程平均耗时	效率对比	最大绝对值误差
ILU+Jacobi	不收敛	不收敛	不收敛
ILU+GMRES	0.905s	1.0	—
AMG+GMRES	0.380s	2.382	1×10^{-7}

2) 不可压缩流动 SIMPLE 求解器测试

船舶与海洋工程领域所涉及的流动大多是不可压缩的。在不可压缩流动基础求解器中,主要有3类:求解压力泊松方程、压力修正方法以及人工可压缩算法。其中压力修正方法应用较多,尤以 SIMPLE 类算法使用最多。

针对船舶海洋工程中的实际情况,设计了方腔驱动流、后台阶流动以及圆柱绕流等算例,以测试 SIMPLE 算法基础求解器在涡的捕捉、分流流动的模拟等方面的能力,限于篇幅,此处仅简要介绍二维方腔驱动流测试情况。

方腔驱动流具有计算域几何简单、流场特征明显、边界条件(均是固壁)容易实施等特性;边界条件采用的是速度边界,压力边界满足纽曼(Neuman)边界条件。方腔驱动模型主要是用来模拟方腔中的不可压流体随着顶盖匀速运动产生的运动及流场结构等的变化现象。不同雷诺数下的流线图如图7.17所示。

不同雷诺数下方腔驱动流主涡和右下方二级涡的涡心位置数值计算结果列于表7.12中,表中同时给出了相关文献基准解的结果。从表中可以看出,本 SIMPLE 算法基础求解器的计算结果与文献基准解的一致性很好。

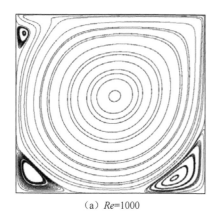

(a) Re=1000

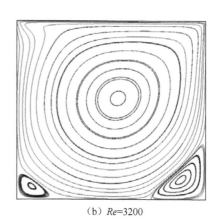

(b) Re=3200

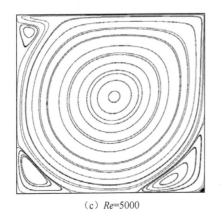
（c）Re=5000

（d）Re=7500

图 7.17 不同雷诺数下方腔驱动流的流线图

表 7.12 不同雷诺数 Re 下方腔驱动流涡心位置计算结果

Re	涡	结果来源	x	y	x 坐标误差/%	y 坐标误差/%
1000	主涡	Present	0.5352	0.5677	—	—
		Ghia	0.5313	0.5625	0.74	0.93
		Schreiber	0.5286	0.5643	1.26	0.61
		Vanka	0.5438	0.5625	1.58	0.93
	右下二级涡	Present	0.8654	0.1052	—	—
		Ghia	0.8594	0.1094	0.70	3.80
		Schreiber	0.8643	0.1071	0.13	1.77
		Vanka	0.8625	0.1063	0.34	1.00
3200	主涡	Present	0.5206	0.5430	—	—
		Ghia	0.5165	0.5469	0.80	0.71
		Yang	0.5202	0.5406	0.08	0.44
	右下二级涡	Present	0.8351	0.0873	—	—
		Ghia	0.8125	0.0859	2.78	1.63
		Yang	0.8306	0.0852	0.54	2.46
5000	主涡	Present	0.5191	0.5399	—	—
		Ghia	0.5117	0.5352	1.44	0.87
		Pan-GLowinski	0.5156	0.5352	0.67	0.87
		Bruneau	0.5156	0.5352	0.67	0.88

续表

Re	涡	结果来源	x	y	x 坐标误差/%	y 坐标误差/%
5000	右下二级涡	Present	0.8060	0.0741	—	—
		Ghia	0.8086	0.0742	0.32	0.10
		Bruneau	0.8086	0.0742	0.32	0.10
7500	主涡	Present	0.5135	0.5316	—	—
		Ghia	0.5117	0.5322	0.34	0.11
		Hou	0.5176	0.5373	0.80	1.06
		Bruneau	0.5156	0.5234	0.41	1.57
		Yang	0.5162	0.5313	0.53	0.06
	右下二级涡	Present	0.7968	0.0653	—	—
		Ghia	0.7813	0.0625	1.98	4.55
		Yang	0.8165	0.0660	2.41	0.99

3）典型流动中的界面捕捉测试

两相/多相流广泛存在于船舶水动力学领域，包括自由面、波浪、空化等，并且会对船舶水动力产生显著的影响。两相（多相）流界面的追踪或捕捉，在船舶水动力学 CFD 模拟中有着重要的作用和意义。

为此，针对求解器开展典型流动中的相界面捕捉测试，其中包含了单自由度和多自由度运动，一维运动和多维运动，单界面运动和多界面运动，简单形状界面的运动和复杂形状界面的运动等，测试算例汇总如表 7.13 所列。限于篇幅，这里仅给出典型流动中复杂形状界面的捕捉测试中 Zalesak 形状界面中心旋转运动的测试情况。

表 7.13 界面捕捉测试算例汇总

网格类型	运动类型			
正交结构网格	平移运动	单界面平移	一维运动	正方形界面横向运动
				正方形界面纵向运动
			二维运动	正方形界面30°倾斜运动
				正方形界面45°倾斜运动
				正方形界面60°倾斜运动
		多界面平移		双正方形界面45°倾斜运动
	旋转运动			矩形界面绕中心旋转

续表

网格类型	运动类型		
非正交非结构网格	平移运动	单界面平移	圆形界面30°倾斜运动
			圆形界面45°倾斜运动
			圆形界面60°倾斜运动
	旋转运动	中心旋转	Zalesak形状界面旋转运动
		偏心旋转	Zalesak形状界面旋转运动
	剪切运动	顺时针剪切	圆形界面剪切运动

图 7.18 给出了 Zalesak 界面旋转一周后的计算结果(左)与文献结果(右)比较,图 7.19 则给出了计算平均误差结果与相应文献的比较。

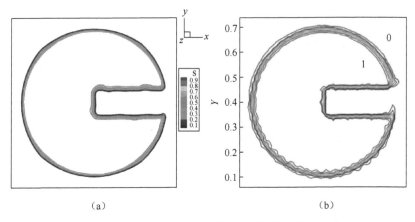

(a)　　　　　　　　　　　(b)

图 7.18　Zalesak 界面旋转一周后的形状

从图 7.19 中可以看出,本界面捕捉格式,能够准确地模拟 Zalesak 界面问题,计算结果与相关文献基本一致。图 7.20 则给出了时间分别为 1/4、1/2、3/4 和 1 个周期时刻,流场中的 Zalesak 界面形状。由测试结果,可以得到一些关于求解器计算模拟效果的一些结论,包括:该算法对典型流动中不同形状界面均能较为准确地捕捉;随着库朗特数的增加,相应的误差会增大;随着库朗特数的增加,界面的准确捕捉也就更加有难度;影响库朗特数的因素如网格尺寸和时间步长等,都会很大程度地影响计算结果的误差值(精度),进而影响结果的准确性。这些结论可以帮助评价求解器的可靠性和精度水平,也利于与同类商业 CAE 软件进行比较。

2. 综合测试

通过上述单元测试,验证了求解器核心、关键模块。接下来,需进行各种综合测试,对不同组合模块进行验证。

主要对 SIMPLE 求解器与湍流模型、多参考坐标系(含非惯性坐标系、交界面

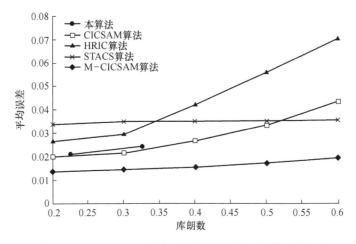

图 7.19 Zalesak 界面旋转模拟平均误差随库朗特数的变化

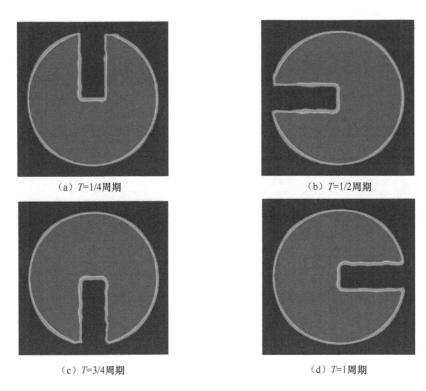

图 7.20 不同时刻下 Zalesak 的界面形状

网格)、自由面的组合,开展综合测试。选取其中的湍流模型测试介绍湍流模拟效果。

1）湍流模型测试

上面主要是层流状态下的测试算例,用于 SIMPLE 求解器及相关模块的测试。而在船舶水动力学领域,工程实际流动多为三维湍流边界层流动,因此需要进行相应的测试。

在 RANSE 求解器中,湍流模型的求解,实为标量方程的求解。而湍流相关参量与流场中的速度场强相关。如果与基础求解器分开单独测试,一是难以实现,二是结果无法度量。因此,对于湍流的测试,采用与基础求解器联合测试的方式进行,在一定程度上也可视为集成测试。

本着由二维到三维、由简单到复杂的原则,以典型水下和水面标模为计算对象,设计了如表 7.14 所列算例。限于篇幅,仅对 JBC 船模算例的测试情况和测试结果进行简要介绍。

表 7.14 湍流模型求解测试算例

算例名称	测试(调试)目的	个数/个	次数/次
二维 SUBOFF 光体	测试 $k\text{-}\varepsilon$ 湍流模型	2	16
三维 SUBOFF 光体	测试 $k\text{-}\varepsilon$ 湍流模型	3	8
带对称面的三维 SUBOFF 光体	测试对称边界条件以及湍流模型计算精度	10	20
二维 SUBOFF 全附体	测试 $k\text{-}\varepsilon$ 湍流模型	2	15
三维 SUBOFF 光体+尾翼(全域)	测试湍流模块模拟三维 SUBOFF 光体+尾翼	5	10
三维 SUBOFF 光体+尾翼(半域)	测试对称面边界条件	5	10
三维 SUBOFF 光体+围壳(全域)	测试湍流模块模拟三维 SUBOFF 光体+围壳	5	10
三维 SUBOFF 光体+围壳(半域)	测试对称面边界条件	5	10
三维 SUBOFF 全附体	测试不同湍流模块(三种湍流模型)、不同来流速度、不同网格密度、不同精度情况下模拟三维 SUBOFF 全附体	30	190
三维 JBC 船模	测试不同湍流模块(三种湍流模型)、不同网格、不同精度情况下模拟三维 JBC 船模	20	60
三维 DTMB5415 船模	测试不同湍流模块(三种湍流模型)、不同网格、不同精度情况下模拟三维 DTMB5415 船模	15	40
三维 KCS 船模	测试不同湍流模块(三种湍流模型)、不同网格计算 KCS 船模形状因子	18	54
三维 KVLCC2 船模	测试不同湍流模块(三种湍流模型)、不同网格计算 KVLCC2 船模形状因子	18	54
小计	—	138	497

为验证自主研发 CFD 求解器计算结果的合理性和准确性,测试结果中同时给出了主流商用 CFD 软件 Fluent 的计算结果用以比对(计算方法与控制参数设置一致),具体如表 7.15 所列。

表 7.15　湍流模型测试中的计算方法与控制参数设置

项目	方　　　　法	
计算方法设置	速度压力耦合格式	SIMPLE
	梯度离散方式	格林-高斯公式
	压力离散方式	二阶中心格式
	对流项离散方式	一阶迎风格式
	湍流模型	标准 $k\text{-}\varepsilon$ 模型结合标准壁面函数
	k 项离散方式	一阶迎风格式
	ε 项离散方式	一阶迎风格式
计算控制参数（松弛因子）	速度项	0.7
	压力项	0.3
	湍流项	0.8
	湍流黏性	1

选取的是 JBC 船模,采用叠模计算,网格划分与边界条件设置如图 7.21 所示。作为对比算例,Fluent 计算采用相同的网格与边界条件(图 7.21)和相同的计算方法与控制参数设置(表 7.15)。

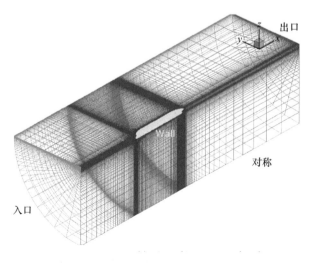

图 7.21　JBC 叠模计算域网格与边界条件设置

数值模拟中,船模速度 $V=1.179\text{m/s}(Re=7.46\times10^6)$。图 7.22 给出了 CFD 模拟的 JBC 船模湍流边界层和尾流场,图 7.23 和图 7.24 分别给出了船模表面压力云图和压力等值线计算与 Fluent 的比较图,图 7.25 给出了距底部 0.2m 处船模表面的压力分布与 Fluent 的对比图,图 7.26 则给出了船模桨盘面处 ($x/L_{pp}=0.9843$ 截面)流向速度等值线与 Fluent 的对比图。从这些计算机对比图中可以看出,JBC 叠模直航湍流绕流对于压力场、速度场等场域量,自主研发 CFD 求解器计算结果与 Fluent 计算结果符合良好。

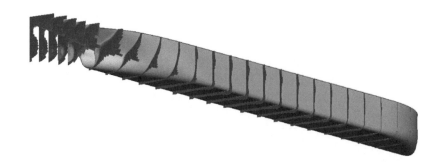

图 7.22 JBC 船模湍流边界层及尾流场

图 7.23 JBC 船模表面压力云图

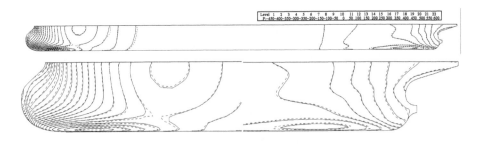

图 7.24 JBC 船模表面压力等值线(实线—MarineFlow,虚线—Fluent)

表 7.16 给出了 JBC 叠模阻力 CFD 计算结果,表中同时给出了 Fluent 计算结果。从表 7.16 中可以看出,对于 JBC 叠模算例,自主研发求解器计算的压差阻力

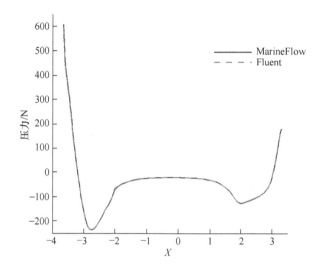

图 7.25 JBC 船模表面距船底 0.2m 处压力分布

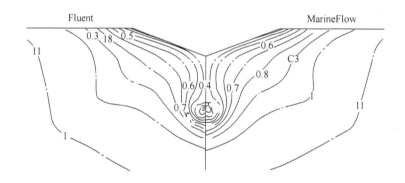

图 7.26 JBC 船模桨盘面速度等值线

偏大,黏性阻力偏小,总阻力略微偏大,总体上达到了主流商业 CFD 的计算精度水平。

表 7.16 JBC 叠模阻力计算结果

项目	Fluent			MarineFlow		
	压差阻力/N	黏性阻力/N	总阻力/N	压差阻力/N	黏性阻力/N	总阻力/N
JBC 船模	11.79	13.12	24.91	12.85	12.46	25.31
相对偏差	—	—	—	8.99%	−5.03%	1.61%

此外,对其他湍流模型(RNG k-ε、k-w、SST k-w)进行了算例测试,由于篇幅所限,这里不再给出具体的测试情况和测试结果。通过上述一系列算例的测试,结

果表明以下特性。

（1）自主研发CFD解器使用的标准$k-\varepsilon$模型可以很好地模拟高雷诺数情况下的各种流场变量(压力、速度以及湍流特征量等)，计算精度与Fluent相当。

（2）自主研发CFD解器使用标准$k-\varepsilon$模型可以较好地计算水下航行体和水面船模型阻力，计算结果与Fluent总体上较为接近，偏差在3%以内。

（3）通过以上测试，初步验证了自主研发CFD解器的标准$k-\varepsilon$模型的有效性和准确性。

另外，在船舶水动力学领域，旋转是一种典型的运动形式，常见的如螺旋桨旋转运动。对于此类运动，主要的处理的方法包括非惯性坐标系法、交界面网格+多参考坐标系法、交界面网格+滑移网格法和重叠网格法等。为测试这两种方法，以典型翼型和螺旋桨模型为计算对象，设计了如表7.17所列算例，限于篇幅，此处不再一一介绍，该求解器已公开发布，读者可跟踪关注相关的研究和进展工作。

表7.17 多参考坐标系求解测试算例

算例类别	算例名称	测试(调试)目的	个数	次数
求解器测试	NACA63-021翼型绕流	测试基础流场求解器的正确性与稳定性，考察其计算精度与适用情况	16	48
	NACA0012翼型绕流	测试基础流场求解器的正确性与稳定性，考察其计算精度与适用情况	11	33
非惯性坐标系求解测试	C-T旋翼模型绕流模拟	测试非惯性坐标系求解器，并考察求解器处理六面体单元网格能力	6	6
	P4119桨模型敞水计算	测试非惯性坐标系求解器，并考察求解器处理不同网格单元的能力	2	8
	KP505桨模型敞水计算	测试非惯性坐标系求解器，并考察计算精度	11	33
	育鹏轮螺旋桨模型敞水计算	测试非惯性坐标系求解器，并考察计算精度	9	27
多套网格数据结构测试	两套四面体单元网格同时计算	测试多套网格数据结构，考察其同时处理多套四面体单元网格的能力	1	2
	两套六面体单元网格同时计算	测试多套网格数据结构，考察其同时处理多套六面体单元网格的能力	1	2
	两套混合单元网格同时计算	测试多套网格数据结构，考察其同时处理四面体单元和六面体单元混合网格的能力	1	2

续表

算例类别	算例名称	测试(调试)目的	个数	次数
交界面网格求解测试	KP505桨模交界面两侧相同单元类型算例	测试支持交界面网格求解器,考察交界面两侧单元尺度对数值计算结果的影响	6	18
	KP505桨模交界面两侧不同单元类型算例	测试支持交界面网格求解器,考察交界面两侧单元类型及单元尺度对计算结果的影响	6	18
多参考坐标系求解测试	KP505桨模多参考系方法敞水计算	测试多参考坐标系求解器,考察交界面位置、单元类型、网格尺度对计算精度的影响	14	39
	育鹏轮螺旋桨模型多参考系方法敞水计算	测试多参考坐标系求解器,考察其计算精度,不同湍流模型对计算结果的影响	9	45
	SUBOFF+桨多参考系方法算例	测试多参考坐标系求解器,考察其处理船模自航状态准定常数值模拟能力	5	15
小计	—	—	98	296

7.4.8 他应用验证

上述测试是由研发团队开展的自测试工作,为进一步检验、验证自主研发CFD求解器的性能,还应该通过第三方,即用户的使用进行验证。对于本例所述的CFD求解器,由专门从事船舶CFD计算的科研人员,选择国际通用标模,进行它应用验证。选择了ITTC标模KVLCC2和KCS,开展了水面船模形状因子CFD计算应用验证。

水面船形状因子的获取,是使用三因次法进行实船航速预报的必要环节之一。通过CFD计算获取水面船形状因子,是近年来常用的一种方法:

$$1 + k = \frac{C_t}{C_f} \tag{7.11}$$

式中: k 为形状因子; C_t 为叠模总阻力系数; C_f 为摩擦阻力系数(由ITTC-1957公式计算)。

KVLCC2是由韩国船舶与海洋工程研究所(Korean Research Institute for Ship and Ocean Engineering, KRISO)设计的30万吨VLCC船型(实船并未建造),共有两种线型,目前国际通常采用的是第二种线型,即KVLCC2。该船型作为船舶水动力性能研究的国际标准模型,广泛应用于CFD计算的验证算例。船模几何外形如

图 7.25 所示,主尺度参数如表 7.18 所列。

图 7.25　KVLCC2 船模几何外形

表 7.18　KVLCC2 主尺度参数

参数	单位	实船	模型
L_{pp}	m	320.0	5.5172
L_{WL}	m	325.5	5.6121
B_{WL}	m	58.0	1.0000
T	m	20.8	0.3586
S	m²	27194	8.0838
∇	m³	312622	1.6023
C_B	—	0.8098	0.8098

KCS 是一艘带球鼻艏的集装箱船(实船也未建造),也是由 KRISO 设计的。该船型同样作为船舶水动力性能研究的国际标准模型,广泛应用于 CFD 计算的验证算例。船模几何外形如图 7.26 所示,主尺度参数见表 7.19。

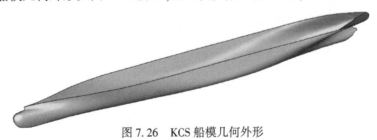

图 7.26　KCS 船模几何外形

表 7.19　KCS 主尺度参数

参数	单位	实船	模型
L_{pp}	m	230.0	7.2786
L_{WL}	m	232.5	7.3577
B_{WL}	m	32.2	1.0190
T	m	10.8	0.3418

续表

参数	单位	实船	模型
S	m^2	9424	9.4379
∇	m^3	52030	1.6490
C_B	—	0.6505	0.6505

CFD 计算分别针对两条船模设计吃水状态下两个航速开展,计算工况列于表 7.20 中。数值模拟中,计算域为船模对称面一侧的半域模型,船模首部向前延伸 1.2 倍体长,尾部向后延伸 2.2 倍体长,外边界距船模 1.2 倍体长。计算网格为多块分区的 H-O 型结构化网格,近壁面、曲率变化大的区域进行加密,根据采用的湍流模型,y+取值约为 45。采用 3 套网格来进行数值预报,网格在垂向、轴向和径向 3 个方向上按 $\sqrt{2}$ 的加细比加密,网格数分别为 35 万、100 万、260 万。图 7.27 给出了 KVLCC2 船模表面网格和计算域网格(中网格)。

表 7.20 船模形状因子 CFD 计算工况

船型		航速		Re	
		实船/kn	模型/(m/s)	实船	模型
KVLCC2	设计航速	15.5	1.05	2.54×10^9	5.77×10^6
	较低航速	13	0.88	2.13×10^9	4.83×10^6
KCS	设计航速	24	2.197	2.82×10^9	1.59×10^7
	较低航速	14	1.281	1.65×10^9	9.28×10^6

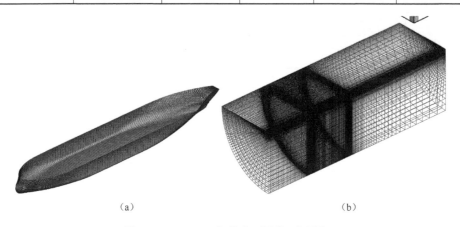

(a)　　　　　　　　　　(b)

图 7.27 KVLCC2 船模表面网格(中网格)

采用了两种湍流模型(标准 k-ε,RNG k-ε),针对 KVLCC2 和 KCS 船模,开展了 3 套网格、2 个航速共 24 个工况 CFD 计算,计算工况和结果如表 7.21 所列。

图 7.28 给出了采用 RNG $k-\varepsilon$ 湍流模型计算时,KVLCC2 和 KCS 形状因子计算结果随网格数变化规律(图中同时给出了 Fluent 计算结果),可以看出,两者精度相当。

表 7.21　船模形状因子 k 计算结果

船型	网格数量/$\times 10^6$	湍流模型	设计航速工况	低航速工况	EFD
KVLCC2	0.35	标准 k-ε	0.267	0.256	0.22
		RNG k-ε	0.256	0.245	
	1.0	标准 k-ε	0.241	0.230	
		RNG k-ε	0.227	0.216	
	2.6	标准 k-ε	0.242	0.231	
		RNG k-ε	0.222	0.212	
KCS	0.3	标准 k-ε	0.169	0.144	0.12
		RNG k-ε	0.147	0.125	
	0.9	标准 k-ε	0.145	0.128	
		RNG k-ε	0.133	0.117	
	2.4	标准 k-ε	0.140	0.122	
		RNG k-ε	0.130	0.113	

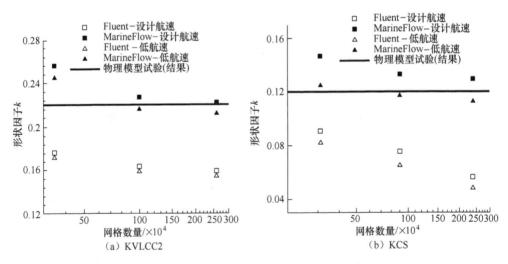

图 7.28　船模形状因子计算结果与网格数

从图表中可以看出以下结果:

(1) 采用两种湍流模型,船模形状因子计算结果基本都随网格数量增加而减

小,并且逐渐收敛于物理模型试验结果;

(2) RNG $k-\varepsilon$ 湍流模型计算结果更接近物理模型试验结果;

(3) 随着航速提高,船模形状因子增大;对于 KVLCC2,设计航速和较低航速下的形状因子差别为 0.011;对于 KCS,设计航速和较低航速下的形状因子差别为 0.015,可以满足工程设计的要求。

7.5 APP 准确度验证与置信水平评估技术

无论是物理模型试验还是虚拟试验,对结果的要求都可以概括为"精"和"准",其实质就是试验结果的置信水平,精准度和置信度高的数据才是可靠的"好"数据。因此,APP 预报结果的置信水平是制约其应用与发展的重要因素,置信度评估技术,也就成为船舶总体性能 APP 研究与应用的关键技术。

7.5.1 APP 准确度验证

准确度在常规的物理测试、试验中已广泛使用,但在数值计算、模拟、软件等领域的研究较少。物理模型试验中的准确度一般是指在一定的试验条件下多次测定的平均值与真值相符合的程度,通常它用误差的大小来表示。误差分析中将误差分为随机误差和系统误差,其中随机误差的大小可用精密度来表示,系统误差的大小可用正确度来表示,准确度是精密度和正确度的总和。

准确度的评价首先要有"真值",这是准确度评价的关键,而显然人们不可能获得完全的真值。物理模型试验中,通常用标准物质或标准方法进行对照试验,在无标准物质或标准方法时,则采用估算等方法。对于误差较小时,也有通过多次平行测定的平均值作为真值的估计值。

相对物理模型试验而言,数值模拟、预报、软件等准确度验证更加困难,主要体现在标准物质和真值两个方面。预报软件的验证通常采用物理模型试验结果对比,或其他数值结果进行间接对比。与标准物质对应的是通过进行严格不确定度控制的标模试验,但是,不可能针对所有的预报软件都开展大范围、大样本量的标模试验。

就虚拟试验模拟技术,最常用的是通过物理模型基准检验试验结合不确定度分析进行验证。标模基准检验试验数据是校验虚拟试验结果的最重要的依据,但并不是唯一的校验数据。一个好的模拟系统要经得起各式各样的模型考核,包括标模和非标模。由于模拟系统是一个系统工程,而不是简单的、单一的软件或者程序,因此系统性的验证就变得更为重要了。由于标模基准检验试验的样本较少,显然难以保证工程实用可靠性,需要结合大量常规的模型与实船试验数据验证,来确保其具备可靠性和结果的可信度,因此,在实际工作中,除采用标模数据验证外,应用典型模型数据验证、大子样案例数据验证的方法进行准确度验证,也是保证系统可靠性的重要方法,是具有推广应用价值的。

7.5.2 APP置信度评估

作为船舶总体性能传统研究手段——物理模型试验,用其评估和提高试验结果置信度的努力从未停过。基于误差理论和统计方法的试验精度分析和评估技术已经成熟,目前发展到概念更加确切的不确定度分析评估,已形成了较为完整的推荐规程。

同样,随着数值计算技术的发展和应用,对其结果的置信度越来越关注。对于虚拟试验技术的核心——数值计算,关于其置信度的研究——不确定度分析研究,目前已经历了30余年的发展,美国航空航天学会(American Institute of Aeronautics and astronautics,AIAA)和ITTC等相关组织都相继提出了各自的不确定度分析推荐规程。这些方法具有学术性强、理论清晰、数学推导严谨等优点,因而在相关领域具有较大影响力;但从总体上看,这些方法学术性大于工程实用性,通过采用"不确定度分析、最优解确认、大子样应用验证"三重验证技术体系,才能够切实提高虚拟试验预报结果的可信度,确保达到工程实用的精度要求。其主要流程与要求如下:

(1) 基于正交试验设计、方差分析和统计推断理论,以标准模型为计算对象,进行数值计算不确定度分析;

(2) 根据正交设计中的效应分析方法,推算数值计算最优计算条件,并估计该条件下的计算结果(最优解)和误差,并通过标模基准检验物理模型试验数据的确认;

(3) 经不确定度分析和最优解确认流程获得的数值计算最优计算条件(计算的相关设置),对一定规模的子样开展预报,将结果与对应的物理模型试验数据进行对比,并对预报结果与物理模型试验结果之间的偏差进行统计分析,要求偏差服从或基本服从正态分布(无偏或有偏),且绝大部分(如90%以上)应在工程应用允许的范围之内。

通过以上多层次、严密验证的预报方法及模块,才可望在相应范围内具有普适性。

7.5.3 数值模拟不确定度分析

不确定度,是源于计量学领域的一个概念。物理模型试验或测量,需要给出定量说明,即对测量结果的质量给出定量的判定。物理模型试验或测量结果是否有用,很大程度上取决于其不确定度的大小;即试验结果必须有不确定度说明,才是完整的、有意义的。

CFD作为一种极具发展潜力的预报和分析工具,在船舶水动力学领域得到了越来越多的应用。正是由于CFD技术将要或者已经在船舶设计中得到大量的应用,船舶设计人员非常关心的一个问题就凸显出来,并且越来越受到人们的重视,那就是CFD模拟结果的可信程度到底如何?要回答这个问题,就必须对CFD模拟结果进行不确定度分析。

数值结果的误差就是计算值与真值之差,它包含两部分:模型误差和数值误差。在一定条件下,误差值可以估计。但由于真值往往是未知的,因而在这个估计过程中也有误差;不确定度U就是对误差δ的一个估计。

由于真值未知,误差往往也是未知的,误差的大小不会随着人们的认识程度而改变。不确定度表示了人们对误差认识不足的程度。不确定度是客观存在的,但是不确定度的分析结果会随着人们的认知程度而改变。

一般认为,CFD计算的数值不确定度来源于3个部分:截断误差、迭代误差和离散误差。在船舶水动力计算中,通常忽略前两个误差源。而离散误差是在将连续的偏微分方程转化为代数方程组的过程中产生的,它主要是由数值模拟的网格决定的,在实际的复杂湍流流动模拟中,是误差源中最重要的部分。因此,离散误差的估算是数值计算研究人员关心的重点。

随着CFD在航空领域的深入应用,AIAA CFD标准委员会在1998年发布了有关CFD验证和确认的规程。同样,ITTC也引领着船舶CFD不确定度分析发展方向。Coleman和Stern进行了开创性的工作,他们结合AIAA CFD规程提出了船舶CFD验证和确认的更加全面、可操作的方法。这个方法被22届ITTC阻力委员会采纳作为临时规程,首先在Gothenburg 2000年数值船舶流体力学研讨会上被推荐使用。在ITTC推荐规程形成之后,船舶水动力学界对CFD不确定度分析进行了更广泛更深入的研究。

1. 验证和确认方法

CFD不确定度分析过程可分为验证和确认(verification and validation,V&V)两部分。评估数值不确定度的过程叫验证,即估计数值误差的大小和符号,以及此估计的不确定度。验证过程其实就是评估是否正确地求解了方程。评估模型不确定度的过程叫确认,即估计模型误差大小和符号,以及模型误差估计的不确定度。确认过程其实就是评估是否求解了正确的方程,即数学模型的建立是否正确。

误差和不确定度的定义与试验不确定度分析中的一样。数值模拟结果S与真值T之差即为数值模拟误差,它由模型误差δ_{SM}和数值误差δ_{SN}两部分相加而成:

$$\delta_S = S - T = \delta_{SM} + \delta_{SN} \tag{7.12}$$

对于特定的情况,数值误差δ_{SN}的符号和大小可以估计为

$$\delta_{SN} = \delta_{SN}^* + \varepsilon_{SN} \tag{7.13}$$

式中:δ_{SN}^*为δ_{SN}的估计值(包括符号和大小);ε_{SN}为估计值的误差。

修正模拟值可以得到数值基准：

$$S_C = S - \delta_{SN}^* \tag{7.14}$$

1) CFD 不确定度验证方法

验证是计算数值模拟的数值不确定度 U_{SN} 的过程，并且当条件允许时，还要估计模拟的数值误差自身的符号和大小 δ_{SN}^* 及此误差估计中的不确定度 U_{S_CN}。对于未修正的数值模拟方法，数值误差可以分解成来自于迭代次数、网格尺寸、时间步长及其他参数的误差 δ_I、δ_G、δ_T 和 δ_P，这样，数值模拟的数值不确定度可以表示为

$$U_{SN}^2 = U_I^2 + U_G^2 + U_T^2 + U_P^2 \tag{7.15}$$

对于修正过的数值模拟方法，模拟数值误差的估计值 δ_{SN}^* 和 U_{S_CN} 由下式给出：

$$\delta_{SN}^* = \delta_I^* + \delta_G^* + \delta_T^* + \delta_P^* \tag{7.16}$$

$$U_{S_CN}^2 = U_{I_C}^2 + U_{G_C}^2 + U_{T_C}^2 + U_{P_C}^2 \tag{7.17}$$

2) CFD 不确定度确认方法

确认是利用基准试验数据评估数值模拟的建模不确定度 U_{SM} 的过程，并且当条件允许时，还要估计建模误差 δ_{SM} 自身的符号和大小。比较误差 E 由试验数据 D 和模拟值 S 之差给出：

$$E = D - S = \delta_D - (\delta_{SM} + \delta_{SN}) \tag{7.18}$$

其中建模误差 δ_{SM} 可以分解成两部分：由模型假定导致的误差和使用以前的试验数据产生的误差。通过比较 E 和确认不确定度 U_V 来判定确认实现与否，其中

$$U_V^2 = U_D^2 + U_{SN}^2 \tag{7.19}$$

如果 $|E| < U_V$，D 和 S 的所有误差的组合小于 U_V，则 U_V 这一层次的确认实现。如果 $U_V \ll |E|$，可以利用 $E \approx \delta_{SM}$ 的符号和大小改进模型。对于修正过的数值模拟方法，相应的方程为

$$E_C = D - S_C = \delta_D - (\delta_{SM} + \varepsilon_{SN}) \tag{7.20}$$

$$U_{V_C}^2 = U_{E_C}^2 - U_{SM}^2 = U_D^2 + U_{S_CN}^2 \tag{7.21}$$

2. CFD 不确定度验证的一般流程

对于截断误差导致的不确定度评定，实质上是网格收敛性问题研究。收敛性问题常采用参数系列加细化的多重解进行研究，即保持所有其他参数不变，而将第 k 个输入参数改变 Δx_k 来考察 CFD 的迭代和参数的收敛性。在进行收敛性研究之前，必须估算出迭代误差，或是与输入参数导致的误差相比，迭代误差可以忽略不计。为方便起见，可以使用统一参数细化比：

$$r_k = \frac{\Delta x_{k_m}}{\Delta x_{k_{m-1}}} \tag{7.22}$$

统一参数细化比的选择必须慎重，其值过大或过小都不合适，根据时间，选择

$r_k = \sqrt{2}$ 效果比较好。进行输入参数的收敛性研究时,需要 $m \geq 3$ 重解来评价收敛性。

1) 广义 Richardson 外插方法

Richardson 外插方法假定模拟结果 f,可以表达成一般形式:

$$f = f_{h=0} + g_1 h + g_2 h^2 + g_3 h^3 + \cdots \quad (7.23)$$

其中 h 是网格间隔,而 g_1、g_2、g_3 不依赖于网格间隔。如果 $g_1 = 0.0$,认为 f 是二阶精度,$f_{h=0}$ 是网格间隔为 0 时的连续解。

如果假定二阶解,在两个网格间隔 h_1 和 h_2 上计算了 f,h_1 是细网格,那么可以写出两个方程,忽略三阶和高阶项后,有

$$f_{h=0} \cong f_1 + \frac{f_1 - f_2}{r^2 - 1} \quad (7.24)$$

其中:$r = h_2/h_1$ 为网格细化率。

Richardson 外插方法还可以一般化,对于 P 阶解:

$$f_{h=0} \cong f_1 + \frac{f_1 - f_2}{r^P - 1} \quad (7.25)$$

因此 Richardson 外插方法可以由低阶离散值得到了连续值 $f_{h=0}$ 的高阶估算。

在船舶计算流体力学不确定度分析方法中,ITTC 推荐规程就是基于广义 Richardson 外插方法提出来的。采用三重解来评估离散误差,设中网格和细网格解的变化为 $\varepsilon_{k21} = \hat{S}_{k2} - \hat{S}_{k1}$,粗网格和中网格解的变化为 $\varepsilon_{k32} = \hat{S}_{k3} - \hat{S}_{k2}$,用上述解的变化可以定义收敛因子和确定收敛状态,收敛因子为

$$R_k = \varepsilon_{k21}/\varepsilon_{k32} \quad (7.26)$$

式中:$\hat{S}_{k1},\hat{S}_{k2},\hat{S}_{k3}$ 分别为细、中、粗网格对应的解,其中迭代误差已修正。

根据收敛因子 R_k 的大小,存在 3 种可能的收敛状态:

(1) 单调收敛:$0 < R_k < 1$;
(2) 振荡收敛:$R_k < 0$; $\quad (7.27)$
(3) 发散:$R_k > 1$。

对于状态(1),可以采用广义 Richardson 外插方法来估计误差和不确定度。对于状态(2),不确定度的分析只是简单地基于振荡最大值 S_U 和最小值 S_L 来界定误差范围,即 $U_k = (S_U - S_L)/2$,由于波动收敛有可能被错误地看作单调收敛或发散,这需要多于 3 重解。对于状态(3)则无法估计误差和评估不确定度。

对于单调收敛状况,用广义 Richardson 外插方法来估计第 k 个参变量引起的误差 δ_k^* 以及精度阶数 p_k。估算的准确性依赖于展开式中保留的项数、高阶项的大小以及 Richardson 外推理论中假设的有效性。

对于三重解的情形,只有首项可以估算,误差的一项估计值及精度阶数为

$$\delta_{RE_{k1}}^{*(1)} = \frac{\varepsilon_{k21}}{r_k^{p_k} - 1} \tag{7.28}$$

$$p_k = \frac{\ln(\varepsilon_{k32}/\varepsilon_{k21})}{\ln(r_k)} \tag{7.29}$$

对于五重解的情形，可以估计误差的两项大小，误差的两项估计值和精度阶数如下：

$$\delta_{RE_{k1}}^{*(2)} = \frac{r_k^{q_k}\varepsilon_{21_k} - \varepsilon_{32_k}}{(r_k^{q_k} - r_k^{p_k})(r_k^{p_k} - 1)} - \frac{r_k^{p_k}\varepsilon_{21_k} - \varepsilon_{32_k}}{(r_k^{p_k} - r_k^{q_k})(r_k^{q_k} - 1)} \tag{7.30}$$

$$p_k = \frac{\ln\{(a_k + \sqrt{b_k})/[2(\varepsilon_{21_k}\varepsilon_{43_k} - \varepsilon_{32_k}^2)]\}}{\ln(r_k)} \tag{7.31}$$

$$q_k = \frac{\ln\{(a_k - \sqrt{b_k})/[2(\varepsilon_{21_k}\varepsilon_{43_k} - \varepsilon_{32_k}^2)]\}}{\ln(r_k)} \tag{7.32}$$

其中

$$a_k = \varepsilon_{21_k}\varepsilon_{54_k} - \varepsilon_{32_k}\varepsilon_{43_k}$$
$$b_k = -3\varepsilon_{32_k}^2\varepsilon_{43_k}^2 + 4(\varepsilon_{21_k}\varepsilon_{43_k}^3 + \varepsilon_{32_k}^3\varepsilon_{54_k}) - 6\varepsilon_{21_k}\varepsilon_{32_k}\varepsilon_{43_k}\varepsilon_{54_k} + \varepsilon_{21_k}^2\varepsilon_{54_k}^2$$

2) 修正因子估算误差和不确定度

修正因子的概念是在对一维波动方程、二维 Lapalace 方程、Blasius 边界层的解析解进行验证研究的基础上提出来的。它考虑了高阶项的作用，可以用来估计误差和不确定度。其误差估计如下：

$$\delta_{k_1}^* = C_k \delta_{RE_{k_1}}^* = C_k \left(\frac{\varepsilon_{k21}}{r_k^{p_k} - 1} \right) \tag{7.33}$$

其中，修正因子 C_k 可以采用两种表达方式，一种是基于式(7.33)来求解 C_k，而其中的 $\delta_{RE_{k_1}}^*$ 由式(7.28)求解，但其中的 p_k 由改进的估算值 p_kest 代替：

$$\delta_{k_1}^* = C_k \delta_{RE_{k_1}}^* = C_k \left(\frac{r_k^{p_k} - 1}{r_k^{p_\text{kest}} - 1} \right) \tag{7.34}$$

式中：p_kest 为当空间步长趋于零时，估算得到的首项的精度阶数的极限，此时，解已达到渐进范围，因此 $C_k \to 0$。

第二种表达方式是采用两项幂级数近似来预估 $\delta_{RE_{k_1}}^*$，其中 p_k 和 q_k 用 p_kest 和 q_kest 代替：

$$C_k = \frac{(\varepsilon_{k23}/\varepsilon_{k12} - r_k^{q_\text{kest}})(r_k^{p_k} - 1)}{(r_k^{p_\text{kest}} - r_k^{q_\text{kest}})(r_k^{p_\text{kest}} - 1)} + \frac{(\varepsilon_{k23}/\varepsilon_{k12} - r_k^{p_\text{kest}})(r_k^{p_k} - 1)}{(r_k^{p_\text{kest}} - r_k^{q_\text{kest}})(r_k^{q_\text{kest}} - 1)} \tag{7.35}$$

式(7.34)将 p_k 由改进的估算值 p_kest 代替，只是粗略地考虑了高阶项，因此改善了单项估计的精度。而式(7.35)由于是从二项估算得出的,因此更精确地考虑了高阶项。用式(7.33)来估计误差,C_k 的这两种表达式皆仅需三重解。对基准解析结果的分析表明,上述两种修正因子估计方法都能很好地改进误差评估。

式(7.33)提供了考虑高阶项的 $\delta^*_{RE_{k_1}}$ 的估算方法,如果解在渐近范围内,则对式(7.28)的修正是不必要的($C_k = 1$,式(7.28)和式(7.33)是等价的)。对于在渐近范围以外的解,$C_k < 1$ 或 $C_k > 1$ 分别表示首项欠或者过预估了误差,式(7.33)给出的估算包括了符号和大小,可以用来估计 U_k 或 δ^*_k 和 U_{k_c}。

当解远离渐近线范围、C_k 远大于或者远小于1,仅通过不确定度 U_k 估计误差大小。Richardson 外推法得到的修正估算值的绝对值与修正量的绝对值之和,限定了误差 $\delta^*_{RE_{k_1}}$。

这样,就可以使用式(7.33)估算:

$$U_k = [|C_k| + (1 - C_k)] |\delta^*_{RE_{k_1}}| \tag{7.36}$$

上述方程在 $C_k < 1$ 时并不稳定,改进形式为

$$U_k = [2|(1 - C_k)| + 1] |\delta^*_{RE_{k_1}}| \tag{7.37}$$

当解接近渐进线范围、C_k 接近1时,用式(7.33)估算 $\delta^*_{RE_{k_1}}$,而 U_{k_c} 由下式估算:

$$U_{k_c} = [|(1 - C_k)|] |\delta^*_{RE_{k_1}}| \tag{7.38}$$

3) 安全系数估算不确定度

作为另一选择,还可以使用安全因子法来定义不确定度,其中用广义 Richardson 外推法估算得到的误差乘上安全因子 F_S 来限定模拟误差的范围,即

$$U_k = F_S |\delta^*_{RE_{k_1}}| \tag{7.39}$$

其中,$\delta^*_{RE_{k_1}}$ 可以由式(7.28)或式(7.30)估算,分别采用假定的或估算的精度阶数,如果阶数是假定的,为求解式(7.28)或式(7.30)只需要两重或三重解。

安全因子方法也可以用在解是用广义 Richardson 外推法评估的误差修正的情形。即

$$U_{k_c} = (F_S - 1) |\delta^*_{RE_{k_1}}| \tag{7.40}$$

安全因子没有明确的确切值,对于精细的网格研究,建议 F_S 取 1.25;对于只使用两种网格且准确度的阶数根据理论值 P_{th} 的情况,建议 F_S 取 3。

7.5.4 CFD 不确定度分析示例

选择水面标模 DTMB5415 为计算对象,试验使用的模型是由 ITTC 组织制作

的,该模型在全世界范围内的二十余家知名机构进行了阻力、升沉、纵倾和波形测量试验,并对结果进行不确定度分析,试验结果可作为水面船舶 CFD 计算的基准检验数据。中国船舶科学研究中心参与了这个项目,严格按照 ITTC 规程进行了数轮试验,获得了标模的阻力、升沉、纵倾及波形基准试验数据,并对试验结果进行了不确定度分析,作为 CFD 计算的基准检验数据。

数值计算工况为 $Fr=0.28$、$Re=10.504\times10^6$ 和 $Fr=0.41$、$Re=15.381\times10^6$,阻力计算结果已经考虑了船模升沉和纵倾的影响。对船舶总阻力(积分量)进行验证和确认,限于篇幅,本章仅给出 $Fr=0.41$ 时的不确定度分析结果。

1. 计算网格

在目前发表的船舶 CFD 不确定度分析研究工作中,绝大部分都认为计算网格是"各向同性"的,即假定各个方向上网格变化产生的影响是一样的。而作者在水面船数值计算实践中,发现情况并非如此,因而本例的 CFD 不确定度分析中,网格在各个方向分别独立变化,以研究各个方向网格变化对数值计算结果的影响。

数值计算中,使用贴体、多块 H-O 型结构化网格(纵向 H 型、横向 O 型)。网格划分的基本原则:船模艏部和艉部网格适当加密,中部网格较为稀疏;在模型表面附近网格加密,其中第一层网格间距根据 y^+ 确定(y^+ 平均约为 50);自由面附近网格适当加密。

首先根据以往 CFD 计算经验生成了一套基础网格,这套网格数值计算结果的精度应该能够满足工程应用要求,其他网格是在此基础上按统一细化率为 $r_G=\sqrt{2}$,通过加密或变稀生成;在各个方向上都生成了 3 套网格,其中第二套网格为基础网格。图 7.29 给出了基础网格船体表面网格划分;表 7.22 给出了各套网格在船体表面的划分情况,表中环向网格数指模型设计水线以下的部分(含龙骨)。

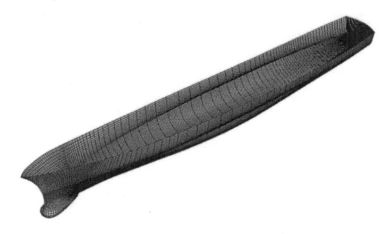

图 7.29 基础网格船体表面网格划分

表 7.22　各套网格划分情况

序号	1	2	3
纵向($\xi-$)	142×32×45	100×32×45	71×32×45
环向($\zeta-$)	100×45×45	100×32×45	100×23×45
径向($\eta-$)	100×32×64	100×32×45	100×32×32

2. 阻力计算结果的验证和确认

$Fr=0.41$ 时,船模阻力的数值计算结果 R_T 列于表 7.23 中,升沉、纵倾的影响已考虑。

表 7.23　船模总阻力计算结果 R_T

网格编号	纵向($\xi-$)		环向($\zeta-$)		径向($\eta-$)	
	单元数/万	R_T/N	单元数/万	R_T/N	单元数/万	R_T/N
1	142	147.4	45	148.0	64	148.1
2	100	148.4	32	148.4	45	148.4
3	71	150.9	23	150.1	32	150.0

首先进行纵向网格的不确定度分析。

相邻两套网格对应的总阻力之差用 ε_k 表示:

$$\varepsilon_{k_{21}} = R_{Tk_2} - R_{Tk_1} = 148.4 - 147.4 = 1.0 \tag{7.41}$$

$$\varepsilon_{k_{32}} = R_{Tk_3} - R_{Tk_2} = 150.9 - 148.4 = 2.5 \tag{7.42}$$

纵向网格收敛率通过下式计算:

$$R_{k_1} = \varepsilon_{k_{21}}/\varepsilon_{k_{32}} = 0.400 \tag{7.43}$$

根据验证规程,由于 $0 < R_{k_1} < 1$,纵向网格 1~3 是单调收敛的,可由广义 Richardson 外推法计算准确度阶数 p_k 和误差的单项估计值 $\delta^*_{\mathrm{RE}_{k_1}}$:

$$p_k = \ln(\varepsilon_{k_{32}}/\varepsilon_{k_{21}})/\ln(r_k) = \ln(2.5/1.0)/\ln\sqrt{2} = 2.644 \tag{7.44}$$

$$\delta^*_{\mathrm{RE}_{k_1}} = \varepsilon_{k_{21}}/(r_k^{p_k} - 1) = 1.0/(\sqrt{2}^{2.644} - 1) = 0.667 \tag{7.45}$$

参考相关文献,取推荐值 $p_{\mathrm{kest}} = p_{\mathrm{th}} = 2$,修正因子 C_k 的计算如下:

$$C_k = \frac{r_k^{P_k} - 1}{r_k^{P_{\mathrm{kest}}} - 1} = \frac{\sqrt{2}^{2.644} - 1}{\sqrt{2}^2 - 1} = 1.500 \tag{7.46}$$

对于 $C_k = 1.500$ 看作显著大于 1(缺少置信水平时),则 U_k 得到估计,但没有估计 δ_k:

$$U_k = [|C_k| + |(1 - C_k)|]|\delta^*_{\mathrm{RE}_{k_1}}| = [1.500 + 0.500] * 0.667 = 1.333 \tag{7.47}$$

$U_k = 0.886\%D$。

类似地,可以进行环向网格和径向网格的验证。船模总阻力 R_T 的验证结果列于表 7.25 中。从表 7.24 中可以看出,3 个方向的验证水平都相当高,小于 $1\%D$。

表 7.24 船模总阻力计算结果的验证

方向	R	p	C	δ_{RE}^*	$\delta_{RE}^*/\%D$	U	$U/\%D$
纵向($\xi-$)	0.400	2.644	1.500	0.667	0.443	1.333	0.886
环向($\zeta-$)	0.235	4.175	3.250	0.123	0.082	0.676	0.450
径向($\eta-$)	0.188	4.830	4.333	0.069	0.046	0.529	0.352

用于确认的基准检验试验数据来自于中国船舶科学研究中心深水拖曳水池的物理模型试验。在 $Fr=0.41$ 时,DTMB5415 船模阻力 $D=150.4\text{N}$,其不确定度为 $U_D = 2.806 = 1.866\%D$。

对于纵向网格,比较误差 E_ξ 的计算如下:

$$E_k = D - R_{Tk} = 150.4 - 147.4 = 3.0 = 2.00\%D \tag{7.48}$$

确认不确定度 U_{Vk} 的可由下式计算:

$$U_{Vk} = \sqrt{U_k^2 + U_D^2} = \sqrt{1.333^2 + 2.806^2} = 3.107 = 2.07\%D \tag{7.49}$$

由于 $|E_k| < U_{Vk}$,纵向网格 U_{Vk} 水平的确认实现;由于比较误差低于噪声水平,因此试图从不确定度的观点估算 δ_{SMA} 是不可行的。

类似地,可以进行环向网格和径向网格的确认。船模总阻力 R_T 的确认结果列于表 7.26 中。从表 7.25 中可以看出,比较误差都小于确认不确定度,因此各个方向上 U_V 水平的确认都得以实现。

表 7.25 船模总阻力计算结果的确认

方向	$E/\%D$	$U_V/\%D$	$U_D/\%D$	$U/\%D$
纵向($\xi-$)	2.00	2.07	1.866	0.886
环向($\zeta-$)	1.60	1.92		0.450
径向($\eta-$)	1.53	1.90		0.352

第8章 流程自动化

基于"属性细分、知识封装"思想,利用大数据、数据挖掘、人工智能等新一代信息化技术,将源源不断的产生各类 APP。随着研究的深入和"众创"生态的逐渐形成,将有越来越多的科研院所、船厂、设计单位等参与其中。APP 的数量必然持续增长,适用范围、具备的功能、涵盖的学科领域必然持续扩展。对于设计师而言,如何在成百上千的各类 APP 中迅速找到所需,并迅速构建设计、分析流程,是制约 APP 功能发挥、提高设计质量的关键。站在用户的角度,在 APP 数量较多时,逐个研究各 APP 的功能和特点费时、费力且还不一定全面、得当,当 APP 数量进一步扩大,逐个研究几乎不可能了,此时,用户希望服务系统(指船舶总体性能研究与设计服务系统)能够依据输入信息自动推送合用的 APP。

如果把服务系统比作成"淘宝商城",那么各类 APP 就是挂在"淘宝"上的商品,在用户提出基本需求时,商城能够智能推送所需的"商品"开展相应的船舶设计工作。与此同时,通过用户对 APP 的使用,用户还可以对 APP 提出反馈意见或者评价,推动 APP 的持续改进,推动 APP 的"优胜劣汰",提高智能推送的准确率和 APP 的质量。用户使用 APP 产生新的"试验数据",可通过云端服务器提供更多的增值服务,比如说数据的挖掘、知识的融合等。

如果服务系统只是做到 APP 的智能推送,那么其充其量只是一个更大型、综合型的性能预报工具,还远未发挥 APP 作为知识化"模型"的作用。APP 最终是为总体性能设计服务的,总体性能设计从需求输入、方案生成、性能预报、结果评价是一个流程化的工作,每一个节点的功能都可由相应的 APP"模型"来实现。若根据不同的设计任务,可柔性定制不同的设计流程,流程中的 APP 节点可与同类节点互换,那么,这样的服务系统才能更好发挥 APP 的功用和作为"模型"的作用,发挥基于模型的系统工程(MBSE)在船舶总体性能研究与设计过程中的积极作用。

实现上述功能或者说目标,涉及一系列的技术问题,包括多源异构 APP 的集成、流程柔性定制及自动化、重载 APP 的集成及 APP 的智能调度等,本章围绕这几个方面的问题介绍解决方案和取得的初步效果。

8.1 多源异构 APP 集成技术

数量众多的 APP,只有集成到一个统一的环境,才能实现统一的智能化管理和推送,才能支持并提供流程柔性定制服务。由于 APP 是由来自于不同地域的不同机构结合自身需求和条件进行开发的,开发语言、开发方法、应用方式等可能存在差异,APPs 将是一个多源异构的集,要使诸 APP 能够在统一环境下无障碍地衔接和使用,首先要解决异构 APP 的集成问题,使其既能满足各方的使用要求,又易于管理。

8.1.1 APP 多源异构特征分析

APP 的多源异构特征主要表现在以下几个方面。

1) 编程语言各异

船舶总体性能研究领域的 APP 形式多样,其开发所采用的编程语言各异,除采用经典的 C、C++、VB、Fortran、Matlab 等编程语言外,近年来越来越多地使用 Java、Python 等高级语言。

2) 功能用途多样

从功能用途来看,不仅包括用于船舶水动力学性能、结构安全性、综合隐身性诸项性能分析计算的 APP,还有用于支持上述预报的各类船体几何建模、网格划分、数据处理 APP,还有用于优化流程的最优优化算法 APP,以及用于数据挖掘的神经网络、支持向量机等机器学习算法 APP。这些 APP 功能迥异,使用方式差异巨大,有些 APP 需要与其他 APP 联合才能应用,例如优化算法、数据挖掘算法等,在开发过程中就需要考虑通用性、标准化、规范化等问题。

3) 输入/输出格式不同

不同的 APP 输入、输出文件格式多种多样。一些功能简单、计算要求低,如基于统计回归方法的 APP,一般采用文本格式的输入/输出;也有采用文本格式的脚本文件的,如基于 MAU 图谱回归的螺旋桨设计 APP,可输出 CAD 脚本语言,由 CAD 读取并生成螺旋桨的三维视图。基于势流的船舶水动力性能分析 APP,一般要求输入剖面型值,有文本格式、Excel 表格等多种输入形式,计算结果同样包括文本、Excel 表格及其他可由第三方绘图软件直接读取的脚本语言,或自带后处理器,输出图形文件。复杂的 CFD、有限元等软件输入/输出更加复杂,一般有专门的前处理器、后处理器,如 Fluent 可采用 Gambit 前处理,输入文件内容包括船舶三维几何、网格以及流场环境、离散格式、求解器等设置参数,输出结果除采用自带后处理器来查看,还可借助 Tecplot 等通用软件来查看,并且在求解过程中还有过程监视处理,经封装形成 APP 后,也需要根据软件特点和实际需求,制定标准化的输入、输出文件格式。

4) 各学科 APP 相对独立又相互联系

船舶总体性能 APP 从不同学科的角度对船舶的性能作出预报、评价或优化,从顶层的角度来看,设计对象是相同的。但从学科的角度来看,因其只关注某一个方面,又可以说是不同的。比如水动力研究船体几何构型,振动噪声可能只研究主机的振动性能,表面上看两者是不相干的,可以分别开展设计研究,但从系统的角度来看,主机是安装于船体上,通过结构将振动传递到水中,形成辐射噪声。因此,各学科 APP 的应用不是孤立的,而是相互联系的,涉及共同的几何、物理参量,不同 APP 之间应表达一致,可以互认。实际上,由于各个学科有各自的研究体系和方法,在参量的表达上有各自习惯性,造成互认、互通的困难。

5) 复杂程度差异大

不同 APP 的复杂程度差异巨大,带来的存储空间、计算资源、计算时间差异明显,如基于物理大数据的快捷预报 APP,程序代码可能只有几十至几百行,对存储空间、计算资源的要求极低,一次计算只需几秒甚至是不到 1s;而一些大型商用软件或自研的精细计算 APP,仅软件本身就需要几个 G 的空间,计算周期以天来计数。这种巨大差异,对于统一的管理和运行带来挑战。

6) 来自不同地域

船舶总体性能 APP 来源于各船舶类科研院所,各科研院所有自己的专业、专长和历史习惯,所开发的 APP 也带有各自的风格和习惯,同时在输入、输出数据格式及参量符号表述上也各不相同。除此之外,在集成的过程中,对各科研院所 APP 的知识产权要采取恰当的保护措施,但又不能影响用户的使用。

8.1.2 多源异构 APP 集成框架设计

多源异构 APP 集成框架是一个两级构架,如图 8.1 所示,底层是标准数据层,顶层是 APP 集成层。上下层之间相互分离又相互联系,底层数据是顶层 APP 集成的支撑,顶层通过调用底层服务完成异构 APP 的集成,构成了一个层次化的、可扩展的集成框架。

APP 集成层和标准数据层的组成及主要功能如下。

(1) APP 集成层。该层包括程序封装、工具集成、自定义组件封装 3 个部分,

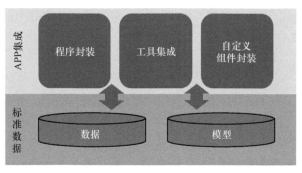

图 8.1 多源异构 APP 集成系统框架图

其主要功能是对船舶总体性能研究与设计过程中所使用到的程序、工具软件进行封装,形成具备规范化、标准化形式的 APP 集,同时提供标准的封装接口,进行自定义组件的封装。

(2) 标准数据层。该层为 APP 集成提供数据支持,对程序运行所需要的数据文件模型等进行标准化入库保存。

从服务应用,兼顾存储访问的角度考虑,APP 集成框架注重安全性、扩展性和易用性设计。

1) 安全性设计

系统需采取措施来保障安全可靠并稳定运行。包括提供分级保护设定功能以及基于角色权限、对象权限、密级权限、时间权限的权限管理功能,保证系统功能应用安全性;应用详细的日志管理,保证对系统中各项操作信息、维护信息、安全审计信息地追溯与责任定位;应用专门的网络传输协议,保证系统内设计数据传输的正确性。对管理的设计数据进行加密处理,保证系统中的数据安全。

2) 扩展性设计

扩展性设计包括两个方面:一是随着任务的发展,系统能够扩充任务流程、仿真模板及数据类型等,满足以后扩展管理需求;二是具有开放的接口,可以通过对标准接口的少量代码修改,形成第三方应用程序所需要的定制接口,为其提供相应的数据内容。

3) 易用性设计

易用性设计可从以下 3 个方面进行考虑。

第一,系统界面风格统一,主色调以不超过四种为宜,以淡色为背景,主体文字为黑色,表格线条以细线条为主,界面文字排列有序,相关项目关系清晰,一般不使用太夸张的图片;

第二,各种数据库列表应提供按照各字段排序的功能,对列表项相邻行以不同颜色显示,对用户正在操作的项以高亮显示;

第三,合理组织页面内容,功能主题明确,减少不必要的操作。以提升系统操作易用性、提高工作效率为目标。

8.1.3 多源异构 APP 集成关键技术

多源异构 APP 集成的关键是 APP 组件的模块化集成和基于模板的过程集成。

1) 基于组件的模块化集成技术

各行业专家在多年的工作过程中,积累了丰富的工程方法、业务经验及工具软件使用规则,是企业的核心知识资源。将这些规则和方法,封装为具有标准形式的APP(在集成化应用环境下又被称为组件),使工程人员能够通过"搭积木"的方式快速完成设计工作,可有效提高工程设计的质量和效率。

工程方法的组件化目的是实现工程知识和经验的固化,从而使得知识可以不断积累和重用,持续增强企业知识的储备,提高企业核心竞争力。组件是功能模块化、封装化、可被组装组合重复使用的操作单元,组件具备以下基本特征:

(1) 标准化的输入/输出;
(2) 后台集成商业软件或自研程序;
(3) 具备可定制的人机交互界面;
(4) 集成业务规则,具备一定的智能。

一个业务过程由变量输入、变量输出、约束条件、设计目标、计算程序组成。约束条件是对设计提出的各种限制,包括对设计变量的约束和对某些性能指标的约束;设计目标是评价设计方案优劣的指标,也是业务过程追求的目标;计算程序主要完成业务过程所需的计算功能;业务过程间数据传递关系反映在这里就是业务过程的变量输入和输出,需要对业务过程所需的变量输入和输出进行规范化描述。

如图8.2所示,通过组件化思想和流程,将工程方法及工具软件封装为可重用组件单元,形成组件库。基于这些可重用操作单元,工程师可根据实际业务需求,通过"搭积木"的方式建立具体业务流程,实现业务流程的模板化,模板内部既包含了各业务操作流程节点间的逻辑关系,又包含了节点间的数据传递关系。

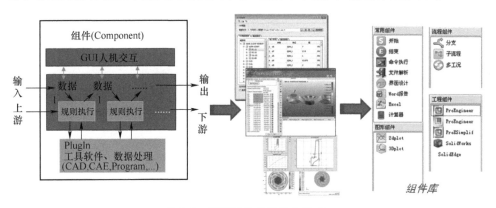

图 8.2 基于组件的模块化集成

2) 基于模板的过程集成技术

过程集成主要是集成产品设计的具体业务流程。复杂产品的设计流程并不固定,因为随着设计的深入,技术、设备的变化会促使设计活动进行添加、删除和修改等。另外,各子系统模型也会由简到繁,逐步细化,这就要求总体设计过程应该能够根据这些变化作出动态调整,实现功能的重配,解决复杂产品设计过程中的动态性问题。

数据流模型是由一系列工作流活动的业务类数据模型按照一定的约束关系组成的。数据流建模通过业务流程及数据模型依赖关系的分析,将这一系列活动的业务类、业务类之间的数据模型依赖关系按照事务的需求定义出来。

基于模板的过程集成,将业务过程模型与数据流模型统一起来,通过可视化工作流和数据流设计,形成系列化的流程模板,通过统一驱动引擎。一方面完成业务控制流程的调度;另一方面也完成了数据的自动流转,将数据在合适的时间发送到合适的人员,在合适的时间调用合适的工具。

8.1.4 多源异构 APP 集成设计方法

基于多源异构 APP 集成框架开发一个统一的 APP 集成平台,目的是为工程师提供一个一致的集成工作环境,它通过对研发过程以及相关的工具软件、设计模型、设计经验的集成化管理,实现工具、知识、数据的有机整合,解决"研发过程不规范、知识经验无法积累"的问题。

APP 集成设计环境采用 C/S 结构,提供快速封装专业工作过程能力,它将实际的工作过程规范转化为计算机流程化的过程定义,形成系列化的模板,保存在模板库中,从而快速地建立专业设计系统。

APP 集成设计环境包括程序封装、APP 集成、自定义 APP 封装、流程控制 APP 四个主要模块,其结构如图 8.3 所示,每一个模块又包含了丰富的内容。

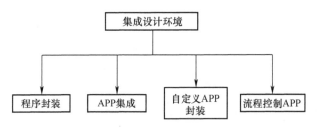

图 8.3 集成模块结构图

1. 程序封装模块

程序封装模块重点是为基于不同编程语言开发的 APP 提供集成封装接口,通过自定义文本的数据交换格式,后台驱动 Matlab、VC、Fortran、VB 等主流形式的自研计算程序来实现异构 APP 的封装,图 8.4 描述了程序封装模块功能分图,具体封装方法简要描述如下。

1) Matlab 程序封装

Matlab 将数值分析、矩阵计算、科学数据可视化以及非线性动态系统的建模和仿真等诸多强大功能集成在一个易于使用的视窗环境中,为科学研究、工程设计以及必须进行有效数值计算的众多科学领域提供了一种全面的解决方案,在工程计

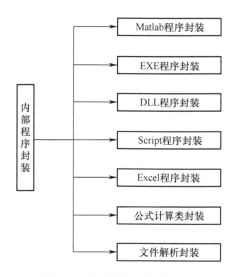

图 8.4 程序封装功能分解图

算领域有广泛的应用。

系统提供 Matlab 组件用于自研 Matlab 程序的封装,功能如下:

① Matlab 软件的自动唤起及嵌入,支持 Matlab 后台运行;

② 封装 m 文件,实现 m 文件的自动运行;

③ 提取 m 文件中的输入参数,并与流程参数相关联,实现参数自动更新、执行;

④ 获取 Matlab 执行结果,通过输出接口将这些数据输送到外部程序。

2) EXE 可执行程序封装

通过开发命令执行组件,实现自研 EXE 可执行程序的封装。在命令执行组件中可采用浏览的方式查找并设定应用程序,然后采用组件参数命令创建、删除和添加程序参数,通过表格配置相应的参数值如下:

① 集成程序界面;

② 命令行参数可与流程节点参数关联;

③ 超时等待;

④ 依赖文件配置。

EXE 程序封装的界面设计如图 8.5 所示。

3) DLL 封装

利用 DLL 组件实现 C、C++、Fortran 动态链接库程序的封装。

DLL 调用组件提供对 DLL 文件内部函数的操作功能。导入 DLL 文件后,系统会自动获取 DLL 中函数名称列表。用户根据 DLL 函数内部结构信息自行添加每

图 8.5 EXE 程序封装界面设计

个参数的参数类型以及对应的组件参数,并指定函数的返回值。支持 C、C++、Fortran 编程语言 DLL 文件的封装。Dll 程序封装的界面设计如图 8.6 所示。

图 8.6 DLL 程序封装界面设计

4) Script 封装

脚本语言具有广泛的应用,Script 组件实现对此类脚本的集成封装,通过与外部参数的关联,自动更新脚本中的参数。支持 VB Script、Java Script、Python 等脚本语言。

5) Excel 封装

利用 Excel 组件实现 Excel 单元格参数的读取和更新,实现 Excel 后台驱动执行,单元格参数读/写,参数可与流程节点参数关联,支持数据处理。

6) 公式计算封装

公式解析组件可用于简单的数学公式计算,用户可将组件参数、数学函数及其他数值设置成数学公式,设置完成后在组件运行后将执行相应的数学公式,进而对公式内的参数进行修改。支持四则运算、三角函数、对数、指数等基本函数公式计算,公式计算封装的界面设计如图 8.7 所示。

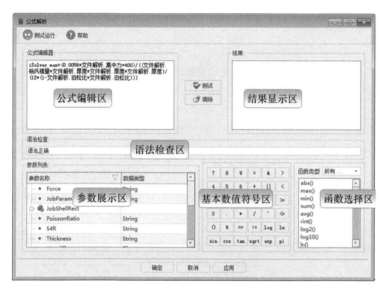

图 8.7　公式计算封装界面设计

7) 文件解析封装

文件解析组件用于自研的内部(in-House)程序及通用工具软件输入/输出文本文件的读写。通过对文本文件参数进行标记,实现参数的自动写入及读出。支持关键字定位、行列定位、表格、键-值序列和大文本,文件解析封装的界面设计如图 8.8 所示。

2. APP 集成模块

APP 集成模块包括两个部分,如图 8.9 所示。一个是标准工程组件库,用于集成常用的主流标准化工程组件;另一个是扩展工程组件模块,用于集成与专业结合更加紧密的工具和方法。

图 8.8 文件解析程序界面设计

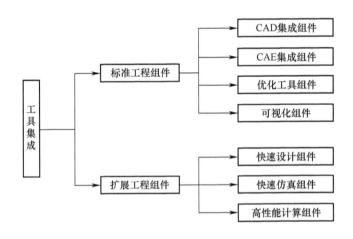

图 8.9 APP 集成功能分解图

1) 标准工程组件

标准工程组件主要包括 CAD 软件、CAE 软件、优化软件等,用户能够通过组件的配置自动化地执行重复性工作,以解决"产品设计个性化需求与商业软件产品通用性之间的矛盾"。

(1) CAD 集成组件集成常用的 CAD 软件,实现模型参数自动提取、参数化模型驱动更新及模型输出等操作,可支持 ProE、UG、Catia、AutoCAD 等主流 CAD 软件。

(2) CAE 集成组件可实现对 CAE 模型参数的抽取、驱动 CAE 模型的修改,自动化执行 CAE 建模、网格划分、结果显示等前后处理功能和批量执行 CAE 计算功能，集成的软件包含 Material Studio、Ansys、LS-DYNA、Autodyna、Fluent、Star-CMM+等船舶总体性能研究与设计中常用的主流 CAE 软件。

（3）优化工具组件提供对专业优化软件（如 iSIGHT）支持的集成组件，通过该组件可以直接调用封装好的参数化模型开展优化工作，从模型参数中设置设计变量、设计约束、响应变量，后台启动优化软件，无须重复建模。利用设计优化组件可实现产品快速设计优化。

（4）可视化组件提供表格、散点图、二维及三维曲线图、云图、变形图、剖面图等数据绘图功能，图 8.10 展示了一些常用的可视化组件显示效果图。

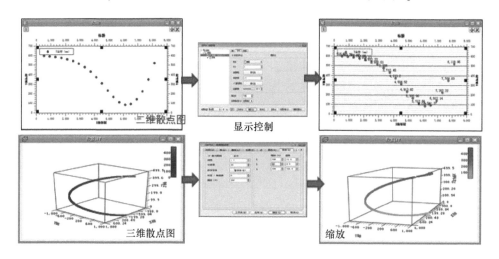

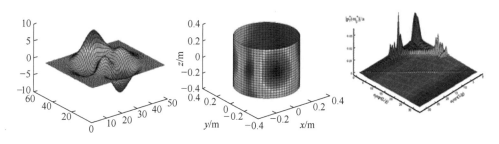

图 8.10　可视化组件

2）扩展工程组件

除了标准组件外，还能够在组件库中扩展新的工程组件，用于封装与专业结合更加紧密的工具和方法，包括快速设计组件、快速仿真组件、高性能计算组件等。

（1）快速设计组件适用于产品设计过程的早期阶段，用来集成用户设计经验，进行产品的功能、原理、形状、布局和初步的结构设计,以快速确定产品的基本形式或形状。

(2)快速仿真组件提供仿真软件集成功能,通过脚本文件,后台驱动仿真软件实现仿真过程的自动化运行及数据传递。图8.11给出了Anaqus静力分析组件集成后的操作界面。

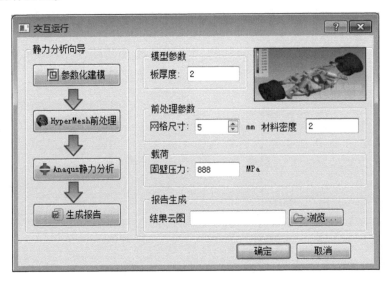

图 8.11　Anaqus 静力分析组件操作界面图

(3)高性能计算组件集成分布式计算资源管理系统,实现计算任务的远程提交及计算结果的获取,提高设计分析的效率。提供与分布式高性能计算系统的接口,自动提交计算任务到高性能计算系统,并监控任务状态,在检测到计算完成后,自动下载计算结果到本地,实现分布式、后台自动化执行。

3. 自定义 APP 封装模块

自定义 APP 封装模块以向导的形式指导用户对自研(采用 Matalb、C、Fortran 等编程语言)程序进行深度封装,并自动编译生成组件。封装后的程序不会暴露自研程序的具体实现细节。图 8.12 给出了该模块的功能分解图,各部分的具体功能简要描述如下。

(1)基本信息定义:定义组件名称、用途、版本等基本信息。

(2)输入/输出参数定义:定义组件输入/输出参数,提供新增、删除、上移、下移操作。

(3)组件接口定义:定义接口函数名称及接口参数顺序,预览功可对接口函数进行预览。

(4)代码框架生成:提供日志功能,查看代码生成过程;提供生成代码结构浏

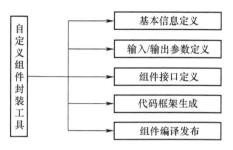

图 8.12 自定义 APP 封装模块功能分解图

览及查看编辑功能,供用户完成自研程序算法实现的细节。

(5) 组件编译发布:完成自研程序的封装及组件的生成。封装后的程序代码实现的细节不可见,发布后的组件同系统其他组件一样,可以拖拉方式应用到具体的业务流程中,如图 8.13 所示。

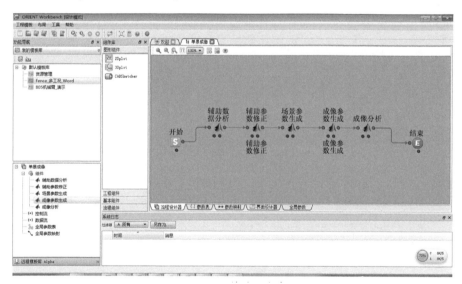

图 8.13 组件编译发布

4. 流程控制 APP 模块

通过流程控制 APP 模块,用户可以将业务工作涉及的一系列 APP 封装为一个组件。流程控制 APP 提供流程调度引擎,它根据模板中各组件节点间的逻辑以及数据传递关系自动驱动流程的运行。在需要人工介入的情况下完成与用户的交互,自动调用各功能组件来完成业务流程功能及数据传递。如图 8.14 所示,流程控制 APP 包括流程控制组件和流程执行组件两大部分。

流程控制组件主要包括分支组件、并行组件、循环组件、暂停组件 4 种。分支

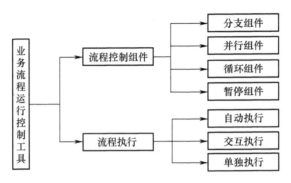

图 8.14 流程控制 APP 模块功能分解图

组件类似于编程语言中的 if 语句，只不过，当满足设定的 if 条件时不是执行程序代码，而是执行 APP，分支组件界面如图 8.15 所示。并行组件是可控制多个 APP 同时运行的组件，其分支组件应用界面如图 8.16 所示；循环组件控制一个或多个连续执行的 APP 重复执行；暂停组件则控制一个或多个 APP 暂停运行。

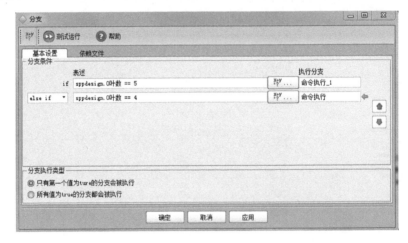

图 8.15 分支组件界面

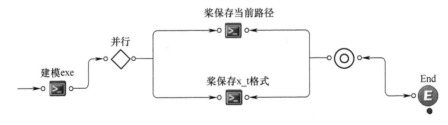

图 8.16 并行组件应用界面

流程执行组件支持自动执行、交互执行及单独执行 3 种方式。自动执行即自

328

动执行整个流程;交互执行则是按照交互界面设置,交互执行流程;单独执行是对于流程的某个节点可单独执行。

8.2 基于APP节点的"拖、拉、拽"研发环境

在传统设计模式中,不管是运用简单的经验公式、图谱进行主参数优选,还是运用CAD、CAE软件进行船型设计、性能预报(评价、优化),都需要设计师手动操作完成,这种简单、重复性工作耗费了设计师大量的精力使其无暇去做创造性工作。基于属性细分、知识封装原则的APP的开发降低了工具软件使用复杂度,降低了使用者门槛,消除了因人因事的差异,提高了可靠性。而多源异构APP集成环境,进一步简化了APP使用方法,但整个设计流程仍然是间断的。如果建立某种规则,使用户可以通过图形化"拖、拉、拽"的方式将所需性能分析APP、流程控制工具串接起来,形成可一键运行的仿真分析流程,能够减轻设计师手工操作、提高设计效率和质量。

基于APP节点"拖、拉、拽"的研发环境将实现上述理念,根据不同的场景需求,它将提供两类终端供用户使用。

(1) 一个"轻"终端,它基于浏览器访问系统,浏览APP及数据信息,实施对轻交互的APP的直接调用。

(2) 一个"重"终端,针对需要大量图形交互的"重载APP"以及面向不同应用需求的流程柔性再造,提供一个客户端应用。

其中,以重载APP为代表的"重"客户端的集成应用是重点也是难点。

8.2.1 "重"客户端的定位及应用场景

"重"客户端为各类科研人员提供开放式总体性能研究的环境,包括:

1) 提供APP封装环境

为"重"客户端的科研专家提供APP封装环境。通过将各行业专家积累的工程方法、业务经验及工具软件使用规则,封装为具有标准形式的组件,建立面向船舶总体性能研究与设计的APP组件库(图8.17),涵盖船CAD、CAE、数据挖掘、优化设计、高性能计算等诸学科领域。无论是自编程序还是商业软件都是以组件的形式封装在后台,屏蔽具体细节,而配置相应的人机界面供交互操作。

2) 提供流程定制环境

为"重"客户端的科研人员提供"拖、拉、拽"流程定制环境。科研人员利用此环境,从APP仓库中选择相关APP,以"拖、拉、拽"的形式实现流程定制,流程中包含了APP间的逻辑关系以及数据流。定制好的应用流程,可以保存为模板,实现流程的重用。

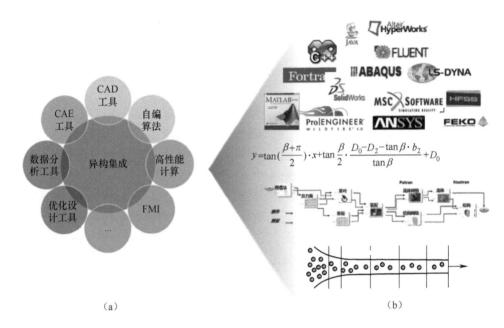

图 8.17　工具组件化示意图

经过验证,可靠、可信的流程可以通过总体性能研究与设计服务系统进行发布,由服务系统收录到应用流程库,实现共享,在智能算法的驱动下,可支持智能推送。图 8.18 给出了应用流程的验证发布及使用流程。

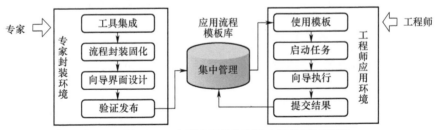

图 8.18　应用流程的验证发布及使用流程图

3) 提供多学科优化支撑环境

为"重"客户端的科研人员提供多学科优化支撑环境,支撑性能最优驱动的自动化创新设计。科研人员利用此环境在组件库中,选用常用算法或自定义优化算法,实现设计变量、优化目标及约束条件的设置,后台利用自动化驱动引擎,实现自动迭代寻优,图 8.19 给出了螺旋桨多学设计优化的多学科优化建模过程示意图。

多学科优化支撑环境提供的优化算法工具(design optimization tools,DOT)可用于解决各种线性和非线性优化问题,可在满足约束条件的情况下,通过不断地、

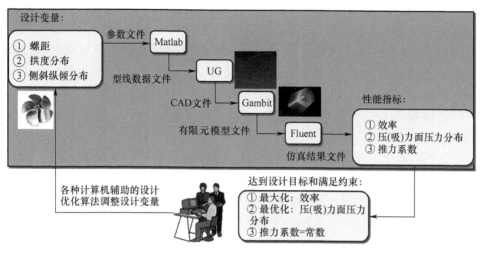

图 8.19　多学科优化建模过程示意图

有目的性地更新设计变量来达到寻找目标函数最优值的目的。支持的优化算法包括序列二次规划、变尺度等梯度优化算法以及遗传算法、粒子群优化算法等。针对优化过程及结果数据,可实现集中管理。同时提供数据后处理手段,包括变量的敏感度分析等。

以水面船舶航行性能优化为例,集成了复杂几何表达与重构、精细流场数值分析,智能化最优算法等一系列 APP,实现性能自动寻优,如图 8.20 所示。

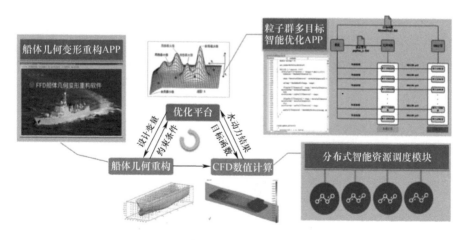

图 8.20　建模-预报-优化流程示意图

4) 提供试验设计(design of experiments,DOE)支撑环境

试验设计是以概率论和数理统计为理论基础,经济地、科学地安排试验的一项

331

技术。试验设计的本质可以看成按照某种规划方法,将设计空间划分为一定数目的网格,然后求出这些网格节点的响应,从而可以粗略地估计系统响应的数值。

系统为科研人员提供 DOE 支撑环境,利用此环境,科研人员可通过选择设计变量、选用合适的试验设计 DOE 算法,批量生成设计方案,后台利用自动化驱动引擎,实现方案的批量运行,并汇总各方案结果,实现以下几个方面的功能:

① 探索设计空间:设计变量与目标函数间的灵敏度分析、主效应分析、交互效应分析等;

② 获得更多设计空间的信息:设计变量是如何影响目标函数和约束的,设计变量之间的交互效应;

③ 确定最有影响力的设计变量,减少设计变量的个数,从而提高优化效率;

④ 获得结构化的数据,构建近似模型;

⑤ 对设计空间进行粗略的分析,得到优化解的粗略估计,为数值优化提供初始点。

图 8.21 展示了系统提供的 DOE 环境及其应用的一般流程,表 8.1 给出了主流的 DOE 算法,也是系统提供的主要算法。

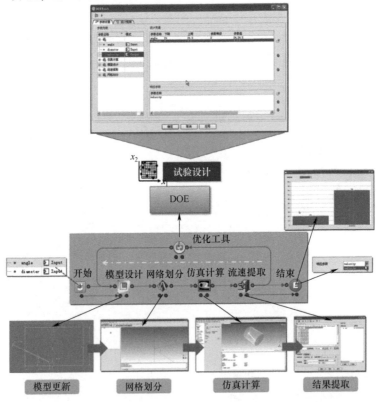

图 8.21　DOE 试验设计环境

表 8.1 试验设计 DOE 算法

序号	算法名称	特点	设计矩阵示意图
1	参数试验 （parameter study）	·用户指定的灵敏度分析 ·保持其他因子固定,一次只变化一个因子	
2	全因子 （full factorial）	·所有因子在其所有水平的下所有组合	
3	正交数组 （orthogonal arrays）	·部分因子法,保持因子之间的正交性 ·可以覆盖 FF 下的所有空间,但以较少的试验次数和较低的精度	
4	中心复合 （central composite）	·两水平的全因子法	
5	拉丁方 （latinhypercube）	·在空间均匀分布（对所有的因子来说,水平数相同） ·随机组合水平来指定点数（每个水平都被包含一次）	
6	优化的拉丁方 （optimal latin hypercube）	·从一个随机的 Latin Hypercube matrix 开始,通过优化输入采样点的空间分布（保证设计点在空间尽可能地均匀分布）	
7	自定义方法 （custom techniques）	·可以允许用户构造自己的采样方法	

8.2.2 "拖、拉、拽"的定义

过去,信息系统的建立依赖于大量的程序员通过加班加点敲代码的方式来实现,开发周期长,开发成本高,业务调整难。

现在,随着客户对系统的个性化追求和快速响应要求的提高,传统编码开发模式的局限越来越明显,低代码开发模式应势生长,低代码开发是软件开发技术的发展趋势。

低代码开发平台既可以提高开发人员开发信息化系统的效率,同时也满足了无代码基础的业务人员进行信息化开发的需求。对于开发人员来说,使用低代码开发平台可以有效地提高开发效率。开发人员通过图形化界面交互实现应用搭建,可视化的操作,标准化的配置,大大缩减开发时间和所需人员。低代码平台让开发者从繁重的代码中解放出来,参与更具有价值的创作,是未来价值的必然趋势。

"拖、拉、拽"式的"重"客户端为各类科研人员提供开放式总体性能研发环境,通过工具组件—APP—应用流程3个层次,构建开放式的软件架构,将共性基础功能封装为可复用的工具组件,进而实现"拖、拉、拽"式的APP封装及应用流程定制。

"拖、拉、拽"是形式,目的是实现低代码开发,加速迭代,促进创新。当然,低代码短时间是做不出来的,要大量地积累和研发,特别是和具体应用的磨合非常重要。

船舶总体性能研究与设计"重"客户端的拖拉拽体现在以下几个环节。

1. APP封装过程中的"拖、拉、拽"

1) 节点组件的"拖、拉、拽"

如图8.22所示,通过组件化思想,将工程方法及工具软件封装为可重用的组件单元(图中左侧栏目),基于这些可重用操作单元,工程师可根据实际业务需求,通过"拖、拉、拽""搭积木"的方式建立具体业务流程,实现业务流程的模板化,模板内部既包含了各业务操作流程节点间的逻辑关系,又包含了节点间的数据传递关系,其中:控制流用于定义分析步骤间的逻辑关系,数据流用于定义步骤间的数据传递关系。

基于模板的流程设计方法,实现了设计过程及数据的统一,从而保证了业务流程过程的可重复性、可追溯性和可变性;使企业业务流程既可有效地固化封装,又不失灵活性,可灵活应对流程变更。

组件具备标准化的输入/输出及接口,工程人员能够通过"搭积木"的方式快速完成设计工作,需要功能齐全、标准化组件库的支撑。

2) 控制流的"拖、拉、拽"

控制流用于控制流程运行时各组件的先后顺序,普通控制流、循环控制流、分支控制流等流程。

通过"拖、拉、拽"的方式,将一个组件左右两侧的节点与另一个组件的节点进行连接,便生成一条带箭头指向的控制流,如图8.23所示。

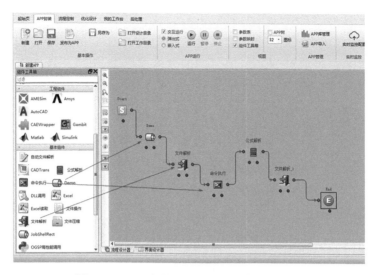

图 8.22　APP 封装过程中模块拖拉拽示意图

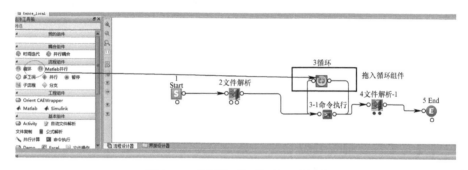

图 8.23　控制流"拖、拉、拽"示意图

3）数据流的"拖、拉、拽"

数据流用于设置流程执行过程中组件参数传递的顺序。在数据映射管理中将两个组件的参数进行管理，当前一组件执行完毕后，根据控制流自动将参数传递给后一组件的相应参数，实现数据的自动传递。

如图 8.24 所示，通过拖拉拽的方式，将一个组件底部的节点与另一个组件的节点进行连接，便生成一条数据流。

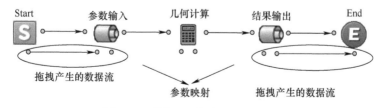

图 8.24　数据流"拖、拉、拽"示意图

335

4) 参数映射关系的"拖、拉、拽"

当一条数据流生成后将弹出数据流参数映射配置窗口界面两侧分别为数据流上游、下游组件。可通过"单击、拖、拽"的方式完成上、下游组件参数的映射,如图 8.25 所示。

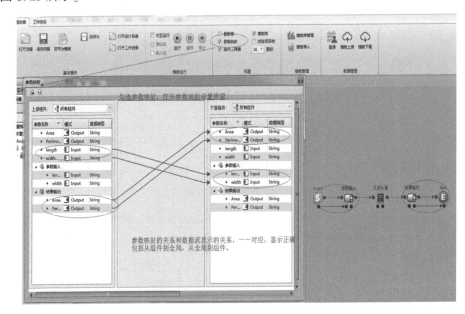

图 8.25 参数映射"拖、拉、拽"示意图

5) 交互界面的"拖、拉、拽"

封装好的 APP 可以配置相应的人机界面。利用交互界面配置工具,工程师可根据流程需要定义具有丰富表现形式的人机界面控件,将设计无关的参数都隐藏在后台,提供给用户一个专业化的简洁的人机交互界面。

利用界面控件库,通过"拖、拉、拽"方式生成交互界面,并将界面控件与流程参数或操作相关联,无须编码即可定制人性化的操作界面。如图 8.26 所示,通过"拖、拉、拽"生成静力学分析组件的交互界面;通过对属性编辑器中的第一个属性"数据映射"中的子项进行设置。单击右侧按钮,出现组件参数界面,选择相应组件参数,单击"确定"按钮完成参数映射,如图 8.27 所示。

服务系统提供基础界面控件库,支持常用界面控件;支持曲线、云图显示等高级控件;同时提供 C++扩展开发包,允许用户扩展界面控件。

2. 应用流程定制中 APP 的"拖、拉、拽"

1) 云化的 APP 仓库

随着各业务单位的共同参与和持续开发,持续增长的 APP 将汇聚于私有云平台,形成 APP 组件仓库(船舶总体性能研究与设计服务系统的总体性能研发软件

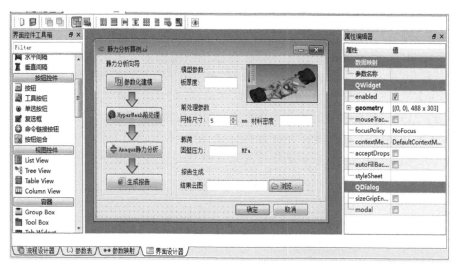

图 8.26 自定义交互界面"拖、拉、拽"示意图

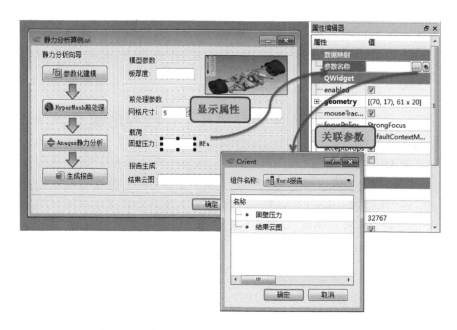

图 8.27 自定义交互界面控件参数关联操作示意图

库)。在 APP 组件仓库中,经过测试验证准入后的 APP,按照不同的领域、学科、专业、属性进行分类管理。所建立的 APP 组件仓库将至少涵盖船舶水动力学、结构安全性、综合隐身性三大性能学科及其子学科的诸多性能分类的虚拟试验体系,并将持续扩展至所有船舶性能研究领域。云端不断扩展的 APP 仓库为应用流程定

制提供了丰富的材料。

2)"拖、拉、拽"流程定制

在"重"客户端应用环境中,授权用户登录后,通过功能导航中的"云化APP仓库"功能栏,访问远程APP信息。通过"拖、拉、拽"方式定制应用流程,为研究者提供多学科交叉融合的总体性能预报、评价、优化设计新能力。

3) APP间参数的自动映射或拖拉拽实现参数映射

依据标准化的APP接口I/O数据标签描述,采取同名自动映射的原则实现APP间参数的自动映射;或手动拖拉拽实现参数映射,它与图8.25所示的过程是类似的。

3. 优化设计及试验设计DOE中的拖拉拽

1) 优化算法、DOE算法的拖拉拽

在"重"客户端应用环境中,优化算法及DOE试验设计算法功能模块同样被封装为组件模块,可以以"拖、拉、拽"的形式拖到定制好的应用流程中,实现流程的优化及变量识别。

2) 设计变量、约束、目标参量设置的拖拉拽

在优化算法或试验设计DOE算法模块中,提供参数列表功能,访问流程中已经定义的参数,在参数列表中通过拖拉拽的形式,实现设计变量、约束及目标的快速定义。

8.3 APP智能推送及柔性流程定制

上述的APP、业务流程封装功能,降低了总体性能研究、设计人员参与总体性能研究的门槛,使不需要特别专业的研究人员可以借助应用服务系统实现总体性能的创新研究与设计。但也正是因为如此,研究人员从知识库中选择合适的APP和APP流程就显得尤为困难,如果能为用户提供APP智能推送服务,不仅降低使用门槛还能保障设计质量,更能够提高效率;同时,使研究及设计人员将有限的精力更多地放在专业创新方面,而不是耗费在专业软件重复性的操作和计算上。

8.3.1 APP智能推送

基于人工智能、知识工程与互联网、数据库技术相结合的机器学习方法,可以识别和预测各种用户的兴趣或偏好,从而更加有针对性地、及时地向用户发送推送信息,以满足不同用户的个性化需求。

在定制化推荐引擎中,可采用基于"规则+实例"的推理机制。首先建立实例库,将工程师头脑中的经验保存到计算机中。通过知识库管理和知识工具,将实例种子、规则种子存储在系统知识库中。根据用户对产品要求的描述抽象出实例特

征并建立筛选条件,依据这些条件从实例库中选择与产品要求最接近的实例,对比两者的区别,进行修改,生成最终的方案并更新实例库。如果没有合适的实例,则启动基于规则的推理机制,利用决策支持系统、产品设计专家咨询,给出明确的建议,形成新的实例保存到实例库中。该技术是连接并打通各个应用模块之间协同的关键所在。通过工作流引擎平台,既可以帮助用户基于各 APP 业务模式和管理模式,自行定义所需的各种应用流程,快速构建流程自身的流程管控体系,同时也为建设总控系统整体协同平台夯实基础。

采用基于正则判别技术和机器学习的数据分析算法帮助实现知识的精准推送。具体做法是,首先利用损失函数最小的原则建立用户使用行为模型;然后利用该模型进行预测,形成决策树分析方式,计算获取知识间的相似性与用户的相似性,抽取最匹配的知识予以推送。

8.3.2 柔性流程定制

APP 智能推送以及拖拉拽的操作模式,为柔性流程定制提供了技术支撑。图 8.28 展示了基于需求驱动的、定制与柔性相结合的总体性能研发应用场景,具体描述如下。

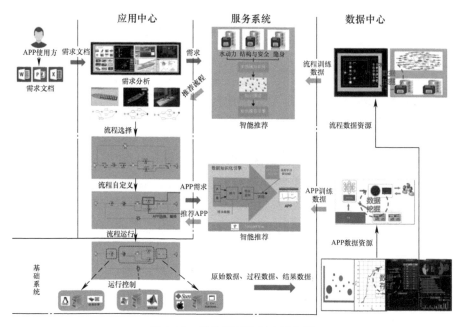

图 8.28 柔性流程定制应用场景

(1)需求分析:APP 使用方根据需求文档对需求进行量化分解,并将整理好的需求作为关键信息在应用服务系统进行录入。

（2）预报流程智能推荐：应用服务系统根据需求调用基础系统的智能推荐模块进行预报流程的推荐。基础系统的智能推荐模块从数据中心获取预报流程训练模型和训练数据，并将需求作为其输入进行训练，训练结果即为推荐的若干预报流程。

（3）流程定义：APP 使用方从智能推荐的结果中选择合适的预报流程并根据实际需求在此基础上进行流程的修改完善。

（4）APP 智能推荐：在流程定义过程中，某些 APP 能够根据 APP 使用方的需要通过调用基础系统的智能推荐模块进行更改替换。基础系统的智能推荐模块从数据中心获取 APP 训练模型和训练数据，并将 APP 的需求信息作为其输入进行训练，从而得到若干推荐的 APP，APP 使用方可从中选择合适的 APP 进行替换。

（5）流程运行：流程定义好以后，APP 使用方即可运行流程。基础系统收到流程运行命令后，会进行资源的分配并调用运行控制模块在分布式环境中驱动流程的自动化运行，并实时地将运行情况反馈至应用服务系统供 APP 使用方监控查看。此外，在流程运行过程中涉及的原始数据、过程数据和结果数据等全过程数据都将在数据中心进行妥善保存，一方面作为知识财富进行不断积累，另一方面作为预报流程和 APP 的训练数据用于智能推荐。

8.4 重载 APP 云化应用

在众多 APP 中，有一类应用流程复杂、需要占用较多计算资源本书称之为重载 APP。例如，船舶 CFD 这类涉及几何建模、网格划分、数值计算和结果后处理等复杂流程的软件就是典型的重载 APP。由于操作复杂、占用资源大、运行时间长，目前重载 APP 都是在本地单机上操作运行，限制了这类 APP 在"众创"模式下的共享应用，影响了其在总体性能创新研发过程中效用的发挥。CAE 云化应用通过软硬件资源在云端的融合共享，能够为用户提供更加灵活的应用服务，利于发挥网络效应，增强应用（创新）并发与协同的潜力。然而，将流程复杂、计算载荷沉重的 APP 从单机"搬到"线上，涉及船舶专业模块和计算机技术之间的强耦合、对单机版应用程序的改造、对强交互模块的处理、虚拟试验结果数据的轻量化及三维可视化展现等诸多方面，具有较大难度。

8.4.1 重载 APP 云化应用技术内涵

云技术、云计算概念在前面已有详细的阐述，从广义上说，云计算是与信息技术、软件、互联网相关的一种服务，这种计算资源共享池叫作"云"。云计算是将其产品作为一种服务提供给用户，用户为他们实际使用的服务资源付费，而不是持续地为许可证和相应的硬件能力买单。

云化应用是一种软件应用范式,它将应用过程中所涉及的主要软硬件资源部署在云端,并通过网络服务的方式响应用户需求或操作。需要说明的是,云化应用不是把核心软件下载到本地端应用,而是将核心软件和硬件资源在云端融合共享,根据需求提供网络服务,主要软硬件资源消耗在云端完成。根据云化应用的定义,归纳出如下四大关键词:

(1) 融合:核心软件与硬件在云端融合,提供软硬件一体的服务;
(2) 共享:通过云端的集中管理,不同用户可以共享软硬件资源;
(3) 智能:可根据用户的动态需求,对软硬件资源进行科学调度;
(4) 安全:核心软件和数据部署在云端,可有效防止盗版和窃取。

目前,云化应用主要有两种技术路线,一种基于客户端/服务器(client/server, C/S)架构,另一种基于浏览器/服务器(browser/server, B/S)架构。

C/S架构将应用程序分为两部分:服务器部分和客户机部分,服务器负责资源管理,客户机负责完成与用户的交互。C/S架构在技术上比较成熟,它的主要特点是具有安全的存取模式、响应速度快;但是C/S架构的通用性不足,如针对不同的操作系统需要开发不同版本的客户端程序;系统维护、升级时,需要将C/S架构中的所有的客户端软件重新安装更新,系统维护成本大。

B/S架构是只安装、维护一个服务器(server),而客户端采用浏览器(browse)运行软件。它是随着Internet技术的发展,对C/S架构的一种变化和改进。主要利用了不断成熟的WWW浏览器技术,结合了多种脚本(script)语言和开放集成平台(ActiveX)技术,是一种全新的软件系统构造技术。相比于C/S架构,其响应速度依赖于网络传输速度。这种架构最大的特点是统一客户端为Web浏览器,方便系统维护和更新。

基于浏览器的云桌面能实现大型CAE软件云化,其将远程服务器的界面通过网络传输到客户端,是一个用户一个桌面。但仍存在一些问题,包括:①以图片流的方式传输,存在性能的瓶颈;②无法有效解决多用户和多任务并发问题。

表8.2归纳总结了重载APP本地应用模式与云化应用的差异如,从表中可以看出,CAE云化应用模式通过软硬件资源在云端的融合共享,对开发者来说,方便进行系统的维护管理和核心软件的产权保护;对用户来说,不用进行硬件的购置和相关软件的部署维护,可以专注于行所擅长的工程分析。

表8.2 CAE软件本地应用与云化应用

比较条目	本地应用	云化应用		
		共性	C/S架构	B/S架构
技术理念(本质)	提供软件产品	提供工程服务	—	—

续表

比较条目	本地应用	云化应用		
		共性	C/S架构	B/S架构
技术特点	软硬件资源部署于本地,交互感强	主要软硬件资源部署在云端,通过网络服务的方式响应用户操作	针对不同应用开发对应的客户端软件入口,系统升级维护较麻烦	统一客户端为Web浏览器,系统易升级维护
产权计费	软件License购买和硬件折旧,软件易被盗版	软硬件一体,可实现"按需计费",核心软件和数据部署在云端,不易盗版	—	—
综合点评	本地自主性强、单机配置要求较高、适合单机独立任务	软硬件融合共享,可发挥网络效应,易并发,易协同	非通用客户端,开发维护麻烦	通用客户端,接入维护方便

虽然CAE软件的云化应用有着诸多的优点,但却存在着诸多的技术难点。

1) CAD等前处理软件的处理

CAD建模以及网格划分软件是CAE计算的前置支撑,涉及非常强的三维人机交互,云化应用的难度较大,势必会给CAE全流程的云化应用流程造成一定的割裂。

重载CAE的计算,一般其前期准备和输入工作也比较复杂,如CFD计算过程中的网格生成工作;由于网格质量对计算结果影响较大,一般需要有经验的网格生成工作者,利用网格生成软件,进行较为复杂的操作而获得,这个过程涉及复杂的实时交互操作,通常是在单机版网格生成软件完成,如果采用云化应用模式,实时交互如何实现和快速响应是一个棘手的难题,可采用如下方式来解决这个问题。

(1) 客户端嵌入式改造。例如对于CFD模拟来说,主要是网格生成流程需要较多的三维交互操作,这需要对相应的网格划分软件进行客户端嵌入式改造。

(2) 远程桌面。这种方式通过调用服务器上的软件进行操作,并通过远程桌面返回客户端,但是受限于系统安全性和特殊单位要求。

(3) 基于"属性细分,知识封装"的自动工具开发。在本地端安装前处理软件,将需要实时交互操作的复杂流程剥离封装,进行少量操作形成标准格式文件,并以文件的形式传递给后续自动工具,尽可能减少用户的操作,这也是本书采取的处理方式。

2) CAE软件的模块拆解和接口调用

CAE云化应用前,一般会存在传统的本地单机版本。单机版软件已经将各个模块封装好,各模块的逻辑和调用也基于本地集成;当采用云化模式时,需要全面掌握各个模块的逻辑和流程,梳理好输入/输出接口关系,需要开发者对 CAE 软件本身具有很好的理解和良好的软件模块拆解能力。

3）云化技术方法本身所涉及的关键技术。

相对于传统的单机版软件的开发,云化应用模式将涉及更多的云化相关技术的攻关,如云端资源的科学调度、客户端请求的并发响应、虚拟试验结果数据的轻量化及三维可视化展现等。

8.4.2 重载 APP 云化应用平台设计

重载 APP 云化应用平台(以下简称应用平台)将实现以重载 APP 开发者角色为主的面向应用的组件封装、测试、发布,以管理员和运维角色为主的审批和部署,到以客户端使用者为主的应用流程建模和 APP 应用的全流程场景。

如图 8.29 所示,应用平台包含前端、后端和核心架构 3 个部分,前端是各个 APP 与流程的入口,后端是 APP 与流程管理入口。核心架构包含流程编排系统和流程控制系统两大部分,分别负责流程搭建和流程执行,同时核心架构提供一系列标准 Restful API 接口,以便系统扩展和二次开发。基于浏览器的 CAE 前处理作为一个核心前处理应用 PRE 和后处理应用 POST 集成到组件应用池。

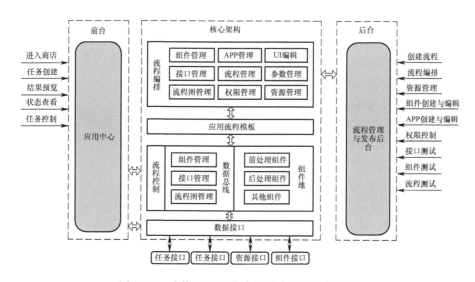

图 8.29 重载 APP 云化应用平台流程总体架构

1. 业务架构

应用平台的核心业务包括通过低代码方式完成流程搭建、发布和测试,通过少量开发完成组件封装、发布及测试,支持流程自动运行及运行过程中的参数和文件

343

的存储。

如图 8.30 所示：后台用户主要负责组件的创建、测试、发布审批等职责；前台用户主要负责应用流程的创建和仿真任务的提交和管理。

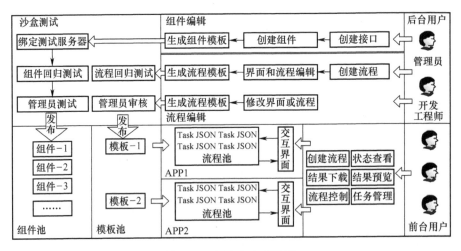

图 8.30 平台业务架构图

应用平台角色细分主要包括系统管理员、业务管理员、开发工程师、前台用户，也可根据实际需求创建新的角色。主要业务包括实现应用组件的封装、流程搭建、应用组件和流程测试、应用组件和流程的发布、应用组件使用以及应用流程使用。平台为不同角色提供相应入口，包括向前台用户提供任务、应用入口，向开发工程师和管理人员提供开发入口，向管理员提供运维、管理入口。

2. 应用架构

应用平台基于 B/S 架构，包含有 4 个子系统，各子系统之间通过 Restful API 通信，各子系统之间的调用关系如图 8.31 所示。

（1）组件系统：用于组件创建、测试和发布。

（2）编排系统：用于流程创建、编排、测试和发布。

（3）运行系统：用于任务的创建、调度和执行。

（4）管理系统：包含权限管理、任务管理、组件管理和应用管理。

平台的核心应用架构如图 8.32 所示，包括组件池、数据总线、低代码 3 个功能部分。

（1）组件池：包含各种作业执行服务，即流程的每一个节点。组件分为几类：执行数值和逻辑计算的内置组件，封装了用户已有应用的应用组件，和封装了网页端前后处理器的数据生成和渲染组件。这些组件被上层系统（如调度系统、线程池、参数系统、模板系统等）调用，接收和处理输入数据，返回输出数据。

（2）数据总线：负责具体任务的调度和执行，负责资源分配与负载均衡（调度

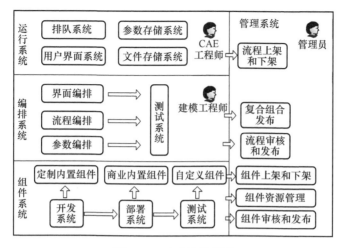

图 8.31　子系统关系图

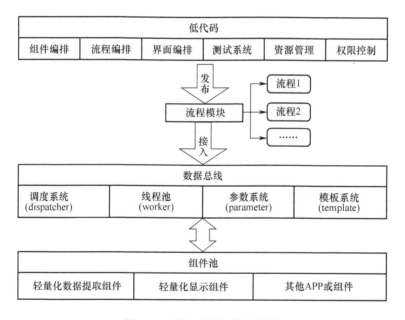

图 8.32　核心应用架构示意图

系统、线程池),负责任务中输入/输出的参数存取(参数系统),负责任务中产生的文件存取。数据总线接收应用和流程的指令和输入数据,启动组件,传入输入数据,接收组件的返回数据,将执行权流转到流程中的下一个节点(组件)。

（3）低代码:负责对应用做组件化封装,对流程做可视化编排,提供面向组件和流程的测试工具,支持组件和流程的发布逻辑。其他的模块包括对任务数据的

345

组织管理、对用户、角色、权限的管理。

3. 技术架构

如图 8.33 所示,应用平台采用 B/S 技术架构,包含安全接入层、前端展示与应用层、接口与服务管理层、统一外部数据(平台)接口层共 4 个层级。

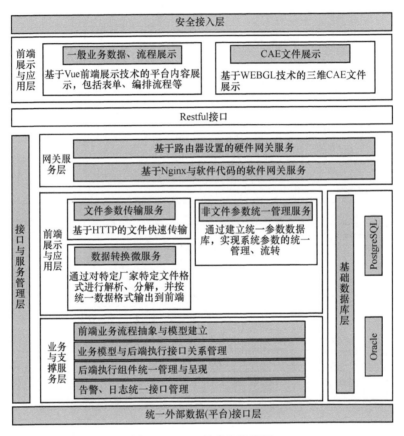

图 8.33 B/S 技术架构简图

安全接入层保障网络、服务器、接口等在安全管理范围内。前端展示分成两种类型,一般业务、流程数据展示以及 CAE 文件的展示。对于一般数据,系统基于 Vue(一套用于构建用户界面的渐进式 JavaScript 框架)前端展示技术,提供完整的平台内容展示,包括表单、编排流程等。对于专业 CAE 的三维展示,系统采用 Web 图形库(web graphics library,WebGL)技术,可实现对模型文件的三维结构查看。

接口与服务管理层包括网关服务层、参数管理层、业务支撑服务层和基础数据库层。网关服务层为系统提供服务网关、负载均衡等支撑;参数管理层对用户输入参数进行统一管理,并在系统各模块间、流程各环节间实现参数数据的共享。用户输入参数分成两种类型,文件类型参数与一般类型参数。业务与支撑服务,将前端的用户输入,按照既定的逻辑关系转换为后端统一文件数据,并能通过对执行组件的驱动,实现整体流程的流转。其主要工作包括:前端业务流程抽象与模型建立;业务模型与后端执行接口关系管理;后端执行组件统一管理与呈现;告警、日志统一管理接口构建等。基础数据库层为系统提供统一的基础数据库,如 PostgreSQL、Oracle 等。

统一外部数据(平台)接口层对外部访问接口进行集中管理,提供对外部数据(平台)访问的统一访问接口。支持的数据访问方式包括数据库直连、数据文件 HDFS 提取、数据传输接口(restful 接口)、系统变量读取等;平台接口层支持远程接口平台调用、命令行 shell 脚本访问、通过网络命令访问系统等多种系统访问方式。

8.4.3 云化平台关键技术

云化平台采用 B/S 架构,由浏览器客户端软件、应用服务器、数据库服务器三部分构成。浏览器端基于 TypeScript+HTML5+CSS 语言,采用 Vue 框架开发前端页面,使用 Echarts 制作数据图表。Echarts 是一款基于 JavaScript 的数据可视化图表库,可提供直观、生动、可交互、可个性化定制的数据可视化图表。

服务器端基于 Python 语言,采用 Flask 框架开发 Web 服务。使用 SQLAlchemy、Gunicorn、PyInstaller 等工具包,提供组件、应用、作业等管理接口。第三方工具方面,使用 RabbitMQ 作为任务队列,Consul 作为组件服务中心,通过服务注册和服务发现功能。

浏览器端和服务器端利用 HTTP 进行通信,使用 JSON 格式数据作为数据传输介质,采用 Oracle 数据库进行数据保存。

数据转换服务基于 C++语言,采用共享内存和线程池并发技术实现模型数据的快速提取,通过抽壳和三角化技术实现轻量化处理,文件采用 hdf5 格式存储。

渲染服务采用 WebGL+TypeScript 技术,实现转换服务存储数据的渲染和显示。

通过实践,重载 APP 云化涉及的关键技术主要包括基于云原生的低代码组件集成与流程编排技术、基于 Consul 的资源配置与总线智能调度技术、数据并行读写和轻量化压缩技术、基于 WebGL 的虚拟试验状态的三维可视化渲染技术等 4 个方面。

1)基于云原生的低代码组件集成与流程编排技术

云原生其实是一个理念,是由若干个相关技术构成的,强调我们的应用:一是要足够的灵活,可以根据业务需要去进行自由的编排和组合;二是应用具备一定的弹性,能够把云基础设施的一些能力充分利用起来;三是可以进行规模性的拓展,能够跳开基础设施物理边界,做理论上的无边界的扩展。

基于云原生的低代码组件集成与流程编排环境是实现众多 APP 云化的基础,上文已介绍了研发的 APP 集成与应用流程搭建的开发环境,在此环境中,可以进行流程的编排、APP 应用页面的设计、多种 APP 的自由组合,并提供参数的管理控制,方便控制参数在整个流程中的流转,操作方便快捷。在编辑修改后,还可以实时查看和调试,方便已开发 APP 的优化与更新,从而便于用户的使用。

2) 基于 Consul 的资源配置与总线智能调度技术

组件资源采用 Consul 进行管理,Consul 是 HashiCorp 公司推出的开源工具,提供了服务发现和服务注册的功能。组件服务启动时,会自动注册到 Consul 服务中心。总线进行任务分发时,会从 Consul 服务中心获取组件的实际地址,通过负载均衡算法进行组件资源的调用。这样就实现了资源的统一集中管理,智能调度。

3) 虚拟试验结果数据并行读写和轻量化压缩技术

大多数 CAE 软件在后端产生的数据量是很大的,并且需要在前端按需进行展示,如何对数据进行快速读写、按需抽取、轻量化压缩,是"云化"必须解决的问题之一。一种有效的策略是后端采用共享内存和线程池并发技术实现模型数据的快速提取,通过抽壳和三角化技术实现轻量化处理,只提取所需的部分数据,然后对数据进行拆分,方便按需加载,最后生成目标数据格式。

4) 基于 WebGL 的虚拟试验状态的三维可视化渲染技术

可视化是大多数 CAE 软件的基本需求,如何在客户端(Web 端)实现复杂应用结果的可视化展示,也是实现云化必须解决的问题。如阻力虚拟试验 APP,对可视化模块的渲染和加载性能有较高要求,通过采用交互实时、延迟低的、基于 WebGL 渲染技术,使用高性能的 Web 渲染引擎,通过 http 请求,按需获取压缩后的数据,可以提供较高质量的图像展示给客户端。

8.4.4 重载 APP 云化过程

从 APP 运行及应用的角度,重载 APP 云化过程包括命令流的执行、数据流的传递、I/O 处理方法、可视化与交互方式、任务调度与通信几个关键环节。

1. 命令流的执行

"命令流"通过 3 种交互串联:

(1) 客户端本地交互;

(2) 客户端—服务端 Http 请求交互;

(3) 服务端—组件 Http 请求交互;

用户在前端(客户端)操作,调用服务端的 run 接口传递参数启动执行,后端解析参数后,调用组件的 start 接口,由组件执行命令,其流程如 8.34 所示。

以阻力 APP 的"网格剖分"为例。网格剖分环节的输入是船体几何文件.pw

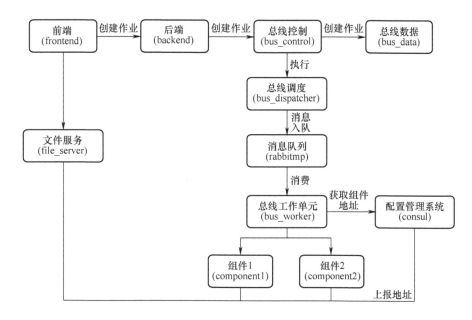

图 8.34　命令运行流程图

(前端),网格剖分程序为 gridmesh.exe (后端),输出文件:数值计算网格 grid3d.bcs、grid3d.dcc、grid3d.exs、grid3d.gib、grid3d.gii、grid3d.grd 与网格信息文件 tec.plt,其中数值计算网格文件是 CFD 数值计算的输入,网格信息文件主要用于生成网格的可视化。

命令流的执行过程如下。

(1) 前端(浏览器)通过上传输入文件功能,上传船体几何文件.pw,此时,输入文件保存到文件系统(文件存储服务器),同时文件存储服务器返回前端一个 file_id。

(2) 前端(浏览器)通过网格生成功能,发送 http 请求(网格剖分命令)给后端 backend 服务(部署在后台业务与支撑系统部署服务器)。

(3) 后端 backend 服务收到前端请求后,发送请求给总线服务(部署在后台业务与支撑系统部署服务器)。

(4) 总线服务根据流程信息和当前资源情况,把网格剖分命令和输入文件的 file_id 分发给执行节点(高性能计算节点)的组件服务。

(5) 组件服务依据 file_id 从文件存储服务器获取.pw 文件到执行节点,同时在执行节点(高性能计算节点)运行实际的命令,开始执行网格剖分的.exe 文件。

(6) 执行节点(高性能计算节点)执行完成后,组件服务会把输出文件上传到文件系统(文件存储服务器),同时对前端需要展示的输出文件.plt 进行抽壳等轻量化处理,之后将处理后的输出参数传给总线服务。

(7)总线服务把输出参数发送给后端 backend 服务,后端 backend 服务再通过 http 给前端(浏览器),前端(浏览器)把网格结果展示给用户。

2. 数据流的传递方式

"数据流"是在流程设计阶段定义的,图 8.35 给出了一个典型的数据流流程设计图。流程设计保存后,会生成流程 JSON 和流程数据 JSON,分别记录了流程信息,例如阻力预报 APP 的"step1 参数设置→step2 网格剖分→step3 求解监控"等,都记录在流程 JSON 中。

图 8.35 数据流流程示意图

参数数据信息则保存在流程数据 JSON 中,记录了每个组件的输入输出参数,以及参数的对应关系。例如,step2 网格剖分的输入参数,关联 step1 参数设置里的参数;step3 求解监控的输入参数,关联 step2 网格剖分的输出参数,等等。通过这两个 JSON,则可以看到整个流程的数据流。

3. I/O 处理方法

I/O 主要是输入输出文件的上传和下载。应用流程中用到的文件,首先通过前端传给"文件服务"得到 file_id;然后前端再把 file_id 传给后端,后端再传给组件,组件通过 file_id 从文件服务下载对应的文件使用,处理完成后,再把输出文件传给"文件服务"以便下个组件使用。

4. 可视化与交互方式

客户端通过浏览器与用户进行交互。浏览器中所有的交互,基本分为两种情况:前端本地交互,前后端通过 http 接口交互。

如阻力性能预报 APP 中涉及的三维可视化的交互,大多都是前端本地完成,主要使用了 WebGL 技术。只有数据的获取和保存,才会和服务器通过 http 请求进行交互。

在线可视化组件的模型数据存储在服务器端,通过 HTTPs 传送到浏览器。后端将数据分解为若干碎片(几何、网格、边界、属性、结果……),在浏览器按需请求和加载。浏览器在第二次打开相同数据时,会从缓存里读取数据,避免从服务器端下载数据,减少对带宽的占用。

以阻力性能预报 APP 的阻力试验结果.plt 文件为例,其在线可视化过程如下:

(1)读取原始.plt 文件;

（2）提取 plt 文件中的单元和节点信息；
（3）提取 zone 和 boundary 等数据，经过抽壳三角化操作，进行轻量化处理；
（4）存储为轻量化数据格式 VDB。

其前端在线可视化过程如下：
（1）http 请求获取需要加载的轻量化数据或者通过缓存获取数据；
（2）前端解析获取到的轻量化数据；
（3）WebGL 渲染引擎根据解析后的数据，进行模型的绘制和流线的显示；
（4）用户交互，前端捕获到用户的操作，加载不同的数据给渲染引擎显示。

5. 任务调度与通信

"任务调度"主要由数据总线+Consul 方式完成。在每个组件服务启动时，都会往 Consul 中进行注册。具体逻辑是：前端用户确认执行后，通过后端，调用总线的 run 接口，总线会获取 Consul 中注册的服务以及资源状况，通过 Consul 查询到需要执行的组件所在服务器，通过负载均衡算法，选择最合适的计算节点，分发给某个特定的组件服务去执行。前、后端的"通信"是通过 http 请求进行的，任务调度流程图如图 8.36 所示。

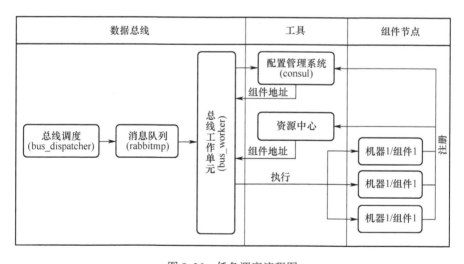

图 8.36 任务调度流程图

关于"求解并发方式"，首先一个组件服务可以部署到多个节点上，也可以在一个节点上启动多个相同的组件服务。无论哪种形式的部署，这些组件服务彼此独立，都是可以同时运行的。以 CFD 求解组件为例，将 .exe 文件部署到多个节点，当同时有多个求解任务进来后，总线会分发到不同的节点进行计算或者一个节点分发多个求解计算，从而达到多个求解并发计算的效果。理论上，只要节点资源充足，可以达到几百甚至几千的并发求解计算。使用到的第三方工具有 Consul 服务注册发现和 RabbitMQ 消息队列。

8.4.5 阻力虚拟试验流程的云化应用实例

采用上述方法,以某水面船舶阻力虚拟试验 APP 为例开发了云化版本,本节简要介绍开发过程和应用效果。

1. 水面船舶模型阻力虚拟试验流程设计

水面船舶模型阻力虚拟试验采用自主研发的 CFD 核心求解器,能够实现水面船舶主船体模型阻力、波形、流场等参量可靠数值计算。阻力虚拟试验流程如图 8.37 所示。

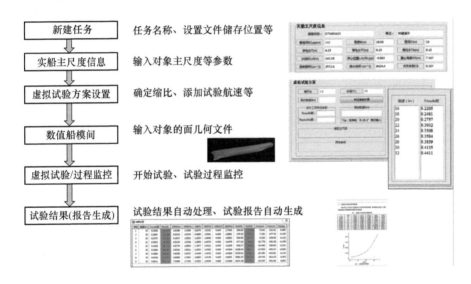

图 8.37 水面船舶主船体模型阻力虚拟试验过程

(1) 实船主尺度信息:试验对象的主尺度参数,包括船长、船宽、型深、吃水、浮心纵向位置、重心纵向位置、重心高度、湿表面积、排水体积、方形系数等。

(2) 虚拟试验方案设置:对虚拟试验方案进行的策划,比如确定物理模型试验的缩比、试验航速等。需要用户输入具体的模型缩尺比、试验水温、设计航速以及试验航速段信息。

(3) 数值船模间:依据用户提供的船体几何文件,利用网格划分程序,进行船体网格的自动生成。需要用户提供特定格式的船体几何文件。

(4) 虚拟试验/过程监控:按照试验方案开始船模虚拟试验(数值计算),试验过程中,阻力、波形、运动等参数将实时显示。

(5) 试验结果/报告生成:试验结束后,对试验结果进行处理,并自动生成试验报告。

阻力预报流程包含4个组件：特征参数计算、阻力预报-网格剖分、求解监控、阻力预报-后处理，组件是流程中的一个节点。从组件创建的角度可分为两类，基于专用服务和基于通用服务。

（1）基于专用服务，对应在服务端已部署服务的组件，是组件开发人员编码开发某个特定功能的组件，此类型组件的输入和输出参数固定，不可编辑。例如，阻力预报APP案例中的网格生成，求解监控等组件服务；

（2）基于通用服务，该组件可直接在前端页面创建，组件的输入/输出根据选择生成，且可根据需要添加编辑参数。

如图8.38给出了内置实体组件的创建过程，包括本地程序制作→封装组件服务（实现支持RESTful API形式的组件服务）→在平台创建组件→测试组件→发布组件5个典型阶段。

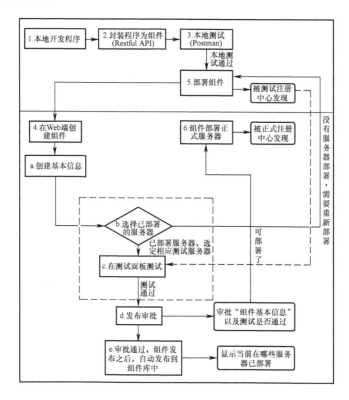

图8.38　组件创建流程图

组件封装并创建发布，开发工程师在"我的设计页面"开始创建应用，创建应用包括基本信息、流程编排、界面设计、资源管理、运行测试。

2. 应用及效果

首先在本地打开Web浏览器，如Chrome浏览器（平台集成了在线可视化组件,该组件可运行在任何支持 HTML5 和 WebGL 技术的浏览器上,如 Chrome 或者 Firefox)。如图 8.39 所示,打开浏览器后,输入服务器地址后进入登录界面,输入账号密码登录后可以进入应用主界面,如图 8.39 所示。

图 8.39 打开 Web 浏览器及账号登录

图 8.40 登录后的应用主界面

如图 8.41 所示,在左侧导航栏中,点击"应用中心-已发布应用",找到阻力预报 APP,点击创建作业可以创建一次计算任务,输入名称并选择手动执行方式(阻力 APP 流程较复杂,页面设计时按照手动执行来设计,让应用流程更清晰)。

创建作业后,进入应用流程页面,这里设计了 7 个步骤,按照顺序和提示进行少量操作即可展开应用计算。

图 8.42 为第一个步骤:step1 船型主参数及虚拟试验设置。按照提示,在左侧

图 8.41 选择应用并创建作业

栏目输入实船主尺度信息;在中间栏目输入缩尺比、水温和设计航速,运动控制一般选择自由模计算,然后单击特征参数计算 Fr 数和 Re;在右侧栏目输入待计算的航速,支持一次进行多个航速计算;输入完成后,单击右上角"保存并下一步"按钮,进入第二步。

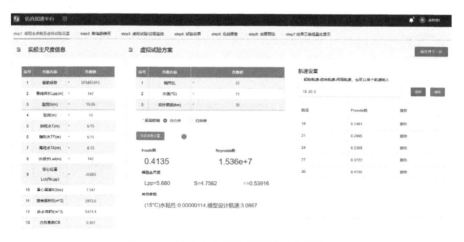

图 8.42 船型主参数及虚拟试验方案设置

进入第二步:step2 数值船模间。这一步主要是生成计算网格。首先单击"上传船模文件",选择标准化船体几何文件。需要说明的,网格生成其实是一个强交互的过程,且因人差异大、耗时长,为减少这些影响、提高效率,我们将该流程剥离封装,并以文件的形式传递给后续自动化组件。大体流程是在水面船舶主船体几何外形提取 7 条轮廓线来定义标准化船体,利用专用 APP 生成标准化船体几何文件上传好后,单击"网格生成"按钮,服务端调用网格划分 APP 进行标准网格生成,生成好的网格可以进行在线三维查看,如图 8.43 所示。

图 8.43 船体网格生成

进入第三步:step3 虚拟试验监控。根据"属性细分,知识封装"思想,阻力计算 APP 已经封装了关于 CFD 计算应用的知识,用户默认即可,然后单击"开始计算"启动任务。在该页面下,可以对计算过程进行监控:左侧栏目为对阻力、升沉和纵倾的实时监控曲线;中间栏目为在线三维波形监控,可以动态调整视角;右侧栏目为计算进度显示,可以查看当前计算步、剩余计算步和剩余时间估计,还有求解过程的输出信息,如图 8.44 所示。

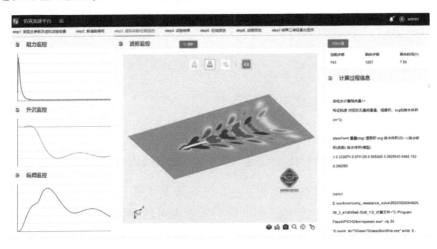

图 8.44 虚拟试验过程监控

计算任务完成后,可以自动处理计算结果,进入第四步:step4 试验结果,计算完成后,单击"单击查看",可以查看阻力计算结果,如图 8.45 所示,该步对航速列表中的阻力结果进行处理和换算,可以给出船模和实船预报结果,如实船有效功率等。

Vs(kn)	Vm(m/s)	Froude	Rem(E6)	Rtm(N)	Ctm	Cfm	Cr	Cfs	ΔCf	Cts	Rs(kn)	Pe(kW)	Hm(mm)	Hs(mm)
18	1.8520	0.2481	9.217	34.223	4.1692	3.0430	1.1262	1.5116	0.400	3.0378	399.28	3698.3	−7.027	−175.68
21	2.1606	0.2895	10.753	49.385	4.4201	2.9625	1.4576	1.4832	0.400	3.3408	597.82	8458.4	−10.570	−264.25
24	2.4693	0.3308	12.289	88.039	4.6424	2.8954	1.7570	1.4593	0.400	3.6263	847.55	10464.4	−14.274	−356.86
27	2.7780	0.3722	13.826	99.637	5.3947	2.8380	2.5567	1.4387	0.400	4.3954	1300.18	18059.5	−18.845	−471.12
30	3.0866	0.4285	15.362	151.656	6.6511	2.7882	3.8629	1.4207	0.400	5.6836	2075.61	32033.6	−24.606	−615.16

图 8.45　阻力试验结果

除了阻力计算结果外,还可以在线自动生成和查看计算报告,进入第五步:step5 试验结果。图 8.46 和图 8.47 为在线报告展示,自动报告有相对固定的模板,但特定的元素会根据相应的输入进行调整,区别于低质报告,在线报告中的一个特殊功能是,可以在线查看不同视角下三维流场结果,可以看到更多流场信息。同时,也可以生成 Word 版本的计算报告,可直接打印和归档,如图 8.48 所示。

图 8.46　在线报告封面

另外,还具备波形动画演示功能,更加直观地了解计算的整个过程。进入第六步:step6 动画预览,可以进行两个视角的波形动画预览,可选择不同的计算步数和播放速度。

计算结束后,可以查看指定航速的三维流场结果。如图 8.49 所示,可分别查看自由面波形、船体表面压力(图 8.50)和船体流线(图 8.51),所有结果都是三维动态的。

客户端还具备计算历史回看功能如图 8.52 所示,通过导航栏选择要查看的历史作业,可以看到相关计算设置和结果。

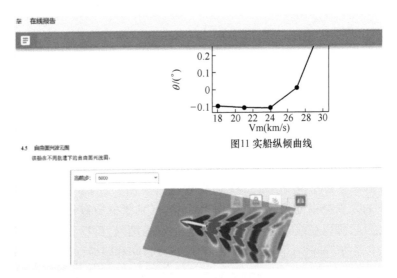

图 8.47　在线报告内容展示

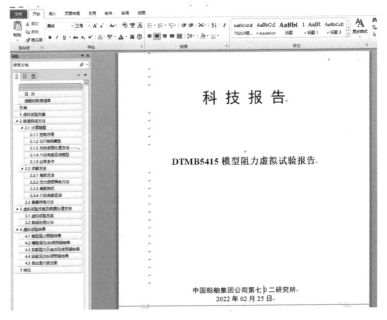

图 8.48　计算报告 Word 版本

图 8.49　波形动画三维展示

图 8.50　船体表面压力三维展示

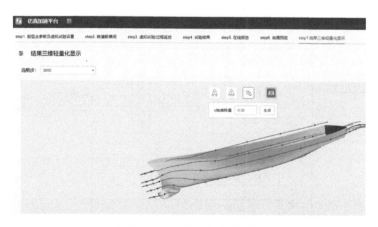

图 8.51　船体流线三维展示

359

图 8.52　历史作业查看

8.5　APP 的部署与分布式智能调度

8.5.1　APP 的部署方法

对于 APP 开发方，APP 可部署在本地，也可部署到云环境，但都应该支持能被云端用户识别和云平台快速接入，为远程总体性能设计提供相关服务。

针对可部署到云环境的 APP，通过申请、审核、评估、分类管理、版本管理等流程实现应用的云端部署。应用容器部署技术，自动根据服务需求方的要求，完成应用的虚拟化安装和部署，使其具备响应服务请求条件，包括完成数据库、内存、应用服务器、网络等资源的分配，负载均衡，应用的安装、配置和执行，执行结束后的日志记录、资源释放等，实现 APP 的快速部署和运行，图 8.53 给出了 APP 云部署环境的方案。

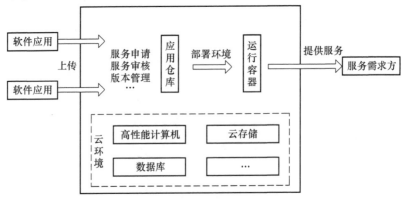

图 8.53　APP 云部署环境方案

针对只能部署在本地的 APP,对其进行并行化改造,部署到本地高性能计算机,同样通过申请、审核、评估、分类管理、版本管理等流程接入服务系统,由平台提供符合平台服务输入/输出标准的应用调度和管理程序,完成应用的高性能服务发现、请求响应,为远程计算服务提供支撑。

对服务提供方的 APP 应用状态进行综合分析,包括被调用频率分析、调用时段分析、需求方来源分析、需求方评价统计等,使服务提供方了解所提供服务的价值,促进服务提供方为平台提供更多优质、更有价值的服务,并及时剔除已无需求方调用的无价值服务以节省平台资源,图 8.54 给出了 APP 应用状态管理方案。

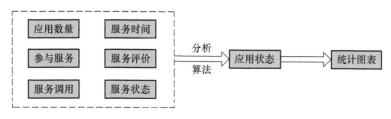

图 8.54　APP 应用状态管理方案

建立服务评价体系,为 APP 智能推送提供依据。服务评价体系是一个综合的概念,过程复杂,因此,一个合适的评价过程应当是分阶段进行的。服务质量的综合评价可以归纳为以下几个步骤:分析终端用户的需求、确立服务选择目标、按照终端用户的要求制定具有个性色彩的服务选择评价标准、按照服务选择评价标准判断 APP 开发方是否合格以及建立服务合作关系,图 8.55 给出了 APP 服务系统服务评价选择流程图。

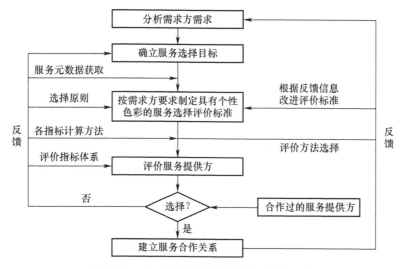

图 8.55　APP 服务系统服务评价选择流程图

361

通过对服务过程的分析,采用顾客感知服务质量模型,结合 APP 服务系统服务化特点,提出服务评价指标体系,图 8.56 给出了 APP 服务系统感知服务质量模型图。

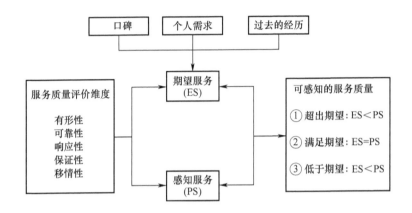

图 8.56　APP 服务系统感知服务质量模型图

8.5.2　系统组成及 APP 分布式流程搭建与执行

在船舶总体性能研究与设计过程中,不管是 APP 的开发方还是使用方,在地域上都是分散的,需要提供分布式调度引擎,才可能真正实现各方的无障碍参与和应用。

基于分布式智能调度引擎是将不同软硬件环境下的工具、数据、专家经验和指挥进行统一管理调度,建立复杂的多学科工作流程,并让此流程在整个分布式计算机资源中实现自动化执行。同时,分布式智能调度引擎还提供对外接口,提供与外部系统的相互集成能力。

APP 分布式智能调度引擎主要由以下几个部分组成:流程设计中心、流程监控中心、主控节点、数据服务器、数据及消息软总线及计算节点,其组成如图 8.57 所示。

(1) 流程设计中心:主要功能是搭建专业的流程,配置分布式业务流程,提交流程进行计算。

(2) 流程监控中心:主要功能是实时监控运行流程的状态,进行运行结果查看。

(3) 主控节点:主要功能是对监控节点信息进行管理,控制运行流程的执行,实时获取计算节点的运行结果并将结果传递至流程监控中心。

(4) 数据服务器:主要功能是流程模板管理、任务管理,流程运行时数据及数据文件的管理。

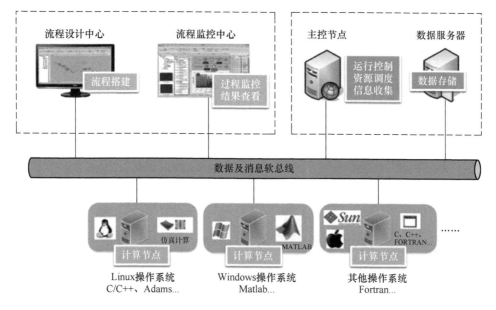

图 8.57　分布式智能调度引擎软件组成

（5）数据及消息软总线：总线采用高级抽象层消息通信协议（advanced message queuing protocol，AMQP），具有高可用高并发特点，适合集群服务器。它支持消息持久化、消息确认机制以及灵活的任务分发机制且易扩展。在面向服务架构中通过消息代理，使用生产者-消费者模式在服务间进行异步通信。

（6）计算节点：包含一个常驻监控程序与一个组件执行程序。常驻监控程序主要功能是实时等待主控节点调用，当主控节点调用计算适配器时，则调用组件并执行，然后返回结果至数据服务器及主控节点。

通过添加分布式组件，将本地组件拖拉至分布式组件中，实现本地流程的分布式布署。为了对分布式组件指定运行的计算节点，流程设计中心通过登录数据服务器获取权限，然后从主控节点中获取已注册的计算节点列表，通过分布式组件设置界面进行上传、下载文件及运行服务器地址等信息的设置，完成一个分布式流程的搭建。分布式流程搭建完成之后，可作为模板上传至数据服务器保存。

分布式流程执行过程中，首先由流程设计中心发送消息至主控节点要求运行指定流程，主控接到消息后从数据服务器上下载相应流程文件并解析启动流程。在主控节点，按流程组件的执行顺序调用相应计算节点。计算节点先将订阅的数据下载至本地（主要是流程文件及流程数据文件）；然后开始计算，同时将组件的状态及计算结果反馈给主控节点。主控节点同步反馈给流程监控中心，并将计算结果数据（主要是流程数据文件）同步发布至数据服务器。其他计算节点调用执行过程与此一致。流程运行结束之后,流程监控中心从数据服务器下载最新的计算结果至本地,图 8.58 给出了计算节点调用关系图。

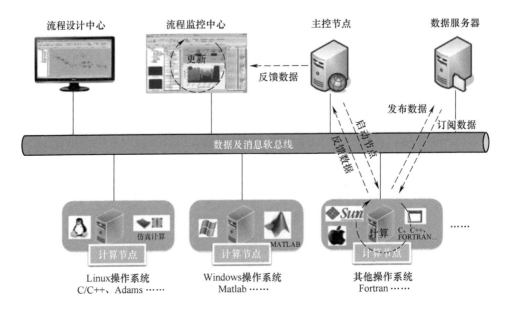

图 8.58　计算节点调用关系图

8.5.3　数据与 APP 应用流程控制

船舶总体性能研究与设计包含了各种不同类型的业务流程,而组成这些业务流程的 APP 虽然已进行了标准化,但其运行环境和工作模式仍然存在着一定的差异。因此,在业务流程运行时需要考虑将这些不同软/硬件环境下的 APP 进行统一管理调度,建立复杂的多学科工作流程,并让此流程在分布式计算资源中实现自动化执行。

1. 计算资源调度

计算资源调度是分布式智能调度引擎的核心,将会统一管理整个系统中的工作流、组件库、运行环境等核心内容。基于工作流程的计算任务要求能够根据流程中各组件的软硬件环境,自动(手动)分配符合条件的计算节点,提供运行状态和资源使用监控功能,支持高性能计算集群调用,具备大规模计算及存储能力。要求不同人员可以共享工作流程、工具和数据,或者协同完成复杂的分析流程。图 8.59 给出了计算资源调度示意图。

分布式智能调度引擎的一般工作过程如下。

(1) 领域专家完成仿真模板后,通过客户端将模板上传至数据服务中心保存。

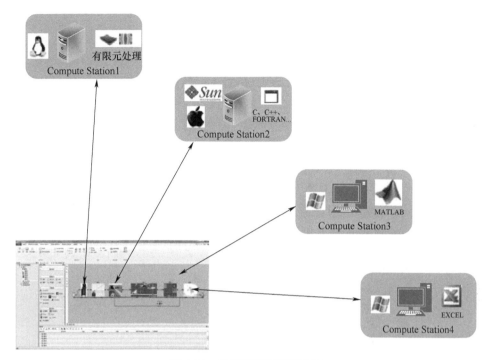

图 8.59　计算资源调度示意图

设计分析人员通过客户端向运行管理服务器发起仿真请求,同时将仿真所需模板信息传递至运行管理服务器。运行管理服务器接到启动仿真请求后,先根据模板信息从数据服务器获取仿真模板,然后解析模板获取仿真所需的各类资源,在各项准备工作均满足条件后启动仿真任务。

(2) 运行管理服务器启动计算节点并将仿真模板或任务信息以及初始参数传递至计算节点,计算节点根据这些信息调用相应的软件进行仿真计算,计算完成后根据配置将指定数据/文件利用接口发布至数据服务器进行存储,同时将运行状态反馈至运行管理服务器。

(3) 运行管理服务器收到计算节点的反馈后,进行解析处理并将结果发送至客户端或网页,客户端或网页接收反馈后在监控界面上进行状态的更新。

(4) 运行管理服务器启动下一个计算节点并将仿真模板或任务信息以及参数信息传递至该节点,计算节点根据参数信息先从数据服务器订阅相应数据(文件),并下载至本地,再根据模板或任务信息调用相应的软件进行仿真计算,计算完成后根据配置将指定数据(文件)利用接口发布至数据服务器进行存储,同时将运行状态反馈至运行管理服务器。

(5) 所有节点都计算完成后,通过客户端或网页查看仿真结果,对于需要使用的数据文件,直接从数据服务器下载。

2. 仿真节点控制

在每个仿真软件所在的工作站部署一套仿真节点控制软件(该控制软件框架如图 8.60 所示),通过模型适配器与调度模块进行通信,接收调度模块的指令,调用相应的仿真软件执行计算任务。仿真节点控制软件框架各模块的主要功能描述如下。

(1)模型适配器用于与其他功能模块通信,主要包括指令和数据的发送接收以及节点状态和模型运行状态的反馈。

(2)运行控制模块用于根据接收到的指令执行相应操作,从初始化到加载模型,再到调用仿真软件进行计算等。

(3)数据处理模块用于完成仿真计算后,从计算结果中抽取出关键数据,经预处理后,作为全局参数提交发布。

(4)节点监控模块用于实时获取仿真节点状态,并将状态信息发送至仿真监控模块。

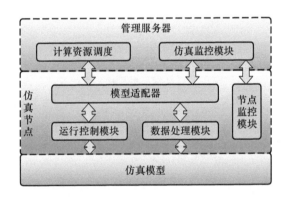

图 8.60　仿真节点控制软件框架图

3. 数据传输

数据传输模块主要包含仿真数据传输及数据交换软总线两项功能。仿真数据传输功能主要用于工具、工作流程和数据的传输存储,而数据交换软总线是各模块间的数据交换中心,计算资源调度模块发布的各类控制指令以及仿真节点的各类反馈消息均通过数据软总线进行交互。数据交换软总线是所有节点进行信息交互的主要通道,为节点之间进行透明便捷安全的数据传输提供支持。

1) 仿真数据传输

(1)专业工具模块开发者能够通过仿真数据管理模块将成熟的专业工具提交至数据服务器进行存储,使得流程设计人员能够使用,提交的专业工具支持版本管理。

（2）流程设计人员在客户端设计好工作流程后，将其通过仿真数据管理模块提交至数据服务器进行存储，供工程师直接使用。

（3）在仿真流程运行时，仿真数据管理模块会根据流程的设定，将运行过程中产生的必要的过程数据和最终的结果数据存储至数据服务器，并提供下载查看功能。支持大数据文件(如不小于10GB)的处理及快速传输能力。

2) 数据交换软总线

（1）通信管理：提供与欲接入节点建立通信通道的功能，支持快速响应子节点的连接请求，提供新建连接、初始化通信通道、清理连接、断开连接与异常处理功能。

（2）消息收发：提供节点间消息的接收、消息预处理、消息发送、消息识别、消息解码、消息透明定向、消息定位以及异常处理功能。

（3）缓冲区管理：提供通信缓冲区的开辟、缓冲区初始化、缓冲区清理、缓冲区释放功能。

数据交换软总线作为分布式智能调度引擎软件中的传输中枢，负责处理各个节点之间的消息交互。

4. 计算资源管理

在分布式设计分析环境下，软件运行过程中，会有多个用户同时登录操作的情况。某些类型的数据分析流程需要花费大量时间，如果多个这样的流程被提交到软件，那么软件是无法及时处理完这些任务的。因此，数据分析资源调度需根据提交的先后顺序以及特殊需求来确定流程被处理的顺序，并根据当前流程队列的情况和流程处理的历史情况，估算出每个流程将被处理的时间和处理完成的时间。

有些任务调用数据分析资源在一台服务器上只能运行一个实例；而有些任务将调用多个数据分析资源，有的可以并行，有的只能串行，这些数据分析资源还可能分布在多台服务器。此时需实时获取各服务器上所有数据分析资源的情况，才能做到数据分析资源的合理分配。

依托软件对异地、异构的计算机、高性能计算集群进行统一管理，形成分布式和并行的运算环境。通过计算资源调度模块将任务分配给合适的计算工作站，而计算工作站的地理位置对计算资源调度模块来讲是透明的。图8.61描述了计算资源管理示意图。

1) 仿真节点注册

当需要新增仿真节点时，在节点上安装仿真节点控制软件，并在运行管理服务器上注册，注册信息包括节点主机名、节点显示名、节点IP地址、节点上可用仿真计算软件(引擎)及其配置信息、节点计算能力(CPU核数、CPU主频、内存容量、剩余硬盘容量)、节点计算能力等。

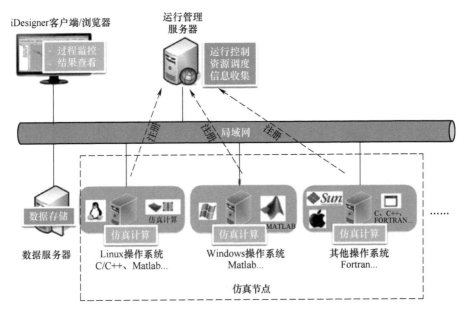

图 8.61 计算资源管理示意图

2) 应用程序注册

当安装部署了新的应用程序(仿真软件)时,需要运行仿真节点控制程序,在运行管理服务器上注册,注册内容包括应用程序名称、版本、安装目录、配置信息等。

5. 外部接口

系统提供外部接口供具备权限的外部系统进行调用,调用形式包括发布为独立运行的应用程序供外部系统调用和作为外部系统工作流程中的一环参与协同设计两种。

系统主要通过 WebService 接口来对外开放分布式智能调度引擎相关功能。若外部系统支持 WebService 接口的调用,则可直接通过接口来调用执行引擎功能;若不支持 WebService 接口,系统则提供独立运行的程序供外部系统调用。

第9章 船舶总体性能创新研发应用实例

预报、评价、优化是船舶总体性能设计的核心驱动力。预报是通过缩比物理模型试验或数值计算,根据某种规则推测获得实船的结果,这样,在实船建造及使用之前就能够预先获知船舶的性能情况。评价则是根据某种准则对方案的优劣及指标实现情况进行评判,了解设计船所处的技术水平,获悉是否达到合同或预期的要求,若未能达预期,则需对设计方案进行改进,然后重复预报、评价步骤直至获得满足全部要求的可行方案。优化则是在优化算法的驱动下,在约束空间内获得目标最优的方案,它利用严谨的数学优化算法驱动"预报"和"评价"流程,实现自动寻优,"预报"和"评价"是其运行的基础。优化流程的最大优势:一是能够获得约束空间内的最优解;二是一旦完成优化流程的建模,整个过程在计算机上自动完成,效率高、周期短。

船舶总体性能创新研发实质上是围绕着预报、评价和优化这三项基本工作展开,即不断创新预报、评价、优化方法的工具手段和运用方法。这里主要有几个方面的工作:一是在属性细分、知识封装的思想指导下,对既有预报、评价程序(软件)进行规范化封装、标准化测试和它应用验证,形成一系列能用、好用、管用的APP;二是在新兴信息化技术的支持下,对历史试验(包括虚拟试验)数据的挖掘利用,挖掘数据背后潜藏的规律、关系,开发基于大数据(子样)数据挖掘的智能预报、评价新方法;三是针对专业需求,自主开发新的数值分析计算软件,克服商业软件功能受限、专业性不足的问题,同时摆脱对商业分析软件的依赖;四是打通预报、评价、优化之间的信息流,借助互联网、云技术、大数据及软件工程等技术,打造一个满足异地、异构系统协同工作的"众创"生态,发挥集体智慧优势,开发适应上述需求的船舶总体性能研究与设计服务系统,从根本上变革船舶总体性能创新研发模式。

实现"众创"研发模式不可能一蹴而就,以中国船舶科学研究中心、上海交通大学等科研院所为代表的船舶工作者已在这条路上前行,并取得了一些成果。本章以3个典型的示例来展示新方法、新模式的应用方式和效果。3个示例包括船舶水动力学、结构安全性和隐身性3个学科方向,涉及预报、评价、优化、自主软件开发和服务系统应用等多个方面。

9.1 船舶阻力性能预报/评价/优化应用示例

阻力是船舶最重要的性能指标之一,绝大部分船舶的设计工作是从对阻力性能的预报和评价开始的。对于民用运输船舶,阻力是衡量船舶经济性的核心指标,是核心竞争力;对于军用舰船,虽然较少关注其经济性,但优良的阻力性能能够使得在相同尺度、排水量下,船舶具有更高的航速,能够先一步部署到指定区域占据攻防主动,对抗作战中在速度优势下同样也能够占据主动。

阻力性能设计同时又是最复杂、最困难的部分。船舶阻力与船体几何构型相关,而船体几何构型是一个复杂的三维曲面,目前还没有办法用数学的方法对这种复杂曲面进行准确的参数化建模,更没有精确的方法建立阻力与船体几何曲面的响应关系。长期以来,船舶工作者主要借助物理模型试验预报方法,被动检验、评价船型方案的阻力性能,通过多方案选优迭代逼近可行方案。数值计算技术得到发展之后,在一些常规船舶的设计过程中,可以用 CFD 方法代替物理模型试验开展阻力性能预报、评价、优选工作,降低了研发成本、提高了效率,但本质上,并没有改变原来的研发模式。不管是物理模型试验还是数值计算都是作为性能预报、评价的工具,没有融入研发流程。

本节以经典的船舶阻力性能设计问题为例,介绍应用各类封装的 APP 系统性地完成从性能预报、性能评价到性能优化,最后通过物理模型试验验证的全流程研发工作,为实现船舶领域的"建造前起飞"(fly before built) 进行初步的探索和实践。

为使工作具有一般性和代表性,选择了一型中等方形系数高速水面船,先由领域专家采用传统方法设计获得最佳方案,然后,采用本文所倡导的新方法,开展性能预报评价及优化工作。目标船主要特征包括方形系数在 0.5 左右,双桨推进,航行 Fr 为 0.18~0.40,仅考虑裸船体阻力性能的预报、评价和优化,目标船的外形轮廓如图 9.1 所示。

图 9.1 目标船外形示意图

9.1.1 阻力性能虚拟试验 APP 开发

在初步设计阶段,设计师运用经验公式、图谱及母型船资料等对性能进行粗略的估算,从宏观上确定了船舶主尺度、排水量、船型系数及主机功率等要素。进入技术设计阶段,需进行详细的线型设计及性能预报,对于性能预报过去主要依赖于物理模型试验,而随着数值计算技术的快速发展,在许多方面已能够代替物理模型试验,如阻力性能预报。

对于阻力性能预报,一般可以采用 Fluent、Star-CCM+、CFX 等商业软件,虽然这些软件通用性好、功能丰富,但受版权和功能的限制,并不能完美契合船舶总体性能研究与设计领域的性能预报需求。为此,国内一些高校和科研院所开始自主研发船舶领域的专用 CFD 软件,如中国船舶科学研究中心开发的 iCFDer。不同于常规通用型的商业 CFD 软件,iCFDer 除具备一般商软的数值计算功能之外,它对专家应用经验进行了封装,操作极其简单,即使一般的工程人员,在经过简单培训之后也能熟练使用。本节简要介绍其功能特点及开发方法。

1. 功能及特点

iCFDer 能够实现水面中高速船裸船体静水阻力性能数值计算,进行实船阻力、功率预报,可以自动生成试验报告;具备流场信息可视化功能,可对模型周围流场分布情况进行显示及分析,对阻力曲线和自由面波形进行实时监控。除此之外,在前处理、后处理阶段有着显著区别于一般商业 CFD 软件的特征:

(1) 前处理:具备一键自动生成计算网格和边界条件信息,消除网格划分带来的计算偏差。

(2) 后处理:具备阻力计算结果一键处理、实船有效功率一键预报、试验报告自动生成、波形动画生成等功能。

经过功能封装,整个预报的前后处理时间大幅缩短。据初步统计,与传统商业 CFD 软件相比,前后处理时间缩短了 90% 以上,并且使用者无须掌握数值计算领域的专业理论知识,只需按照用户手册,即可开展船舶阻力虚拟试验,并获得专家计算的水平。

2. 物理/数学模型

iCFDer 在对船体自由面绕流问题的数值模拟中采用雷诺平均数值模拟方法——RANS 方法,基于 RANS 方法的数值预报需要用到如下方程:不可压缩流体连续性方程、非定常 RANS 方程,SST $k-\omega$ 湍流模型、六自由度运动方程,Level-Set 法处理自由面问题。各方程的详细理论可参见第 3 章及相关文献,在此不再展开。

3. 数值模拟方法

(1) 重叠网格方法。iCFDer 的一大的特点是采用了重叠网格方法,它是将复杂的流动区域分成几何边界比较简单的子区域,各子区域中的计算网格独立生成,彼此存在着重叠、嵌套或覆盖关系,流场信息通过插值在重叠区域边界进行匹配和耦合。重叠网格最大的优点是方便进行六自由度大幅运动计算,这对于船舶大幅运动模拟尤为适用。

在重叠网格的实现过程中,将具有复杂拓扑结构的物体看成多个简单拓扑结构部分的组合,每个部分独立生成局部的网格。这些子区域的网格拓扑结构简单,能够用局部结构化网格精准地表达。每个子区域网格一起组成整个物体结构的网格,每个子区域网之间通过重叠交叉、嵌套的方式进行组合,实现不同子区域间网格信息的互相传递。重叠网格能够较好地描述复杂结构物体,并且能够以较高的精度,较高的计算效率实现模拟。如图 9.2 所示,将模型中各部分单独划分网格,再共同嵌入一个均匀背景网格中,各网格之间互有重叠,网格 2 外边界插值点和网格 1 洞边界点之间的区域即为重叠区域,图 9.3 给出了三维船体网格与背景网格重叠的示意图。

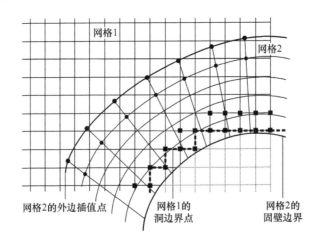

图 9.2 重叠网格挖洞寻点示意图

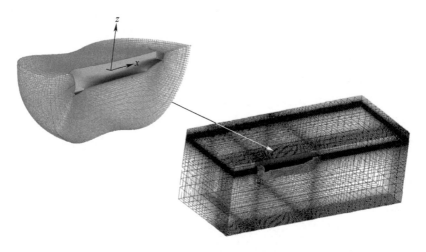

图 9.3 船体网格与背景网格重叠示意图

(2) 数值离散方法。目前,CFD 计算常用的离散方式主要有有限差分法(finite difference method, FDM)、有限体积法(finite volume method, FVM)、有限元法

(finite element method,FEM)等,本 APP 采用守恒型有限差分法。iCFDer 采用的重叠网格方法均是基于结构化网格,这样在保证适应复杂结构表面形状的同时,又能够容易地构造出较高精度的差分格式。

(3)压力速度耦合求解方法。利用算子分裂算法(pressure implicit with splitting of operators,PISO)实施压力速度耦合求解。PISO 算法的核心是将动量方程和连续性方程耦合起来建立泊松方程,通过预估-校正的方式进行压力-速度的耦合求解。PISO 算法基于 SIMPLE 算法,不同的是进行了二次压力修正,且在第二次修正中,考虑了矩阵非对角元的影响。其考虑非对角元影响的方法值得学习,它是通过取上一时间步的非对角元量来实现,从而将其影响显示处理。

(4)矩阵方程求解方法。控制方程经过离散处理后,将形成一系列的代数方程组,其中非线性项通过线性化处理后转化为线性代数方程组,也即进行矩阵方程的求解,这也是 iCFDer 计算的核心部分。

iCFDer 基于结构网格,并根据变量的不同特性选取了不同的求解方法。其中,压力泊松方程的求解尤为关键,其稳定性及收敛性不易控制,且占据大部分计算时间,选择基于 Krylov 子空间的迭代法来求解压力泊松方程,具体的,主要有广义极小残值法(generalized minimum residual method,GMRES)和稳定双共轭梯度算法(BiCGSTAB)。Krylov 子空间迭代法的一个具体实现是科学计算可移植扩展工具包(portable, extensible toolkit for scientific Computation,PETSc)。PETSc 是美国能源部 ODE2000 支持开发的 20 多个能力评价系统(abilityand competence test system,ACTS)工具包之一,由美国阿贡(Argonne)国家实验室开发的可移植可扩展科学计算工具箱,主要用于在分布式存储环境高效求解偏微分方程组及相关问题。PETSc 所有消息传递通信均采用信息传递接口(massage passing interface,MPI)标准实现。

除了压力泊松方程之外的其他方程求解,则是利用结构网格的优势,采用交替方向隐式法(alternating direction implicit method,ADI),通过 IJK 不同方向的扫描,用直接法求解所得到的五对角矩阵,并通过迭代保证收敛。

4. APP 输入/输出接口。iCFDer 使用过程中可调用 PointwiseV17.2R2 软件进行船体几何模型的标准化处理,输入为船体曲面 *.igs 文件,输出为 SketchLines_tmp.pw 文件。Pointwise 是一款用于 CFD/FEA 分析的网格划分工具软件,生成的网格可以转换成十几种常用商业 CFD 软件的数据格式。

5. APP 部分"应用知识"封装。iCFDer 对数值计算所涉及的三大核心环节中的部分重要专家经验知识进行了挖掘与封装,包括如下方面。

(1)前处理器包括计算对象网格的划分方式以及计算域边界条件的设置,在 iCFDer 中集成了船体贴体网格一键自动生成功能,依据专家经验,规定了壁面第一层网格间距大小范围,并与缩尺比、航速段范围进行关联。所采用的专家知识有以下 3 个方面。

① 计算对象模型最小航速所对应的雷诺数 Re 数值不得小于 5×10^6。iCFDer 会自动根据计算对象的主尺度信息、缩尺比的大小以及最小航速进行 Re 计算，如果 Re 数值小于上述阈值，则提示用户重新调整缩尺比，直到满足要求为止。

② iCFDer 的计算网格布置方式封装了专家知识：按照纵向布置 150 个网格点，垂向布置 80 个网格点的方式，并在艏艉处按照 1.5×10^{-3} 设置网格疏密程度；

③ 在船体网格与背景网格的重叠过程中，船体网格的外拓步数按照 1.2 的生长率外拓 35 步，与背景网格重叠。

针对中高速船舶模型的阻力预报特点，对计算域的大小以及边界条件的设置的专家知识也进行了封装，通过大量算例测试，iCFDer 封装的专家知识所生成的计算网格表现出高度的可靠性。

（2）数值计算：iCFDer 封装了传统数值计算过程中一系列繁琐的计算设置过程，包括计算网格物理属性的定义、网格的分割、网格的运动控制属性、网格的转动属性、湍流模型的确定、数值格式的确定以及压力求解方式等。在此用户无须掌握数值计算的相关设置，即可实现一键执行。

（3）后处理：能够实现计算过程中计算对象阻力曲线、运动姿态、自由液面波形等的实时监控，同时可以一键实现实船有效功率的换算，并进行有效保存，另外可以根据结果自动生成计算报告。

6. APP 操作流程。图 9.5 为 iCFDer 操作图形主界面，它提供了 6 个功能模块，依据以下流程开展虚拟试验工作：①新建或载入工程，用户根据需要新建或者载入已有计算工程信息；②实船主尺度信息，用户根据界面要求输入计算对象的尺度要素信息，其中部分信息将对虚拟试验方案和网格的划分产生影响；③虚拟试验方案，用户对试验方案进行设计，需输入合适的缩尺比、试验水温、设计航速以及试验航速段等信息；④数值船模车间，需在实船主尺度信息和虚拟试验方案确定后再进行，需要用户对计算对象进行几何标准化处理、贴体网格和计算网格的一键生成；⑤虚拟试验，在成功完成前述步骤的条件下，将调用计算模块根据虚拟试验方案开展数值静计算；⑥工具栏，工具栏主要为用户提供必要的配置工具，配置如计算窗口清空、计算文件路径查看、环境变量路径设置以及帮助文档等。

7. 预报精度测试。iCFDer 的开发和使用依托大量物理模型试验数据样本，进行了自测试工作。

图 9.4 为全样本点测试结果和典型航速样本点（设计航速）与水池物理模型试验的偏差正态分布情况。

由图 9.5 可以看出，iCFDer 的数值预报精度在设计航速点偏差在 3% 以内的概率为 95%，所有航速点的结果偏差在 3% 以内的概率为 88%，完全满足工程设计的精度要求。

图 9.4　iCFDer 操作图形主界面

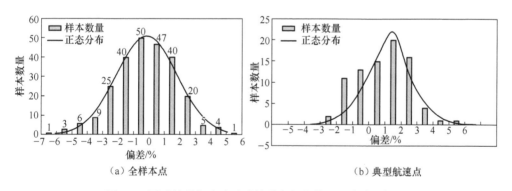

（a）全样本点　　　　　　　　　　　（b）典型航速点

图 9.5　测试结果与水池试验结果之间的偏差正态分布情况

9.1.2　目标船阻力性能预报

对目标船按照图 9.4,依次完成新建工程、主要尺度要素输入、虚拟试验方案配置、数值船模生成、数值计算及后处理操作,实现对目标船的船体阻力、升沉和纵倾的计算和实船预报,图 9.6(a)为船体自由面波形监控图,在计算完成后,可通过结果处理功能以表格或曲线的形式显示计算结果,包括航速,傅氏数(Fr),模型/实船总阻力系数、摩擦阻力系数、剩余阻力系数、实船总阻力、有效功率及升沉、纵倾等物理量的处理结果,图9.6(b)为剩余阻力曲线;通过报告生成功能,可自动生成试验报告,图9.7为虚拟试验自动生成的报告封面和目录。

(a) 波形　　　　　　　　　　(b) 剩余阻力曲线

图9.6　计算实时自由面波形(左)与剩余阻力曲线图

图9.7　虚拟试验报告封面和目录

1) 耗时分析比较

由于封装了专家使用经验只需简单训练即能熟练操作。表9.1总结了iCFDer和商业CFD软件在网格划分、计算参数配置、计算后处理差别。

如表9.2所列,在前处理方面,iCFDer的耗时较商用软件缩短了91%;在数值计算配置以及计算速度方面,较商用软件缩短了33%;在后处理方面,耗时较商用软件缩短了97%。

表 9.1 预报工具对比

预报工具	前处理网格划分		数值计算最佳参数配置		计算结果后处理	
	自动	手动	自动	手动	自动	手动
Star-CCM+		√		√		√
Fluent√		√		√		√
CFX√		√		√		√
本虚拟试验 APP	√		√		√	

表 9.2 iCFDer 与商用软件耗时对比

应用过程	虚拟试验 APP	商用软件	节约时间/%
数值计算(计算机 CPU16 核)	2h/航速点	3h/航速	33
前处理(人工)	0.25h	3h	91
后处理(人工)	0.20h	8h	97

9.1.3　目标船阻力性能评价

阻力性能预报结束之后,需要对方案给予正确的评价,以了解设计方案在同类船舶当中所处的技术水平,为后续设计改进指导方向,它是性能设计非常重要而容易被忽视的环节。

评价既有客观性又有主观性的一面,客观性是指通过某些定量化的指标、衡准进行比较,主观性是指在客观评价指标相近时需设计师根据历史资料、经验、偏好作出的选择。客观评价是评价的基石,要做到科学、准确,尽可能地反映影响约束因素,减少主观评价空间。

针对中高速船舶阻力性能评价开发了专门的 APP,即"船体阻力性能评价 APP",软件主界面如图 9.8 所示。

图 9.8　阻力评价 APP 主界面

其基本原理是将船体水下外形特征参数瘦长系数($L/\nabla^{1/3}$)作为基准参数,依托阻力性能试验数据库,从数据库中搜索与评价对象最接近的若干船型(数量可人为设定)作为参照,对其阻力性能指标进行对比,从而确定对象船型阻力性能在相似船型中的优劣水平。该 APP 采用剩余阻力系数 C_r 和海军部系数 C_e ($C_e = \Delta^{2/3} V^3 / P_E$)进行评价;同时可展示设计航速下各船型的阻力性能和排水体积之间的关系。图 9.9 为评价的基本流程,输入包括船长、船宽、吃水、排水体积等;基准参数为 $L/\nabla^{1/3}$;搜索参照对象与目标船近似的船型;性能指标参数包括 C_r 或 C_e。

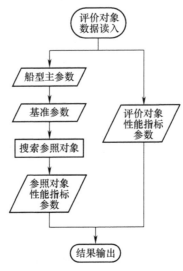

图 9.9 性能评价基本流程图

1. APP 船型样本库说明

该评价 APP 选取了 20 艘中高速船舶的 100 组光体模型阻力试验数据作为基础船型样本,基础样本船型的主要无量纲参数范围见表 9.3。

表 9.3 样本库无量纲参数范围说明

参数符号	中文名称	变化范围
$L/\nabla^{1/3}$	瘦长系数	7.382~9.221
C_B	方形系数	0.432~0.596
L/B	长宽比	8.400~11.340
B/T	宽度吃水比	2.244~4.005
C_P	棱形系数	0.543~0.703

2. 评价指标参数和基准输入参数

评价指标参数 C_r 和 C_e:选择剩余阻力系数 C_r 和海军部系数 C_e 两个参数作

为评价阻力性能水平好坏的标准。其中无量纲的剩余阻力系数 C_r 只与傅氏数 Fr 有关,根据实船二因次换算法,当船模与实船的傅氏数 Fr 相等时,Cr 越小阻力性能越好。另外,在比较相同或者相似船型的阻力性能优劣时,通过比较其海军部系数 C_e 的大小,C_e 数值越大,则阻力性能越好,反之亦然。

基准输入参数 $L/\nabla^{1/3}$:基准参数是选择比较对象的标准,该参数应能反映船体水下部分外形特征,并与阻力性能有较高的相关性。采用皮尔逊(Pearson)相关系数分析法,将剩余阻力系数 C_r 和海军部系数 C_e 与表 9.3 中 5 个无量纲参数进行相关性分析,发现 $L/\nabla^{1/3}$ 对阻力性能的影响程度最高,确定该参数为本 APP 的基准参数。

3. 目标船阻力性能评价及结果展示

如图 9.10 所示,按要求输入参数后选取 5 艘与目标船基准参数最接近的样本船。

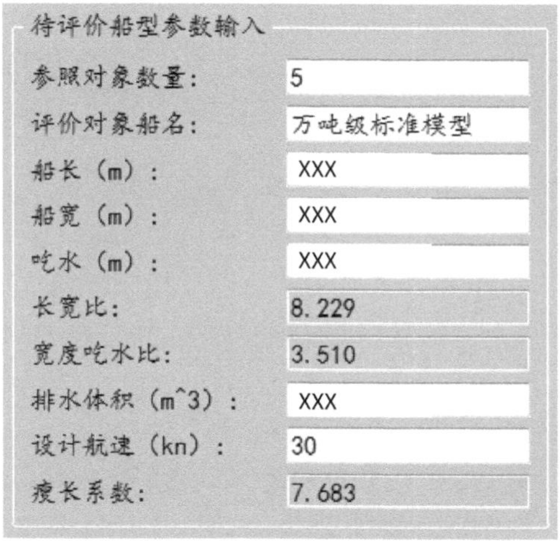

图 9.10 评价对象船型参数输入界面

经过运算,可以得到目标船的 C_r 和 C_e 以及与 5 艘相近参考船阻力性的对比情况。

图 9.11 和图 9.12 给出了目标船剩余阻力系数 C_r 和海军部系数 C_e 与 5 条参考对象曲线对比图。由图 9.11 可知,与所选 5 条相似参考对象船相比目标船在中高速航速 C_r 最小,说明该目标船的阻力性能要优于参考对象的阻力性能;由图 9.12 也可得出相同结论。

图 9.13 和图 9.14 还显示了被评价对象标准模型剩余阻力系数 C_r 和海军部系数 C_e 在设计航速下全样本库中的散点分布情况。同样显示目标船在相近排水量样本库中的阻力性能是较优的。

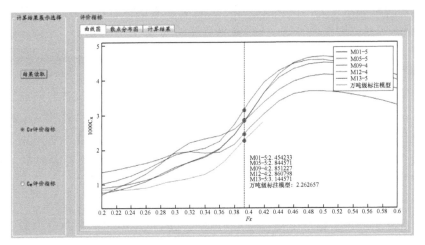

图 9.11　剩余阻力系数 C_r 评价曲线对比图

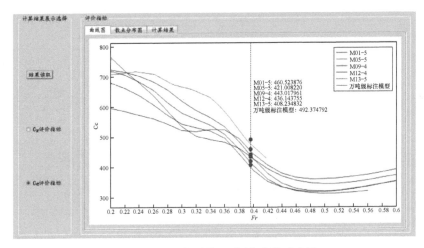

图 9.12　海军部系数 C_e 评价曲线对比图

9.1.4　基于 SBD 技术的阻力性能优化

传统船型优化技术通常用一组船型参数来描述船体几何形状,运用回归公式、经验公式进行阻力性能预报,最终获得一组最优船型参数配置。在脱离母型船的情况下,这组参数是无法唯一定义一个船体几何的。本节所讨论的阻力性能优化,是采用船体三维几何模型完整、准确表达船体几何,运用精细阻力预报 APP(9.1.2 节所述 iCFDer)进行阻力性能分析,优化所得的结果可直接用于工程设计,该方法被称为基于模拟的设计技术(simulation based design,SBD),其基本原理在第 3 章已有详细的阐述,本节不再赘述。与 3.4.2 节的区别在于,整个优化流程基

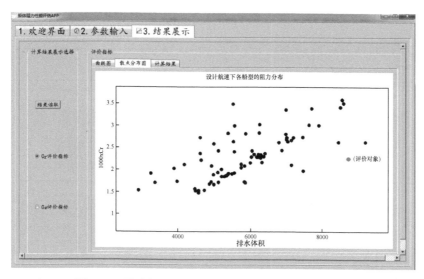

图 9.13　设计航速下的 C_r 值与全样本库的散点分布图

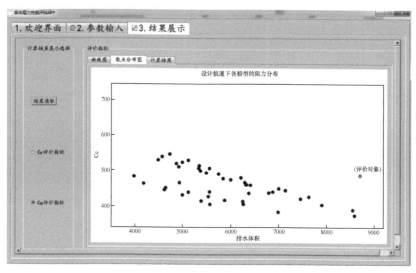

图 9.14　设计航速下的 C_e 值与全样本库的散点分布图

于已封装的 APP 节点,采用"拖、拉、拽"的方式来构建,实质是在船舶总体性能研究与设计服务系统上实现了一个柔性定制流程。为了内容的完整性,我们将所需的组件或服务隔离出来,作为一个相对独立的优化设计系统进行介绍,称之为水面船舶阻力性能优化设计系统。

1. 水面船舶阻力性能优化设计系统

水面船舶阻力性能优化设计系统在架构上它包含 3 个层级(图 9.15):应用

层、框架层和资源层,每个层级包含有众多组件模型库、子系统和可调度资源(APP)。

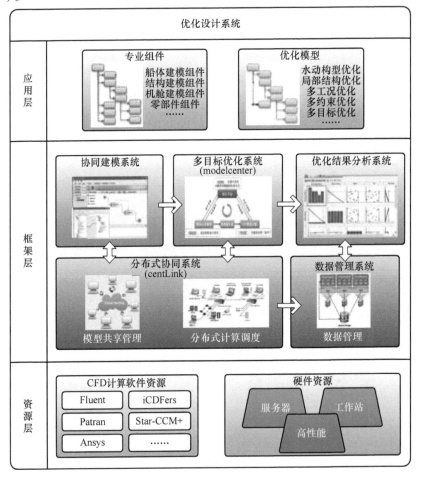

图 9.15 优化系统总体架构

1) 应用层

应用层包括专业模型组件库和优化模型库。专业模型组件库能够实现不同专业模型的建模工作,如船体构型设计模型、船体结构模型以及主要机舱处室和机电设备模型等,并能够调用相应的分析和计算模块,对建立的异构模型进行初步的分析和处理,更好地了解和掌握优化对象模型的特征信息。优化模型库能够实现不同专业方向的优化设计,包括水动力构型优化、局部结构载荷优化、多工况多载荷优化以及多约束、多目标优化等。

2) 框架层

框架层包括以下 5 个子系统。

(1) 协同建模系统:该子系统用于建立一个支持多人、多专业的协同建模环境,帮助用户快速地建立专业级和系统级的分析模型。协同建模系统由协同建模客户端和共享模型库组成,协同建模客户端为用户提供一个专业化的简洁的人机交互界面和优化所需的基础组件(组件是对模型(model)、工具(tools)、算法(drivers)、过程(workflow)的封装),提供图形化的控制流、数据流定义方式,使得无须编程即可定制设计分析流程中各模型之间的执行控制逻辑和数据传递逻辑,减轻专业设计分析流程中各模型之间的数据传递及转化处理的工作量,提高分析的质量和效率。应用共享模型库,用户之间可以发布和共享封装好的模型。

(2) 多目标优化系统:将协同建模系统输出的优化模型添加至多目标优化系统中。以船体阻力性能优化为例,用户将依托优化三角环(图3.6(b))所建立的面向阻力性能最优驱动的优化设计系统,即可进行阻力性能的优化设计工作。多目标优化系统为用户提供试验设计、优化算法、近似模型、不确定度分析等优化设计工具。

(3) 优化结果分析系统:该系统对优化系统得出的结论进行分析,比如针对船体阻力性能的优化结果分析,主要是采用图形曲线对比结合等值线云图的方式,对最优解或者最优解集与初始船型方案的船体线型、阻力性能、运动姿态、自由面波形、船体表面压力分布以及桨盘面流场品质等进行对比分析,用户可以比较直观地在本系统中获得优化方案线型和优化效果收益等信息。

(4) 分布式协同系统:该子系统包含两个功能模块,包括模型共享管理和分布式计算调度。模型共享管理不但能够为本优化系统提供准入模型库,而且可以通过授权管理,实现不同系统之间模型的共享;分布式计算调度是实现在多目标优化过程中对计算资源的调用,进行并行计算,提高优化效率、缩短优化周期。

(5) 数据管理系统:在数据管理系统中,用户可以方便地对整个优化工作中产生的数据进行管控,其中不同专业性能数据、可视化图形曲线文件等。

2. 资源层

资源层包括软件资源子系统和硬件资源子系统。

(1) 软件资源系统:涵盖了能够实现不同专业性能预报的专用和商用数值计算软件,包括CFD数值预报软件、结构载荷计算软件等,本次优化系统主要采用9.1.1节开发的阻力虚拟试验APP——iCFDer。

(2) 硬件资源系统:优化系统的正常运行需要强有力的硬件作为支撑,用户可以调用后台高性能计算机、服务器或者工作站中的计算CPU执行优化工作。

根据上述架构和思想,依托"拖、拉、拽"集成环境,建立并封装了一个面向水面船舶阻力性能优化的优化流程,如图9.16所示,它集成了4个主要的软件模块:①水面船几何重构模块;②水面船船体网格自适应模块;③基于RANS方法的水面船模型阻力预报模块iCFDer;④水面船阻力优化目标函数计算模块。

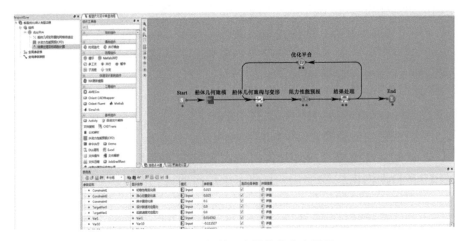

图 9.16 水面船舶阻力性能优化主界面

3. 目标船阻力性能优化

1) 优化问题的定义

(1) 目标函数:目标船有两个工作航速,一个是设计航速,一个是经济速度,选择这两个航速下的阻力作为目标函数,并进行归一化处理,则目标函数为

$$\begin{cases} F_1 = R_{t1}/R_{t1\mathrm{org}} \\ F_2 = R_{t2}/R_{t2\mathrm{org}} \end{cases} \tag{9.1}$$

式中:$R_{t1\mathrm{org}}$、$R_{t2\mathrm{org}}$ 分别为目标船初始方案在设计航速、经济速度时的总阻力;R_{t1}、R_{t2} 分别为优化过程中可行设计方案在设计航速、经济速度时的总阻力,这是一个多目标优化问题。

(2) 几何重构方法和设计变量的选择。优化区域包括水线以下的船体几何,采用自由曲面变形(free form deform,FFD)重构方法对水线以下的整个船体进行重构,考虑到球艏对阻力的影响显著,对球艏附近的设计变量进行加密处理,优化区域示意图如图 9.17 所示。如图 9.18 所示,选择 8 个控制点作为一组设计变量,整船共 20 个设计变量,同时规定了每个设计变量的约束范围。

图 9.17 目标船几何重构区域

FFD 自由变形技术是一种典型的几何变形方法,从数学上看,该技术的基本思想是建立一个从待变形物体空间到目标物体空间的三维映射,定义域是待变形物体的点集,值域是变形后物体的点集,其核心部分是如何构造映射。FFD 技术的基本原理:首先,根据变形区域确定一个称为格子(lattice)的长方体,并进行局部坐

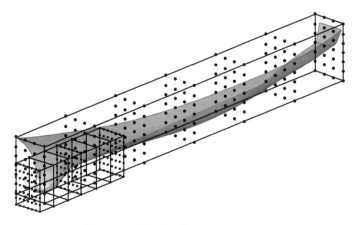

图 9.18　整船及局部几何重构示意图

标变换将待变形物体线性地嵌入到格子中;然后,在格子上定义控制顶点网格,使格子变为三维张量积 Bezier 体;最后,通过调整格子的控制顶点,让格子发生形变,并将形变传递给待变形物体。FFD 优点在于可用于整体变形,也可用于局部变形,用于局部变形时能够保持任意阶的跨界导矢连续;能够控制变形前后体积的变化程度;可融入任何实体造型系统;可对任何表示形式的曲面或多边形变形;可用于美学曲面和光顺曲面,也可用于大多数功能曲面,适合于本优化实例。

（3）约束条件。除了设计变量的约束范围外,还涉及整个船体重构变形之后新的船体构型在主尺度范围、主要船型参数等方面的功能约束。目标船的设计变量及主要船型参数的约束条件见表 9.4。

表 9.4　目标船设计变量约束及功能约束范围

	参数	下限	上限		参数	下限	上限
球首设计变量	x_{b1}	-0.06	0.05	球首以外区域设计变量	x_1	-0.02	0.02
	x_{b2}	-0.05	0.05		x_2	-0.05	0.05
	x_{b3}	-0.10	0.10		x_3	-0.08	0.08
	y_{b1}	-0.08	0.08		x_4	-0.08	0.08
	y_{b2}	-0.05	0.03		x_5	-0.04	0.04
	y_{b3}	-0.10	0.20		y_1	-0.2	0.4
	y_{b4}	-0.30	0.30		y_2	-0.2	0.4
	z_{b1}	-0.20	0.25		y_3	-0.2	0.4
	z_{b2}	-0.20	0.25		y_4	-0.2	0.1
	z_{b3}	-0.2	0.1		z_1	-0.15	0.15

续表

参数		下限	上限	参数	下限	上限
水线长	L_{WL}			不变		
船宽	B			不变		
吃水	T			不变		
排水量	$\Delta'/\Delta - 1$			±0.5%		
浮心位置	$L'_{CB} - L_{CB}$			±0.5		
桨盘面均匀度	μ			不变差		

注：表中设计变量的上下限值表示船艉重构区域3个方向分别按照长、宽、吃水归一化后正方体控制点位置的变化范围。

2）优化设计结果

采用粒子群算法（particle swarm optimization, PSO），整个优化过程在小型工作站上进行，调用了6个节点，每个节点32个核，共耗时210h（8 天）。目标函数 F_1、F_2 的解集如图9.17所示，图中"■"表示优化过程中的可行解，其前沿组成该优化设计问题的最优解集，即 Pareto 前沿。

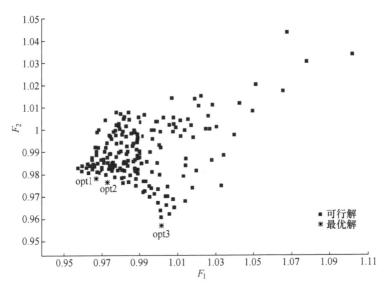

图9.19　目标函数 F_1、F_2 的解集

3）优化结果分析

以设计航速和经济航速下的阻力性能最优作为优化目标，对目标船整体线型进行了最优化设计，从图9.19目标函数的解集可以看出：最优解集 Pareto 前沿呈

现"凸形";表明两个目标函数之间存在"相互矛盾":设计航速下的总阻力收益越大,经济航速下的总阻力收益则越小,甚至没有收益,总阻力反而有所增加。这个现象证实了本目标船船型对阻力性能的影响是与航速密切相关的,在不同速度范围内,船体外形对阻力的影响程度不同,并且有可能存在相反趋势。

在众多优化可行解中,选取了满足约束条件的阻力收益较大的三个优化解,分别为 Opt1、Opt2 和 Opt3(图9.19),与初始方案的有效功率进行比较,比较结果如表9.5所列,从中可以看出,优化方案 Opt1 经济航速和设计航速下的有效功率分别减小了2.79%和3.76%;优化方案 Opt2 经济航速和设计航速下的有效功率分别减小了3.35%和3.31%;优化方案 Opt3 经济航速和设计航速下的有效功率分别减小了6.04%和0.30%。

表9.5 Opt1、Opt2、Opt3 实船有效功率预报结果与初始方案的比较

Fr	比较		
	Opt1/初始	Opt2/初始	Opt3/初始
0.18	-2.81%	-1.21%	-3.68%
0.21	-3.44%	-2.47%	-4.99%
0.24	-2.79%	-3.35%	-6.04%
0.26	-1.37%	-3.42%	-4.13%
0.31	1.38%	-2.24%	-1.98%
0.37	-1.34%	-2.82%	-0.38%
0.39	-3.76%	-3.31%	0.30%

4)参数变化比较

表9.6给出了3个优化方案与初始方案主尺度对比,由表可知,3个优化方案在船舶主尺度上维持原船不变,方形系数、稳心半径、排水体积、湿表面积以及浮心位置的变化量也在优化变量的约束范围之内。

表9.6 初始方案与优化方案 Opt1、Opt2、Opt3 船型主要参数对比

参数	Opt1/初始	Opt2/初始	Opt3/初始
垂线间长	1	1	1
型宽	1	1	1
吃水	1	1	1
方形系数 C_B	1.01%	0.79%	0.69%
稳心半径	-12.38%	-10.33%	-8.12%
排水量	0.10%	-0.07%	-0.07%

续表

参数	Opt1/初始	Opt2/初始	Opt3/初始
湿表面积	−0.15%	0.39%	0.01%
浮心位置 L_{pp}	−0.3908%	0.0108%	0.2464%

5）自由面波形及桨盘面流场品质比较

图 9.20 给出了 Opt1 在经济航速和设计航速时的自由面波形比较图,由图可知,在船尾处有明显的改善,船艉波峰的大小和面积与初始方案相比均有不同程度的减小;然而在设计航速下的自由面波形与初始方案基本一致,并未获得明显的改善。

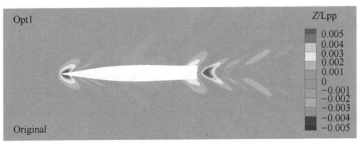

（a）初始方案巡航航速波形

（b）设计航速下波形

图 9.20 Opt1 与初始方案巡航和设计航速下的波形对比

为比较桨盘面除流场品质,对桨盘面处的速度进行无因此轴向速度的处理,获得不同航速下桨盘面流场的不均匀度量化值,桨盘面轴向无因次速度的不均匀度定义如下：

$$W_f = \sum_{i}^{N} \sqrt{\frac{1}{M}\sum_{j}^{M}(V_{xij} - \overline{V}_{xi})^2} \qquad (9.2)$$

式中：$i = 3,4,\cdots,12$,对应于桨盘面半径 $r = 0.3R, 0.4R, \cdots, 1.2R$;$j = 0,2,\cdots,90$,对应于桨盘面 $\theta = 0°, 2°, \cdots, 180°$;$V_{xij}$ 为桨盘面第 i 半径、θ 角为 j 时所对应点

的无因次轴向速度;$\overline{V}_{xi}$为桨盘面第i半径上点的无因次轴向速度平均值。

表9.7为初始方案以及优化方案在不同航速下桨盘面流场不均匀度比较,图9.19给出了初始方案与Opt1在设计航速下桨盘面无因次轴向速度云图。

表9.7 伴流场不均匀度对比

V_s/kn	伴流场不均匀度				比较/%		
	初始	Opt1	Opt2	Opt3	Opt1/初始	Opt2/初始	Opt3/初始
18	1.027	1.079	1.022	0.985	5.06	-0.49	-4.09
24	1.079	1.105	1.041	0.994	2.41	-3.52	-7.88
30	1.387	1.402	1.341	1.284	1.08	-3.32	-7.43

由表9.7和图9.21可知可以看出,在典型航速下优化方案Opt1在桨盘面处的伴流不均匀度要比初始方案大,而优化方案Opt2和Opt3在桨盘面处的伴流不均匀度要比初始方案小,在桨盘面处的流场品质较初始方案均得到了提升。

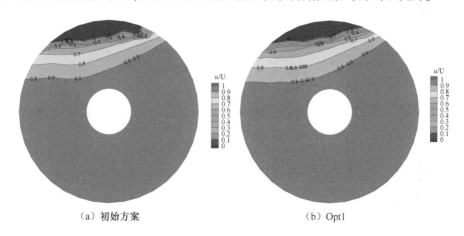

(a) 初始方案　　　　　　　(b) Opt1

图9.21 初始方案(a)和Opt1(b)设计航速时无因次轴向速度云图

9.1.5 物理模型试验验证

最后,通过物理模型试验来进一步地验证数值优化效果的正确性。选择Opt2作为最终的优化方案,开展了初始方案与该优化方案的水池模型阻力试验。

加工两个模型,在中国船舶科学研究中心深水拖曳水池分别对其开展静水阻力试验,对试验结果进行处理,并对阻力结果进行对比分析,如表9.8给出了初始方案和优化方案在相同试验水温下剩余阻力系数收益情况。

通过水池物理模型试验验证可知,优化方案阻力性能与初始方案阻力性能比有了显著提高,特别是在高航速段,平均收益达到了 4.66%,中低速段附近平均收益为 2.82%;优化方案实船剩余阻力系数在 $Fr=0.24$ 时较初始方案降低了 2.90%,在 $Fr=0.39$ 时较初始方案降低了 4.46%,图 9.22 分别给出了初始方案和优化方案在不同航速下实船有效功率对比曲线图。通过对比水池试验结果验证了上面所述优化技术的先进性以及优化效果的正确性。

表 9.8 水池物理模型试验优化收益对比

Fr	$1000C_{RS}$	PE
	与原方案比较/%	与原方案比较/%
0.18	4.58	1.04
0.20	−3.03	−2.71
0.21	2.07	−1.15
0.22	1.22	−1.40
0.24	−3.63	−2.90
0.26	−4.44	−3.19
0.29	−3.45	−2.91
0.31	−2.67	−2.62
0.34	−4.48	−3.34
0.37	−11.42	−6.83
0.39	−5.86	−4.46

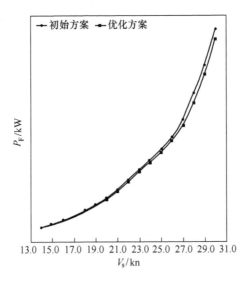

图 9.22 初始方案和优化方案实船有效功率预报对比曲线

9.2 大侧斜螺旋设计与综合性能评价应用示例

对于大侧斜螺旋桨,国外早在20世纪70年代初就已经有广泛而深入的研究,如美国海军舰船研究发展中心(泰勒水池)明确提出了加大侧斜有利于提高船舶的临界航速,降低螺旋桨非定常力。俄罗斯克雷诺夫研究院在20世纪80年代开始对螺旋桨的叶数、侧斜、直径和叶梢卸载等对螺旋桨噪声的影响进行研究,提出空泡噪声是螺旋桨的主要噪声源;为了抑制空泡噪声,提高船舶的临界航速,叶梢卸载是最有效的办法;同时提出了在无空泡条件下,增加侧斜度数和增加桨叶数可以有效降低螺旋桨低频离散谱噪声。90年代德国汉堡水池(HSVA)就侧斜分布对螺旋桨激振力的影响进行了研究,指出侧斜分布应与船后尾流场相匹配,后来国际上出现了螺旋桨侧斜优化设计技术。

国内在螺旋桨噪声控制方面的研究,通过跟踪、引进、消化吸收国外先进技术,结合理论分析和试验研究,在螺旋桨噪声的机理、噪声控制与低噪声螺旋桨设计方面取得了很大的进展,国内的大侧斜螺旋桨设计方法已基本成熟。

大侧斜螺旋桨的设计开发是一个复杂的过程,涉及大侧斜桨的理论设计、三维建模、强度计算机校核、水动力性能评估、空泡性能评估、噪声预报等等方面,需要用到的预报评价软件多,且这些软件专业性强,通常需要由各学科领域的研发人员来参与完成。研发过程的"链条"长,涉及的人员多、交互协调事务多、效率低、周期长,且不同学科研发人员交互过程中容易出现偏差,导致最后的设计质量不高。在基于MBSE思想的众创研发模式下,依托船舶总体性能研究与设计服务系统,通过标准化、规范化的APP开发,在"拖、拉、拽"集成环境下,按照大侧斜螺旋桨的设计流程,可快速将所有涉及的预报评价APP"串接"起来,形成一个基于APP节点的大侧斜螺旋桨定制流程。对于用户,这个流程就像单个APP一样,APP之间的信息交互均自动完成,用户只需按要求输入设计参数,进行少量的介入操作,就可以快速完成螺旋桨设计。

本节介绍大侧斜螺旋"小场景、长链条"设计开发过程和效果。

9.2.1 大侧斜螺旋桨参数化定义

在开展大侧斜螺旋桨设计之前,有必要先了解一下大侧斜螺旋桨设计的一些必要的基础知识,包括其几何参数化表达、水动力性能评价指标的定义等。

1. 大侧斜螺旋桨几何参数

如图9.23所示,大侧斜螺旋桨由桨毂和桨叶构成,桨叶固定在桨毂上,桨叶的叶面通常是螺旋面的一部分。为研究的方便,通常用直径、剖面螺距、剖面厚度、剖面弦长、侧斜、纵倾和剖面最大拱度7个参数来表征它的三维几何形状。在初步方案设计阶段,主要是针对大侧斜螺旋桨的这些特征参数的设计,并应用基于特征参数的快速预报方法对水动力性能、结构强度进行预报分析。各物理参数的物理定义简述如下。

(1) 直径:螺旋桨旋转时(设无前后运动)叶梢的圆形轨迹称为梢圆,梢圆的直径称为螺旋桨直径。

(2) 剖面螺距:桨叶的叶面通常是螺旋面的一部分,剖面螺旋线段环绕轴线一周,则其两端之轴向距离等于此螺旋线的螺距 P,面螺距 P 与直径 D 之比 P/D 称为螺距比。

(3) 剖面厚度:螺旋桨叶剖面多为翼型剖面,翼剖面内切圆直径中最大值为剖面厚度。

(4) 剖面弦长:连接剖面前后缘点,两点之间的距离为剖面弦长。

(5) 剖面最大拱度:剖面拱度指拱线偏离弦线的距离,偏离的最大距离为最大拱度。

(6) 侧斜:大侧斜螺旋桨其外形与参考线不相对称,剖面中点与参考线间的距离 XS 称为侧斜,相应之角度 θ_S 为侧斜角。桨叶的侧斜方向一般与螺旋桨的转向相反,合理选择桨叶的侧斜可明显减缓螺旋桨诱导的振动噪声。

(7) 纵倾:叶面参考线与轴线的垂线成某一个夹角 ε 称为纵倾角,参考线线段在轴线上的投影长度称为纵倾,用 ZR 表示。

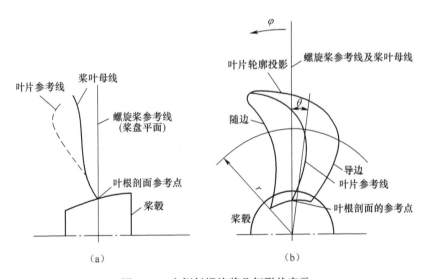

图 9.23 大侧斜螺旋桨几何形状表示

2. 大侧斜螺旋桨型值定义

型值是对螺旋桨三维几何外形的准确描述,是进行螺旋桨加工制造的依据,是

技术设计阶段对螺旋桨进行性能精细预报的基础。大侧斜螺旋桨型值统一按 ITTC 标准形式,具体定义如下:

① R:螺旋桨半径;
② TMAX:剖面最大厚度;
③ DLT:随边距参考线的距离;
④ DLL:导边距参考线的距离;
⑤ C:弦长,C = DLT+DLL;
⑥ DLTMAX:剖面最大厚度位置距导边的距离;
⑦ ZR:纵倾,向艇艉方向为正;
⑧ XS:剖面弦向位置,从随边量起;
⑨ YB:叶背型值;
⑩ YF:叶面型值。

各参数的物理定义如图 9.24 所示。

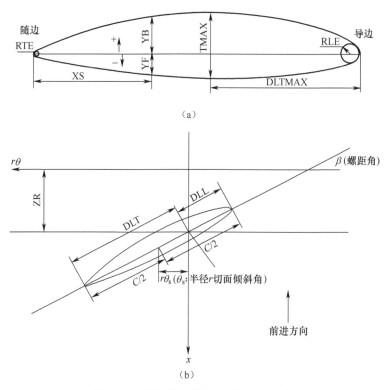

图 9.24　螺旋桨叶剖面参数的物理定义

3. 大侧斜螺旋桨水动力性能定义

水动力性能是大侧斜螺旋桨所有性能中最为基础和关键的性能,需要最先进行预报,直接影响螺旋桨设计周期和其他性能预报所需工况点的计算精度。大侧斜螺旋桨水动力性能由进速系数、推力系数、扭矩系数和敞水效率来表征,具体定义见6.7节式6.20~式6.22和式6.25。

9.2.2 基于APP节点的大侧斜螺旋桨设计流程

大侧斜螺旋桨设计是一个复杂的过程,如图9.26所示。首先根据船体阻力及主机信息,进行螺旋桨理论设计,生成初始型值;然后进行强度校核和水动力性能评估;强度校核满足要求后可根据型值生成螺旋桨三维模型,在不同的设计阶段可采用不同精度的工具进行水动力性能预报,最终得到螺旋桨的敞水性能;接着分别对螺旋桨的空泡性能、噪声性能、非定常力性能进行快速预报评价,进而进行综合性能评价;最后输出大侧斜桨型值、性能预报及综合评价结果。

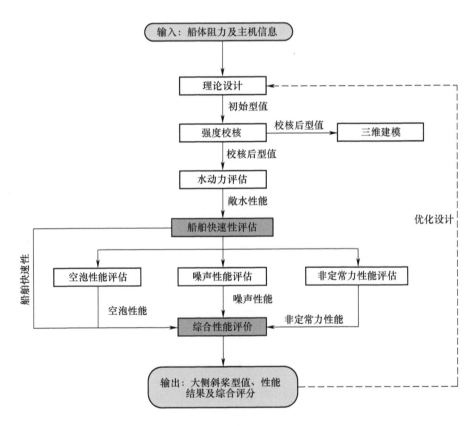

图 9.25 大侧斜螺旋桨设计流程

在完成一轮设计之后,基于第一轮的设计方案,可对大侧斜螺旋设计目标进行二次定位,利用优化流程进行多学科优化,得到更优方案,并对新方案重新开展综合性能评价,如此迭代进行,直至获得满意的方案。

从图 9.25 也可以看出,大侧斜螺旋桨设计依赖于多种设计、性能预报和评价工具。其中,设计工具又包括理论设计、强度校核和三维建模工具;性能预报又包括水动力性能预报、快速性能预报、空泡性能预报、噪声性能预报和非定常力性能预报,对于空泡性能预报又可细分为空泡起始预报和空泡形态预报,对于噪声性能还可细分为中频噪声和线谱噪声。依据上述属性细分原则,基于知识封装原则,对各学科方向研究形成的程序(代码)进行封装、验证及测试,建立设计所需的 APP 群。如图 9.26 所示,总共包括 13 个 APP,其名称及功能说明见表 9.9。每个 APP 都是基于规范化、标准化原则进行开发和知识封装,相关联的 APP 之间按照规范化的数据接口实现无缝对接,以下对各 APP 的功能、接口等开发情况进行简要的介绍。

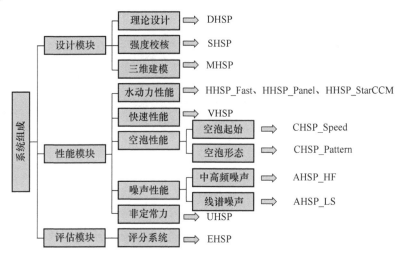

图 9.26 大侧斜螺旋桨设计开发 APP 工具组成

9.2.3 大侧斜螺旋桨设计 APP 群开发

在介绍大侧斜螺旋桨设计 APP 群开发的过程中,我们重点关注各 APP 的功能及输入/输出数据,限于篇幅,对具体的算法实现不做展开。

1. 大侧斜螺旋桨理论设计 APP(DHSP)

大侧斜螺旋桨理论设计 APP(DHSP)是根据性能指标及优选螺旋桨母型确定了基本的螺旋桨设计参数(包括螺旋桨的盘面比、弦长分布、侧斜和纵倾分布、径向负荷和弦向负荷分布等)之后,采用升力面方法进行螺距和拱度设计的专用 APP。运行该 APP 能够得到螺旋桨几何形状的初步设计结果,并可以通过 GUI 界面查看桨的参数分布和几何外形(图 9.27)。该 APP 的输入包括船体阻力、自航因子及主机信息,输出包括螺旋桨主参数、桨叶剖面参数、螺旋桨初步设计结果及船体阻力及自航因子等,详细信息如图 9.28 所示。

表 9.9　APP 名称、功能及对应程序

序号	APP 名称	APP 功能	APP 程序
1	大侧斜螺旋桨理论设计 APP	根据主机和艇体信息,设计螺旋桨型值	DHSP
2	大侧斜螺旋桨强度校核 APP	采用 ABS 规范方法,校核螺旋桨强度	SHSP
3	大侧斜螺旋桨三维造型 APP	根据螺旋桨型值,建立三维螺旋桨模型	MHSP
4	基于回归公式的大侧斜螺旋桨水动力性能预报 APP	采用回归公式预报螺旋桨敞水性能曲线	HHSP_Fast
5	基于面元法的大侧斜螺旋桨水动力性能预报 APP	采用势流方法预报螺旋桨敞水性能曲线和压力分布	HHSP_Panel
6	基于商业软件的大侧斜螺旋桨水动力性能预报 APP	采用黏流方法预报螺旋桨敞水性能曲线和压力分布	HHSP_StarCCM
7	大侧斜螺旋桨快速预报 APP	根据阻力和螺旋桨水动力结果,快速预报其最大航速及匹配转速	VHSP
8	大侧斜螺旋桨临界航速预报 APP	预报指定沉深下大侧斜螺旋桨临界航速	CHSP_Speed
9	大侧斜螺旋桨空泡形态预报 APP	预报指定工况下螺旋桨空泡尺寸、形态和分布情况	CHSP_Pattern
10	大侧斜螺旋桨中高频噪声快速预报 APP	基于经验公式快速预报指定航速下的螺旋桨中高频噪声	AHSP_HF
11	基于商业软件的大侧斜螺旋桨非定常力预报 APP	预报伴流条件下的螺旋桨非定常力性能	UHSP
12	大侧斜螺旋桨线谱噪声快速预报 APP	快速预报指定工况下的螺旋桨低频线谱噪声性能	AHSP_LS
13	大侧斜螺旋桨综合性能定量评价 APP	根据螺旋桨各项性能指标,给出定量评价结果	EHSP

2. 大侧斜螺旋桨强度校核 APP(SHSP)

采用美国船级社(American Bureau Shipping,ABS)大侧斜螺旋桨规范对设计

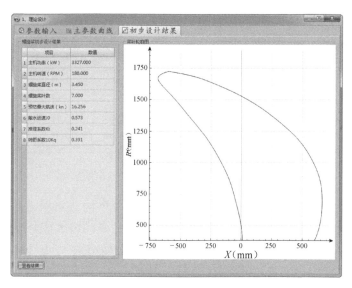

图 9.27 理论设计(DHSP)结果显示

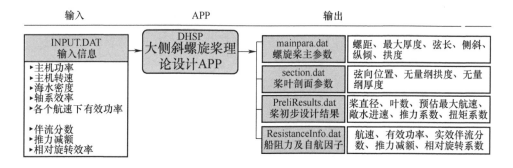

图 9.28 大侧斜螺旋桨理论设计 APP(DHSP)输入/输出信息

方案的剖面厚度进行强度校核,侧斜范围 $25°<\theta<50°$,形成强度校核 APP(SHSP),其 3 个输入文件均来自 DHSP,输出 4 个文件,包括强度校核后的螺旋桨无量纲参数、强度校核结果、螺旋桨型值(2 个文件),输入/输出信息如图 9.29 所示。

3. 大侧斜螺旋桨三维造型 APP(MHSP)

基于 DHSP、SHSP 的设计输出,通过桨叶型值坐标变换和 UG 的二次开发,封装形成大侧斜螺旋桨三维造型 APP(MHSP),生成螺旋桨三维几何外形,用于螺旋桨设计结果查看、数值计算的几何模型和数控加工。

MHSP 生成大侧斜螺旋桨的基本流程:首先将螺旋桨二维剖面型值点转化为三维空间坐标值;然后将桨叶三维空间坐标书写成 GRIP 语言,并编译成 UG 可执

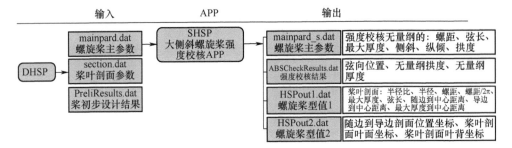

图 9.29　强度校核(SHSP)输入/输出信息

行的 *.grx 文件形式,造型过程中先用 BCURVE 命令构造出压力面和吸力面曲线,待各个剖面轮廓构造完毕后;最后利用 BSURF 命令构造出整个桨叶的外表面,并缝合成实体。可以通过 GUI 界面查看桨的三维造型结果(图 9.30),它包括 3 个输入文件和 3 个输出文件,详细情况如图 9.31 所示。

图 9.30　螺旋桨三维几何外形结果查看

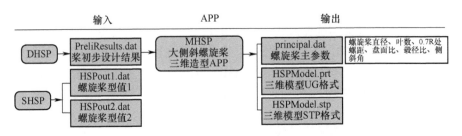

图 9.31　三维造型 APP(MHSP)输入/输出信息

4. 基于回归公式的大侧斜螺旋桨水动力性能预报 APP(HHSP_Fast)

在完成螺旋桨初步设计、得到螺旋桨主要参数之后,需要对螺旋桨的敞水性能进行分析计算,以判断是否满足设计要求。在初步设计阶段,一般要求分析计算工具响应快,能够快速给出预报结果,采用基于回归分析的敞水性能分析工具是通常采用的方法。HHSP_Fast 是通过对已有的 13 个不同型号的七叶大侧斜螺旋桨敞水数据进行回归分析,得到大侧斜螺旋桨敞水性能曲线与盘面比、有效螺距比、有效拱度和侧斜等参数的回归系数,经封装形成的专用 APP。

HHSP_Fast 有 3 个输入文件,分别源于 DHSP 和 SHSP,输出敞水性能计算结果文件(名为 OpenWaterOut.dat),输入/输出信息如图 9.32 所示,敞水性能计算结果可以通过 GUI 界面直接查看,如图 9.33 所示。

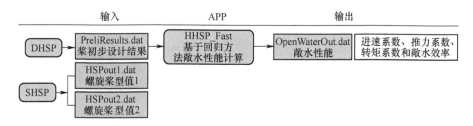

图 9.32　基于回归方法敞水性能计算 APP(HHSP_Fast)输入/输出信息

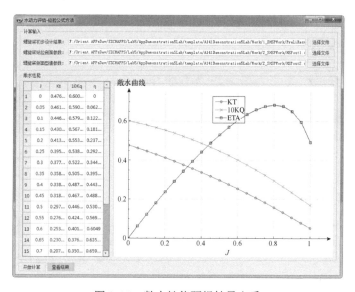

图 9.33　敞水性能预报结果查看

5. 基于面元法的大侧斜螺旋桨水动力性能预报 APP(HHSP_Pannel)

HHSP_Pannel 是采用基于速度势的低阶面元法计算运转于均匀流场中的大

侧斜桨定常水动力性能及螺旋桨表面压力分布的 APP。在给定螺旋桨的几何要素以及计算工况的情况下,得到螺旋桨的推力系数、扭矩系数,螺旋桨桨叶表面压力的分布与变化。

与 HHSP_Fast 不同的是,HHSP_Pannel 能够反映桨叶精细几何对敞水性能的影响,它的输入包括螺旋桨主参数和桨叶型值,以及一个计算参数控制文件(control_calcu.dat),其中前 3 个输入是来源于 DHSP 和 SHSP 的输出,control_calcu.dat 则由用户根据需要进行定义,包括进速系数、转速、补充计算的进速系数个数和对应补充计算的进速系数;输出 4 个计算文件,包括 Tecplot、CAD 格式的三维网格脚本文件和剖面压力分布、敞水水动力性能计算结果,输入输出信息如图 9.34 所示。

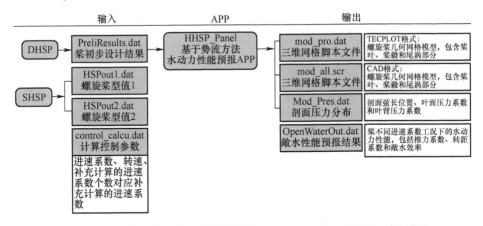

图 9.34 基于势流方法水动力性能预报 APP(HHSP_Pannel)输入/输出信息

6. 基于商业软件的大侧斜螺旋桨水动力性能预报 APP(HHSP_SatrCCM)

HHSP_StarCCM 是基于商业软件 Star-CCM+的大侧斜螺旋桨水动力性能预报定制 APP,其主要目的是在技术设计阶段提供高精细度的螺旋桨水动力性能预报结果。它是对该软件操作(应用)专家知识的封装,以最大限度消除因人因素的影响,并降低对使用人员专业知识水平的要求。

与 HHSP_Pannel 类似,其输入来源于 DHSP 输出的螺旋桨主参数和 SHSP 输出的桨叶型值,还包括一个计算参数控制文件(ComInput.dat,输入信息如图 9.35 所示),输出包括压力分布云图、敞水性能计算结果(图 9.36)。可通过 APP 的 GUI 界面查看压力分布云图,如图 9.37 所示。

7. 大侧斜螺旋桨快速性预报 APP(VHSP)

在完成螺旋桨设计,根据船体阻力可以预报实船航速,并评判船、桨的匹配效果,大侧斜螺旋桨快速预报 APP(VHSP)即是完成这一项工作,其输入/输出信息如图 9.38 所示。

```
--1-- 物理模型参数
0.30  0.70    %%压力松弛因子，速度松弛因子，默认值为0.30和0.70，若计算发散可改小
700           %%单进速系数迭代步数，建议最小值为700
6             %%计算核数
0             %%几何是否包面处理，是为1，否为0，建议在几何导入报错时使用包面

--2-- 计算工况参数
0.3           %%计算进速系数
1             %%是否计算多个进速系数，是为1，否为0
0.3           %%初始进速系数
0.1           %%进速系数增值间隔
5             %%进速系数工况个数
```

图 9.35　计算控制参数（ComInput.dat）输入信息

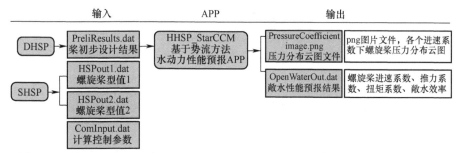

图 9.36　基于 Star-CCM+定制水动力性能预报 APP（HHSP_SatrCCM）输入/输出信息

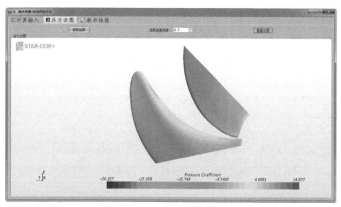

图 9.37　HHSP_SatrCCM 预报的螺旋桨压力分布云图

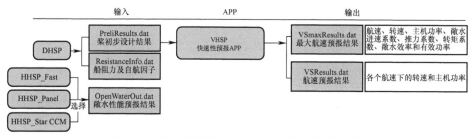

图 9.38　快速性预报 APP（VHSP）输入/输出信息

401

8. 空泡性能预报 APP

空泡性能预报包括两个方面,一个是预报指定沉深下大侧斜螺旋临界航速,由 CHSP_Speed 完成;一个是用于预报指定工况下螺旋桨空泡尺寸、形态和分布情况,由 CHSP_Pattern。

CHSP_Speed 依据涡线理论推导螺旋桨模型叶背最低压力系数,然后采用相关资料进行换算,得到临界航速。CHSP_Pattern 在均匀流中,引入轴向平均伴流场,通过求解控制方程和边界条件,然后由伯努利方程可以得到压力系数,继而计算得到压力分布,通过对压力进行积分,得到螺旋桨的水动力系数。图 9.39、图 9.40 分别展示了 CHSP_Speed、CHSP_Pattern 的输入/输出信息,可通过 APP 的 GUI 界面查看空泡形态的预报结果,如图 9.41 所示。

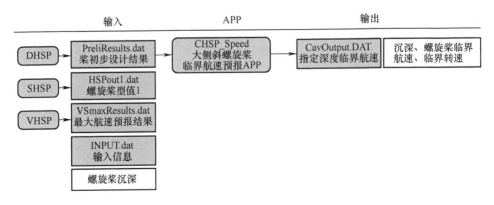

图 9.39 大侧斜螺旋桨临界航速预报 APP(CHSP_Speed)输入/输出信息

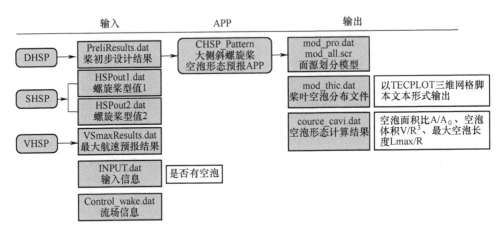

图 9.40 大侧斜螺旋桨空泡形态预报 APP(CHSP_Pattern)输入/输出信息

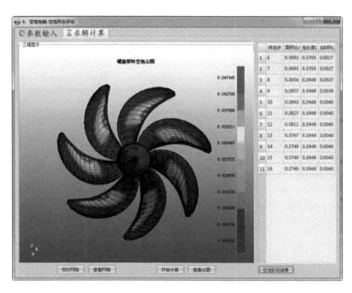

图 9.41 空泡形态预报结果显示

9. 基于商业软件定制的大侧斜螺旋桨非定常力预报 APP(UHSP)

UHSP 基于 Star-CCM+二次开发封装而成,具体理论方法与敞水性能黏流计算模块 HHSP_StarCCM 相同,用于预报伴流条件下的非定常力性能,其输入/输出见图 9.42,图 9.43 给出了 UHSP 的输入及部分输出结果。

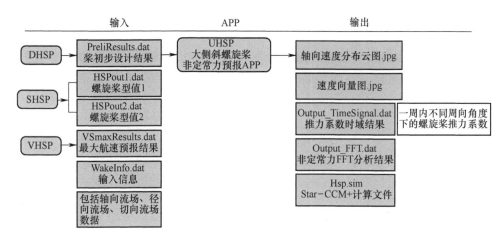

图 9.42 大侧斜螺旋桨非定常力预报 APP(UHSP)输入/输出信息

10. 大侧斜螺旋桨噪声预报 APP

大侧斜螺旋桨噪声预报包括中高频噪声快速预报 APP(AHSP_HF)和线谱噪声快速预报 APP(AHSP_LS)。

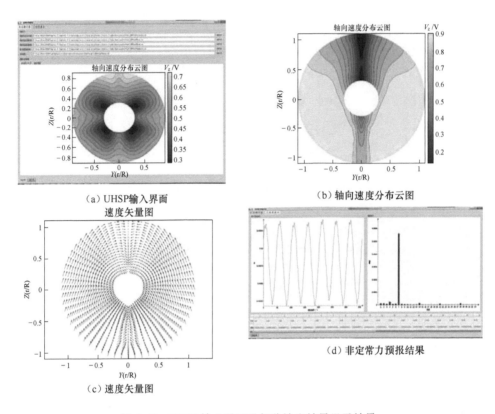

图 9.43 UHSP 输入界面及部分输出结果显示效果

AHSP_HF 采用基于数据回归的方法,通过船舶航速、螺旋桨直径、转速、叶数、盘面比、螺距、侧斜等预报螺旋桨噪声谱峰频率以及噪声频谱趋势规律,进而估算船舶螺旋桨噪声 1/3 倍频程噪声谱级以及总声级,输入/输出如图 9.44 所示。

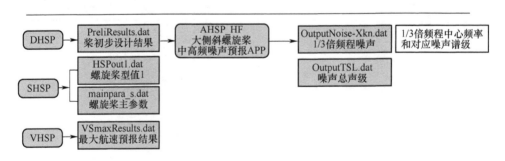

图 9.44 AHSP_HF 流程即输入/输出信息

AHSP_LS 采用升力面涡格离散法,求解螺旋桨定常、非常定常水动力以及螺旋桨周围的流场。把计算得到的非定常力作为离散谱噪声的源强,再利用 FW-H 方程、叶片螺旋桨面理论、傅里叶变换和特殊函数等方法最终可得到非均匀流场中螺旋桨远场声辐射噪声,输入/输出信息如图 9.45 所示。

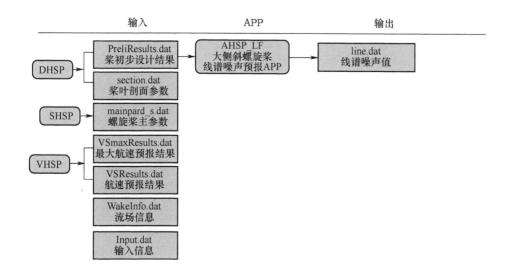

图 9.45　AHSP_LF 流程即输入/输出信息

11. 大侧斜螺旋桨综合性能定量评价 APP(EHSP)

层次分析法(analytic hierarchy process,AHP)是一种解决多目标的复杂问题的定性与定量相结合的决策分析方法。该方法将定量分析与定性分析结合起来,用决策者的经验判断各衡量目标能否实现的标准之间的相对重要程度,并合理地给出每个决策方案的每个标准的权数,利用权数求出各方案的优劣次序。

运用层次分析法构造系统模型时,主要分为以下 4 个步骤。

(1) 建立层次结构模型。将决策的目标、考虑的因素(决策准则)和决策对象按它们之间的相互关系分为最高层、中间层和最底层,绘出层次结构图。最高层为决策的目的、要解决的问题;最底层为决策时的备选方案;中间层为考虑的因素、决策的准则。

(2) 构造判断(成对比较)矩阵。判断矩阵是表示本层所有因素针对上一层某一个因素的相对重要性的比较。判断矩阵 A 的元素 a_{ij} 用 Santy 的 1~9 标度方法给出,即不把所有因素放在一起比较,而是两两相互比较。对比时采用相对尺度,以尽可能减少性质不同的诸因素相互比较的困难,以提高准确度。具体标度方法如表 9.10 所列。

表 9.10 判断矩阵元素 a_{ij} 的标度方法

标度	含 义
1	表示两个因素相比,具有同样重要性
3	表示两个因素相比,一个因素比另一个因素稍微重要
4	表示两个因素相比,一个因素比另一个因素明显重要
7	表示两个因素相比,一个因素比另一个因素强烈重要
9	表示两个因素相比,一个因素比另一个因素极端重要
2,4,6,8	上述两相邻判断的中值
倒数	因素 i 与 j 比较的判断 a_{ij},因素 j 与 i 比较的判断 $a_{ji}=1/a_{ij}$

(3) 层次单排序及其一致性检验对应于判断矩阵最大特征根 $\lambda_{\max}$ 的特征向量,经归一化(使向量中各元素之和等于1)后记为 W。W 的元素为同一层次因素对于上一层次某因素相对重要性的排序权值,这个过程称为层次单排序。能否确认层次单排序,需要进行一致性检验,所谓一致性检验是指对 A 确定不一致的允许范围。由于 λ 连续地依赖于 a_{ij},则 λ 比矩阵阶数 n 大得越多,A 的不一致性越严重。用最大特征值对应的特征向量作为被比较因素对上层某因素影响程度的权向量,其不一致程度越大,引起的判断误差越大。因而可以用 $\lambda - n$ 数值的大小来衡量 A 的不一致程度。一致性指标定义如下:

$$\mathrm{CI} = \frac{\lambda - n}{n - 1} \tag{9.7}$$

当 CI=0 时,有完全的一致性;当 CI 接近 0 时,有满意的一致性;CI 越大,不一致性越严重。为衡量 CI 的大小,引入随机一致性指标 RI,不同阶数 n 对应的 RI 值如表 9.11 所列,一般当一致性比率 CR=CI/RI<0.1 时,认为 A 的不一致程度在容许范围之内,有满意的一致性,通过一致性检验。可用其归一化特征向量作为权向量,否则要重新构造成对比较矩阵 A,对 a_{ij} 加以调整。

表 9.11 随机一致性指标 RI

n	1	2	3	4	5	6	7	8	9	10	11
RI	0	0	0.58	0.90	1.12	1.24	1.32	1.41	1.45	1.49	1.51

(3) 层次总排序及其一致性检验。计算某一层次所有因素对于最高层(总目标)相对重要性的权值,称为层次总排序,用表示 CR 表示,计算方法如下。

$$\mathrm{CR} = \frac{a_1 \mathrm{CI}_1 + a_2 \mathrm{CI}_2 + \cdots + a_m \mathrm{CI}_m}{a_1 \mathrm{RI}_1 + a_2 \mathrm{RI}_2 + \cdots + a_m \mathrm{RI}_m} \tag{9.8}$$

利用总排序一致性比率进行检验,当 CR<0.1 时通过,则可按照总排序权向量

表示的结果进行决策,否则需要重新考虑模型或重新构造那些一致性比率较大的成对比较矩阵。

采用如表 9.12 所列的权重,根据上述方法,开发得到大侧斜螺旋桨综合性能评价 APP(EHSP),7 个输入文件分别来自于上述 DHSP、SHSP、VHSP、CHSP_Speed、UHSP、AHSP_HF、AHSP_LS 的输出,输出大侧斜螺旋桨主要性能预报结果和综合评估结果,综合性能评估结果采用五边形能力图的形式展示,可通过 APP 的 GUI 界面查看。APP 的流程即输入输出如图 9.46 所示,综合性能评价显示结果如图 9.47 所示。

表 9.12　大侧斜螺旋桨性能权重表

性能	强度性能	快速性能	空泡性能	非定常力性能	噪声性能
权重	0.1	0.2	0.2	0.25	0.25

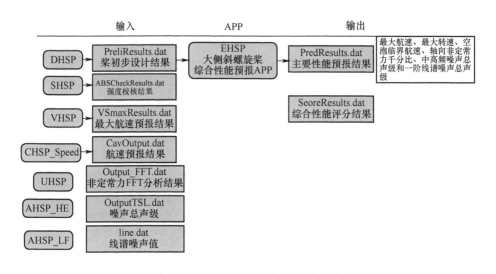

图 9.46　EHSP 流程即输入/输出信息

9.2.4　基于 APP 节点的流程封装

如上所述,在大侧斜螺旋桨的开发过程中,需要一系列的 APP 的支持,这些 APP 的功能各异、计算理论/方法不同,有些是基于统计回归或数据挖掘的快速预报,对计算资源、存储空间的需求低;有一些是基于商业软件二次开发的定制类 APP,计算机存储空间需求高,但通过应用知识封装,通过提供几个简单的计算输入文件即可开始仿真计算工作。另外,还应该注意到,这些 APP 的使用过程中,涉及大量的文件输入/输出,若仅将 APP 作为工具单独使用,则需要耗费大量的精力和时间进行文件格式的转换,即将前一个 APP 的输出文件转换为后续 APP 的输

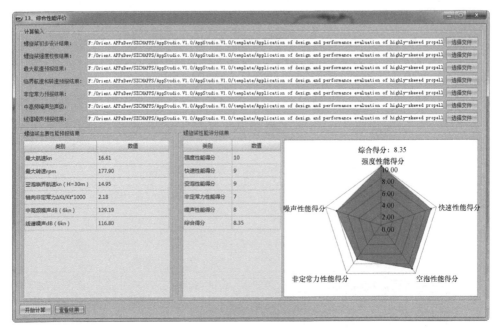

图 9.47　EHSP 输入及综合性能评价结果显示界面

入文件,其中还可能涉及参数标识的不一致问题,导致后续 APP 计算结果出错或无法正确运行,这实际上是传统设计模式经常遇到而无法很好解决的问题。

仔细分析上述 APP 的输入/输出文件,虽然数量多,但若把它看作一个整体,则真正需要用户输入的文件实际上是不多的。表 9.13 对各 APP 的输入/输出进行了总结,从表中可以看出,若将各 APP 作为工具独立使用,需要的输入文件有 54 个;若作为整体,其中需要用户直接输入的文件只有 9 个。在基于 APP 节点"拖、拉、拽"的集成应用环境下,用户通过简单的拖、拉、拽操作,将 13 个独立 APP 按需进行任意组合,封装成为一个协同运行的柔性化定制流程(图 9.48)。柔性化是指流程中的 APP 可以按需替换,如螺旋桨水动力性能计算可以选择 HHSP_Fast、HHSP_Panel、HHSP_StarCCM 其中的一个,同样其他任何一个 APP 都可替换为同类型的,只需保持输入、输出数据内容不变(格式可变,输入、输出的内容可更多样,但必须包含后续 APP 计算所需),各 APP 之间的数据输入输出通过参数映射完成自动转换对接。所建立的流程就像是一个"更大"的 APP,用户至多需要准备 9 个输入文件,便可实现一键运行,实施大侧斜螺旋桨从设计、性能预报到设计方案量化评估的全链条工作,大幅降低了设计的复杂度、缩短了设计周期。并且,非专业人员经过简单的培训,也能完成专业的设计,使设计师可专注于创造性工作。

表 9.13 各 APP 输入文件统计及比较

序号	APP 名称	输入文件个数	用户直接输入文件个数
1	DHSP	1	1
2	SHSP	3	0
3	MHSP	3	0
4	HHSP_Fast	3	0
5	HHSP_Panel	4	1
6	HHSP_StarCCM	4	1
7	VHSP	3	0
8	CHSP_Speed	4	1
9	CHSP_Pattern	6	2
10	UHSP	5	1
11	AHSP_HF	4	0
12	AHSP_LS	7	2
13	EHSP	7	0
	总计	54	9

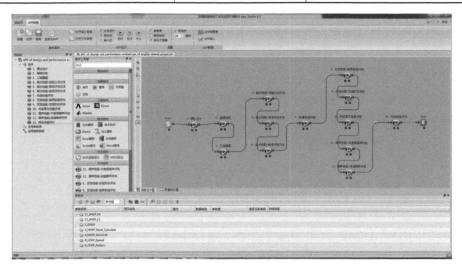

图 9.48 基于 APP 节点的大侧斜螺旋桨流程封装

9.3 基于预报定制 APP 的耐压壳体结构安全性能预报示例

潜器在深海执行作战任务时,耐压壳体结构将受到巨大的静水外压载荷作用,为保证承载的安全性,舱段结构的强度、稳定性性能至关重要。实船或物理模型试验能准确验证结构的承载状况,但代价高昂,周期长,且只能在一定参数范围内开展有限次数的实体物理模型试验,其结果也仅对当次试验有效。因此,以计算预测为主的虚拟试验技术对潜器耐压结构的设计评估和优化具有重要意义。

现行潜器耐压壳体结构设计规范是建立在简化的力学理论假设基础上的,仅适用于理想的结构特征,当舱段内的肋骨、肋距参数等发生变化,与理论假设不一致时,规范的设计计算结果可能无法保证准确。但有限元法仍能有效覆盖,可迅速获得耐压结构各位置的位移、应变、应力分布。尤其适用于外形复杂的结构能计算获得结构强度、弹塑性稳定性结果及破坏位置、形态,识别出薄弱环节,验证并优化结构设计方案,具有更好的通用性。

9.3.1 耐压结构安全性评估技术现状

1. 传统方法在全过程设计中的问题

20世纪90年代以前,有限元结构计算主要依靠各用户利用Fortran等高级语言自行编程设计,以实现结构离散化和求解等功能,技术自主性和完整性较高,但效率低,无可视化效果和交互反馈,使用体验较差,且网格规模和计算精度受到电脑性能的较大制约。随着计算机硬件性能和数值仿真技术的发展,大型通用商业软件日趋成熟,便捷性更好,集成度更高,功能更强大,求解器更稳定,从而得到广泛应用,以Ansys等通用商软为代表的有限元数值计算目前已成为潜器耐压壳体结构设计评估的重要研究手段。

2. 现行商软平台的短板

(1) Ansys、Abaqus、MSC. Patran/Nastran等具有强大的数值仿真和分析功能,但其三维几何建模的功能仍然偏弱,如Ansys的前处理器在创建复杂几何构型时较为低效,切割面布尔操作有时候会失败,且网格划分质量在很大程度上取决于几何建模时的预先分割。为此,Ansys推出了Workbench模块以强化其三维模型的参数化设计功能,其风格接近于商用三维建模软件但界面功能复杂,推广程度不高,对水下工程的薄壁耐压结构适应性有待提升。

(2) SolidWorks、Creo(前身为Pro-engineer)等三维软件的参数化建模功能越来越强,并开始支持一般的有限元计算,但其求解器及处理器较为简单,不能满足专业结构分析的需要。为此,针对水下工程耐压结构力学分析的具体需求,基于成熟的有限元商业软件平台进行开发,建立能满足大部分设计计算工作需要的APP,将是一种事半功倍的最佳选择。

3. 分析人员的问题和需求

虽然采用商业有限元软件进行潜器结构计算校核已是通行做法,但有限元分析缺乏统一标准,分析人员的熟练程度和认知能力不一,经验水平参差不齐,导致几何模型及网格质量因人而异,使计算结果分散性大。并且,有限元结构建模计算和修改迭代等工作大多属于重复劳动,耗时费力,占用了宝贵的人力和时间资源,拖慢了科研进度。

为了将科研人员从机械性的劳动中解放出来,更多地从事技术上的创造性工作,在 Ansys 这些成熟的商业软件基础上,利用其成熟的前后处理器和参数化工具进行定制开发,以形成一个能适应水下耐压舱段结构特点的参数化 APP 平台,是非常必要的。

本节针对潜器典型耐压壳体结构的特点,将已有一定积累的先进经验和方法整合封装,建立覆盖整个流程的全参数化分析 APP,便于用户使用,从而实现高效、标准化的结构设计计算。

9.3.2 耐压结构安全性预报的属性细分

潜器耐压结构类型多样、预报方法不同,对同一种结构在不同的设计阶段采用的预报方法在颗粒度上存在明显差别,与之相适应的,预报工具的开发方法也会不同。

从预报对象上细分,可分为环肋圆柱壳、环肋圆锥壳、锥柱结合壳、长舱段结构、椭圆形耐压指挥室、耐压船体圆形开孔结构、耐压液舱结构、平面舱壁结构、球面舱壁结构等耐压结构。

从预报的性能上细分,可分为结构强度、结构稳定性等性能。

从预报方法上可细分,可分为基于规范的预报方法、基于有限元的精细模型的预报方法和基于物理模型试验数据挖掘的预报方法。表 9.14 给出了潜艇(部分)结构强度预报方法属性细分情况。

表 9.14 潜器(部分)结构强度预报方法属性细分

预报对象	预报方法	适用条件
球壳强度	基于试验数据挖掘的预报方法	球壳结构且受静水外压或静水内压条件下静强度预报。
环肋圆柱壳强度	基于规范的预报方法	耐压结构极限深度不小于 200m,制造材料为 921A(含 921)系列的船用钢,肋骨为任意截面的环肋圆柱壳受静水外压或静水内压条件下静强度预报。

续表

预报对象	预报方法	适 用 条 件
环肋圆柱壳强度	基于规范的预报方法	设计的极限深度不小于450m的,材质为高强度钢,大潜深T形肋骨环肋圆柱壳受静水内压或静水外压强度预报。
	基于商用有限元软件的预报方法	环肋圆柱壳结构受静水压力载荷结构静强度预报。
	基于试验数据的预报方法	环肋圆柱壳结构受静水外压或静水内压条件下静强度预报。
长舱段结构强度	基于商用有限元软件的预报方法	带大肋骨和嵌入厚板长舱段结构受静水压力载荷结构静强度预报
环肋圆锥壳强度	基于商用有限元软件的预报方法	耐压圆锥壳结构受静水压力载荷结构静强度预报

9.3.3 基于商用软件定制的结构安全性预报 APP 开发

目前,用于结构力学有限元分析的大型通用商业软件主要有 Ansys、Abaqus、MSC.Patran/Nastran 等,本例开发的潜器结构安全性预报 APP 是基于 Ansys 软件的二次开发定制。

Ansys 软件提供了 4 种开发工具:参数化设计语言(Ansys parametric design language,APDL)、用户界面设计语言(user interface design language,UIDL)、用户可编程特性(user programable feature,UPF)、图形开发工具箱(tool command language,Tcl/Tk)。

APDL 可通过定义参数化变量的方式来建立模型、完成分析,包括标量及数组、表达式和函数、专用操作命令及选项设置、缩略语、mac 宏命令等功能,其分支、循环语法及输出数据格式与 Fortran 语言类似。在 Ansys 中支持 GUI 人机交互模式和批处理模式,具有强大的建模计算和前后处理功能,将是进行参数化编程的有效工具。

UIDL 主要用于创建用户定制图形界面,包括 3 种:主菜单系统及菜单项、对话框及拾取对话框、对话框帮助系统。

UPFs 可从 Fortran 源代码层次进行二次开发,包括开发材料本构模型、新单元、自定义载荷、失效准则等。

Tcl/Tk 用于创建用户定制图形界面,其中 Tk 是 Tcl 的图形开发工具箱,编译器 tclsh 和 wish 分别用来解释 Tcl 和 Tk,由于 Tk 是 Tcl 的扩展,wish 也可解释 Tcl 程序。

1. 开发方法及内容

潜器耐压壳结构安全性预报评估包括结构强度、稳定性两个方面,应用 Ansys

软件进行分析预报时,首先要对对象进行参数化建模,通过定义耐压壳半径、板厚、肋骨形式、肋骨面板参数等一系列参数,获得结构面元几何模型,之后需进行单元类型材料属性设置、网格换划分、施加载荷条件及求解等操作,最后得到强度、稳定性计算结果,其流程如图9.49所示。基于Anasys软件定制APP开发就是要将这一系列注入了专家经验的操作进行封装,通过归纳提炼,将先进的方法和标准的流程固化,通过采用APDL语言设计出通用子模块宏文件,完成APP功能模块封装、测试,采用UIDL等开发工具定制GUI接口、嵌入菜单,并集成到商软操作平台中,以定制出直观、友好的用户界面,便于人机交互。

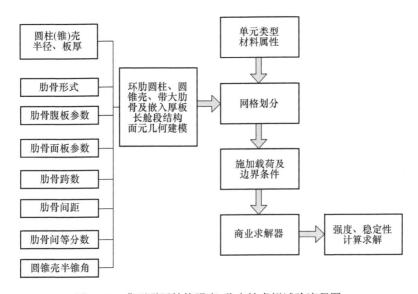

图9.49 典型耐压结构强度、稳定性虚拟试验流程图

2. 结构参数化建模及计算方法

分析典型耐压舱段结构形式、建模计算流程的需求和特点,建立准确、高效的参数化建模方法,通过宏文件和子程序的编制、嵌入,集成到Ansys的GUI界面中,针对环肋圆柱壳、圆锥壳等典型结构,实现标准化的全面元几何模型、全板壳单元网格模型的参数化建模,仅通过改变初始参数,即可完成壳板半径、长度、肋骨跨数及截面参数等的快速调整,并能用于模拟带加强环及变肋距过渡段结构,以及带大肋骨和嵌入厚度的长舱段结构。

对于600m以下极限潜深的耐压壳体,耐压壳体R/t一般大于100,属于薄壳结构,几何建模一般用面元模拟,网格划分一般采用二维shell板壳单元。

为实现结构静强度计算,对载荷作用面、线及约束边界的几何元素等进行提取,建立组合并提高对模型变化的通用性。封装静力计算的相关设定,设定壳板、肋骨应力的提取部位及结果输出。

为实现结构稳定性计算,对弹性稳定性的计算流程设定进行封装,指定特征值屈曲的计算选项,对多阶模态进行波形自动播放识别或直接输出图片,方便用户识别失稳特征。对初始缺陷的叠加方法进行设计,提供材料非线性切换功能,以支持考虑大变形的塑性稳定性计算和结果输出。

通过完全参数化的方式实现耐压圆柱壳、圆锥壳、带嵌入厚板和大肋骨长舱段结构的全板壳单元模型创建和离散化;相邻肋骨间壳板的跨中等分,壳体半径、长度、肋距、肋骨形式及截面参数可快速调整。通过模拟舱段端部、舯部的大肋骨结构,模拟壳板局部加厚及厚板削斜过渡的结构形式,实现耐压圆柱壳、圆锥壳、带嵌入厚板和大肋骨长舱段结构结构强度、稳定性的预报定制。

3. GUI 平台搭建及模块封装加密测试

为了方便直观地以人机交互(GUI)的方式实现标量及数组参数的输入输出,基于循环分支等逻辑关系和引用位置、操作反馈等,利用 Ansys 软件的 APDL 语言编写子程序和宏文件,封装后嵌入到 Ansys 操作界面中,便于各层次操作者使用,减少建模分析中的不确定性。添加工具条生成对话框,增加更新和移去状态条,设计多级对话框提供系统反馈等功能,对功能及流程进行固化和封装。

在实现上,应用适用 Ansys 商业软件的 APDL 和 UIDL 语言,通过宏文件和子程序的编制,将封装的建模和计算方法嵌入集成到 Ansys 软件 GUI 操作界面中,设计用户界面,通过设置对话框和状态条完成输入及反馈,实现结构参数化建模和强度、稳定性计算分析及后处理功能的封装定制。

9.3.4 典型 APP 开发及应用效果

以薄壳耐压壳体结构强度预报为目的,开发了"耐压圆柱壳体结构强度预报定制 APP"。该 APP 基于环肋圆柱壳半径 R、板厚 t、肋距 l、舱长 L、肋骨截面参数、材料性能参数、静水压力载荷、边界条件等输入信息,快速计算预报各潜深下不同参数范围内的结构径向变形、壳体应力。适用于在潜器耐压圆柱壳舱段结构方案设计阶段,希望快速获取设计方案静强度性能的情况。

该 APP 包括 4 个模块:参数化输入模块、几何建模模块、网格划分模块和加载计算模块,提供两种输入接口:一种是 GUI 输入接口;另一种是文本文件输入接口。首先进行文件输入工作,由参数输入模块完成参数输入;然后将输入参数传递到几何建模模块,完成几何模型建立;接着将几何模型传递到面元网格划分模块,进行有限元网格划分;最后通过加载计算模块,进行载荷和边界条件施加,并进行有限元计算,输出计算.db 文件和.rst 文件,操作流程如图 9.50 所示,表 9.15 为输入、输出信息表。

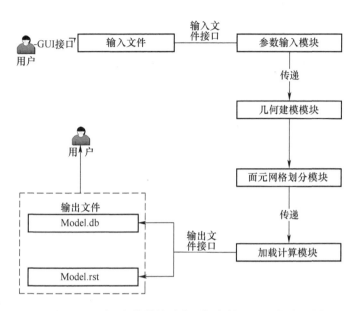

图 9.50 耐压船体结构强度预报定制 APP 预报流程图

表 9.15 耐压圆柱壳结构强度预报定制 APP 输入和输出信息

项目	参数	英文名称	数据类型	量纲	数据范围	UI 及可视化接口要求
输入	半径	radius	浮点数	mm	正数	从输入文件中读取/人工界面文本框输入
	板厚	thickness	浮点数	mm	正数	从输入文件中读取/人工界面文本框输入
	肋距	rib distance	浮点数	mm	正数	从输入文件中读取/人工界面文本框输入
	肋骨数	count of ribs	正整数	无量纲	正整数	从输入文件中读取/人工界面文本框输入
	肋骨腹板厚度	web thickness	浮点数	mm	正数	从输入文件中读取/人工界面文本框输入
	肋骨腹板高度	web highness	浮点数	mm	非零实数	从输入文件中读取/人工界面文本框输入
	肋骨面板厚度	faceplate thickness	浮点数	mm	正数	从输入文件中读取/人工界面文本框输入

续表

项目	参数	英文名称	数据类型	量纲	数据范围	UI及可视化接口要求
输入	肋骨面板宽度	faceplate width	浮点数	mm	正数	从输入文件中读取/人工界面文本框输入
	静水压力	hydrostatic pressure	浮点数	MPa	实数	从输入文件中读取/人工界面文本框输入
	弹性模量	elastic modulus	浮点数	MPa	实数	从输入文件中读取/人工界面文本框输入
	泊松比	poisson ratio	浮点数	无量纲	实数	从输入文件中读取/人工界面文本框输入
	屈服强度	yield stress	浮点数	MPa	实数	从输入文件中读取/人工界面文本框输入
	密度	density	浮点数	kg/mm^3	实数	从输入文件中读取/人工界面文本框输入
输出	db文件					
	rst文件					

选择某潜器圆柱耐压壳舱段和某超大潜深耐压壳体为对象，应用该APP进行结构强度计算机对比验证。

1. 典型圆柱壳舱段缩比模型结构强度预报应用

应用"耐压圆柱壳体结构强度预报定制APP"完成了高效的参数化建模和结构变形、应力计算，图9.51分别显示了模型面元几何建模及压力加载情况、板壳单

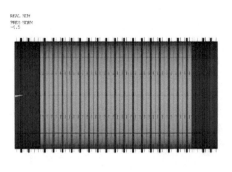
（a）面元几何建模及压力加载图

（b）板壳单元映射网格

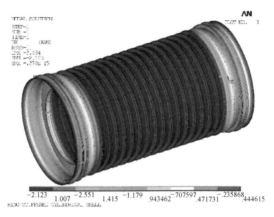

(c) 结构径向变形云图

图 9.51　耐压圆柱舱段几何建模及计算结果显示

元映射网格和结构径向变形云图。表 9.16 为提取的 4.5MPa 下的相关计算结果,并与理论计算结果进行对比分析,除内表面纵向应力的偏差较大之外,其他计算项与理论计算结果相对偏差未超过 1.5%,具有较高的精度。整个计算耗时仅 2min,而利用 Ansys 商软直接人工建模计算分析,通常要耗时 1 天以上,如果非熟练工时间还要长。因此,同等工作条件下,采用定制的 APP 可极大地提高分析效率,降低人工成本。

表 9.16　典型圆柱壳舱段缩比模型结构强度计算结果对比验证(P_e = 4.5MPa)

结果类型	跨中挠度、应力		跨端挠度、应力		腹板应力		面板应力	
	挠度	周向中面	挠度	内表面纵向	根部	顶部	背面	正面
	w/mm	σ_{20}/MPa	w_1/mm	σ_1/MPa	σ_f/MPa		σ_m/MPa	
理论值	-2.08	-426.6	-1.85	-462.8	-297.6	-277.3	-276.6	-283.1
有限元	-2.06	-422.6	-1.85	-393.7	-300.4	-278.3	-280.0	-285.5
相对偏差	-0.96%	-0.94%	0.00%	-14.93%	0.94%	0.36%	1.23%	0.85%

2. 超大潜深高强度钢耐压结构预报应用

通常,我们采用几何偏差模型的压力筒静水外压试验,来研究含初始几何缺陷的大潜深耐压结构计算方法,探索结构应力强度分布规律和失效模式。应用"耐压圆柱壳体结构强度预报定制 APP"可以快速完成多方案参数化建模和结构变形、应力计算,然后通过对比分析,选出最优方案用于物理模型试验验证,一是提高了计算分析效率、缩短方案设计时间,二是减少了物理模型试验方案,节省了成本,但前提是，APP 计算的结果准确可靠。

通过实际应用，应用 APP 实现了研究对象的快速建模和计算，图 9.52 展示了端部厚板削斜建模及计算结果。表 9.17 总结了两种网格数量下的解算结果及其与理论计算结果的比较，可以看出，结构强度有限元计算值与理论值与吻合较好，计算结果准确可靠。

表 9.17　几何偏差模型结构强度计算结果对比验证（P_e =6MPa）

结果类型	跨中挠度、应力		跨端挠度、应力		腹板应力		面板应力	
	挠度	周向中面	挠度	内表面纵向	根部	顶部	背面	正面
	w/mm	σ_{20}/MPa	w_1/mm	σ_1/MPa	σ_f/MPa		σ_m/MPa	
理论值	-2.10	-484.7	-1.80	-612.7	-321.4	-295.7	-292.7	-303.4
有限元1 网格加密	-2.07	-478.6	-1.80	-585.6	-323.9	-297.5	-293.1	-309.9
有限元2 网格一般	-2.07	-478.8	-1.80	-573.4	-324.3	-296.8	-293.4	-309.2
相对偏差1	-1.45%	-1.27%	0.00%	-4.63%	0.77%	0.61%	0.14%	2.10%
相对偏差2	-1.45%	-1.23%	0.00%	-6.85%	0.89%	0.37%	0.24%	1.88%

如图 9.52(a)所示，在该超大潜深耐压结构建模的过程中，模型两端与试验封头连接处需用厚板加强并削斜过渡，以降低强边界对弯曲应力和中面应力的影响，减小过渡段比试验段提前破坏的可能。采用 Ansys 软件，需要人工实现厚板削斜，厚度发生变化时，又需要重新建模操作，耗时耗力。通过定制开发的"耐压圆柱壳体结构强度预报定制 APP"具有通过更改参数调整端部壳板局部和加厚范围的功能，提高了建模计算的效率。

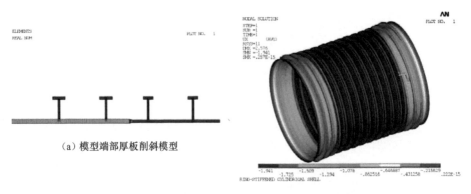

(a) 模型端部厚板削斜模型

(b) 结构径向变形云图

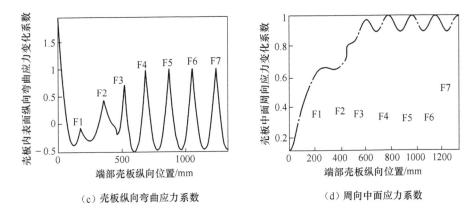

(c) 壳板纵向弯曲应力系数　　　　(d) 周向中面应力系数

图 9.52　超大潜深几何偏差有限元建模及计算结果显示

参 考 文 献

[1] 邵凯文,马运义. 舰船技术与设计概论[M]. 北京:国防工业出版社,2005.
[2] 王光明. 船舶[M]. 北京:中国建材工业出版社,1998.
[3] PAPANIKOLAOU A D. 船舶设计——初步设计方法[M]. 刘树魁,封培元,尚宝国,译. 哈尔滨:哈尔滨工程大学出版社,2018.
[4] 刘寅东. 船舶设计原理[M]. 北京:国防工业出版社,2010.
[5] 盛振邦,刘应中. 船舶原理[M]. 上海:上海交通大学出版社,2004.
[6] 尤子平. 舰船总体系统工程[M]. 北京:国防工业出版社,1998.
[7] 张宏军、黄百乔、罗永亮,等. 从降维解析到映射升维[M]. 北京:电子工业出版社,2021.
[8] 俞湘三、陈泽梁、楼连根,等. 船舶性能试验技术[M]. 上海:上海交通大学出版社,1991.
[9] 陈文义,张伟. 流体力学[M]. 天津:天津大学出版社,2004.
[10] 张天军、韩江水、屈钧利. 实验力学[M]. 西安:西北工业大学出版社,2008.
[11] 黄宏波. 船舶设计实用手册:总体分册[M]. 北京:国防工业出版社,1998.
[12] 王之程,陈宗岐,于沨,等. 舰船噪声测量与分析[M]. 北京:国防工业出版社,2004.
[13] GERTLER M A. Re-analysis of the original test date for the Taylor standard series[R]. [s.1]: DTMB Report 806,1954.
[14] HOLTROR J,MENNEN G J J. An approximate power prediction method[J]. International Shipbuilding Progress, 1982, 29(335):166-170.
[15] HOLTROR J. A statistical re-analysis of resistance and propulsion data[J]. International ShipbuildingProgress, 1984, 31(363):272-276.
[16] 王福军. 计算流体动力学分析[M]. 北京:清华大学出版社,2004.
[17] MOYER T, STERGIOU J, REESE G, et al. Navy enhanced sierra mechanics (NESM):Toolbox for the prediction of navy shock/damage due to threat weapon encounter [J]. Computing in Science and Engineering, 2016,18(6):10-18.
[18] KIM S E, SHAN H, MILLER R,et al. A scalable and extensible computational fluid dynamics software framework for ship hydrodynamics applications:NavyFOAM [J]. Computing in Science and Engineering, 2017, 19(6):33-39.
[19] 刘应中. 船舶兴波阻力理论[M]. 北京:国防工业出版社,2003.
[20] 吴乘胜. 基于RANS方程的数值波浪水池研发及其应用研究[D]. 无锡:中国船舶科学研究中心,2009.
[21] 卜淑霞. 船舶波浪稳性非线性时域预报[D]. 无锡:中国船舶科学研究中心.
[22] 赵峰,吴乘胜,黄少锋,等. 数值水池的概念与内涵[C]. 舟山:第二十五届全国水动力学研讨会暨第十二届全国水动力学学术会议论文集,2013.
[23] 赵峰,吴乘胜,张志荣,等. 实现数值水池的关键技术初步分析[J]. 船舶力学,2015,19(10):1209-1220.
[24] ITTC. ITTC-recommended procedures and guidelines:Uncertainty analysis in CFD,verification

and validation methodology and procedures[C].[s.l]:25th ITTC,2003.

[25] WU B. An Over view of Verification and Validation Methodology for CFD Simulation of Ship Hydrodynamics[J]. Journal of Ship Mechanics, 2011,15(6):577-591.

[26] 赵峰,李胜忠,杨磊,等. 基于CFD的船型优化设计研究进展综述[J]. 船舶力学,14(7),2010:812-821.

[27] 李胜忠. 基于SBD技术的船舶水动力构型优化设计研究[D]. 无锡:中国船舶科学研究中心,2011.

[28] 赵峰,陈伟政,韦喜忠,等. 系统工程在船舶总体性能研究与设计中的实践思考[J]. 中国造船,2021,6:275-283.

[29] 张宏军,韦正现,鞠鸿彬,等. 武器装备体系原理与工程方法[M]. 北京:电子工业出版社,2019.

[30] 方志刚. 复杂装备系统数字孪生[M]. 北京:机械工业出版社,2021.

[31] NASA. NASA systems engineering handbook[M]. Washington: National Aeronautics and Space Administration,1995.

[32] 钱学森,许国志,王寿云. 组织管理的技术——系统工程[M]. 长沙:湖南科学技术出版社,1982.

[33] 郭宝柱. "系统工程"辨析[J]. 航天器工程, 2018, 22(4): 1-6.

[34] 江大伟,高云君,陈刚. 大数据管理系统[M]. 北京:化学工业出版社,2019.

[35] MELL P, GRANCE T. The NIST definition of cloud computing (draft)[J]. NIST special Publication, 2011, 800(145):1-7.

[36] 章瑞. 云计算[M]. 重庆:重庆大学出版社,2020.

[37] NILSSON N J. Understanding beliefs [M]. Massachusetts: The MIT Press Essential Knowledge series, 2014.

[38] KUHN T S. The structure of scientific revolutions[M]. Chicago: University of Chicago Press, 1962.

[39] HEY T, TANSLEY S,TOLLE K. The fourth paradigm: Data-intensive scientific discovery[M]. Redmond: Microsoft Research, 2009.

[40] SCHÖNBERGER V M, CUKIER K. Big Data: A revolution that will transform how we live, work, and think[M]. Oxford: Oxford University Press, 2015.

[41] 陈红涛,邓昱晨,袁建华,等. 基于模型的系统工程的基本原理[J]. 中国航天,2016(3):18-23.

[42] 栾恩杰,陈红涛,赵滟,等. 工程系统与系统工程[J]. 工程研究,2016,8(5):480-490.

[43] 赵峰,吴乘胜,张志荣,等. 实现数值水池的关键技术初步分析[J]. 船舶力学, 2015, 19(10): 1209-1220.

[44] 李胜忠、梁川,赵峰. 基于MBSE的船型与水动力性能研究设计模式探讨[J]. 舰船科学技术,2021,43(8):1-4.

[45] 赵旻. IT基础架构:系统运维实践[M]. 北京:机械工业出版社,2018.

[46] 温昱. 一线架构师实践指南[M]. 北京:电子工业出版社,2009.

[47] 钟华. 企业IT架构转型之道:阿里巴巴中台战略思想与架构实战[M]. 北京:机械工业出版社,2017.
[48] 华为区块链技术开发团队. 区块链技术及应用[M]. 北京:清华大学出版社,2019.
[49] 范凌杰. 自学区块链原理技术及应用[M]. 北京:机械工业出版社,2019.
[50] 杨正洪. 大数据技术入门[M]. 北京:清华大学出版社,2016.
[51] 江大伟,高云君,陈刚. 大数据管理系统[M]. 北京:化学工业出版社,2019.1.
[52] 唐青昊. 云虚拟化安全攻防实践[M]. 北京:电子工业出版社,2018.
[53] 葛长芝. 质量全面管控——从项目管理到容灾测试[M]. 北京:电子工业出版社,2017.
[54] 郭克华. 软件安全实现[M]. 北京:清华大学出版社,2010.
[55] 刘登成,韦喜忠,洪方文,等. 推进器水动力性能数值预报自动化平台PreFluP开发[J]. 船舶力学,2016,20(7):816-823.
[56] 李春荣. 浅谈军用软件能力成熟度模型实施经验[J]. 电子质量,2015(01):24-26.
[57] 童卫东. GJB5000A过程改进中需要关注的几个问题[J]. 船舶标准化工程师,2017(1):10-16.
[58] 邱卫新,陆峻. 基于GJB5000A的软件敏捷开发在装备研制中的应用[J]. 雷达与对抗,2015,35(2):60-63.
[59] 韦喜忠,金建海,王墨伟,等. 面向船舶总体性能预报APP研制的GJB5000A. 船舶标准化工程师,2020,53(04):5-10.
[60] 卢忠伦,赖文娟. 基于GJB5000A的软件控制研究[J]. 中国管理信息化,2018,21(14):74-78.
[61] 周连第. 多元回归分析方法及在船舶科研设计中的应用[M]. 北京:国防工业出版社,1979.
[62] 王黎明,陈颖,杨楠. 应用回归分析[M]. 上海:复旦大学出版社,2008.
[63] 周连第,叶元培,郑永敏. 螺旋桨空泡筒系列试验数据回归分析处理方法[J]. 舰船性能研究,1978(4):78-97.
[64] 周连第,沈贻德. 回归分析在螺旋桨敞水系列试验中的应用[J]. 舰船性能研究,1976(1):208-238.
[65] 程红蓉,何术龙,王艳霞,等. 大型运输船舶快速性能回归分析研究[J]. 中国造船,2010,51(1):27-36.
[66] 杨佑宗,杨昌培. 七万吨级散货轮在各种吃水状态下的变纵倾系列物理模型试验研究[J]. 船舶力学,1999,3(4):8-15.
[67] 张楠,沈泓萃,姚惠之. 潜艇流水孔阻力数值计算与回归分析研究[J]. 船舶力学,2004,8(4):5-14.
[68] 王芳. 基于类划分和近邻选取的k近邻算法研究[D]. 西安,西安理工大学,2020.
[69] 刘子祥. 基于缩比物理模型试验数据的船舶水动力性能预报新方法[D]. 无锡:中国船舶科学研究中心,2019.
[70] 刘子祥,李胜忠,赵峰. 基于决策树和动态样本的舰船阻力预报[C]. 无锡:第十六届全国水动力学学术会议暨第三十二届全国水动力学研讨会会议文集,2021.

[71] 周英,卓金武,卞月清. 大数据挖掘:系统方法与实例分析[M]. 北京:机械工业出版社, 2016.

[72] 张德丰. MATLAB 神经网络应用设计[M]. 北京:机械工业出版社,2012.

[73] 吴乘胜,杨磊. 水面船模阻力、兴波 CFD 不确定度分析[C]. 北京:第九届全国水动力学术会议暨第二十二届全国水动力学研讨会文集,2009.

[74] NELL DALE N, LEWIS J. 计算机科学概论[M].3 版. 吕云翔,杨洪洋,曾洪立,等,译. 北京:机械工业出版社, 2009.

[75] 都志辉,李立三. 高性能计算之并行编程技术-MPI 并行程序设计[M]. 北京:清华大学出版社,2001.

[76] KUMAR V. A fast and high quality multilevel scheme for partitioning irregular graphs[J]. SIAM Journal on Scientific Computing ,1999 20(1), 359-392.

[77] PERI D, CAMPANA E F. Multidisciplinary design optimization of a naval surface combatant[J]. Journal of Ship Research, 2003, 47(1): 1-12.

[78] PERI D, CAMPANA E F. High-Fidelity models and multiobjective global optimization algorithms in simulation-based design[J]. Journal of Ship Research,2005, 49(3): 159-175.

[79] 赵峰,李胜忠,杨磊. 全局流场优化驱动的船舶水动力构型设计新方法[J]. 水动力学研究与进展 A 辑,2017,32(4):395-407.

[80] 李胜忠,鲍家乐,赵发明,等. 船体表面变形重构及其 CFD 数值计算网格自适应方法[J]. 船舶力学,2019,23(11):1277-1282.

[81] 苏玉民,黄胜. 船舶螺旋桨理论[M]. 哈尔滨:哈尔滨工程大学出版社,2003.

[82] 翟鑫钰,陆金桂. 基于神经网络的螺旋桨上水性能预测[J]. 南京工业大学学报(自然科学版),2022,44(3):291-297.

[83] 曾志波,丁恩宝,唐登海. 基于 BP 人工神经网络和遗传算法的船舶螺旋桨优化设计[J]. 船舶力学, 2010, 014(001):20-27.

[84] VESTING F, BENSOW R E. On surrogate methods in propeller optimization[J]. Ocean Engineering, 2014,88(9):214-227.

[85] 杨路春,杨晨俊,李学斌. 基于多目标进化算法和决策技术的螺旋桨优化设计研究[J]. 中国造船, 2019,60(3):55-66.

[86] 徐秉汉. 现代潜艇结构强度的理论与试验[M]. 北京:国防工业出版社,2007.

[87] 中国船舶集团公司中国船舶科学研究中心. 潜艇结构设计计算方法:GJB/Z 21A-2021[S].北京:国防科学技术工业委员会,2001.